显示器件应用分析精粹：
从芯片架构到驱动程序设计

龙虎 著

机械工业出版社

本书系统讲解了目前主流五大类（LED、LCD、VFD、OLED、EPD）显示器件的工作原理与应用，包括典型驱动芯片架构、显示模组电路（含必要的背光、灯丝电源）及相应的软件驱动设计，全面揭示了从芯片至模组再到驱动设计的整个流程，同时深入探讨了 BOOST 开关电源、电荷泵、脉冲宽度调制、恒流源、总线保持器、温度补偿、伽马校正、模拟开关等硬件电路及常用控制接口（含 8080/6800、SPI、UART、I^2C 等）。

本书可作为显示器件及显示设备工程师进行电路设计、制作与调试的参考书，也可作为初学者的辅助学习教材。

图书在版编目（CIP）数据

显示器件应用分析精粹：从芯片架构到驱动程序设计 / 龙虎著 . —北京：机械工业出版社，2021.9
ISBN 978-7-111-68709-2

Ⅰ . ①显… Ⅱ . ①龙… Ⅲ . ①显示器 – 驱动程序 – 程序设计
Ⅳ . ① TN873

中国版本图书馆 CIP 数据核字（2021）第 140209 号

机械工业出版社（北京市百万庄大街 22 号 邮政编码 100037）
策划编辑：吕　潇　责任编辑：吕　潇
责任校对：梁　静　封面设计：马精明
责任印制：李　昂
北京中兴印刷有限公司印刷
2021 年 10 月第 1 版第 1 次印刷
184mm×260mm · 28.25 印张 · 680 千字
0 001—1 800 册
标准书号：ISBN 978-7-111-68709-2
定价：118.00 元

电话服务　　　　　　　　　网络服务
客服电话：010-88361066　机 工 官 网：www.cmpbook.com
　　　　　010-88379833　机 工 官 博：weibo.com/cmp1952
　　　　　010-68326294　金 书 网：www.golden-book.com
封底无防伪标均为盗版　机工教育服务网：www.cmpedu.com

前　言

本书有少部分章节内容最初发布于个人微信公众号"电子制作站"（dzzzzcn），并得到广大电子技术爱好者及行业工程师的一致好评，甚至在网络上被大量转载。考虑读者对显示器件应用知识的强烈诉求，决定将相关文章整合成图书出版，书中每章几乎都有一个鲜明的主题。本书在将已发布章节进行收录的同时，还进行了细节更正及内容扩充。当然，更多的章节是最新撰写的，它们对读者系统深刻地理解各类显示器件的工作原理及应用有着非常实用的价值。

显示器件是人机交互系统的重要组成部分，其种类繁多且各有优缺点，市面上相关的图书也是琳琅满目，但其中大多数图书是从模组的角度阐述其使用方法，较少涉及模组本身的电路结构及工作原理，少数图书试图从驱动芯片数据手册的角度详细讨论模组设计，但由于缺少电路设计基础知识的系统阐述，很难让（不具备相关硬件知识体系的）读者全面透彻地理解驱动芯片，继而无法真正提升电路设计能力。

本书详尽讨论了目前主流五大类（LED、LCD、VFD、OLED、EPD）显示器件的软硬件驱动设计，让读者能够深入理解驱动芯片的设计架构与工作原理，也能够根据需求设计相应的模组（包括必要的背光、灯丝电源等），并且使用单片机编写相应的驱动程序。换句话说，从芯片至模组再到驱动设计的整个流程，对读者来说将不再神秘。本书虽然对驱动芯片的指令进行了详尽讨论，也设计了一些配套驱动源代码，以便更有效率地掌握显示器件的应用控制，但这绝非撰写本书的主要目的（本书并没有对应用做过多阐述，因为此类图书已经不少了），而是为保证图书结构的完整并揭示其与硬件之间的关系。也就是说，硬件电路设计工程师才是本书主要的阅读对象，尽管如此，如果对显示器件有足够的兴趣，本书涉及的知识体系总会让读者受益匪浅。

本书首先详细介绍了 LED 相关的显示器件（含数码管、点阵），花费这么多篇幅阐述看似简单的显示器件似乎没有必要，然而大部分新的（或与其他显示器件通用的）概念会在此提前进行讨论，同时扩展出丰富的硬件电路设计知识体系，遵循从易到难的编排方式，从而避免后续介绍更复杂的显示器件时抛出过多新概念，这将非常有利于读者对知识的吸收。LCD 的应用非常广泛，且涉及的概念相对其他器件更多，也是本书重点讨论的对象，通过这些内容，读者不仅能够深刻理解实际 LCD 驱动时面临的问题及相应的解决方案，也能够很清晰地看到 TN、STN、DSTN、FSTN、CSTN、TFT 等 LCD 面板是如何逐步发展起来的。最后各安排了几章的篇幅对 VFD、OLED、EPD 进行了讨论，这并不意味它们很简单，因为当学习完 LED 与 LCD 相关知识后，其他显示器件的应用设计几乎没有太大的区别。相信读者在阅读本书过程中，不仅能够全面掌握常用显示器件驱动芯片及相应模组

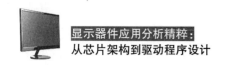
的设计方法，也能够深刻理解升压 BOOST，开关电源、电荷泵、脉冲宽度调制、恒流源、总线保持器、温度补偿、伽马校正、模拟开关等硬件电路的工作原理，同时熟悉常用控制接口（包括 8080/6800、SPI、UART、I²C 等）。

为了让读者在不具备硬件环境的条件下也能够获得较好的学习效果，本书使用 Proteus 与 VisualCom 软件平台作为仿真工具，前者需要你进行 C51 源代码编程的工作，如果你暂时不愿意这么做而又想直观验证显示器件的控制，也可以尝试方便简洁的 VisualCom，它只需要预置一些数据就可以获得与实际显示模组相同的仿真效果。

由于作者水平有限，疏漏之处在所难免，恳请读者批评与指正。

作　者
2021 年 5 月

目　录

第1章

LED 基础知识

发光二极管（Light Emitting Diode，LED）是一种利用固体半导体作为发光材料的发光器件，现如今已经广泛应用于状态指示、照明、平板显示等场合。LED 的基本结构与普通二极管一样是 PN 结，所以也有阳极（Anode，A）与阴极（Kathode/cathode，K）以及单向导通的特性，相应的原理图符号如图 1.1 所示。

图 1.1　LED 的原理图符号

当在 LED 两端施加正向偏置电压后，在 PN 结附近数微米内空穴与电子的复合就会伴随着光的辐射（产生光子），也称为电场发光或电致发光（Electroluminescent，EL）。

为了方便理解 LED 的发光原理，先来回顾一下电子与空穴的形成机理。最广泛用于制作半导体器件的基础材料是一种纯度非常高的**硅**半导体，也被称为本征半导体（Extrinsic Semiconductor），它的基本结构如图 1.2 所示。

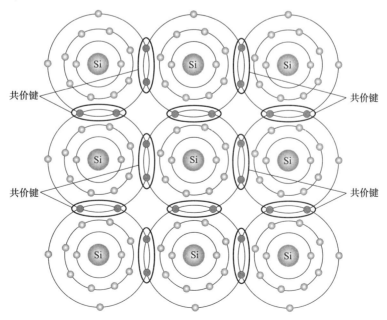

图 1.2　硅本征半导体的基本结构

1

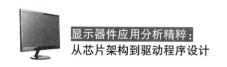

从图中可以看到，硅原子的价电子数（最外层电子数）为4，每个硅原子都与附近四个硅原子共用一个价电子形成为最外层电子数为8的结构。我们把原子之间共用价电子的结构称为共价键（Covalent Bond）。由于共价键中的两个价电子属于两个相邻硅原子共同拥有，它们被束缚在两个原子核附近，所以也称其为束缚电子。当环境温度为 −273.15℃（绝对温度 T=0K）时，本征半导体中没有自由电子，所以它的导电性能与绝缘体一样。

但是硅原子的这种共价键结构并不是很稳定。在室温（T=300K）下，本征半导体一旦受到热能（或光照、电场等因素）的影响，束缚电子能够从原子的热运动当中获得能量，继而摆脱共价键的束缚成为自由电子（简单地说，就是束缚电子获得能量后跳出共价键结构），我们称这种现象为本征激发，如图1.3所示。

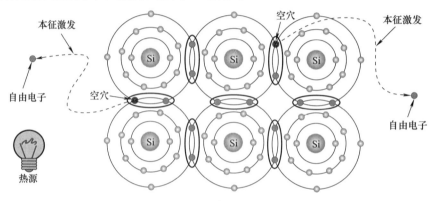

图 1.3　本征激发

产生本征激发后的半导体材料中存在自由电子，所以它的导电能力增强了（电阻率下降）。一般环境温度越高，激发出来的自由电子也会越多，本征半导体的电阻率就会越小。同时我们也可以看到，当束缚电子跳出共价键成为自由电子之后，在原来的位置就留下了一个空位，我们称为空穴（Hole）。自由电子可以在硅晶格结构中随意迁移，而在迁移过程中，一些电子可能会填充一些空穴，我们称该过程为复合（Recombination），其结果将导致自由电子与空穴消失。当然，束缚电子也可能会再次被激发出来。

价电子所处的空间称为价带（Valence Band），使用符号 E_v 表示价带中电子的最大能量，把自由电子所处的空间称为导带（Conduction Band），使用符号 E_c 表示导带中电子的最小能量，而把处于价带与导带之间的区域称为禁带（Forbidden Band），这个区域是不存在电子的，那么本征激发就是价电子从价带跃过禁带到达导带的过程，而价电子挣脱共价键束缚需要获得的最小能量称为带隙能量（Bandgap Energy），也就是 E_v 与 E_c 的差值，使用符号 E_g 来表示，如图1.4所示。

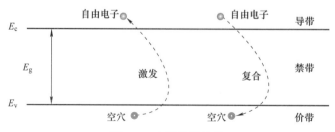

图 1.4　半导体的能带

生活中的台阶跳跃行为可以类比区分这三种能带。低台阶的势能相当于价带，高台阶的势能相当于导带，从低台阶跳到高台阶必然需要一个最小的跳跃力，它就相当于带隙能量，而从跳跃的开始到结束的那段空间相当于禁带，跳跃过程中人体是不会静止的，也就相当于禁带不存在电子。

很明显，**本征半导体中的电子与空穴总是成双成对的（数量相等）**，但通过掺杂（Doping）工艺可以控制它们的数量。我们把掺杂后的本征半导体称为杂质半导体（Doped Semiconductor），可以分为 P 型与 N 型两大类，具体可参考系列图书《三极管应用分析精粹》，现阶段只需要知道：**P 型半导体的空穴数量比电子多，N 型半导体恰好相反。普通二极管就是由这两种杂质半导体合并而成的，我们将合并后的两部分分别简称为 P 区与 N 区，而把从 P 区引出的电极称为阳极，从 N 区引出的电极称为阴极。**

前面提过，LED 的发光原理是电子与空穴复合而产生的光辐射，而复合的过程就是电子从导带跃过禁带到达价带。换句话说，电子从能量高的能带跳跃到了能量低的能带，根据能量守恒定律，多余的能量就会释放出来（例如以热或光辐射的形式），如图 1.5 所示。

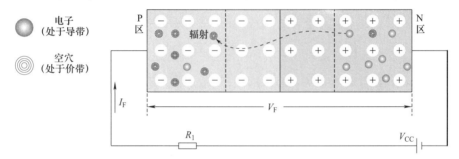

图 1.5　LED 发光原理

图 1.5 中 V_F 与 I_F 分别表示（通过限流电阻给 LED 施加正向偏置电压后）LED 的正向导通电压（Forward Voltage）与流过 LED 的正向电流（Forward Current）。

当然，并不是所有半导体材料的电子与空穴复合都会以**光辐射**的形式体现，**热辐射**的形式会使器件的温度升高，这并不是我们希望看到的，研究高效能 LED 的主要工作就是增强（可见）**光辐射**的同时削弱**热辐射**。为此 LED 通常由含镓（Ga）、砷（As）、磷（P）、氮（N）等的化合物制造而成。我们把产生光辐射的半导体称为 LED 晶片（Chip），它的具体结构有几种，其中之一如图 1.6 所示。

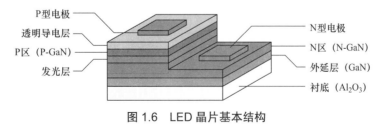

图 1.6　LED 晶片基本结构

在制作 LED 晶片时，首先在衬底生长出氮化镓（GaN）基的外延层，可作为衬底的材料也有很多，例如蓝宝石（Al_2O_3）、硅（Si）、碳化硅（SiC）、砷化镓（GaAs）等。氮化镓是与硅等同概念的半导体材料，通过掺杂即可制作出 N 型与 P 型 GaN，图 1.6 中的发光层

指的就是 P 区与 N 区交界处形成的 PN 结。P 区上的透明导电层（Transparent Contact Layer）能够使电流进一步扩散，以达到均匀发光的目的，因为电极直接做在 P 区会使电流集中，而金属电极是不透光的。

将 LED 晶片放置在带有发射碗的阴极杆上，再通过引线与带楔形支架的阳极杆连接，然后用环氧树脂密封后就形成了我们见到的插件 LED，其基本结构如图 1.7 所示。

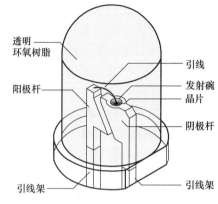

图 1.7　插件 LED 结构

制作发光层的半导体材料不同，电子与空穴所处的能量状态也会有所差别。电子与空穴之间的带隙能量越大，它们复合时释放出的能量越多，发出光的波长越短，而光的波长与颜色又是对应的（简单地说，发光的颜色是由制作 LED 的半导体材料决定的）。人的肉眼可以感知的光波长在 380 ~ 750nm（纳米）之间，在此范围内，红光携带的能量最少（波长最长），蓝光携带的能量最多（波长最短）。

常见的 LED 发光颜色、波长及相应的半导体材料见表 1.1。

表 1.1　LED 发光颜色、波长及相应的半导体材料

颜色	波长 /nm	材料
红	620 ~ 750	砷化镓、磷化镓、磷砷化镓、铝砷化镓、铟氮化镓
黄	570 ~ 590	磷化镓、磷砷化镓、磷化铝铟、镓砷化镓
绿	495 ~ 570	磷化镓、磷化铝铟、镓砷化镓
蓝	450 ~ 475	氮化镓、铟氮化镓

例如，普通 3mm 红色插件发光二极管可能就是基于砷化镓工艺。需要特别注意：白光是由红、绿、蓝三种颜色按比例混合的效果，当红、绿、蓝的亮度分别占比为 21%、69%、10% 时，人的肉眼感觉到的便是纯白色，后续我们还会进一步讨论。

LED 发出的光的波长都会有一定范围，数据手册通常会标注**主波长** λ_d（Dominant Wavelength）、**峰值波长** λ_p（Peak Wavelength），以及**光谱半宽度** $\Delta\lambda$（Spectral Line Half Width）等参数。主波长决定了发光的颜色，光谱半宽度则反映 LED 晶片发出的光的纯度（也就是饱和度，例如，红、橙、黄、绿、青、蓝、紫在视觉上是高饱和度的颜色，它们是没有混入白色的窄带单色，加入白色越多会导致混合后的颜色纯度越低），它是指 1/2 峰值发光强度（Luminous Intensity，简称光强）对应波长的差。某 LED 的光谱分布曲线如图 1.8 所示。

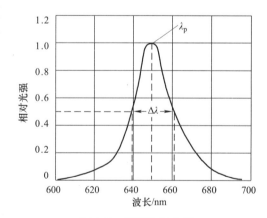

图 1.8　光谱分布曲线

光强的单位是坎德拉（candela，cd），简称"坎"，常用单位是毫坎（mcd，1cd = 1000mcd）。图 1.8 中的纵轴为相对光强，它把峰值波长对应的光强（也就是最大发光强度）

定义为 1。随着光的波长与峰值波长的差值越大，相对光强也就越小。

　　LED 发出的光通常具有一定的方向性，所以从不同角度测量得到的光强也不尽相同，我们可以使用 LED 光强空间分布图来描述，如图 1.9 所示。

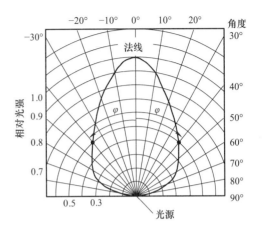

图 1.9　发光强度空间分布

　　图 1.9 中位于光源法线（中垂线）方向对应的相对光强仍被定义为 1，与法线之间的夹角越大，相对光强会越小。数据手册中标注的**半强角度**（Angle of Half Intensity）φ 是指光源以法线为中心往四周张开时，相对光强下降到 0.5 时的方向与法线之间的夹角（图 1.9 所示半强角度为 ±40°）。另外，还把半强角度的 2 倍称为视角或半功率角。当然，即使是同一个批次的晶片，制造出来的 LED 光强也会有所不同，通常厂家会按光强进行的等级分类。

　　接下来重点关注 LED 的实际应用电路。LED 作为直流电压的状态指示应用非常简单，只需要与 LED 串联一个限流电阻即可，如图 1.10 所示。

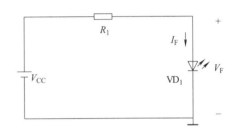

图 1.10　直流应用场合下的 LED 指示电路

　　在直流电源 V_{CC} 已知的情况下，限流电阻 R_1 的大小可由式（1.1）计算

$$R_1 = \frac{V_{CC} - V_F}{I_F} \tag{1.1}$$

　　LED 的光强与流过其中的电流大小直接相关，从这个角度来讲，LED 是**电流驱动型器件**。流过某 LED 的正向电流与发光强度的关系曲线如图 1.11 所示。

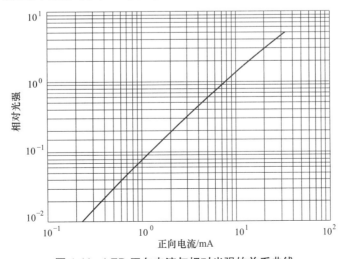

图 1.11　LED 正向电流与相对光强的关系曲线

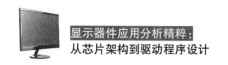

限流电阻过小将导致流过 LED 的电流过大，从而影响 LED 的寿命甚至造成损坏，限流电阻过大则可能导致 LED 光强达不到要求。那限流电阻应该设置多大才合适呢？来看某款插件 LED 的数据手册，如图 1.12 所示。

最大额定值（Absolute Maximum Ratings）　　　　　如无其他说明，T_{AMB}=25℃

符号	参数	测试条件	值	单位
V_R	反向电压	—	5	V
I_F	直流正向电流	$T_{AMB} \leqslant 60℃$	50	mA
P_D	功耗（Power Dissapation）	$T_{AMB} \leqslant 60℃$	80	mW
T_J	结温（Junction Temperature）	—	100	℃
T_{AMB}	工作温度范围	—	−40~+100	℃
T_{STG}	存储温度范围	—	−55~+100	℃

光电特性（Optical and Electrical Characteristics）　　　如无其他说明，T_{AMB}=25°C

符号	参数	测试条件	最小值	典型值	最大值	单位
I_V	发光强度（Luminous intensity）	I_F=20mA	23	46	—	mcd
λ_p	峰值波长（Peak wavelength）	I_F=20mA	—	651	—	nm
λ_d	主波长（Dominant wavelength）	I_F=20mA	—	647	—	nm
$\Delta\lambda$	光谱半宽度（Spectral line half width）	I_F=20mA	—	20	—	nm
φ	半光强角度（Angle of half intensity）	I_F=20mA	—	±40	—	°
V_F	正向导通电压降（Forward voltage）	I_F=20mA	—	2.0	2.6	V
I_R	反向电流（Reverse current）	V_R=6V	—	—	10	μA
C_J	结电容（Juntion capacitance）	V_R=0V，f=1MHz	—	20	—	pF

图 1.12　某 LED 数据手册（部分）

最大额定值（Absolute Maximum Ratings）中有一项直流正向电流 I_F，其值为 50mA，而在"光电特性（Optical and Electrical Characteristics）"参数中可以看到 V_F 典型值为 2V（**比普通二极管要大很多**）。也就是说，对于图 1.10 所示电路，如果 V_{CC}=5V，则限流电阻不应该小于（5V−2V）/50mA＝60Ω。当然，在长时间正常工作时，流过 LED 的电流不应该设置为最大值，实际使用时不要超过其数据手册中标注的测试电流值（图 1.12 所示为 20mA）即可，以免电流波动超过测试值，对 LED 的工作效率与寿命产生影响。假设工作电流为 15mA，则相应的限流电阻应为（5V−2V）/15mA＝200Ω。

LED 用作交流电源指示时，还需要考虑最大反向击穿电压。我们前面已经提过，LED 发光原理是电子与空穴复合产生的能量以光辐射的形式表现出来，也就是说，参与复合的载流子越多，相应的光强就会越大。为了使 LED 能够发出更强的光，制作 LED 的两块半导体通常都是高掺杂的，而高掺杂的 PN 结容易出现齐纳击穿，所以大多数（不是所有）LED 的反向击穿电压一般不高于 7V，具体可参考系列图书《三极管应用分析精粹》，此处不再赘述。

从图 1.12 所示数据手册可以看到，该款 LED 的反向电压最大额定值为 5V，所以在交流输入电压幅值大于 5V 的场合，必须增加相应的保护电路。典型应用电路如图 1.13 所示。

图 1.13 中增加了一个二极管 VD₂ 与 LED 反向并联，它可以是一个普通的整流二极管，

或者本身也是一个 LED，这样反向并联的两个二极管两端的电压降总是能够被限制得很低。

如果使用单片机（Micro Controller Unit，MCU）之类的处理器来控制 LED，为了避免消耗的电流过大（尤其需要控制的 LED 数量很多时）而产生热稳定性问题，通常会使用三极管[⊖] 间接驱动 LED，这样（直接驱动三极管基极的）单片机引脚的工作电流可以低至微安级别，其典型电路如图 1.14 所示。

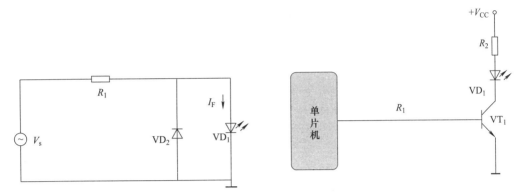

图 1.13　交流应用下的 LED 指示电路　　　　图 1.14　三极管驱动 LED

前面讨论的都是使用**电压源**驱动的小功率 LED，但是在**照明应用的中大功率 LED** 驱动电路中，**恒流源**驱动方式更为常用。在电压源驱动方案中，虽然我们能够使用限流电阻与 LED 串联来设置所需要的电流，但是 LED 开始工作后内部温度会逐渐上升。大功率白光 LED 灯珠的正向驱动电流会达到数百毫安，消耗的功率会超过 1W（根据 $P_D = V_F \times I_F$），所以通常会使用铝基板（而不是普通 FR4 基材的 PCB）与散热器配合散热，而 PN 结的正向导通电压降具有负温度系数的特性（即温度越高，正向导通电压降也会越小），这样流过 LED 的工作电流会进一步增大，导致温度升高后又反过来促使 PN 导通电压降的减小，如此恶性循环的结果将促使工作电流过大而导致 LED 光强比原来要小，而光强减小的这一部分就是我们所说的"LED 光衰"。

恒流驱动方案克服了电压源驱动方案的缺点，它也是中大功率照明应用 LED 的主流驱动方式。最简单的恒流源驱动电路如图 1.15 所示。

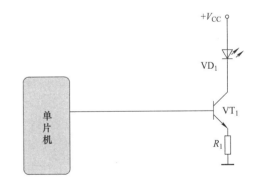

图 1.15　恒流源驱动的 LED

很明显，流过 LED 的电流与其正向导通电压降无关，仅与三极管的基极电位及限流电阻 R_1 有关，可通过式（1.2）计算（假设单片机引脚输出的高电平为 V_{CC}）

$$I_F \approx \frac{V_{CC} - V_{BEQ}}{R_1} \tag{1.2}$$

当然，也可以使用专用芯片进行 LED 恒流驱动，这一点会在后续章节详细讨论。

第 2 章
51 单片机驱动开发

　　虽然搭建纯硬件电路可以驱动 LED，但使用单片机会带来更大的灵活性，更何况，使用纯硬件电路驱动比较复杂的显示器件是不太现实的，所以提前介绍一些单片机开发知识很有必要。

　　我们以决定选择 51 单片机，是因为虽然它看起来**好像**有些过时，但本书并不是专门介绍单片机开发的，所以主要考虑平台应用的广泛性以及学习资料的丰富性，这对于读者学习与理解都非常有利，而 51 单片机在这两方面绝对独占鳌头。另外，使用 C51 语言编写的程序非常接近硬件底层，而且我们只会用到**顺序编程**（尽管下一章会讨论**中断编程**，但主要还是为了介绍这种思路，实际编写显示驱动时并没有使用到）。也就是说，即便在阅读本书前从未使用过 51 单片机，也不妨碍理解显示器件的驱动原理，只要对各类显示器件的应用知识感兴趣，后续内容一定是非常有价值的。

　　首先宏观了解一下单片机。现阶段的我们不需要想得很复杂，只需要认为它是一个包含 CPU（Central Processing Unit，中央处理器）、ROM（Read-Only Memory，只读存储器）、RAM（Random Access Memory，随机存取存储器）三个部分的芯片（虽然细节上复杂得多，但我们无需理会，等入门后可进一步自行了解），如图 2.1 所示。

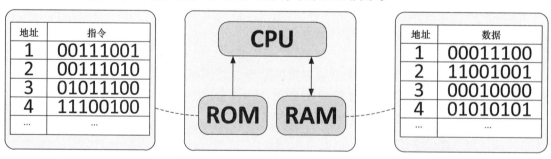

图 2.1　单片机的基本单元

　　其中，CPU 具有一定运算功能（例如加、减、乘、除等）；ROM 用来存储数据（一般是指令程序，所以也称为**程序存储器**），并且 CPU **只能**从 ROM 中读取而不能写入（修改）数据；RAM 也是存储数据的单元，通常被称为**数据存储器**，CPU 不仅可以从中读取数据，还可以把数据写入进去。整个单片机的运行过程即：**CPU 按顺序从 ROM 中提取并执行相应的指令，而 RAM 用来存储执行指令期间可能需要的一些临时数据**。

8

那 RAM 到底存储什么样的临时数据呢？例如，需要使用计算器得到5+(6×8)的计算结果，首先得计算出临时值6×8＝48，然后再计算出5+48＝53。在这个过程中，可能会将临时值先记在纸上（或心里），而 RAM 的作用就相当于那张纸，它允许将一些临时的数据记录在上面以供后续使用。这么一个简单的运算就存在一个临时数据，可想而知，运算越复杂则需要的临时数据也会越多，也就需要更大空间的 RAM。

单片机的运行过程与人的活动非常相似，人就相当于 CPU，而事先做好的计划就相当于 ROM 中存储的指令，在计划执行的过程中临时需要处理的事情就相当于 RAM 存储的数据，如图 2.2 所示。

图 2.2 人的活动

现在的任务是：使用 51 单片机控制 LED 实现闪烁功能。Proteus 软件平台搭建的硬件电路如图 2.3 所示。

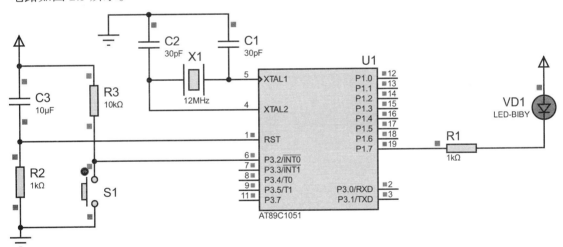

图 2.3 硬件电路

我们选择 Proteus 软件平台中引脚相对较少的一款 51 单片机，其型号为 AT89C1051（**本书涉及的 51 单片机是指 Intel 公司推出的 8 位 MCS-51 单片机，通常称为“51 内核”。Atmel 公司获得 51 内核授权后，在其基础上设计了一系列应用单片机，AT89C1051 就是其中一款应用单片机的型号，如果后续提到的是“51 单片机”，表示所述内容对于所有基于“51 内核”的应用单片机都是适用的**），它可供控制的输入或输出（Input/Output，IO）引脚有 15 个，51 单片机将它们分为 P1、P3 两组，每一组包含 8 个引脚，而每个引脚通过“组名＋点＋数字”的方式加以区分。例如，P1.7、P3.2（AT89C1051 没有 P3.6 引脚）。

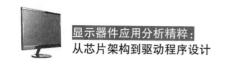

XTAL1 与 XTAL2 两个引脚外围连接了一颗 12MHz 的晶体与两个 30pF 的匹配电容，它们与单片机内部电路配合可产生 12MHz 的时钟（如果想接外部时钟源，可以从 XTAL1 接入，XTAL2 悬空即可），CPU 就会以时钟作为基准，依次从 ROM 中读取指令并执行。另外，我们还增加了一个 RC 复位电路，这样可以确保单片机上电后从 ROM 的首地址开始执行。

需要注意的是，使用 Proteus 软件平台进行仿真时，时钟与复位相关的器件都不是必须的，没有它们也可以运行出相同的结果，所以后续为了简化电路，这些器件可能不会再添加。另外，**Proteus 软件平台中大多数芯片的原理图符号没有显示电源与地引脚**。

现在需要通过单片机循环点亮与熄灭 LED（实现 LED 闪烁功能），也就是以一定的时间间隔让 P1.7 引脚循环输出低电平与高电平，应该怎么做呢？CPU 与外界沟通时只做一件事：**通过地址读取或写入数据**。当它从 ROM 中读取指令时，是通过把程序计数器（Program Counter，PC）给出的地址赋给 ROM 再顺序读取指令，当它往（从）RAM 写入（读取）临时数据时，也是先将地址赋给 RAM 再进行操作。对于 IO 引脚也是完全一样，只不过 51 单片机为它们分配了一个特殊寄存器（Special Function Registers，SFR）。AT89C1051 的特殊寄存器地址与复位值如图 2.4 所示。

F8H									FFH
F0H	B 00000000								F7H
E8H									EFH
E0H	ACC 00000000								E7H
D8H									DFH
D0H	PSW 00000000								D7H
C8H									CFH
C0H									C7H
B8H	IP XXX00000								BFH
B0H	P3 11111111								B7H
A8H	IE 0XX00000								AFH
A0H									A7H
98H									9FH
90H	P1 11111111								97H
88H	TCON 00000000	TMOD 00000000	TL0 00000000		TH0 00000000				8FH
80H		SP 00000111	DPL 00000000	DPH 00000000				PCON 0XXX0000	87H

图 2.4　特殊寄存器地址与复位值

51 单片机中的特殊寄存器地址的范围为 80H～FFH（后缀"H"或"h"表示十六进制，"D"或"d"表示十进制，"B"或"b"表示二进制），每个地址对应一个 8 位寄存器，并且对使用到的寄存器均赋给了一个名称，同时还给出了复位时的初始值。例如，地址为

E0H 对应的寄存器名称为 ACC，复位值为全 0。但是正如图 2.4 中展示的，AT89C1051 单片机中很多特殊寄存器地址都是空白的（表示该单片机型号没有使用到），它们可以预留给其他型号的单片机，现阶段的你无需理会。

现在需要对 LED 进行控制，而 LED 与单片机相连接的引脚为 P1.7，所以必须找到 P1 的地址才能对其进行控制。从图 2.4 可以看到，P1 的地址为 90H，其复位值为全 1。P1 每一个引脚与 90H 地址所在的 8 位寄存器 P1 的对应关系如图 2.5 所示。

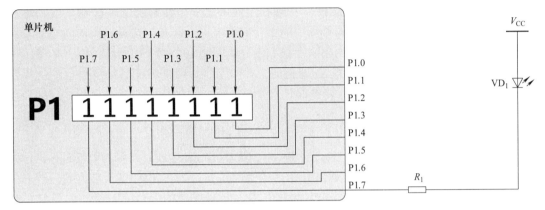

图 2.5 P1 特殊寄存器与引脚的对应关系

从图中可以看到，P1 寄存器中的每一位都对应单片机一个控制引脚（它们分别为 P1.7、P1.6、P1.5、P1.4、P1.3、P1.2、P1.1、P1.0），寄存器最高位对应 P1.7，最低位对应 P1.0。单片机上电后会进行复位，其值为全 1。也就是说，对于图 2.3 所示电路，由于 P1.7 为高电平，所以 LED 是不亮的。那么为了将 LED 其点亮，我们应该将 P1.7 设置为低电平，也就是给 P1 寄存器所在地址写入 7FH（二进制 01111111B）。

我们来看看相应的 C51 驱动源代码，如清单 2.1 所示。

```
sfr P1 = 0x90;                          //定义特殊寄存器地址

void main(void)                         //代码的执行入口
{
    unsigned int i,j;                   //声明两个临时变量以做后续延时之用

    while(1) {                          //循环执行语句，大括号使用K&R风格

        P1 = 0x7F;                      //将P1.7设置为低电平，点亮LED

        for(i=0; i<1000; i++) {             //延时约1秒
            for(j=0; j<100; j++){}
        }

        P1 = 0xFF;                      //将P1.7设置为高电平，熄灭LED

        for(i=0; i<1000; i++) {             //延时约1秒
            for(j=0; j<100; j++){}
        }
    }
}
```

清单 2.1 LED 闪烁功能

11

在源代码的最开始，首先使用关键字 **sfr** 定义了一个标识符 P1（也可以取其他的名字），它的值就是前面从特殊寄存器区域找到的 P1 地址：0x90（**前缀 0x 表示十六进制，不加前缀且以 1 ~ 9 开头的数字表示十进制，这是 C 语言约定的数字进制表达方式，与前述后缀 H、D 是对应的，但是在进行 C 语言编程时只能使用前缀方式表达数字进制。另外，我们进一步约定前缀 0b 表示二进制以方便后续行文，因为 C 语言并不支持二进制整数的形式**）。

有人可能会问：为什么不使用 unsigned char 来定义 P1 呢？问得好！在 C51 编程语言中，使用关键字 **sfr** 就相当于告诉编译软件：**我现在定义的是一个特殊功能寄存器，而不是一个变量**。就相当于给地址为 0x90 的特殊功能寄存器取了一个别名，这样以后访问它就不用总是记着 0x90 这个数字地址，使用起来会很方便，这同时也是一个很好的习惯。如果使用 unsigned char 定义一个 P1，只能表示定义的是一个变量，后续对该变量的操作也不能控制相应的特殊寄存器 P1。简单地说，变量的定义并没有建立它与特殊功能寄存器之间的映射关系。

main 主函数是整个代码的执行入口，我们首先声明了两个无符号整形变量（i，j）用于后续需要的延时操作。接下来 while 语句判断**小括号**内的表达式，如果为 0，则不执行**大括号** | | 中的语句，如果为非 0，则执行花括号中的语句。为了使代码更为紧凑，本书采用传统的 K&R 风格来书写大括号，这种风格把左大括号留在前一行的末尾，而不是另起并占据一行。

while 语句后小括号内的表达式设置为 1，它是非 0 的，表示无限循环执行大括号中语句。具体操作是这样的：首先给 P1 赋给 0x7F，也就能够让 P1.7 为低电平而点亮 LED。然后再用两个嵌套的 for 语句延时约 1s（不需要很精确），这是非常必要的，因为在不做延时的情况下，单片机的运行速度非常快，肉眼将无法观察到 LED 闪烁状态。紧接着再将 P1 赋为 0xFF，也就能够让 P1.7 为高电平而使 LED 熄灭，最后延时约 1s 后回到循环的开始，又将 P1 赋为 0x7F……如此循环运行下去，LED 就会一直不停地闪烁起来。

终于可以正常工作了，这实在是一件美好的事情。接下来我们对刚刚编写好的源代码进行一些优化，相应的源代码如清单 2.2 所示。

```
#include <reg51.h>

void delay_us(unsigned int count) {while(count-->0);}        //延时函数
void delay_ms(unsigned int count) {while(count-->0){delay_us(60);}}

void main(void)
{
    while(1) {
        P1 &= 0x7F;                //将P1.7设置为低电平，点亮LED
        delay_ms(1000);            //延时约1秒
        P1 |= 0x80;                //将P1.7设置为高电平，熄灭LED
        delay_ms(1000);            //延时约1秒
    }
}
```

清单 2.2　优化后的源代码

优化后的源代码中并没有再使用关键字 **sfr** 定义标识符 P1，但是 main 函数内部仍然使用了 P1 标识符，这是为什么呢？注意到我们在源代码开头包含了一个名为 reg51.h 的头文件，打开看一下里面是什么内容，如清单 2.3 所示（部分）。

```
/*-------------------------------------------------------------
REG51.H

Header file for generic 80C51 and 80C31 microcontroller.
Copyright (c) 1988-2002 Keil Elektronik GmbH and Keil Software, Inc.
All rights reserved.
-------------------------------------------------------------*/

#ifndef __REG51_H__
#define __REG51_H__

/*  BYTE Register  */
sfr P0    = 0x80;
sfr P1    = 0x90;
sfr P2    = 0xA0;
sfr P3    = 0xB0;
sfr PSW   = 0xD0;
sfr ACC   = 0xE0;
sfr B     = 0xF0;
sfr SP    = 0x81;
sfr DPL   = 0x82;
sfr DPH   = 0x83;
sfr PCON  = 0x87;
sfr TCON  = 0x88;
sfr TMOD  = 0x89;
sfr TL0   = 0x8A;
sfr TL1   = 0x8B;
sfr TH0   = 0x8C;
sfr TH1   = 0x8D;
sfr IE    = 0xA8;
sfr IP    = 0xB8;
sfr SCON  = 0x98;
sfr SBUF  = 0x99;
```

清单 2.3　头文件 reg51.h（部分）

可以看到，头文件 reg51.h 里面使用关键字 **sfr** 定义了很多标识符，我们之前定义的 P1 就在里面。reg51.h 是厂家已经定义好的通用头文件，51 单片机中所有特殊功能寄存器的定义都包含在里面，这意味着如果需要对某个特殊功能寄存器进行访问，只需要从中查看相应的标识符并对其进行操作即可。例如，标识符 P3 定义的地址为 0xB0，这与图 2.4 所示的地址 B0H 是完全对应的。

然后我们进一步使用 while 语句重写了延时代码并包装成了 delay_us 与 delay_ms 两个函数，它们分别表示以微秒与毫秒为单位进行延时。为什么要重新包装函数呢？因为从清单 2.1 可以看到，两处延时约 1s 的代码是完全一样的，包装成函数就可以方便我们在代码中进行多次调用。需要特别注意的是，此处包装的 delay_us 函数的延时并不是精确的微秒数，因为 C51 代码中 while 语句编译成汇编语言后并不仅仅只是一条语句，从 Keil 软件平台获取的汇编指令如图 2.6 所示。

图 2.6 中第一行是 C51 语句，下面是对应的汇编指令。最左侧第 1 列以 "C：" 开头的十六进制数字为程序存储器中存储指令的地址，第 2 列为指令对应的二进制数字（也称为 "机器码"），程序存储器中存储的就是它，第 3、4 列为相应的汇编指令。

可以看到，delay_us 函数被分解成为 11 条汇编指令，在单片机运行在 12MHz 频率时钟的前提下，除 JNC、JNZ、RET 指令需耗时 2μs（微秒）外，其他指令均耗时 1μs，再加

```
    5:              void delay_us(unsigned int count){while(count-->0);}
C:0x0036    EF      MOV      A,R7
C:0x0037    1F      DEC      R7
C:0x0038    AC06    MOV      R4,0x06
C:0x003A    7001    JNZ      C:003D
C:0x003C    1E      DEC      R6
C:0x003D    D3      SETB     C
C:0x003E    9400    SUBB     A,#0x00
C:0x0040    EC      MOV      A,R4
C:0x0041    9400    SUBB     A,#0x00
C:0x0043    50F1    JNC      delay_us(C:0036)
C:0x0045    22      RET
```
〉汇编指令

图 2.6　毫秒汇编指令

上调用该函数也需要用到 LCALL 指令（耗时 2μs），所以总共消耗的时间约为 2μs（LCALL 指令）+12μs（地址范围 0x0036 ~ 0x0043 之间的指令）+2μs（RET 指令）=16μs。换句话说，即便给 delay_us 函数传递的延时参数为 0，它也将消耗不少时间。也正因为如此，我们在 delay_ms 函数中调用 delay_us 函数时传递的延时参数值并不是 1000，而是 60。因为 1ms/16μs=62.5，再考虑到 delay_ms 函数本身也会消耗一些时间，所以取了个小一点的时间值。当然，我们这里对延时要求并不高，只要大约为 1s 就可以了，但这种延时计算的方法在一些对延时精度要求很高的场合将会非常有用，不熟悉汇编语言的读者了解一下即可，并不影响后续的程序设计。对于需要精确延时几微秒（例如 1μs、2μs）的场合，我们会在合适的场合讨论具体实现方法。

另外，在点亮 LED 的语句中，我们将 P1 与 0x7F 进行"与"运算，由于"有 0 为 0，全 1 为 1"的运算特性，所以 P1 的最高位 P1.7 将被置 0，而其他位对应的引脚状态将不变，这样可以避免之前给 P1 直接赋值 0x7F 的"野蛮"方式对其他位带来影响（把低 7 位都置 1 了）。在这个简单例子中，P1 口的其他引脚并没有使用到，然而一旦其他引脚也被用来作为控制使用，这种考虑是必须的。在熄灭 LED 代码中，将 P1 与 0x80 进行"或"运算，由于"有 1 为 1，全 0 为 0"的运算特性，所以 P1 的最高位 P1.7 将被置 1，而其他位将不变，同样可以避免影响 P1 口其他位的现有状态。

代码总是会有可以优化的空间，再一次修改的代码如清单 2.4 所示。

```
#include <reg51.h>

#define TIME_INTERVAL 1000                      //LED闪烁间隔时间宏定义

typedef unsigned int uint;                      //定义类型别名

sbit LED = P1^7;

void delay_us(uint count){while(count-->0);}              //延时函数
void delay_ms(uint count){while(count-->0){delay_us(60);}}

void main(void)
{
    while(1) {
        LED  ^= 1;                              //把LED驱动电平取反
        delay_ms(TIME_INTERVAL);                //延时约1秒
    }
}
```

清单 2.4　再次优化的代码

　　首先使用 **define** 预编译指令把前面代码中的数字定义为有意义的宏标识符，这样能使源代码的可读性更强，而且一旦外部电路的行为进行了更改（例如，修改后 LED 要求的驱动电平是反的，或者闪烁的速度更快），只需要修改几个宏定义即可，而没有必要花费心思去源代码内部对应位置进行修改。是不是很方便？

　　接下来使用关键字 **typedef** 将 unsigned int 类型定义了个别名 uint，后续在需要定义 unsigned int 类型变量时可以直接使用 uint，这样代码会更加简洁。然后使用关键字 **sbit**（与关键字 **sfr** 所起的作用是完全一样的，只不过 **sbit** 是给特殊功能寄存器的**某一位**定义别名）将控制发光二极管的引脚 P1.7 也定义了一个别名 LED，这样在代码阅读时就很容易理解赋值的具体含义。另外，语句"LED ^=1"相当于"LED=LED ^ 1"，其中符号"^"表示"异或"运算，由于它有"相同为 0，不同为 1"的运算特性，也就可以将 LED 驱动电平取反。

第 3 章

中断编程与代码管理

虽然目前已经顺利实现 LED 闪烁的功能，但是在实际产品中，一块单片机通常总是会同时实现多个功能，最常见的应用就是：**在控制显示的同时还要检测按键（以处理用户的输入交互信息）**。由于 LED 闪烁是由延时函数实现的，它就是一系列（除延时外无实际意义的）累加操作，也就是说，单片机在延时期间无法处理其他事情。如果恰好在 1s 的延时期间按下按键（这是非常可能的），单片机自然检测不到按下状态，因为它在任一时刻只能处理一件事情（顺序执行）。反过来，当单片机在执行其他非常耗时的任务时，LED 闪烁行为也就会被迫改变（例如，闪烁速度变慢了），对不对？

为了凸显延时函数带来的困扰，我们稍微更改一下任务：**按键第一次按下可以使 LED 闪烁，第二次按下将停止闪烁，第三次按一下 LED 继续闪烁，依此类推**。下面看一下相应的源代码，如清单 3.1 所示。

```c
#include <reg51.h>

typedef unsigned char uchar;                    //定义类型别名
typedef unsigned int uint;

sbit LED = P1^7;
sbit KEY = P3^2;

void delay_us(uint count){while(count-->0);}    //延时函数
void delay_ms(uint count){while(count-->0){delay_us(60);}}

void main(void)
{
    bit flicker_flag = 0;                       //定义闪烁执行允许标记变量

    while(1) {
        if (0 == KEY) {                         //按键被按下时为低电平
            flicker_flag ^= 1;                  //将闪烁允许标记位取反
            while(!KEY);                        //等待按键松开
        }

        if (flicker_flag) {                     //判断是否允许执行闪烁功能
            LED ^= 1;                           //LED驱动电平取反
            delay_ms(1000);                     //延时约1秒
        }
    }
}
```

清单 3.1　源代码

在源代码的开始，我们使用关键字 **sbit** 分别给控制 LED 与读取按键状态的引脚都定义了一个别名。在 main 函数内，我们使用关键字 **bit** 定义了一个**位变量** flicker_flag 标记 LED 是否执行闪烁功能（与关键字 **sbit** 不同，**bit** 定义的是变量，而不是别名），为 0 则停止，1 则运行。flicker_flag 初始状态为 0 表示默认不闪烁。

然后检测按键是否被按下，即读取引脚 P3.2（KEY）的电平是否等于 0。如果答案是肯定的，就把 flicker_flag 取反。这里特别要注意语句 while(!KEY)，它用来检测按键是否松开，如果省略这条语句，LED 闪烁电路也可以正常启动运行，但要使它停下来几乎不可能。因为判断按键是否被按下的语句也就只有几微秒，一旦 LED 闪烁开始，执行闪烁功能的时间会比判断按键是否按下的时间要长得多，换句话说，当按键被按下时，单片机有很大的概率还在延时函数里执行，所以按键按下的状态也就没有被检测到。

那么，长时间按下按键总可以吧？然而一旦按键被检测到按下了（KEY 为低电平），假设 flicker_flag 现在被设置为 0，理论上 LED 闪烁确实会停止（后面执行 LED 闪烁的 if 语句不会执行），但是这下好了，程序又会重新检测，以迅雷不及掩耳之势将 flicker_flag 又设置为 1 了，LED 闪烁功能又打开了，如图 3.1 所示。

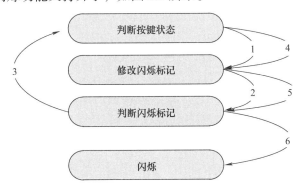

图 3.1　没有按键松开检测时的执行流程

也就是说，要想使 LED 闪烁功能停止，只有一种可能：**在检测到按键后几微秒内准确停止，也就是第 1 步开始后在第 2 步马上松开按键**。但是，按键动作持续的时间一般都是毫秒级的，这意味着不太可能做到如此短而准确地按键操作。while(!KEY) 就表示当按键被按下后，如果一直按着按键，它就总会执行这条 while 循环语句（感叹号为"逻辑非"运算，0 为假，非 0 为真），直到松开按键之后（KEY 为高电平），单片机才会跳出 while 循环语句执行后面的 if 语句，这样可以防止单片机检测到一次按键被按下状态后，就立即重复检测相同的一次按键状态。

实际的按键读取代码通常还会进行消抖（消除抖动）操作，它在检测到按键按下后延时一段时间（通常是十几毫秒左右）再读取按键是否仍然被按下。因为按键按下的那一瞬间，单片机读到的电平状态并不是稳定的，按键消抖可以防止按键被误触发。当然，这已经不是我们关注的主要内容，大家了解一下即可。

尽管如此，清单 3.1 所示代码还是有点小问题，大多数时候必须长时间按下按键才能使 LED 闪烁停止，因为前面已经提过，单片机大部分时间还是在运行 LED 闪烁代码，必须按下按键直到它运行到按键检测部分才能再次修改 flicker_flag 标记，继而达到停止 LED 闪烁的目的。而我们却希望在任意时刻只要按一下按键就会立刻停止 LED 闪烁，该怎么办

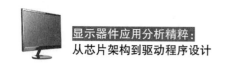

呢？比较好的解决方案就是使用**中断（Interrupt）编程**。

什么是中断呢？咱们举个例子，假如我正在教室讲课，门外有人敲门：外面有个陌生人找。我当然会气定神闲地慢悠悠回复道：你让他在会议室等一下，下课后我再过去找他。然后继续上课，外面又有人敲门说：校长有事找！事关薪资福利职称，必须马上得走一趟，刻不容缓！这时我会急匆匆地对学生们说：(你们先自己)预习(一下)，(处理完事我再过来)。随即快速夺门绝尘而去。

我这个老师的形象实在是不好，开个玩笑，大家不要学习。在这个例子中，"我正在教室讲课"相当于单片机在顺序执行语句，当陌生人到来时，我对此处理的方式是押后(先把手头的事干完再处理其他事情)，在单片机编程中称为**顺序编程**。当校长有事找时，我马上出去应答(得先去见校长再回来讲课，决计拖延不得呀)，在单片机编程中称为**中断编程**。也就是说，"校长有事找"相当于一个中断信号，它中断了我正在进行的讲课动作。很明显，中断编程一般应用在对实时性要求比较高的场合，如果不马上处理就会后悔莫及。

在按键控制 LED 闪烁的简单任务中，可以把按键按下事件作为中断信号，这样无论延时代码是否正在执行，单片机都可以实时响应，对不对？还有一种思路就是：影响按键无法实时检测的根本原因在于**延时语句的执行时间太长了**，只要我们能缩短其执行的时间，一样可以让单片机实时响应按键状态。

由于使用循环语句延时 1s 的代码实在太缺乏效率了，所以我们决定使用中断编程来优化它，具体的思路是：**使用一个定时器设置定时时长为 1s，每当 1s 时间到来时就发送一个中断信号，单片机根据中断信号进行 LED 状态转换的控制**，而在 1s 内(中断信号未到来之前)，我们不需要再做 LED 闪烁功能相关的延时控制，也就可以把更多的时间用于检测按键，相应的代码执行流程对比如图 3.2 所示。

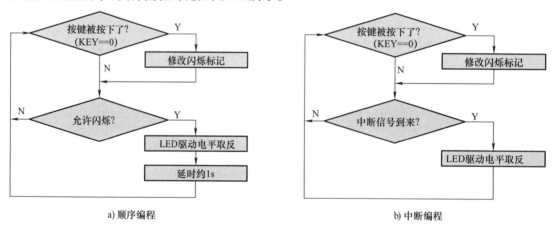

a) 顺序编程   b) 中断编程

图 3.2　顺序与中断编程执行流程对比

中断编程的关键在于中断信号的产生，这可以通过定时器来实现。定时器是个什么东西呢？看过警匪片的读者都会知道，有些反派会使用定时炸弹，先设置一个时间，开启计时后数字就会不断地减小，数字减小到了全 0 就会爆炸。定时炸弹就是定时器的一个典型应用。一般单片机内部都有定时器，根据型号的不同，可以是加法或减法类型。由于定时器是一个硬件电路，它与软件指令是同时运行的(并行)，我们只需要控制它何时产生中断信号即可，具体来说包括设置定时时长(初始值)、使能中断(允许计数器产生中断信号)、开启计数，这样当计数完成后就会产生一个中断信号。

我们使用中断方式来实现 LED 闪烁功能，相应的源代码如清单 3.2 所示。

```c
#include <reg51.h>

sbit LED = P1^7;                        //定义LED控制引脚别名
sbit KEY = P3^2;                        //定义按键读取引脚别名

unsigned char count = 0;                          //标记中断了多少次

void main(void)
{
    bit flicker_flag = 0;

    TMOD = 0x1;                 //设置定时器0为工作模式1，不受INT0控制
    TH0  = 0xB1;                          //初始化计数值为0xB1E0
    TL0  = 0xE0;
    EA   = 1;                                   //打开总中断允许
    ET0  = 1;                               //打开定时器0中断允许
    TR0  = 1;                                   //启动定时器0

    while(1) {
        if (0 == KEY) {
            flicker_flag ^= 1;                      //闪烁允许标记位取反
            while(!KEY);
        }

        if ((count > 49) && (1 == flicker_flag)) {
            count = 0;
            LED ^= 1;                                   //LED状态取反
        }
    }
}

void timer0_isr() interrupt 1                        //中断服务函数
{
    TH0 = 0xB1;                             //重新设置定时器计数初始值
    TL0 = 0xE0;
    count++;
}
```

清单 3.2　中断编程源代码

首先定义了一个全局变量 count 并初始化为 0，因为 51 单片机定时器的定时时长达不到 1s，所以只能借助另一个变量来实现。例如，把定时时长设置为 20ms，定时器每中断一次就将 count 加 1，当 count 为 50 时，就意味着 1s 的时间到了。所以在 main 函数中，我们使用了"判断 count 是否大于 49"的 if 语句。在 if 语句中先将 count 清零，这样就可以开始下一个 50 次 20ms 的计数，然后将 LED 的状态取反即可。

注意中断服务函数（Interrupt Service Routine，ISR）timer0_isr 的形式，它使用了关键字 **interrupt**，后面跟了一个中断号 1，这是 51 单片机中断服务函数的固定模式，虽然它看起来像一个函数，但却不能由其他函数调用（main 函数也不可以），**只能在指定的中断产生时自动调用**，这是中断服务函数与一般函数的主要区别。

另外需要特别注意的是，我们没有在中断服务函数中编写过多代码。事实上，也**不应该**在中断服务函数中编写过多代码，因为中断的最大特点就是实时性。如果在其中编写大量代码，单片机在运行中断服务函数时又产生了另一个中断怎么办呢？除非新产生的中断

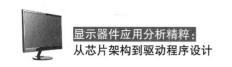

优先级更高，否则它就无法及时得到运行，也就失去了中断实时性的特点。

请务必牢记：**中断服务函数中只做必要操作！** 我们只是把 TH0 与 TL0 设置初始值后，再将 count 累加就退出了。虽然将 LED 电平取反的功能放到中断服务函数中也可以实现相同的功能，但这种编程方式是不妥当的（通俗来讲，这不是单片机工程师的专业编程）。

TH0 与 TL0 是什么东西呢？ main 函数中赋值的 TMOD、ET0、EA、ETR 又是什么呢？这涉及 51 单片机的定时器结构，如图 3.3 所示。

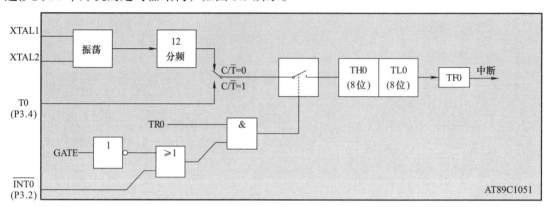

图 3.3　51 单片机的定时器 0 结构（工作模式 1）

从图可以看到，定时器结构中有很多网络或模块被取了名称（例如 C/$\overline{\text{T}}$、TR0、GATE、TL0、TH0、TF0），其实它们都是图 2.4 所示 TMOD 与 TCON 寄存器中的某些位，并且在 reg51.h 头文件中进行了标识符定义，我们直接通过它们即可控制定时器的运行状态，如图 3.4 所示。

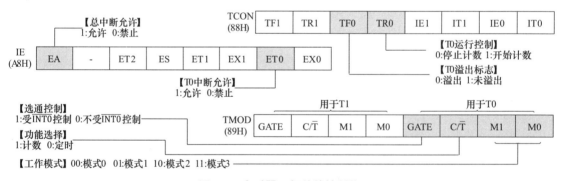

图 3.4　定时器 0 相关的控制位

51 单片机中的两个定时器被命名为 T0（Timer0）与 T1，图 3.4 中我们仅标记了与 T0 相关的控制位，因为 AT89C1051 仅有这一个定时器。每个定时器都有 4 种工作模式，为简化讨论过程，我们使用比较常用的**模式 1**（M1M0=01）。

定时器有两种工作方式，即**定时**与**计数**（本质上都是**计数**），它们的唯一区别是：**定时**是对单片机内部固定频率（对于图 2.3 所示电路就是 12MHz）时钟进行计数，而**计数**是对外部引脚 T0（P3.4）的脉冲进行计数。例如，我们要实现测量引脚 P3.4 的脉冲个数，此时应该使用**计数**而不是**定时**。这两种工作方式的切换由 C/$\overline{\text{T}}$位来决定，我们当然使用定时工作方式（C/$\overline{\text{T}}$ = 0）。

接下来确定是否开始启动定时器计数，它由一个与门的输出电平控制（为 1 则开始计数，为 0 则停止计数）。为了启动计数过程，我们首先应该将 TR0（Timer0 Run）置 1，同时还应该使**或门**的输出也为 1。**或门**用来选择引脚$\overline{\text{INT0}}$（P3.2）的电平是否也参与启动计数的控制，我们只需要软件控制计数，将 GATE 置 0 即可（注意 GATE 输入有一个**非门**），所以将 TMOD 寄存器初始化为 0x1（高 4 位无效）。

在工作模式 1 下，TH0 与 TL0 组成了一个 16 位加法计数器。当开启计数后，计数器就会从设置的初始值开始累加，一旦累加到最大值就会产生一个溢出标志位 TF0（Timer0 overflow，可以理解为进位），此时就**可以**产生中断信号。所以现在关键的问题在于：**我们应该将定时器初始值设置多少呢？** 假设我们需要定时 20ms，则相应的初始值应为 $2^{16} - 20\text{ms} \times 12\text{MHz} / 12 = 45536$（0xB1E0）。也就是说，我们需要将 TH0 与 TL0 分别初始化为 0xB1 与 0xE0。（计算时已经将 12MHz 除以 12，是因为从图 3.3 可以看到，振荡时钟经过了 12 分频）

计数器溢出后**是否产生中断**还取决于**单片机是否允许中断**。为了允许定时器 0 产生中断信号，我们首先应该开启总中断允许标记位 EA（Enable All），它是单片机中所有中断允许的总控制位，然后再开启定时器 0 的专用允许标记位 ET0（Enable timer0）即可。

最后请注意：当定时器 0 产生中断后，计数器的初始值是不会重载的（计数器不会继续累加），所以在进入中断服务函数后，我们对 TH0 与 TL0 重新设置了初始值。

定时器需要配置的位比较多，对于 51 单片机不熟悉的读者可能会觉得有些烦琐，当然，我们讨论定时器中断编程的主要目标是为了理解这种编程思想，对于具体编程不感兴趣的读者可以跳过。在实际产品开发过程中，中断是一种非常重要的处理方式。换句话说，可以不去了解 51 单片机内部定时器具体是如何控制的，因为不同厂家的单片机操作方式并不一样（当然，原理相通），本书其他地方也并未涉及具体的中断编程，但是**不能不理解中断编程思路**。

在稍微复杂点的项目中，通常会将代码进行分块管理，例如，我们可以将清单 2.4 所示源代码分解为六个文件，它们之间的关系如图 3.5 所示。

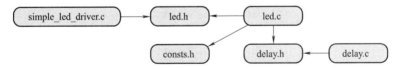

图 3.5　分块管理的代码包含关系

图 3.5 中的箭头表示文件包含关系，例如 simple_led_driver.c 包含了 led.h，led.c 包含了 led.h、consts.h、delay.h。各文件相应的源代码如清单 3.3 ~ 3.8 所示。

```c
#include <reg51.h>
#include "led.h"

void main(void)
{
    while(1) {
        led_process();                    //调用LED控制处理函数
    }
}
```

清单 3.3　源文件 simple_led_key_driver.c

```
#ifndef __LED_H__
#define __LED_H__

void led_process(void);                          //LED控制处理函数声明

#endif
```

清单 3.4　头文件 led.h

```
#include "led.h"
#include "delay.h"
#include "consts.h"

void led_process(void)
{
    LED = LED_TURN_ON;                //将P1.7设置为低电平，点亮LED
    delay_ms(TIME_INTERVAL);                              //延时约1秒
    LED = LED_TURN_OFF;               //将P1.7设置为高电平，熄灭LED
    delay_ms(TIME_INTERVAL);                              //延时约1秒
}
```

清单 3.5　源文件 led.c

```
#ifndef __DELAY_H__
#define __DELAY_H__

#include "consts.h"

void delay_us(uint count);                      //微秒延时函数声明
void delay_ms(uint count);                      //毫秒延时函数声明

#endif
```

清单 3.6　头文件 delay.h

```
#include "delay.h"

void delay_us(uint count){while(count-->0);}           //延时函数定义
void delay_ms(uint count){while(count-->0)delay_us(60);}
```

清单 3.7　源文件 delay.c

```
#ifndef __CONSTS_H__
#define __CONSTS_H__

#include <reg51.h>

#define LED_TURN_ON    0x0                        //LED亮状态宏定义
#define LED_TURN_OFF   0x1                        //LED熄灭状态宏定义
#define TIME_INTERVAL 1000                        //LED闪烁时间间隔宏定义

sbit LED = P1^7;                                  //定义LED控制引脚别名

typedef unsigned int uint;

#endif
```

清单 3.8　头文件 consts.h

扩展名为 .c 的文件称为源文件（Souce File），扩展名为 .h 的文件称为头文件（Header File）。头文件通常仅包含变量或函数的声明（不是定义）、宏定义、特殊功能寄存器定义，它通常被源文件使用 **#include** 预处理器指令包含。

可以看到，我们把源代码划分后放在不同的文件中，每一个文件只包含与某一项功能相关的代码。例如，led.c 仅包含与 LED 控制相关的代码，delay.c 仅包含时间延时相关的代码。后续如果有更多的功能，则可以添加到对应的文件当中。如果项目中添加了全新的功能模块，则可以再新建源文件与头文件负责处理。

除 main 函数所在的源文件 simple_led_key_driver.c 外，其他源文件都包含了同名的头文件。头文件只做了函数原型的声明，而函数的具体定义则放在同名源文件中。每一个头文件都会首先使用条件编译指令 **#ifndef** 定义一个唯一的标识符，它的命名规则一般由前后加下划线的头文件名全大写（这只是惯例，并非必须这么做）组成，这样可以防止头文件被重复包含，在大型工程中可以提升编译效率。

条件编译指令 **#ifndef** 所起的作用是：如果当前标识符没有定义过，就定义它并编译该头文件，如果同一个项目中的另一个文件中也包含了相同的头文件，它会首先判断标识符是否定义过，由于刚才已经定义过，所以就会略过相同的头文件。

很明显，模块化后的源代码更多且显得更烦琐了，简单的源代码当然没有这样做的必要，但是项目越复杂，进行模块划分后会更容易管理。本书为了使代码更简洁，不使用这种模块划分方式，这里读者主要了解一下设计思想即可。

第 4 章

LED 数码管静态驱动原理

如果你觉得实现 LED 闪烁功能没什么挑战，那就试试 LED 数码管（segment display，下文简称数码管）吧！它是将多个 LED 发光单元制作成一定的形状，并按特定位置排列封装在一起的显示器件。最常用的数码管是"8"字型的，相应的一位数码管引脚定义通常如图 4.1 所示。

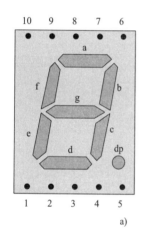

1	e
2	d
3	A(C)
4	c
5	dp
6	b
7	a
8	A(C)
9	f
10	g

a)

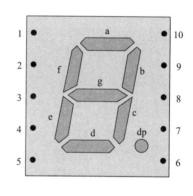

1	g
2	f
3	A(C)
4	e
5	d
6	dp
7	c
8	A(C)
9	b
10	a

b)

图 4.1　一位数码管的引脚定义

一位数码管通常有两种引脚排列方式，图 4.1b 所示排列方式一般存在于尺寸比较小的数码管中（例如 9mm），这样可以使引脚的间距不会那么紧张（因为数码管的宽度比较小）。这里所说的 9mm 指的是数码管"8"字的高度，换算成英制单位就是 0.36in（英寸），如图 4.2 所示。

英寸是电子工程师对数码管大小的通俗称谓，其他常用的还有 0.4 英寸、0.56 英寸等。为了方便对数码管进行显示控制，我们使用字母对每个 LED 发光单元进行了标记，也称为"段（Segment）"。"8"字型数码管按段的数量通常可分为七段与八段，后者比前者多了右下方

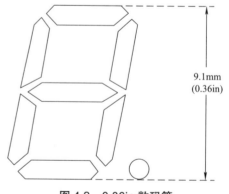

9.1mm
(0.36in)

图 4.2　0.36in 数码管

那一个小数点（dp）发光单元。需要注意的是，不同厂家数码管的引脚分布可能不是完全一致的，对于图 4.1a 所示数码管，左下角引脚号为 1，其对应为 e 段，然后逆时针分别为引脚 2，其对应为 d 段，其他依此类推。

LED 数码管按内部 LED 发光单元的具体连接方式可分为共阳（Common Anode，CA）与共阴（Common Cathnode，CC）两类，共阳八段 LED 数码管的内部电路如图 4.3 所示。

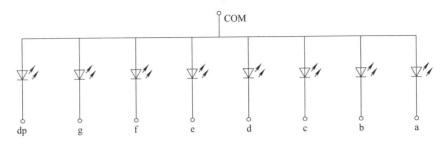

图 4.3　共阳八段 LED 数码管内部电路

从图中可以看到，八个段对应的 LED 阳极都是连接在一起的，所以才称其为共阳极，而这个公共阳极引脚也经常会标记为 COM。在实际应用时，共阳数码管的 COM 引脚应该与高电平（通常是正电源）连接，此时如果将某个 LED 的阴极设置为低电平 "0"，相应的字段就会被点亮，而将某个 LED 的阴极设置为高电平 "1" 时，相应的字段就不会被点亮。例如，显示数字 "6" 时对应各段的状态如图 4.4 所示。

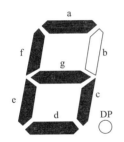

段	g	f	e	d	c	b	a
电平	0	0	0	0	0	1	0

图 4.4　共阳数码管的输入电平相应的显示状态

还有一种共阴极类型的 LED 数码管，它将所有 LED 的阴极连接到一起并引出一个公共阴极（COM）。与共阳数码管恰好相反，在实际应用时，COM 引脚应该接低电平（通常是公共地），相应的内部电路如图 4.5 所示。

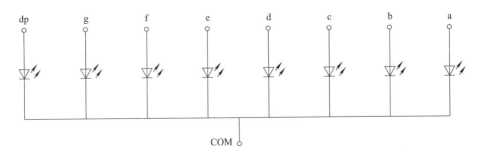

图 4.5　八段 LED 共阴数码管内部电路示意

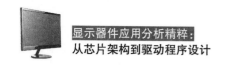
图 4.1 中引脚名 A(C) 就表示"共阳（共阴）"，这也意味着同一型号数码管的引脚是完全兼容的。为了方便后续使用单片机控制数码管显示需要的字符，这里总结了显示各种字符时各段对应的输入电平状态。共阴数码管的显示字符与相应的驱动电平信号见表 4.1 所示。

表 4.1　共阴数码管显示字符及相应的驱动电平信号

显示字符	g	f	e	d	c	b	a	十六进制
0	0	1	1	1	1	1	1	0x3F
1	0	0	0	0	1	1	0	0x06
2	1	0	1	1	0	1	1	0x5B
3	1	0	0	1	1	1	1	0x4F
4	1	1	0	0	1	1	0	0x66
5	1	1	0	1	1	0	1	0x6D
6	1	1	1	1	1	0	1	0x7D
7	0	0	0	0	1	1	1	0x07
8	1	1	1	1	1	1	1	0x7F
9	1	1	0	1	1	1	1	0x6F
A	1	1	1	0	1	1	1	0x77
b	1	1	1	1	1	0	0	0x7C
C	0	1	1	1	0	0	1	0x39
d	1	0	1	1	1	1	0	0x5E
E	1	1	1	1	0	0	1	0x79
F	1	1	1	0	0	0	1	0x71
H	1	1	1	0	1	1	0	0xE6
L	0	1	1	1	0	0	0	0x78
P	1	1	1	0	0	1	1	0xE3
—	1	0	0	0	0	0	0	0x80

所有段驱动电平的十六进制码称为**字型码**（注意各段对应字型码的位顺序，低位为段 a，高位为段 g），将共阴数码管的字型码**取反**就可以直接驱动共阳数码管。例如，共阳数码管需要显示字符"6"时，将共阴数码管显示字符"6"所需的字型码 0x7D（0b111_1101，下划线为位分隔符，无实际意义，当位数比较多时有助于阅读）全部取反（非逻辑）得到 0x02（0b000_0010）即可。

在使用单片机产生控制电平时，一般不使用引脚直接驱动数码管，因为需要的控制引脚数量比较多，单片机消耗的总电流可能会比较大，容易引起发热而导致系统不稳定。最常用的方法就是使用三极管间接驱动，**共阴**数码管的驱动方案仿真电路如图 4.6 所示。

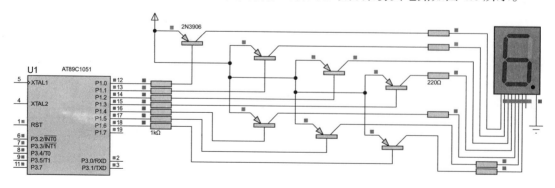

图 4.6　单片机间接驱动共阴数码管

在硬件电路设计方面，需要特别注意数码管段引脚与单片机 P1 控制引脚之间的对应关系。Proteus 软件平台中一位数码管引脚定义从左至右依次为 a、b、c、d、e、f、g、dp（未使用），我们将 P1 口的最低位 P1.0 与段 a 对应，将 P1.6 与段 g 对应，这意味着表 4.1 中的共阴字型码可以直接使用。

下面来实现数码管循环显示数字 0 ~ 9 的功能，其相应的源代码如清单 4.1 所示。

```c
#include <reg51.h>

typedef unsigned char uchar;                    //定义类型别名
typedef unsigned int uint;

void delay_us(uint count){while(count-->0);}     //延时函数
void delay_ms(uint count){while(count-->0)delay_us(60);}

uchar code display_char[]=                       //共阴数码管字型码
        {0x3F,0x06,0x5B,0x4F,0x66,0x6D,0x7D,0x07,0x7F,0x6F};

void main(void)
{
    int i = 0;                                   //将显示的数字初始化为0

    while(1) {

        P1 = ~display_char[i];                   //设置数码管各段的状态
        delay_ms(1000);                          //延时约1秒

        if (i++>8) {                             //0到9循环计数
          i = 0;
        }
    }
}
```

清单 4.1　驱动共阴数码管源代码

首先定义了一个 display_char 数组，并且使用表 4.1 所示共阴数码管的字型码进行初始化，数组索引 0 所在位置保存数字 0 的字型码，数组索引 1 所在位置保存数字 1 的字型码，其他依此类推。这样我们就可以直接通过查表的方式获得数字 0 ~ 9 对应的字型码。

接下来发生的事情就很容易预料到了，在 main 函数中，我们定义了一个变量 i 保存将要显示的数字，同时将其初始化为 0，表示将要从 0 开始显示。然后在 while 语句中利用变量 i 从 display_char 数组中查到数字 0 对应的字型码赋给 P1 口，也就能够将数码管显示数字 0。紧接着我们延时约 1 秒后再对变量 i 进行累加，变量 i 每变化一次就能够使数码管显示相应的数字。当变量 i 累加后的值大于 8（也就是当前显示数字为 9）时置 0，然后循环执行上述过程即可。

需要注意的是，我们在将字型码推送到 P1 口之前将其进行了位取反（运算符" ~ "），这是为了抵消 PNP 型三极管本身就是反相逻辑的事实。另外，图 4.6 所示电路在仿真时有些显示数字会出现乱码，这是由于数码管的仿真模型导致的，实际器件搭建的电路不会出现这种问题。

下面同样来看看共阳数码管的驱动方案，如图 4.7 所示。

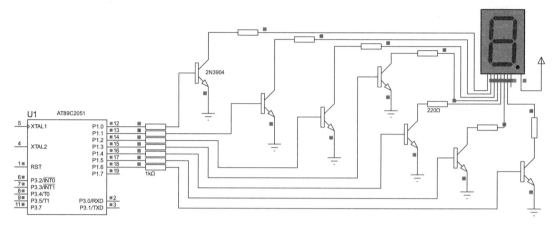

图 4.7 单片机间接驱动共阳数码管

图 4.7 所示电路的仿真结果完全无效（使用实际元器件搭建的电路是可以正常工作的），总是显示数字 8（图 4.6 所示电路的仿真结果虽然有些乱码，但还是可以看得出显示数字的变化）。这是因为 Proteus 软件平台中数码管的显示行为是由软件模拟的，它将所有段引脚都定义为**输入（Input）**，当三极管因基极输入为低电平而处于截止状态时，理论上相应的段引脚上出现的是高电平（而使发光单元熄灭），但是 LED 数码管仿真器件可不像实际的 LED 那样：**给阳极施加正电压就会从阴极出现稍小一些的正电压**。换句话说，此时所有三极管都工作在开集（Open Collector，OC）输出状态（三极管的集电极是开路的），它们不具备输出高电平而让数码管熄灭的能力。为了让其显示正常，我们需要在每个三极管的集电极与电源之间连接一个上拉电阻（例如 1kΩ），代码可以直接使用清单 4.1，但要取消给 P1 赋值前的取反操作。

可以看到，使用三极管驱动 LED 数码管需要的元器件还是有点多，为了进一步简化电路，也可以使用 ULN2003A 芯片来驱动，如图 4.8 所示。

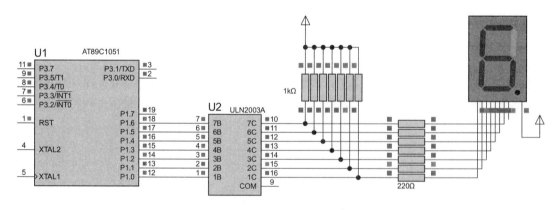

图 4.8 使用 ULN2003A 芯片驱动共阳数码管

ULN2003A 内部包含 7 路反相器，它发挥的功能与图 4.7 所示电路中的 NPN 型三极管完全一样（即输入端为高电平时输出端为低电平，输入端为低电平时输出端为高电平），只不过每个反相器都是由高耐压、大电流的复合管组成，可以用来驱动高达 500mA 的电流，用来驱动 LED 数码管自然也不在话下。

ULN2003A 内部每一路反相器的电路结构如图 4.9 所示。

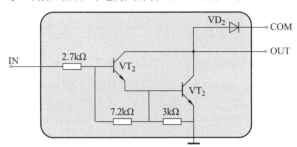

图 4.9　ULN2003A 内部反相器

由于输入已经集成了一个 2.7kΩ 的基极电阻，所以可以省略三极管基极的限流电阻，3kΩ 的电阻可以将 VT_1 的部分穿透电流分流到地，防止进一步被 VT_2 放大引起热失控现象。另外，每一路反相器的输出都与一个二极管的阳极连接，在驱动诸如继电器、电动机等感性负载时，二极管的阴极（COM 引脚）**必须**与电源连接，该二极管反相并联在感性负载两端，当负载回路断开时能够为电感提供续流回路（也因此而称为续流二极管），以防止电感两端产生高压击穿三极管。很明显，ULN2003A 也是 OC 输出结构，所以我们在仿真电路中加入了 7 个上拉电阻才能使结果正确，这些上拉电阻在实际元器件搭建的电路中也是不需要的。

还有一种"米"字形数码管，其内部结构与"8"字形数码管完全一样，只不过具有更多的发光段而已，在此我们仅给出两种"米"字形数码管的常用段定义，如图 4.10 所示。

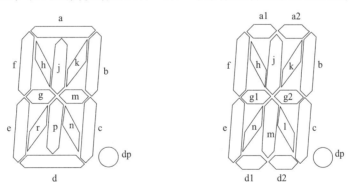

图 4.10　"米"字形数码管段定义

对于不愿进行代码的烦琐编写但又想体验数码管显示控制的读者，可以使用更方便的 VisualCom 软件平台，它所包含的显示仿真器件比 Proteus 软件平台更丰富。先来看看**单步运行**状态下的一位共阴数码管显示仿真效果，如图 4.11 所示。

VisualCom 软件平台有一个非常方便的功能就是"数据预置"，可以给从器件库调出的器件预置一个或多个数据或命令，并实时观察相应的显示状态及内部寄存器或内存数据（如果器件有的话，详见后述）。为了得到图 4.11 所示仿真效果，先从"元器件库"中调入相应的仿真器件，然后用鼠标右键单击该器件，在弹出的快捷菜单中选择"数据预置"项（或单击工具栏上"数据预置"按钮），即可弹出"数据预置"对话框，预置的数据如图 4.12 所示。

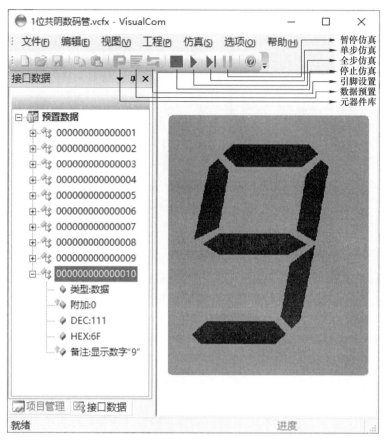

1位共阴数码管.vcfx - VisualCom
文件(F) 编辑(E) 视图(V) 工程(P) 仿真(S) 选项(O) 帮助(H)
暂停仿真
单步仿真
全步仿真
停止仿真
引脚设置
数据预置
元器件库
接口数据
预置数据
000000000000001
000000000000002
000000000000003
000000000000004
000000000000005
000000000000006
000000000000007
000000000000008
000000000000009
000000000000010
类型:数据
附加:0
DEC:111
HEX:6F
备注:显示数字"9"
项目管理
接口数据
就绪
进度

图 4.11　一位共阴数码管仿真效果

数据预置
序号 类型 附加 十进制 十六进制 自定义备注
1 数据 0 63 3F 显示数字"0"
2 数据 0 6 6 显示数字"1"
3 数据 0 91 5B 显示数字"2"
4 数据 0 79 4F 显示数字"3"
5 数据 0 102 66 显示数字"4"
6 数据 0 109 6D 显示数字"5"
7 数据 0 125 7D 显示数字"6"
8 数据 0 7 7 显示数字"7"
9 数据 0 127 7F 显示数字"8"
10 数据 0 111 6F 显示数字"9"
插入数据
插入命令
批量插入
移至顶部
上移一行
下移一行
移至底部
删除
删除所有
插入数据
插入命令
批量插入...
导入...
进度：
确定
取消

图 4.12　预置的数据

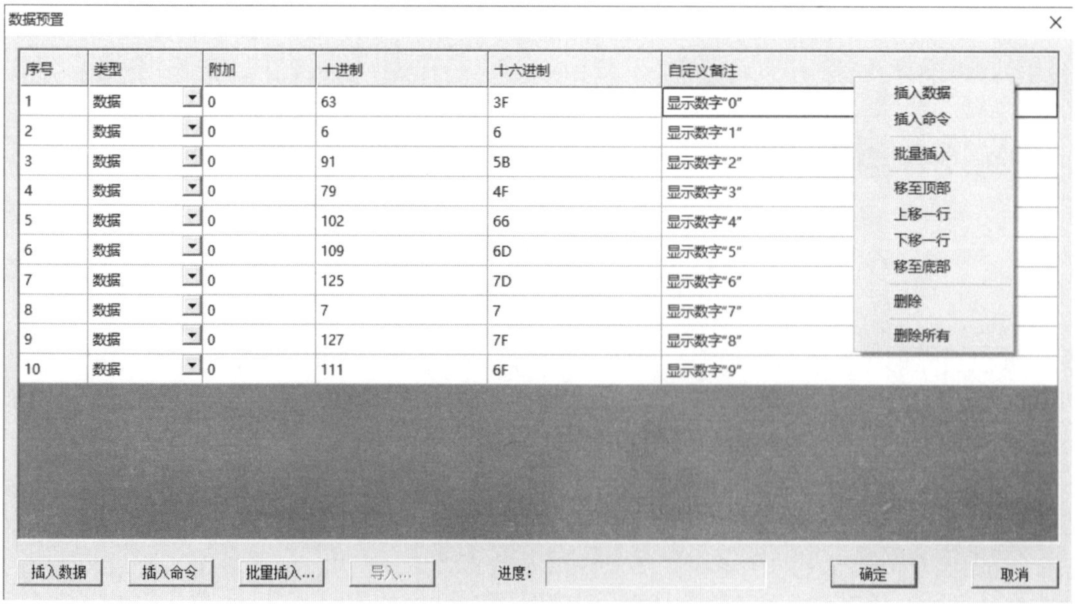

"预置数据"对话框中有一个表格，可以插入想要的数据行。其中，"**类型**"栏中可以是**数据**或**命令**，对于数码管这类简单的显示器件而言没有意义。"**附加**"栏是扩展项，仅对特殊的器件有效。"**十进制**"与"**十六进制**"栏表示插入的具体数据或命令，两栏的数据完全一样，当向"十进制"栏输入"63"，"十六进制"栏中就会显示"3F"，反之亦然，这可以方便不同的进制数据输入的场合。"**自定义备注**"栏可以为插入的行做注释。

为了插入数据或命令行，可以选择左下角的"插入数据"或"插入命令"按钮，这会在表格的结尾插入行，也可以用鼠标右键单击某行后在弹出的快捷菜单中选择相应的选项，这可以在点击的某行上方插入一行。当然，也可以对数据行进行移动、删除等操作，此处不再赘述，详情可参考 VisualCom 软件平台的帮助文档。

该数码管的段引脚定义与表 4.1 完全一样，而且还包含了小数点（dp）与冒号（colon），预置数据与段的对应关系如图 4.13 所示。

段	colon	dp	g	f	e	d	c	b	a
预置数据	0	0	1	1	0	1	1	1	1

↑ 最高位　　　　　　　　　　　　　　　　　　最低位 ↑

图 4.13　预置数据与段的对应关系

图 4.13 中的预置数据为 0b0_0110_1111（0x6F），也就是数字"9"的共阴字型码。如果还需要同时点亮小数点与冒号，则相应的预置数据应为 0b1_1110_1111（0x1EF）。我们在图 4.12 中预置了表 4.1 所示数字 0 ~ 9 的字型码，单击"确定"按钮后返回主窗口，每执行一次"单步运行"就会执行一条预置数据，多次执行"单步仿真"即可观察到数码管依次显示数字 0 ~ 9，"接口数据"窗口中会显示当前处理的预置数据。另外，VisualCom 软件平台也有"米"字形数码管，有兴趣的读者可自行仿真，此处不再赘述。

注 1：在后续讨论显示器件的过程中，如果 Proteus 软件平台并不存在对应的仿真器件，或者驱动源代码大部分是类似的（例如控制时序完全相同，只是发送的数据有些差别），为节省篇幅，我们都会借助 VisualCom 软件平台进行仿真与分析。

注 2：有关开集、热失控、续流二极管等内容的详细讨论，可参考系列图书《三极管应用分析精粹》。

第 5 章

LED 数码管静态驱动逻辑芯片

讨论完图 4.7 与图 4.8 所示的驱动共阳数码管电路实例后，有人可能会想：从原理上讲，这两个电路中的三极管与 ULN2003A 都是一个非逻辑，那我直接使用（手头恰好仅有的）74LS04（六反相器）代替也应该是可以的呀！真是一个举一反三的好学生，说做就做，于是马上搭建相应的仿真电路，如图 5.1 所示。

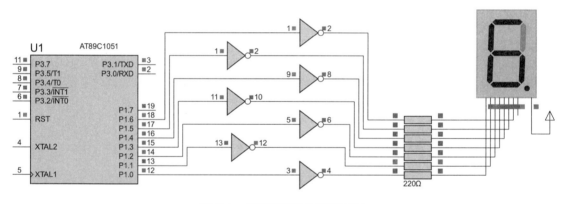

图 5.1　反相器驱动共阳数码管

仿真电路中的数码管显示状态完全正确，然后兴冲冲地着手硬件电路的焊接与调试，发现也能够使数码管达到预定的效果。尽管如此，并不建议使用 74LS04 来驱动数码管（当然，只是搭建电路玩一玩还是可以的），原因就在其数据手册给出的推荐工作条件，见表 5.1。

表 5.1　74LS04 推荐工作条件

符号	参数	最小值	典型值	最大值	单位
V_{CC}	供电电压	4.75	5	5.25	V
V_{IH}	高电平输入电压	2	—	—	V
V_{IL}	低电平输入电压	—	—	0.8	V
I_{OH}	高电平输出电流	—	—	−0.4	mA
I_{OL}	低电平输出电流	—	—	8	mA

表 5.1 中标记低电平输出电流的推荐最大值只有 8mA，如果数码管需要的驱动电流更大就不太适合（显示亮度达不到要求）。虽然将限流电阻减小后，输出电流自然会有所上升，但长时间工作在超出芯片推荐参数的状态可能会导致无法预知的后果。

有人可能还是会抬杠：那用 74HC04 总可以吧（见本章末尾注），我看它的输出额定电流都达到 25mA 了！然而，仍然不推荐这样做，答案还是在数据手册中，见表 5.2 中的极限工作条件。

表 5.2　74HC04 极限工作条件

符号	参数	测试条件	最小值	最大值	单位
V_{CC}	供电电压	—	−0.5	+7.0	V
I_{IK}	输入二极管电流	$V_1 < −0.5V$ 或 $V_1 > V_{CC}+0.5V$	—	± 20	mA
I_{OK}	输出二极管电流	$V_1 < −0.5V$ 或 $V_1 > V_{CC}+0.5V$	—	± 20	mA
I_O	输出电流	$−0.5V < V_O < V_{CC}+0.5V$	—	± 25	mA
I_{CC}, I_{GND}	V_{CC} 或 GND 电流	—	—	± 50	mA

虽然 74HC04 的输出驱动电流达到了 25mA，但是 I_{CC} 与 I_{GND} 最大值仅为 50mA，也就是说，74HC04 的总供电电流不能超过 50mA。如果六个反相器驱动一个数码管，每个输出引脚的驱动电流只要超过 10mA，就已经超出了总供电电流的极限值，这也是不严谨的电路设计。

总之，**无论如何都不应该以"想当然（猜）"的态度进行电路设计，电路系统中每一个网络的电流或电压设置都应该做到有理有据**。

对于实在懒得去分析数码管各种显示字符对应字型码的读者，也可以使用 74 系列逻辑芯片中的二—十进制（Binary-Coded Decimal，BCD）码转七段（Seven Segment）译码器 74LS46/47（驱动共阳数码管）或 74LS48（驱动共阴数码管），这样只需要输入 0～9 对应的二进制电平信号就可以显示相应的数字了，是不是很方便？以 74LS47 驱动共阳数码管为例，相应的 Proteus 软件平台仿真电路如图 5.2 所示（数码管的段引脚从左至右依次分别与 74LS47 输出 QA、QB、QC、QD、QE、QF、QG 连接）。

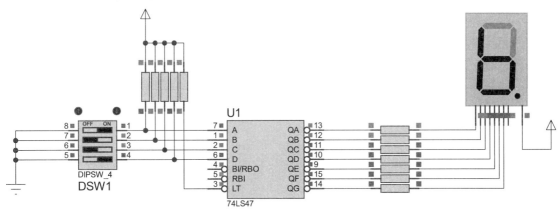

图 5.2　逻辑芯片 74LS47 驱动共阳数码管

74LS46/47 的输出也是 OC 结构，这意味着它们不具备输出高电平的能力，如图 5.3 所示。

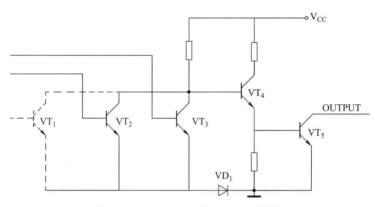

图 5.3　74LS46/47 的 OC 输出结构

这是一个"或逻辑"电路，当 VT_1（虚线表示实际可能是二输入或三输入或门）、VT_2、VT_3 任意一个基极输入为高电平时而导通时，VT_4 的基极则为低电平，这将导致 VT_4 与 VT_5 均处于截止状态，此时输出（OUTPUT）处于悬空（OC）状态。为了输出高电平，我们必须在 VT_5 的集电极与电源 V_{CC} 之间连接一个上拉电阻。当想通过给 VT_1、VT_2、VT_3 的基极输入低电平而使 VT_5 处于导通状态时，同样也需要上拉电阻给 VT_5 集电极提供电压才能输出低电平。在驱动共阳数码管时，限流电阻与其串联的每个 LED 发光单元就相当于上拉电阻，而 VT_5 处于截止状态时输出将会被拉高（当然，这只是实际元器件的电路行为，仿真电路中可并不一定是这样）。

OC 输出结构的好处就在于可以方便地实现"线与（Wire-AND）"逻辑，如果要实现多个信号线的"与"逻辑运算，可能会想到使用与逻辑电路芯片，但这毫无疑问会增加成本，使用 OC 输出就可以直接把这几个信号连接在一起即可，如图 5.4 所示。

只要连接一个共用的上拉电阻，就可以实现多个信号的与逻辑，而且它带来的另一个好处是：**通过给上拉电阻连接不同的电源，就可以方便地实现电平转换，以达到匹配后级接收电路的目的。**

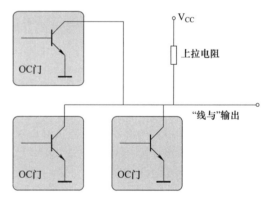

图 5.4　多个 OC 输出形成的线与逻辑

有些读者可能想问：按照表 4.1 所示电平状态，图 5.2 所示数码管的段 a 不是也应该处于点亮状态吗？另外，为什么要通过一个电阻将引脚 $\overline{LT}$ 上拉到高电平呢？为了找到答案，下面来看一下 74LS47 的功能真值表，见表 5.3。

这里提醒一下：**引脚名上面加一横线表示低有效**（不同厂家也会有其他不同的表达方式，例如，在引脚名后面加符号"#"或小写字母"n"，读者了解一下即可）。通俗地说，当我们把低有效的引脚拉低时，它所代表的功能才会起到作用。例如，AT89C1051 的复位引脚名为 RST，表示复位引脚是高有效的，当我们把 RST 引脚设置为高电平时，单片机将处于复位状态，有些单片机的复位引脚名为 $\overline{RST}$，这就表示必须把它设置为低电平才能将单片机复位。

表 5.3　74LS47 功能真值表

十进制或功能	输入							译码输出						
	$\overline{LT}$	$\overline{RBI}$	D	C	B	A	$\overline{BI}/\overline{BRO}$	$\overline{a}$	$\overline{b}$	$\overline{c}$	$\overline{d}$	$\overline{e}$	$\overline{f}$	$\overline{g}$
0	H	H	L	L	L	L	H	L	L	L	L	L	L	H
1	H	X	L	L	L	H	H	H	L	L	H	H	H	H
2	H	X	L	L	H	L	H	L	L	H	L	L	H	L
3	H	X	L	L	H	H	H	L	L	L	L	H	H	L
4	H	X	L	H	L	L	H	H	L	L	H	H	L	L
5	H	X	L	H	L	H	H	L	H	L	L	H	L	L
6	H	X	L	H	H	L	H	H	H	L	L	L	L	L
7	H	X	L	H	H	H	H	L	L	L	H	H	H	H
8	H	X	H	L	L	L	H	L	L	L	L	L	L	L
9	H	X	H	L	L	H	H	L	L	L	H	H	L	L
10	H	X	H	L	H	L	H	H	H	H	L	L	H	L
11	H	X	H	L	H	H	H	H	H	L	L	H	H	L
12	H	X	H	H	L	L	H	H	L	H	H	H	L	L
13	H	X	H	H	L	H	H	L	H	H	L	H	L	L
14	H	X	H	H	H	L	H	H	H	H	L	L	L	L
15	H	X	H	H	H	H	H	H	H	H	H	H	H	H
$\overline{BI}$	X	X	X	X	X	X	L	H	H	H	H	H	H	H
$\overline{RBI}$	H	L	L	L	L	L	L	H	H	H	H	H	H	H
$\overline{LT}$	L	X	X	X	X	X	H	L	L	L	L	L	L	L

可以看到，当输入 BCD 码为 6 时，段 a 与 b 为高电平，而表 4.1 中却只有段 b 为高电平（共阳驱动电平取反），这只是芯片的译码规则不同而已。另外，在输入 0～15 共 16 个 BCD 码时，必须将 LT 设置为高电平才能够使段输出有效，下面结合芯片内部功能框图详细讨论一下该控制引脚的具体含义，如图 5.5 所示。

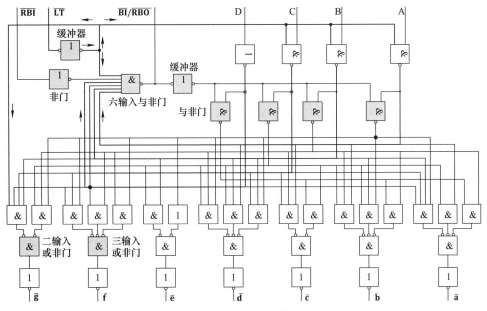

图 5.5　74LS47 逻辑框图

当$\overline{LT}$（Lamp Test Input，试灯输入）为低电平时，无论输入的 BCD 码为多少，所有段输出均为低电平（共阳数码管显示数字"8"），这可以用来测试数码管各段是否能够正常发光。$\overline{LT}$低电平的控制路径有三条，其一经过缓冲器（**逻辑门输入或输出的圆圈代表非逻辑，线路上两个圆圈相当于两次非逻辑，所以逻辑并没有发生变化，它起到缓冲输入电平的作用，这样可以提升带负载能力。如果没有进行电平缓冲，就相当于外部给$\overline{LT}$引脚施加的信号会直接驱动芯片内部多个逻辑门，这将会加重电路设计者的负担，因为我们得提供输出电阻足够小的信号，以避免出现驱动能力不足的现象**）后与 A、B、C 进行与非逻辑运算，相当于输入 BCD 码的低 3 位都是 0，而输入 D 并没有被$\overline{LT}$直接控制，所以输入的四位有效 BCD 码只能是 0b0000（0，没有加前后缀表示十进制）或 0b1000（8）。

再回看表 5.3。当输入 BCD 码分别为 0 或 8 时，除段 g 外其他都是 0，所以当务之急是把段 g 也拉低。为此$\overline{LT}$低电平**另一方面使四输入与门**（左下方）输出低电平，然后与旁边的**三输入与门**的输出同时连接到**两输入或非门**（与门输入有两个圆圈，表达的逻辑为 $Y = \overline{A}\overline{B}$，转换一下则有 $Y = \overline{A+B}$）。

也就是说，为了最终成功将段 g 拉低，我们还必须将**三输入与门**的所有输入都设置为低电平，这涉及$\overline{LT}$的第三个路径，即$\overline{LT}$低电平经缓冲器后使**六输入与非门**输出高电平，经过缓冲器后（电平不改变）使能四个与非门（灰色填充的，最左侧那个此时没有使用到）。由于$\overline{LT}$为低电平，而三个与非门的另一个输入也都为高电平，这样输出都为低电平，它们连接到**三输入与门**而使其输出高电平，最后通过**非门**拉低段 g 的引脚电平，第一个回合打完收工。

在正常工作时，如果输入 BCD 码为全 0，译码器输出本应该驱动数码管显示数字 0，然而一旦$\overline{RBI}$（Ripple Blanking Input，行波灭零输入，顾名思义，就是"消灭"数字 0 显示，至于行波是什么意思呢？很快我们就会知道）为低电平，则译码器输出为全 1，数码管将没有点亮的段，也就达到了"消灭"数字 0 显示的目的。从图 5.5 可以看到，$\overline{RBI}$为低电平（经过非门后为高电平）时并不影响**六输入与非门**的状态，但此时其他五个输入引脚都为高电平（其中四个来自全 0 的输入 BCD 码经**非逻辑**所得，另一个为高电平状态的$\overline{LT}$），由此获得的输出低电平经缓冲器后使四个与非门输出为高电平，它们将使所有段输出都拉高。

$\overline{BI}$（Blanking Input，灭灯输入）可以控制多位数码管的灭灯状态，当其为低电平时，无论其他输入引脚处于什么状态，译码器输出均为高电平，这样共阳数码管将全部熄灭。从图 5.5 可以看到，它把**六输入与非门**的输出强行设置为低电平，这样输入 BCD 的状态不再影响该低电平，也就可以将前述灭灯状态一直保持。简单地说，我们不但可以在译码输出为 0 时灭灯，其他译码输出也可以进行灭灯。

有人可能会问：当**六输入与非门**的任意一个输入为低电平时，它的输出不就被上拉为高电平了吗？灭灯输入不就无效了？问得好！我们来看看这块电路的结构，如图 5.6 所示。

从图中可以看到，左侧（**六输入与非门**）是连接有上拉电阻的 OC 结构输出，所以它具备"线与"逻辑功能，而右侧是一个标准 TTL（Transistor-Transistor Logic，三极管—三极管逻辑）电路输入。当$\overline{BI}$引脚从外部被拉低之后，即使**六输入与非门**的输入状态试图使输出为高电平，也不会影响已有的低电平状态（"线与"逻辑）。在正常显示时，$\overline{BI}$引脚可以悬空，图 5.2 就是这样做的。

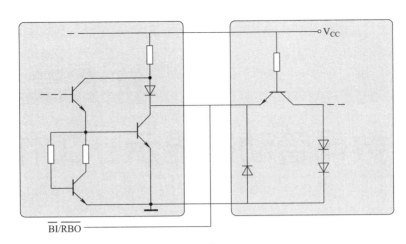

图 5.6 $\overline{BI}$引脚结构

有时候可能会有这种需求：如果显示的数字以"0"开头就不显示那些无意义的"0"，例如，数字"0098"就仅显示"98"，"0"对应的数码管则完全熄灭，该怎么办呢？这涉及与$\overline{BI}$复用的一个引脚$\overline{RBO}$（Ripple Blanking Output，行波灭零输出），它可以控制多位数码显示的灭灯状态，这是什么意思呢？也就是说，可以把这个引脚与其他 74LS46/47 芯片的$\overline{RBI}$连接，从而获得多位数码管同时灭零的功能。

有人可能会问：$\overline{RBO}$功能有什么用？我直接把所有$\overline{RBI}$连接在一起控制灭零不是一样吗？这似乎很有道理，但是如果有 100 个甚至更多数码管需要灭零该怎么办？使用一个单片机引脚同时驱动这么多并联的$\overline{RBI}$（相当于驱动多个逻辑门）可并不现实，很有可能会出现前述驱动能力不足的现象，因为一个引脚的扇出系数（驱动同类逻辑门的个数）总是有限的。更何况，也不能把所有的零都灭掉呀，假设现在要显示数字"9800"，这里面的两个"0"可是有实际意义的。

如果把第一片 74LS47 的$\overline{RBO}$与第二片 74LS47 的$\overline{RBI}$连接，第二片的 74LS47 的$\overline{RBO}$与第三片$\overline{RBI}$连接，其他依此类推，灭零控制信号将**逐级**像水波纹一样扩散到达所有需要灭零的芯片，这就是行波的意思。如果某一级输出显示数字不为零，就不会对剩下串联的74LS47 发出灭零控制信号，如图 5.7 所示。

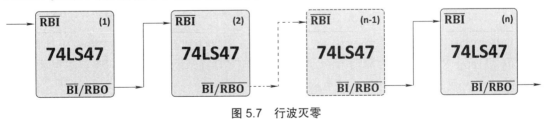

图 5.7 行波灭零

注："LS"系列芯片基于 **TTL 工艺**，表示"Low Power Schottky Logic（低功耗肖特基逻辑）"，内部电路是由双极型晶体管（三极管）制作而成，而"HC"系列芯片基于 CMOS（Complementary Metal Oxide Semiconductor，互补金属氧化物半导体）工艺，表示"High Speed CMOS Logic（高速 CMOS 逻辑）"，芯片内部电路由互补场效应管制作而成，后续还会进一步讨论。

第 6 章

LED 数码管动态显示：工作原理

从前文驱动 1 位数码管的显示原理可以看到，每个段的输入驱动电平在显示过程中都是持续性的（撤掉驱动电平将导致对应发光单元不亮），而且单片机进行驱动控制的引脚都是专用的（即一个发光单元对应一个控制引脚），我们把这种驱动数码管显示的方式称为**静态驱动**（Static Driving）。使用单片机以静态方式驱动一位数码管还算勉强足够，但是如果要驱动 2 位、4 位、8 位或更多位数码管呢？很明显，需要的控制引脚将会成倍增加，尽管更换其他引脚数量更多的单片机也不是不行，但是把过多引脚仅仅作为显示控制是非常不划算的（引脚也是一种资源），多位数码管当然也会考虑到这一点，它们通常采用**动态扫描**（Dynamic Scanning）驱动方式。

动态扫描与动画的工作原理是完全一样的，后者由一幅幅静态图片构成，每一幅图片之间只有一些细微的差别，当这些图片按照一定顺序快速切换时，由于人眼的视觉暂留效应，我们就感觉到活动的动画，图 6.1 所示为动画的基本原理，展示了一个正在向前跳跃的人。

图 6.1　动画的基本原理

形成动画的每一幅静态图片称为一帧（Frame），而把 1s 内切换（或播放）的帧数称为帧率（Frame Rate），它的常用单位为 f/s[⊖] 或赫兹（Hz）。很明显，每秒切换的帧数越多，相应的帧率也就越高。理论上，帧率越高则动画的显示就会越流畅，一般动画要求每秒帧数不小于 24 帧（电影的放映标准就是每秒 24 帧）。

精彩的动画已经播放完毕，该着手办点儿正事了！我们来看看 2 位共阳数码管的基本结构（共阴数码管是类似的，本书不再赘述），如图 6.2 所示。

⊖　即 Frames Per Second，习惯上将其写作 fps，为便于理解，下文均采用 fps 的写法。

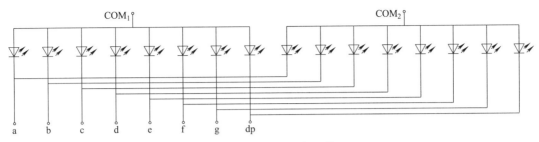

图 6.2　2 位共阳数码管

从图中可以看到，2 位数码管内部是由 2 个 1 位数码管组成的，只不过这 2 个数码管中都各有一个发光单元共用一个段驱动引脚，而 2 个数码管的公共电极则单独引了出来，我们称其为**位选通**（COM_1 与 COM_2）。也就是说，当我们使用单片机控制 N 位动态数码管时，需要的控制引脚仅仅是"8（段数量）+N"，而不是静态驱动时的"$8 \times N$"，也就可以节省大量的引脚资源。

为了让两位数码管能够显示不同的数字，可以按照一定的顺序（通常是从左到右，或反之）逐位显示不同的数字，只要每一位数字显示的时间足够长，并且扫描的速度足够快，人的眼睛就可以感觉到多位数码管在同时显示（不同的）数字。

我们来看看两位数码管是如何显示数字"52"的，如图 6.3 所示。

a) 0～t 期间　　　　　b) t～$2t$ 期间　　　　　c) $2t$～$3t$ 期间

图 6.3　动态扫描驱动两位数码管

首先使（左侧）第 1 位数码管在 $0 \sim t$ 期间显示数字"5"（对于共阳数码管，输出数字"5"字型码，同时将 COM_1 拉高），第 2 位数码管在此期间不显示（将 COM_2 拉低），如图 6.3a 所示。经过一段时间 t 后，第 2 位数码管显示数字"2"（对于共阳数码管，输出数字"2"字型码，同时将 COM_2 拉高），而第 1 位数码管在此期间不显示（将 COM_1 拉低），如图 6.3b 所示。也就是说，第 2 位数码管的显示时长也为 t。又经过一段时间 t 后，第 1 位数码管在 $2t \sim 3t$ 期间又显示数字"5"，第 2 位数码管在此期间又不显示，依此循环。

按一定顺序循环分别点亮各位数码管的动作称为**动态扫描**，相应的驱动时序如图 6.4 所示。

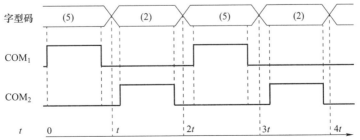

图 6.4　2 位共阳数码管的动态扫描时序

39

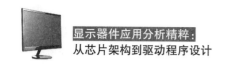

与动画类似，多位数码管被完整扫描一遍称为一帧。注意：**一帧不是每一位数码管点亮的画面，因为多位数字合在一起才算一幅完整的画面**。图6.3a与图6.3b合起来算是一帧，对应图6.4中时间段为 $0 \sim 2t$ 或 $2t \sim 4t$。

值得一提的是，在实际进行多位数码管扫描驱动设计时，**位选通电平的切换动作并不是同时发生的**，因为单片机在执行指令的过程中，字型码与位选通的推送是顺序执行的，要么字型码早一点，要么位选通早一点。如果位选通是同时切换的，可能会导致本应该给前一位数码管推送的字型码显示在后一位数码管（或反之），相应的时序细节如图6.5所示。

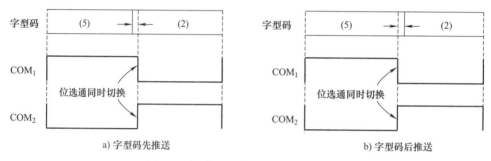

图6.5　位选通同时切换时的细节时序

对于图6.5a，由于字型码先推送，原本应该显示数字"5"的数码管却**短暂**显示了"2"，而图6.5b则恰好相反。把字型码在不正确位置有显示的现象为**显示串位**，它会严重影响数码管的显示效果。所以在实际编程时，通常会先把前一位选通**置为无效**，将后一位字型码推送后再使能相应的位选通（当然，也可以从字型码入手）。换句话说，图6.4中每位数码管的实际显示时间会略小于 t。

通常多位数码管的扫描帧率不应小于15fps，在显示位数一定的条件下，帧率越小则每位数字可以显示的时间就越长，这虽然能够使数码管的显示亮度更大，但帧率过小容易让人感到闪烁（看到数码管在逐位循环刷新数字），显示效果不太好。当然，帧率也不应该过大，不然每一位数字显示的时长就会过短，这可能会导致数码管显示亮度过小甚至无法点亮。

一般保证每位数字**显示时长**在数百微秒至数毫秒之间即可。假设扫描的帧率为25fps，两位数码管中每位数字的显示时长约为1s/25/2=20ms，四位数码管中每位数字显示时长约为10ms，八位数码管中每位数字显示时长约为5ms。换句话说，在每位数字的**显示时长**一定的情况下，需要扫描的数码管位数越多，相应的显示效果会越差（因为位数越多则帧率越低），为此我们只能适当地降低每个数码管的显示时长来保证最小的扫描帧率。

现在尝试使用单片机动态驱动四位共阳数码管，相应的Proteus仿真电路如图6.6所示。

电路中的4个NPN型三极管为共集连接组态，其集电极与基极的电平高低相同。74HC573为八路输出透明锁存器（Transparent Latch），它与三极管配合提供数码管驱动电流，这样做的好处就在于，流过数码管的电流路径依次是供电电源、处于导通状态的三极管、数码管发光单元、74HC573及公共地，而不会直接流过单片机控制引脚，也就可以避免单片机引脚直接驱动数码管可能带来的热稳定问题。

那什么是透明锁存器呢？我们来看看74HC573的内部结构，如图6.7所示。

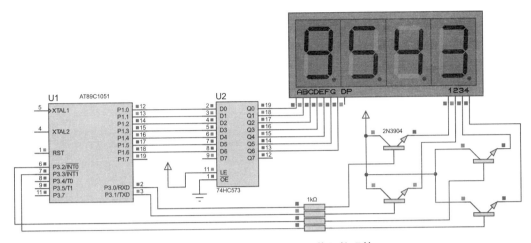

图 6.6　单片机动态驱动四位共阳数码管

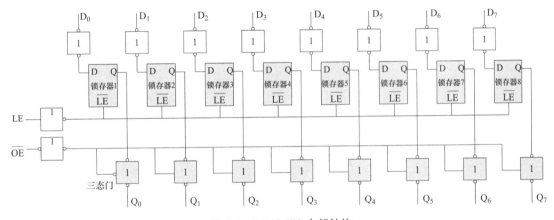

图 6.7　74HC573 内部结构

从图中可以看到，芯片内部有 8 个低有效使能（Latch Enable，$\overline{\text{LE}}$）的锁存器，统一由外部引脚 LE 控制。当 LE 引脚为高电平时，经非门后为低电平，锁存器处于使能状态，这意味着输入数据 D 将直接送到锁存器的输出 Q，也就相当于锁存器不存在（对于数据来说，锁存器是**透明**不可见的）。当 LE 引脚为低电平时，此时锁存器的 $\overline{\text{LE}}$ 均处于无效状态，这意味着数据输出 Q 处于保持状态（不随输入数据 D 变化而变化）。

另外，芯片还为每路锁存器的输出配置了一个低有效使能的三态门，统一由使能（Output Enable，$\overline{\text{OE}}$）引脚控制。下面来看看三态门的电路结构，如图 6.8 所示。

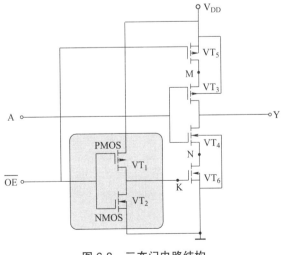

图 6.8　三态门电路结构

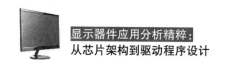
前面提过，74HC 系列逻辑芯片内部是由互补场效应管组成的，也就是说，一个 N 沟道场效应管（NMOS）对应一个 P 沟道场效应管（PMOS）。NMOS 管的开关行为与 NPN 三极管是相似的，控制栅极为低电平时处于截止状态，为高电平时则处于导通状态，PMOS 管则恰好相反。

先来关注 VT_1、VT_2 的开关行为。当 $\overline{OE}$ 为高电平时，VT_1 截止而 VT_2 导通，K 点由 VT_2 下拉到低电平。当 $\overline{OE}$ 为低电平时，VT_1 导通而 VT_2 截止，K 点由 VT_1 上拉到高电平。也就是说，VT_1、VT_2 组成了一个非门逻辑。由于任意一种状态下只有一个 MOS 管导通（不存在供电电源与公共地之间的直接电流通路），所以 CMOS 电路在静态时所消耗的功耗比较低。

当 $\overline{OE}$ 为高电平时（使能**无效**），它一方面直接使 VT_5 处于截止状态（使 M 点处于悬空状态），另一方面经非门变换为低电平后使 VT_6 也处于截止状态（使 N 点处于悬空状态）。此时无论输入 A 的状态如何，VT_3、VT_4 都是不导通的。换句话说，输出 Y 因悬空而呈现高阻状态。

当 $\overline{OE}$ 为低电平时（使能**有效**），它会使 VT_5、VT_6 同时导通，相当于是短路的（M 点与供电电源连接，N 点与公共地连接），而 VT_3、VT_4 的结构与 VT_1、VT_2 是完全一样的，也是一个非门逻辑，此时输出 $Y = \overline{A}$，相应的开关行为如图 6.9 所示。

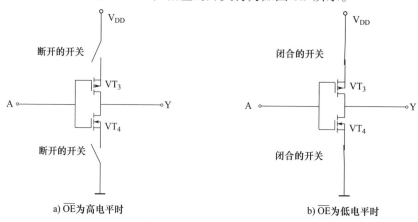

a) $\overline{OE}$ 为高电平时   b) $\overline{OE}$ 为低电平时

图 6.9　三态门的开关行为

三态门在多个器件需要在同一条总线（并行数据线）上传输数据时非常有用，下面来看看计算机 CPU 与各类外部设备接口之间的关系，如图 6.10 所示。

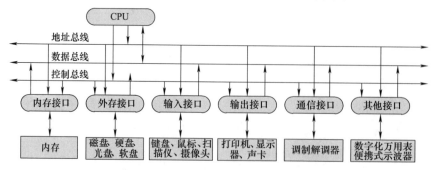

图 6.10　计算机 CPU 与各类外部设备接口

从图中可以看到，有很多接口同时连接在地址、数据、控制总线上（也称为"挂接在总线上"），虽然在使用计算机时，感觉键盘、鼠标、打印机、硬盘功能都可以**同时**使用，但实际上在硬件层面，**CPU 在任意时刻只能与一个接口打交道（也就是读写数据，或称为"占用总线"）**，它要与哪个接口打交道就得先使能相应的接口，需要与另一个接口打交道，就得先关闭当前接口（也就是悬空的）再使能另一个接口。这种轮流使能某一个器件再进行数据读写的方式称为**数据的分时传输**，CPU 把对多个接口的读写操作划分在多个短时间（也称为"时间片"）内实施。例如，我们在同一条总线上连接多个 74HC573，如果 CPU 需要读取某个芯片的数据，则相应的使能时序如图 6.11 所示（使能 $\overline{OE}$ 均由 CPU 控制）。

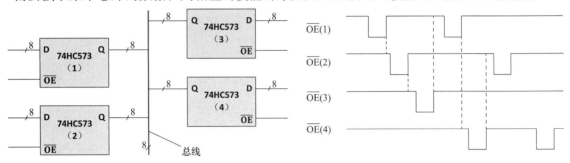

图 6.11　CPU 使能时序

图 6.11 中的短斜线表示总线，数字表示总线宽度（图中所示为 8 位）。可以看到，任意时刻仅有一个芯片的 $\overline{OE}$ 被拉低使能（输出数据 Q 有效），其余均为高电平（输出数据 Q 无效，呈现高阻态）。尽管 CPU 轮流对多个芯片读写数据（每个芯片相当于一个应用功能），但由于 CPU 处理的速度非常快，所以在直观感受上所有设备是同时在工作的。如果有多个接口同时被使能，同一时刻就会有多个接口往总线发送数据，这样会出现一种情况：**有些接口需要把数据线拉低，而另外有些接口需要把数据线拉高，相当于它们"打起架"来了**。我们把这种现象称为**总线冲突**（bus contention）或数据冲突。在总线冲突状态下自然无法正确传送数据，而且也很有可能会给硬件电路带来不可逆转的损坏。我们来看看如图 6.12 所示电路。

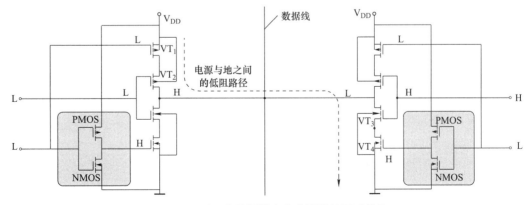

图 6.12　同一条数据线上多个器件被同时使能

两个 74HC573 同时使能并传输不同的数据（图示为一位数据），形成了从电源经 VT_1、

VT_2、VT_3、VT_4 到公共地的低阻直通路径，这将导致瞬间大电流使芯片发热，甚至损坏硬件。

再回到图 6.6 所示电路，由于 LE 与供电电源连接，此时锁存器功能无效（透明状态），而 $\overline{OE}$ 与公共地连接而处于使能状态，这也就意味着三态门处于数据输出有效状态。也就是说，我们实际上只是使用 74HC573 来缓冲输入数据，让它（输出三态门）承担直接驱动数码管的任务而已。

为了验证对功能框图的理解，还是应该进一步观察它的功能表，毕竟做设计的都希望"一板搞定"（一次 PCB 投板就成功），见表 6.1。

表 6.1   74HC573 功能表

操作模式	输入			内部寄存器	输出
	$\overline{OE}$	LE	D_N		$Q_0 \sim Q_7$
使能与读寄存器（透明模式）	L	H	L	L	L
	L	H	H	H	H
锁存与读寄存器	L	L	L	L	保持
	L	L	H	H	
锁存寄存器与关闭输出	H	X	X	L	Z

表 6.1 中的符号"Z"表示高阻，符号"X"表示不用关心它的状态。可以看到，当 $\overline{OE}$ 为低电平且 LE 为高电平时，开启的就是透明模式（transparent mode），此时芯片输出数据（$Q_0 \sim Q_7$）与输入数据（$D_0 \sim D_7$）是完全一样的，这与我们的预想完全一致。

第 7 章

LED 数码管动态显示：驱动设计

接下来我们在图 6.6 所示仿真电路的基础上编程以实现数码管显示数字的功能，首先梳理一下动态扫描驱动的主要流程，如图 7.1 所示。

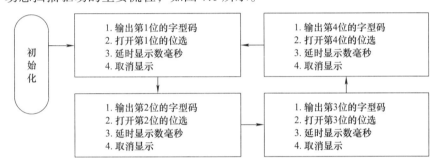

图 7.1 4 位数码管扫描流程

其中，初始化的主要工作是取消所有位选（对于共阳数码管，可以设置所有位选通为全 0），这样能够使所有数码管都无任何显示，然后按照一定顺序循环显示每一位数字即可。需要注意的是，每位数码管显示数毫秒后都会取消显示，然后才进行下一位数字的显示，这就是为了避免前面提到的显示串位现象。

下面来看相应的源代码，如清单 7.1 所示。

首先给 P1（段显示驱动引脚）与 P3（位选通驱动引脚）分别定义别名为 SEGMENT_PORT 与 COM_SELECT_PORT，这样就无需死记那些没有意义的引脚名了。然后定义了两个数组，其中 display_char 数组保存了数字 0 ~ 9 对应的共阴数码管显示字型码，而 com_select 数组保存了四位数码管的位选通数据，每一个数据只有 1 位为 1，表示任意时刻仅有一位（共阳）数码管处于选通有效状态。例如，当索引为 0 时，bit_select [0] 为 0x8，表示最右侧的数码管处于选通状态。当索引为 1 时，bit_select [1] 为 0x4，表示右起第 2 位数码管处于选通状态，其他依此类推（注意单片机与数码管位选通的对应方式：**P3.0 对应数码管最左侧数字位选通，P3.3 对应数码管最右侧数字位选通**）。

重点还是 segment_display 显示函数，只要给它输入一个十进制数字，就可以在数码管上显示出来。前面已经说过，动态扫描其实是循环依次驱动每个数码管显示数字，所以必须首先获取十进制数字的个、十、百、千四位数字，为此我们在代码中使用了除法"/"与求余"%"两个运算符，现在只需要知道两点：

```c
#include <reg51.h>

typedef unsigned char uchar;                          //定义类型别名
typedef unsigned int uint;

#define COM_SELECT_PORT    P3                          //位选通引脚宏定义
#define SEGMENT_PORT       P1                          //段码输出引脚宏定义

uchar code display_char[]=                             //共阴数码管字型码
              {0x3F,0x06,0x5B,0x4F,0x66,0x6D,0x7D,0x07,0x7F,0x6F};
uchar code bit_select[] = {0x8, 0x4, 0x2, 0x1};        //数码管位选通

void delay_us(uint count){while(count-->0);}           //延时函数
void delay_ms(uint count){while(count-->0)delay_us(60);}

void segment_display(uint number)
{
  uchar i;
  uchar data_bit0, data_bit1, data_bit2, data_bit3;

  data_bit0 = number % 10;       //从输入数据中获得个、十、百、千位的数字
  data_bit1 = number / 10 % 10;
  data_bit2 = number / 100 % 10;
  data_bit3 = number / 1000;

  for (i=0; i<4; i++) {                        //四位数码管需要被循环扫描
    switch(i) {                                //先根据位数把字型码输出
      case 0:{SEGMENT_PORT = ~display_char[data_bit0];break;}
      case 1:{SEGMENT_PORT = ~display_char[data_bit1];break;}
      case 2:{SEGMENT_PORT = ~display_char[data_bit2];break;}
      case 3:{SEGMENT_PORT = ~display_char[data_bit3];break;}
      default:break;
    }
    COM_SELECT_PORT = bit_select[i];           //再把对应的位选通输出
    delay_ms(3);                               //延时一段时间
    COM_SELECT_PORT = 0x00;                    //取消位选通，此时数码管都不亮
  }
}

void main(void)
{
  uchar i;
  uint number = 9527;                   //初始化显示的四个数字
  COM_SELECT_PORT = 0x00;               //初始化全部位选通为无效状态

  while(1) {
    for (i=0; i<100; i++) {             //循环调用动态显示函数
      segment_display(number);
    }
    number++;
  }
}
```

清单 7.1　动态驱动四位共阳数码管

其一，**一个多位（十进制）数字与 10（十进制）相除相当于该数字右移一位**，因为除 10 后原来的个位数成了小数，转换为整数后就会被丢弃。例如，9527/10=952。

其二，**一个多位（十进制）数字对 10（十进制）求余可以得到个位数字**。例如 9527%10=7。

清单 7.1 所示源代码中获取个、十、百、千四位数字的过程如图 7.2 所示。

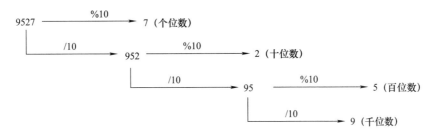

图 7.2　获取十进制的各位数字

　　接下来按一定顺序分别显示个、十、百、千位数字即可。首先使用 for 语句表示将要显示 4 位数字，在 switch 分支语句中，先通过查找 display_char 数组将需要显示的字型码进行推送，之后再通过查找 bit_select 数组把（刚刚推送字型码对应的）位选通进行推送，也就能够让数字在显示在相应的数码管。

　　然后延时约 3ms 后取消了所有位选通（置 0），接下来继续显示下一位，直到 4 位数码管都依次完成扫描。

　　在 main 主函数中，首先将显示的数字初始化为"9527"，并且将所有位选通设置为全 0，这也就意味着所有数码管默认都不显示。while 循环中的语句需要特别注意：**我们调用了 100 次 segment_display 函数，再对数字进行加 1**。这样就可以获得"数码管显示的数字每隔约 1s 就会累加"的效果。

　　为什么要调用 100 次 segment_display 函数呢？其实它所起的作用就是延时约 1s。那为什么不使用 delay_ms 函数来延时呢？因为我们之前已经提过，动态扫描是不停地对多位数码管的每一位进行循环点亮过程，调用 delay_ms 函数延时 1s 本没有错，但是单片机在这 1s 却什么事都没有做（也就是说，数码管并未处于动态扫描状态），所以就根本看不到有数字显示，因为 segment_display 函数调用一遍后就把所有位选通都关闭了，随后就进入了刚调用的那个"1s 什么事都不做"的 delay_ms 函数。为此我们使用多次调用 segment_display 函数的方式达到延时的目的，同时也完成了动态扫描的工作，实在是太完美了！

　　图 6.6 所示电路使用的元器件还是有点多，下面来看看另一种驱动 8 位共阴数码管的电路，相应的 Proteus 仿真效果如图 7.3 所示。

　　与图 6.6 所示电路主要有一点不同，那就是使用了一块芯片 74HC138 代替了位选通三极管，它是一个 3-8 译码器，也就是说，给它输入相应的 BCD 码，相应某一位就会被拉低，也就是输出低有效（原理图上的输出引脚有个圈圈）。换句话说，使用 74HC138 只能用来驱动共阴数码管。

　　下面来看看 74HC138 的真值表，见表 7.1。

　　74HC138 有 $\overline{E_1}$、$\overline{E_2}$、E_3 为三个使能引脚，只有它们全部处于使能状态的前提下，其中一个输出引脚才会根据对应的输入数据拉为低电平，否则输出均为高电平，为此我们将 $\overline{E_1}$、$\overline{E_2}$ 与公共地连接，而 E_3 与电源连接。

　　我们来看一下相应的驱动程序，如清单 7.2 所示。

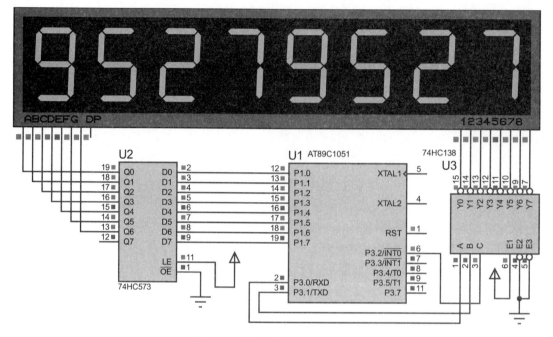

图 7.3　动态驱动 8 位共阴数码管

表 7.1　74HC138 真值表

控制			输入			输出							
$\overline{E_1}$	$\overline{E_2}$	E_3	C	B	A	$\overline{Y_7}$	$\overline{Y_6}$	$\overline{Y_5}$	$\overline{Y_4}$	$\overline{Y_3}$	$\overline{Y_2}$	$\overline{Y_1}$	$\overline{Y_0}$
×	×	×											
×	H	×	×	×	×	H	H	H	H	H	H	H	H
×	×	L											
L	L	H	L	L	L	H	H	H	H	H	H	H	L
			L	L	H	H	H	H	H	H	H	L	H
			L	H	L	H	H	H	H	H	L	H	H
			L	H	H	H	H	H	H	L	H	H	H
			H	L	L	H	H	H	L	H	H	H	H
			H	L	H	H	H	L	H	H	H	H	H
			H	H	L	H	L	H	H	H	H	H	H
			H	H	H	L	H	H	H	H	H	H	H

```c
#include <reg51.h>

typedef unsigned char uchar;                        //定义类型别名
typedef unsigned int uint;

#define COM_SELECT_PORT    P3                        //位选通引脚宏定义
#define SEGMENT_PORT       P1                        //段码输出引脚宏定义

uchar code display_char[]=                           //共阴数码管字型码
                  {0x3F,0x06,0x5B,0x4F,0x66,0x6D,0x7D,0x07,0x7F,0x6F};

void delay_us(uint count){while(count-->0);}         //延时函数
void delay_ms(uint count){while(count-->0)delay_us(60);}

void segment_display(void)
{
  uchar i;

  for (i=0; i<8; i++) {                             //八位数码管需要被循环扫描
    switch(i) {                                     //先根据位数把字型码输出
      case 0: {SEGMENT_PORT = display_char[9];break;}
      case 1: {SEGMENT_PORT = display_char[5];break;}
      case 2: {SEGMENT_PORT = display_char[2];break;}
      case 3: {SEGMENT_PORT = display_char[7];break;}
      case 4: {SEGMENT_PORT = display_char[9];break;}
      case 5: {SEGMENT_PORT = display_char[5];break;}
      case 6: {SEGMENT_PORT = display_char[2];break;}
      case 7: {SEGMENT_PORT = display_char[7];break;}
      default:break;
    }

    COM_SELECT_PORT = i;                            //再把对应的位选通输出
    delay_ms(3);                                    //延时一段时间
    SEGMENT_PORT = 0x00;         //将段码输出全0，此时共阴数码管所有位不亮
  }
}

void main(void)
{
  SEGMENT_PORT = 0x00;                              //将段码输出初始化为全0

  while(1) {
    segment_display();
  }
}
```

清单 7.2　动态驱动 8 位共阴数码管

　　大部分代码与清单 7.1 相同，为了避免清单过长占用过多篇幅，函数没有输入十进制数字，而是直接使用常数对 display_char 数组进行查表，这样显示的数字就是不变的，读者可自行更改代码使其实现数字累加 1 的显示功能。

　　有一点需要注意，在"使所有数码管不亮"时并不是使用取消位选通的方式，而是取消字型码输出（对于共阴数码管就是设置全 0，对于共阳数码就是设置全 1），因为按照我们的硬件连接方式，74HC138 的输出总会至少有一个是低电平，无法做到全部位选通取消的功能。当然，也可以修改一下硬件电路，由单片机来控制 74HC138 的使能引脚，继而达到使 74HC138 输出全 1 的目的，读者可自行琢磨一下。

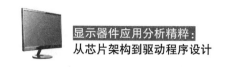

还有一个问题需要明确的是：**使用动态扫描方式驱动数码管时，是否需要添加限流电阻呢？**尽管仿真时我们并未这么做（为了简化电路），但答案仍然是肯定的。

有人可能会反驳：我亲手用元器件搭建的驱动电路也没有使用限流电阻，可是数码管的显示效果好着呢！对此只能回复：如果只是自己在家里玩玩还可以，但是作为商用却是不成熟的。不添加限流电阻可能会导致数码管发光单元的峰值电流超过额定值，虽然一时半会产生的影响不会马上显现，然而一旦长时间工作很有可能会引起光衰现象，并将导致数码管的寿命提前终结。

有人又抬杠说：我见过很多专门用来驱动数码管的动态扫描芯片都不需要连接限流电阻呀！这就是只知其一，不知其二了，因为专用芯片基本都是采用**恒流**驱动方案，后续我们会详细讨论。

那**限流电阻应该设置为多大呢**？首先需要说明的是，在保证显示亮度一致的前提下，采用动态扫描方式驱动数码管时，流过发光单元的正常峰值电流会比静态驱动时要大得多，因为 LED 的发光亮度取决于注入电流的平均值时。假设同样的 LED 被注入如图 7.4 所示的两种电流波形。

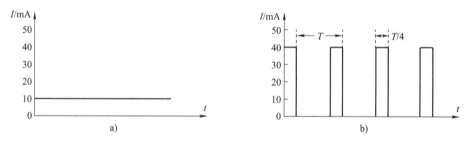

图 7.4　两种不同的电流波形

图 7.4a 给 LED 注入 10mA 的直流电流，而图 7.4b 给 LED 注入的却是 40mA 的脉冲电流（假设脉冲周期为 T，脉冲宽度为 $T/4$），虽然后者的电流峰值比前者要大 4 倍，但是它们的平均电流却是一样的，所以 LED 的发光亮度也是相同的。

也就是说，在考虑给动态扫描驱动电路添加限流电阻时，应该以**峰值电流**为依据，而不再是平均电流。假设 LED 发光单元的正向导通电压为 2V，供电电源为 5V，峰值电流为 40mA，根据式（1.1）则可计算出相应的限流电阻为 $(5V - 2V)/40mA = 75\Omega$。

有心人可能会突发奇想：既然 LED 发光亮度由流过其中的平均电流决定，那我不就可以通过软件编程控制每个数码管的选通时间来调节亮度吗？这比拿铬铁更换限流电阻可要方便得多呀！

你真是太有才了！因为这种调节亮度的方法是现如今广泛使用的**脉冲宽度调制**（Pulse Width Modulation，PWM）技术。具体来说，它就是在调节周期信号的占空比（Duty Ratio）。占空比的定义是周期信号的高电平宽度与周期的比值，如图 7.5 所示。

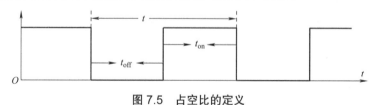

图 7.5　占空比的定义

假设周期信号的周期为 t，每个周期中高电平宽度为 t_{on}，低电平宽度为 t_{off}，则相应的占空比则为 t_{on}/t 或 $t_{on}/(t_{on}+t_{off})$。例如，方波的占空比就是 0.5，因为它的高低电平宽度是相同的。而 PWM 就是**在信号周期保持不变的前提下**调节高电平（或低电平）的宽度。

我们来看看如图 7.6 所示动态扫描时序。

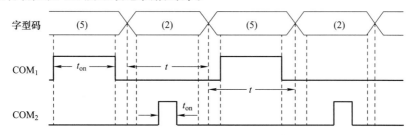

图 7.6　不同的驱动占空比动态扫描时序

假设扫描每位数码管的最大时间为 t，而实际每位数码管的显示时长 t_{on}，则 t_{on}/t 就是位选通的占空比。很明显，COM_1 的占空比要大于 COM_2，所以数字 "5" 比数字 "2" 的亮度会更大一些，因为流过前者的 LED 发光单元的平均电流更大。需要指出的是，**PWM 并不影响数码管扫描帧率**。

第 8 章
扩展芯片静态驱动 LED 数码管

　　虽然使用动态扫描驱动方案在一定程度上可以降低需要的控制引脚数量，但对于电路设计有着较高要求的话，仍然还是不够的，在大多数场合下，我们不希望数码管这类简单显示功能占用更多引脚，因为这样做是非常不划算的，毕竟好钢还是要用到刀刃上。

　　例如，现在需要实现一个电子钟，它共有 6 位数码管，使用动态扫描方式需要约 8+6=14 个 IO 引脚（即便使用 74LS47 译码器芯片，需要的引脚也并不少），学习过程中使用这么多引脚用于数码管显示还是可以接受，但是作为产品开发却显得有些过于奢侈。要知道，AT89C1051 可用的引脚只有 15 个，很多以出量为目标的产品为了降低成本，引脚的使用都是精打细算的，所选择的单片机的引脚数量可能还没这么多，把大部分引脚都用来做显示控制了，它还能完成其他什么功能呢？所以进一步探讨需要更少引脚数量的显示方案还是很有必要，我们想到的第一种方案便是使用扩展芯片，来看看如图 8.1 所示驱动共阳数码管的 Proteus 软件平台仿真电路。

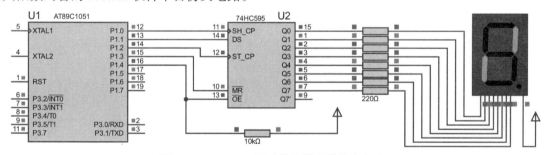

图 8.1　74HC595 驱动共阳数码管仿真电路

　　该仿真电路使用了一款 74HC595 逻辑芯片来驱动数码管，它与单片机连接的引脚数量最少仅需 3 个（除 SH_CP、DS、ST_CP 外，其他控制引脚不是必需的）。74HC595 是 8 位串行输入、并行输出的缓存器，其内部逻辑如图 8.2 所示。

　　74HC595 的逻辑电路非常简单，8 个带高电平复位 R 的 D 触发器组成了 8 位移位寄存器（shift register），统一由低有效的复位引脚 $\overline{MR}$ 控制，SH_CP（shift register clock input）引脚每到来一个时钟上升沿，移位寄存器将对 DS（serial data input）引脚的串行输入数据完成一次移位操作。另外，每一个移位寄存器的数据输出 Q 都增加了一个锁存器，其意义与 74HC573 中锁存器是一致的（锁存器与触发器的区别在于：前者是**电平触发**，后者是**边沿触发**），一旦 ST_CP（storage register clock input）引脚为高电平，移位寄存器的输出数

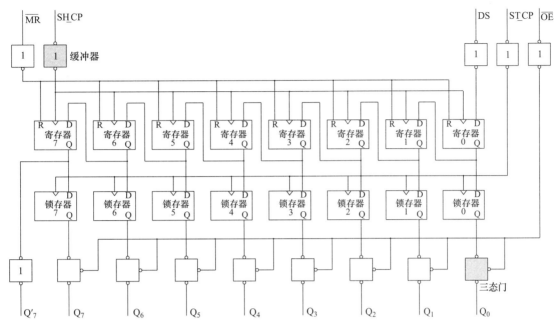

图 8.2　逻辑功能框图

据将被载入锁存器，当 ST_CP 引脚为低电平时，锁存器的输出处于保持状态。换句话说，如果要将移位寄存器的输出数据进行锁存，需要将 ST_CP 引脚电平**拉高后再拉低**（产生一个正脉冲）。另外，与 74HC573 类似，锁存器的数据也经过三态缓冲器再输出，统一通过低有效的使能$\overline{OE}$引脚控制。下面来看看它的功能表，见表 8.1。

表 8.1　74HC595 功能表

输入					输出		功能
SH_CP	ST_CP	$\overline{OE}$	$\overline{MR}$	DS	Q_7'	Q_n	
X	X	L	L	X	L	保持	复位移位寄存器
X	↑	L	L	X	L	L	复位移位寄存器与清零锁存器
X	X	H	L	X	L	Z	缓冲器并闭，输出为高阻
↑	X	L	H	H	Q_6'	保持	数据移位过程中 Q_n 保持
X	↑	L	H	X	保持	Q_n'	将移位寄存器数据进行锁存
↑	↑	L	H	X	Q_6'	Q_n'	移位并锁存

表 8.1 中数据 Q 的符号上加一撇（例如Q_6'、Q_7'、Q_n'）表示内部移位寄存器的输出数据，没加一撇（如 Q_n）表示芯片（三态缓冲器）的输出数据。需要注意的是，**单独的复位操作只是把移位寄存器中的数据置 0，并不影响锁存器的状态**。如果需要将芯片输出数据清零，需要先复位再从 ST_CP 引脚加入正脉冲，这能够将移位寄存器的全 0 输出数据载入锁存器。

现在需要图 8.1 所示共阳数码管显示数字"5"，首先请特别留意硬件电路的连接形式：**74HC595 的数据输出 $Q_0 \sim Q_6$ 分别与数码管的段 a ~ f 连接**（Q_7 与段 dp 连接且编程使其置 1，**表示不点亮**），所以驱动数码管的字型码应为 0x92（共阴字型码 0x5D 的取反值），一共需要 9 个步骤，如图 8.3 所示。

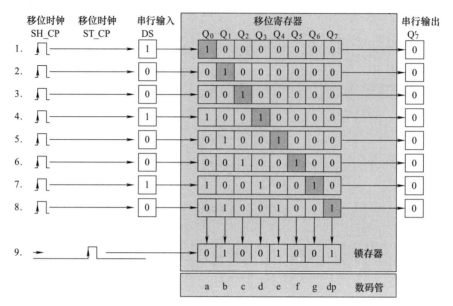

图 8.3　74HC595 输出字型码 0x92 详细过程

为了正确驱动共阳数码管显示数字"5"，必须先将 0x92（0b1001_0010）的**最高位**进行数据移入移位寄存器的操作，称为"高位（The Most Significant Bit，MSB）先行"。相应的，也有"低位（The Least Significant Bit，LSB）先行"的概念，这取决于字型码或硬件电路的具体形式。对于我们现在的硬件电路，如果以"低位先行"的方式将串行数据移入移位寄存器，74HC595 的输出数据恰好是反过来的 0x49（0b0100_1001），也就得不到正确的显示数字。

接下来看一下具体的显示过程。首先设置 DS 引脚的串行数据为"1"，SH_CP 引脚的第一个移位时钟的上升沿将"1"移入到移位寄存器，然后依法炮制将 0、0、1、0、0、1、0 依次移入。经过 8 个移位时钟后，串行输入 0x92 的字型码已经并行送到了 8 位移位寄存器的数据输出。在移位的过程中，由于 ST_CP 引脚一直为低电平，所以芯片的输出数据是不会变化的。待移位寄存器完成数据移位后，我们给 ST_CP 引脚施加正脉冲，就可以将移位寄存器中的数据 0x92 载入到锁存器中，相应的时序如图 8.4 所示。

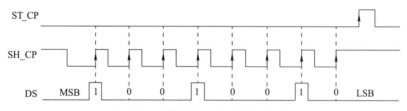

图 8.4　写数据到 74HC595 的时序

在完整的 8 位串行输入数据完全移入移位寄存器之前，ST_CP 引脚应该一直保持为低电平，如果想将移入移位寄存器的 8 位完整串行数据载入锁存器，则应该在第 8 个移位时钟上升沿**后**进行。值得一提的是，**这种给芯片载入数据的方法（先移位后锁存）是通用的，只要再加上地址信息，就可以给芯片内部多个寄存器载入需要的数据**，在第 11 章将会看到具体的应用案例。

我们同样实现数码管循环显示数字 0 ~ 9 的功能，相应的源代码如清单 8.1 所示。

```c
#include <reg51.h>
#include <intrins.h>

typedef unsigned char uchar;                           //定义类型别名
typedef unsigned int uint;

void delay_us(uint count){while(count-->0);}           //延时函数
void delay_ms(uint count){while(count-->0)delay_us(60);}

uchar code display_char[]=                              //共阴数码管字型码
    {0x3F,0x06,0x5B,0x4F,0x66,0x6D,0x7D,0x07,0x7F,0x6F};
sbit SH_CP = P1^0;                                     //移位时钟输入
sbit DS    = P1^1;                                     //串行数据输入
sbit ST_CP = P1^2;                                     //存锁时钟输入
sbit MR_N  = P1^3;                                     //移位寄存器复位输入
sbit OE_N  = P1^4;                                     //输出使能输入

void write_74hc595(uchar byte_data)                    //写8位数据到74HC595的函数
{
    uchar i;

    for (i=0; i<8; i++) {
        SH_CP = 0;                                     //时钟置为低电平，准备数据移位
        DS = (bit)(0x80&byte_data)?1:0;                //高位先移入
        byte_data <<=1;                                //左移1位
        _nop_();                                       //1微秒延时
        SH_CP = 1;                                     //时钟置为高电平，上升沿引起数据移位
    }

    ST_CP = 1;                                         //将移位数据输出载入锁存器
    _nop_();
    ST_CP = 0;                                         //锁存数据
}

void init_74hc595(void)                                //初始化74HC595
{
    OE_N  = 1;                                         //开始进行引脚初始化，关闭数据输出
    MR_N  = 0;                                         //把移位寄存器全部置0
    ST_CP = 1;                                         //移位寄存器全0数据送到锁存器输出
    SH_CP = 1;                                         //将移位时钟初始化为高电平（空闲状态）
    MR_N  = 1;                                         //置复位引脚无效，后续可以进行串行数据移入
    ST_CP = 0;                                         //将移位寄存器中全0数据进行锁存
    OE_N  = 0;                                         //打开缓冲器数据输出
}

void main(void)
{
    int i = 0;
    init_74hc595();

    while(1) {
        write_74hc595(~display_char[i]);     //将查表得到的字型码写入74HC595

        if (i++>8) {                                   //0到9循环计数
            i = 0;
        }
        delay_ms(1000);                                //延时约1秒
    }
}
```

清单 8.1　共阳数码管循环显示数字

首先定义了一些引脚别名，后缀"_N"表示低电平有效。为了谨慎起见，硬件电路中使用单片机控制了$\overline{OE}$与$\overline{MR}$两个引脚，并且使用10kΩ电阻将$\overline{OE}$引脚上拉为高电平，表示我们希望电路刚上电时 74HC595 的数据输出是无效（高阻状态）的，相应的数码管也就处于不点亮状态，这可以避免上电瞬间出现随机数值显示（没意义的显示）。然而，10kΩ电阻只是一种**弱上拉**（weak pull-up），单片机刚上电时有可能会出现引脚输出电平不确定的现象，这可能会将 74HC595 的$\overline{OE}$引脚拉低，也就能够使 74HC595 输出有效，继而达不到10kΩ上拉电阻的应用目的。为此，在 main 主函数一开始就调用了 init_74hc595 函数，其中第一条语句就是将 74HC595 的$\overline{OE}$引脚初始化为高电平（OE_N=1）。

但是，74HC595 的$\overline{OE}$引脚最终还是需要设置为低电平，因为正常驱动数码管显示时，需要将 74HC595 的数据缓冲器输出打开，但在此之前我们必须将芯片（三态缓冲门）输出设置为全 0，把数码管初始化为不显示状态，这样也就避免了可能出现的随机数据显示现象。

具体的初始化思路是这样的：**在$\overline{OE}$引脚设置为有效（低电平）之前，先把移位寄存器清 0，再把全 0 数据载入到锁存器即可**。首先把复位引脚$\overline{MR}$设置为低电平（MR_N=0），这可以让移位寄存器置为全 0。然后将 ST_CP 引脚设置为高（ST_CP=1），表示允许移位寄存器的全 0 数据载入锁存器（尚未锁存），然后再把 ST_CP 引脚设置为低电平（ST_CP=0）即可把完成全 0 数据的锁存操作，最后将$\overline{OE}$引脚设置为低电平（OE_N=0）即可完成初始化工作。

在初始化的过程中，还顺便把 SH_CP 引脚初始化为了高电平（SH_CP=1）。有人可能会问：不能将其设置为低电平吗？可以，但最好设置为高电平，因为通常在上升沿有效的时钟信号中，高电平才是空闲状态。

然后开始循环显示数字。while 循环语句比较简单，调用 write_74hc595 函数将变量 i 对应的字型码写入 74HC595。每隔约 1s 就将变量 i 累加，然后循环执行即可。

下面重点分析一下 write_74hc595 函数。首先对 DS 引脚输入的串行数据进行移位操作，for 语句中进行 8 次循环表示将要进行 8 次数据移位操作。由于移位时钟是上升沿有效的，所以在每次对串行数据进行移位前先将 SH_CP 引脚置 0（SH_CP = 0），只要把串行数据预先输入到 DS 引脚，再把 ST_CP 引脚置 1 即可产生一个时钟上升沿将数据移入移位寄存器。

再来看一下串行数据的设置语句。前面已经提过，在图 8.1 所示硬件电路中，字型码写入 74HC595 时必须高位先行，所以使用了一个条件运算符。当字型码与 0x80 进行"与"运算的结果为 1 时（也就代表着字型码的最高位为 1，关键字 **bit** 的作用是强制类型转换，如果转换值为非 0 则结果为 1，否则为 0），则将串行数据 DS 引脚设置为 1（DS=1）；运算结果为 0 时，则将串行数据 DS 引脚设置为 0（DS=0）。

将串行数据设置后，把字型码左移了一位（byte_data <<= 1），这样可以预备将次高位与 0x80 进行下一次判断，然后把 ST_CP 引脚置 1 就产生上升沿将串行数据移入到了移位寄存器。

write_74hc595 函数中将 8 位串行数据载入到锁存器的时序如图 8.5 所示。

如果需要驱动更多数码管，可以使用多片 74HC595 进行级联。下面来看看驱动 4 位**共阴**数码管的 Proteus 仿真电路，如图 8.6 所示。

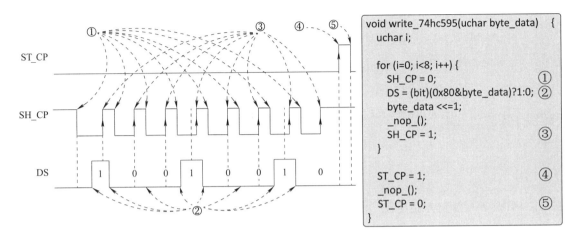

图 8.5　将串行数据载入锁存器的时序

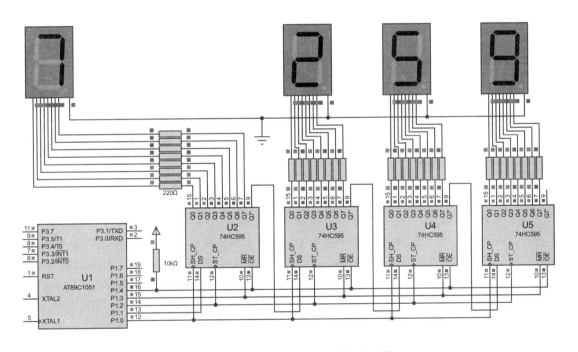

图 8.6　74HC595 驱动 4 位共阴数码管

在硬件电路上，把所有 74HC595 的 SH_CP、ST_CP、$\overline{\text{MR}}$、$\overline{\text{OE}}$ 引脚都连接在一起，并交由单片机统一控制。另外，还把上一片 74HC595 的 Q_7'（内部移位寄存器的最后一位输出）与下一片 74HC595 的串行数据输入 DS 引脚连接。

下面来看看相应的源代码，如清单 8.2 所示（仅截取添加或更新后的部分代码，其他与清单 8.1 相同）

```
uchar code display_char[]=                      //数字9527对应的共阴数码管字型码
                    {0x6F, 0x6D, 0x5B, 0x07};

void shift_data_74hc595(uchar byte_data)                    //数据移8次的函数
{
  uchar i;

  for (i=0; i<8; i++) {
    SH_CP = 0;                                  //时钟置为低电平，准备数据移位
    DS = (bit)(0x80&byte_data)?1:0;             //高位先移入
    byte_data <<=1;                             //左移1位
    _nop_();                                    //1微秒延时
    SH_CP = 1;                                  //时钟置为高电平，上升沿引起数据移位
  }
}

void write_multi_74hc595(uchar array_data[])   //写数据到多个74HC595的函数
{
  uchar i = 0;

  while(array_data[i]) {
    shift_data_74hc595(array_data[i]);          //调用数据移位函数
    array_data++;                               //下一位显示数据的字型码指针
  }

  ST_CP = 1;                                    //将移位数据输出载入锁存器
  _nop_();
  ST_CP = 0;                                    //锁存数据
}

void main(void)
{
  init_74hc595();
  write_multi_74hc595(display_char);            //调用写多片74HC595的函数
  while(1) {}
}
```

清单 8.2　多片 74HC595 级联驱动多位数码管

为了节省代码篇幅，决定仅显示"9527"四个数字（不进行累加），为此定义了一个 display_char 数组，里面包含了数字"9527"各数字对应的共阴数码管字型码。这里特别要注意单片机是如何将串行输入数据载入到锁存器的，虽然也可以像清单 8.1 所示那样调用四次 write_74hc595 函数将 display_char 数组中的字型码依次写入，但是这样带来了一个问题，即每写入一个字型码（8 位），就会进行一次载入锁存器的操作。例如，要在最右侧数码管显示数字"9"，则数字"9"会像流水灯一样从左刷到右，如图 8.7 所示。

现在只是静态显示四个数字，由此带来的影响还不是很明显，动态显示则不然，而且串联的数码管越多，显示效果也会越差。也就是说，得把 4 个字节的字型码全部移入移位寄存器后，再一次性载入到锁存器才行。为此把"对移位寄存器进行移位"的操作单独包装成了一个 shift_data_74hc595 函数，它仅处理将串行数据移入到移位寄存器的操作，而 write_multi_74hc595 函数中则完成将数据载入锁存器的操作，期间如果数组中的数据不为 0，则调用 shift_data_74hc595 函数（清单 8.2 中调用了 4 次）。

如果对 C 语言比较了解的话，也可以将 write_multi_74hc595 函数稍微改写一下，给它传入一个指针，如清单 8.3 所示。

a) 写入数字9的字型码 b) 写入数字5的字型码

c) 写入数字2的字型码 d) 写入数字7的字型码

图 8.7 显示数字逐位刷新

```
void write_multi_74hc595(uchar* array_data)      //写数据到多个74HC595的函数
{
  uchar i = 0;

  while(*array_data) {
    shift_data_74hc595(*array_data);              //调用数据移位函数
    array_data++;                                 //下一位显示数据的字型码指针
  }

  ST_CP = 1;                                      //将移位数据输出载入锁存器
  _nop_();
  ST_CP = 0;                                      //锁存数据
}
```

清单 8.3 另一种写数据函数

虽然新改写的 write_multi_74hc595 函数的形参是一个指针，但它与清单 8.2 所示同名函数的功能完全一样，因为在 C 语言中，**指针**就是**地址**（一维数组的数组名就是数组的首地址）。但是这两个函数的使用有一个限制：数组里面的数据不能为 0（也就是**共阳**数码管显示数字"8"时对应的字形码，这也是使用**共阴**字形码的好处），否则当 while 语句中找到它时就停止循环了，也就不会对数组剩下的数据继续查找。如果使用的数组中确实存在数据 0，则需要修改一下函数（例如，增加一个表示数组长度的形参），后面我们会看到这种方式。

值得一提的是，main 主函数中最后的无限循环 while 语句是非常必要的。如果没有它，虽然后续并没有更多的语句，但程序却可能会乱跑，控制引脚的状态也就可能是不稳定的。

最后请大家思考一下，清单 8.2 中的 init_74hc595 函数应该怎么写呢？也就是如何使复位后的输出为全 1 呢？

第9章

数字逻辑系统的时间规范

在本章的开头，暂时再次回到清单 8.1 所示的源代码，其中一条"_nop_()"语句的用途可能还在困扰着不少读者。看它的调用形式应该是一个函数，但我们并没有定义呀？它又起到什么作用呢？细心的读者会发现，在清单 8.1 开头包含了一个头文件 intrins.h，它与 reg51.h 一样是厂商已经定义好的，打开来看看里面有什么吧，如清单 9.1 所示。

```
/*-----------------------------------------------------------------
INTRINS.H

Intrinsic functions for C51.
Copyright (c) 1988-2010 Keil Elektronik GmbH and ARM Germany GmbH
All rights reserved.
-----------------------------------------------------------------*/

#ifndef __INTRINS_H__
#define __INTRINS_H__

#pragma SAVE

#if defined (__CX2__)
#pragma FUNCTIONS(STATIC)
/* intrinsic functions are reentrant, but need static attribute */
#endif

extern void          _nop_      (void);
extern bit           _testbit_  (bit);
extern unsigned char _cror_     (unsigned char, unsigned char);
extern unsigned int  _iror_     (unsigned int,  unsigned char);
extern unsigned long _lror_     (unsigned long, unsigned char);
extern unsigned char _crol_     (unsigned char, unsigned char);
extern unsigned int  _irol_     (unsigned int,  unsigned char);
extern unsigned long _lrol_     (unsigned long, unsigned char);
extern unsigned char _chkfloat_ (float);
#if defined (__CX2__)
extern int           abs        (int);
extern void          _illop_    (void);
#endif
#if !defined (__CX2__)
extern void          _push_     (unsigned char _sfr);
extern void          _pop_      (unsigned char _sfr);
#endif

#pragma RESTORE

#endif
```

清单 9.1　intrins.h 头文件内容

从中可以看到，intrins.h 头文件中有一些不太熟悉的语句，但我们可以不必理会，重点在于该文件多次使用关键字 **extern** 引用的一些函数。关键字 **extern** 的功能可以这样理解：**我后面的这些函数（或变量）在其他文件中已经定义好了，直接就可以使用。**一般系统预定义的变量名或函数名是以下划线开头的，至于具体在哪里定义的我们无需理会，有兴趣读者可以自行研究一下。

intrins.h 文件中的常用函数见表 9.1。

表 9.1　intrins.h 文件中的函数

函数功能	函数名	备注
空操作	_nop_	相当于 51 汇编指令：NOP（No Operation）
测试并清零位	_testbit_	相当于 51 汇编指令：JBC（Jump if Bit is set and Clear bit）
字符循环右移	_cror_	相当于 51 汇编指令 RL A（Rotate Accumulator Left）
整数循环右移	_iror_	
长整数循环右移	_lror_	
字符循环左移	_crol_	相当于 51 汇编指令 RR A（Rotate Accumulator Right）
整数循环左移	_irol_	
长整数循环左移	_lrol_	

为什么要定义这些函数呢？以"空操作"为例，我们很早就提过，当调用我们自己写的 delay_us 延时函数时，即使给它传递的参数是 0，它还是会延时数微秒。那假设我现在的应用要求非常高，需要精确延时 1μs 或 15μs（延时过长或过短都不行）怎么办？用 C51 语言可以直接实现吗？当然可以！例如，定义一个专门用来延时的全局变量，然后在需要进行 1μs 延时的时候就将这个变量自加 1 减 1。如果觉得使用起来可读性不是很强，还可以定义一个表示延时 1μs 的宏，如清单 9.2 所示。

```
#define delay_1us(x) x++          //变量自加1宏定义

unsigned char tmp = 0;            //定义一个全局变量

void main(void)
{
  //延时1微秒前的语句在这里

  delay_1us(tmp);                 //自加1(延时1us)

  //延时1微秒后的语句在这里
  while(1);
}
```

清单 9.2　使用全局变量延时 1μs

虽然这种方式可以实现延时 1μs，如果要延时多个微秒怎么办？使用多个 delay_1us 宏定义就可以吗？那还真不一定！例如，连续调用 52 次 delay_1us 宏定义，本意是想延时 52μs，但说不定编译器会"自作聪明"地认为只是想把某个变量累加 52 次，于是把语句优化成"tmp+=52;"。很明显，优化后的语句执行速度更快，然而这肯定没能达到延时 52μs 的目标。就算编译器没有对它进行优化（我试着编译后没有优化，但并不代表总不会被优化），还是得考虑这种可能性，对不对？

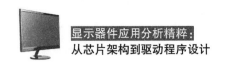

总之，在 C51 语言层面实现精确的微秒延时并不太方便，但汇编语言中一条"NOP"指令就代表延时 1μs。当然，还有其他一些操作在 C51 语言层面也不太方便实现。例如，循环移位操作就需要多条 C51 语句才可以完成，数据运算的效率并不高，但使用汇编语言也只需要一条指令即可完成。

为了方便程序开发者实现一些 C51 语言不太方便实现的操作，厂商自定义了一些函数，并将它们打包放在 intrins.h 头文件中，这样调用它们就相当于写汇编指令一样。程序中调用了 _nop_() 函数，它就是一个空指令（什么也不做），用来延时一个机器周期。对于 12MHz 的振荡时钟，调用一次 _nop()_ 函数相当于延时 1μs，需要多少微秒就调用多少次 _nop_() 即可，这是一种精确的延时，在要求比较高的场合可以使用。

那为什么需要延时语句呢？为什么是一条延时语句呢？这不得不涉及数字时序逻辑系统中的建立时间（Setup Time，t_{su}）与保持时间（Hold Time，t_{hd}），前者是指在触发时钟边沿到来前，数据必须保持稳定的最小时间，而后者是指在触发时钟边沿过去后，数据需要再保持稳定的最小的时间，相应的定义如图 9.1 所示。

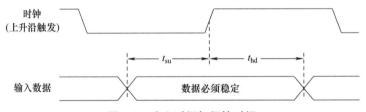

图 9.1　建立时间与保持时间

图 9.1 告诉我们：为了保证数据能够被可靠地触发，我们必须在时钟触发边沿（此处为上升沿）时刻提前**至少**一段时间（t_{su}）将数据准备好，并在时钟触发边沿后数据应该保持稳定状态**至少**一段时间（t_{hd}）才行。如果 t_{su} 或 t_{hd} 不满足要求，触发器将进入一种介于状态 0 与 1 之间的不确定状态（亚稳定状态），这在数字逻辑系统中是不允许的。

为了进一步理解建立与保持时间，我们先介绍传播延时（Propagation Delay）的概念。它是指输入信号与输出信号在各自 50% 跳变点之间的时间间隔，通俗来说，它是信号从输入到输出所需要的时间，在数据手册中通常以符号 t_{PHL} 与 t_{PLH} 来标记。例如，非门逻辑的传播延时定义如图 9.2 所示。

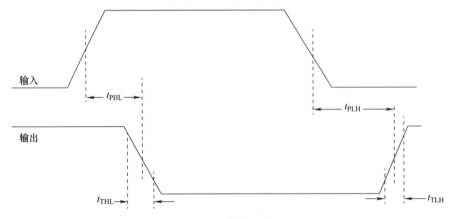

图 9.2　传播延时

图 9.2 中的 t_{THL} 表示输出从高电平的 90% 下降到 10% 所需要的转换时间（Transition Time），而 t_{TLH} 输出从高电平的 10% 上升到 90% 所需要的时间，它们与 t_{PHL}、t_{PLH} 的意义不同。一般输出转换时间要小于传播延时。

不同器件的信号传播路径不尽相同，数据手册中可能会标注多个不同的传播延时，比较典型的是**时钟到数据输出**以及**异步清零或置位端到数据输出**之间传播延迟。下面我们来看看 74HC595 数据手册中标注的交流参数（AC Characteristics），见表 9.2。

表 9.2　交流参数（C_L=50pF，V_{CC}=4.5V，T_A=25℃）

符号	参数	最小值	典型值	最大值	单位
f_{max}	最大时钟频率（SH_CP 或 ST_CP）	30	90	—	MHz
t_{PHL}/t_{PLH}	最大传播延时（SH_CP 到 Q7′）	—	—	40	ns
	最大传播延时（ST_CP 到 Q_n）	—	—	45	ns
t_{PHL}	最大传播延时（$\overline{MR}$ 到 Q7′）	—	—	45	ns
t_{PZH}/t_{PZL}	三态输出使能时间（$\overline{OE}$ 到 Q_n）	—	—	37	ns
t_{PHZ}/t_{PLZ}	三态输出禁止时间（$\overline{OE}$ 到 Q_n）	—	—	37	ns
t_{THL}, t_{TLH}	最大输出转换时间（Q_n'）	12	—	—	ns
	最大输出转换时间（Q_n）	15	—	—	ns

74HC595 内部的移位寄存器与锁存器各有一个时钟，所以定义了 SH_CP 到 Q7′ 以及 ST_CP 与 Q_n 之间的传播延时，有些资料也称为时钟输出延迟 t_{co}（Clock to Output Delay），它们表示以时钟有效边沿触发时刻为基准，最大多长时间后输出数据才是有效的，相应的波形如图 9.3 所示。

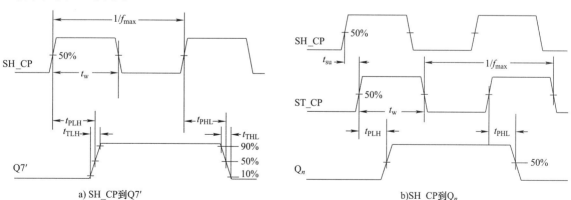

a) SH_CP到Q7′　　　　　　　　　　　　　b)SH_CP到Q_n

图 9.3　时钟相关的传播延时

t_{PHZ} 与 t_{PLZ} 也是相同的道理，只不过是以使能的边沿为参考定义的传播延时，相应的参数标记如图 9.4 所示。

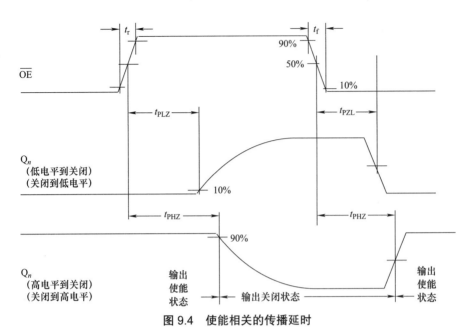

图 9.4　使能相关的传播延时

　　任何走线或电路模块都存在一定的传播延时，对于一个单纯的触发器而言，它本身有效触发数据需要的建立时间与保持时间并不长（一般小于 1ns，为区别于电路系统宏观层面的 t_{su} 与 t_{hd}，我们分别标记为 t_{su_reg}、t_{hd_reg}），但是数字逻辑系统的设计需要考虑更多的因素（例如功能实现、速度、驱动能力等），为此我们很有可能在触发器的数据或时钟输入引脚插入一些必要的逻辑电路。例如，在图 8.2 所示功能框图中，输入引脚 DS、SH_CP、ST_CP、$\overline{OE}$ 都串联了两个非门（缓冲器），所以我们应该使用图 9.5 来描述通用时序逻辑的电路结构。

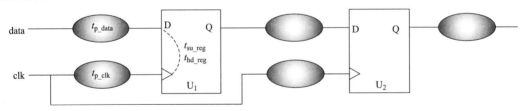

图 9.5　通用的时序逻辑电路结构

　　图 9.5 中填充的椭圆代表着走线或（线路上可能存在的）逻辑电路的传播延时，触发器只是整个电路系统的一部分。换句话说，传播延时的存在改变了整个电路系统的时钟建立与保持时间。假设数据延迟（t_{p_data}）、时钟延迟（t_{p_clk}）、触发器本身需要建立时间（t_{su_reg}）与保持时间（t_{hd_reg}）是已知的，则整个电路系统需要的最小建立时间为 $t_{su}=t_{p\_data}-t_{p\_clk}+t_{su\_reg}$，需要的最小保持时间为 $t_{hd}=t_{p\_data}-t_{p\_clk}+t_{hd\_reg}$。

　　这两个计算公式怎么理解呢？以建立时间为例，假设 t_{p_data}、t_{p_clk} 均为 0，那么电路系统需要的最小建立时间就是触发器本身需要的 t_{su_reg}，如果仅 t_{p_data} 不为 0，说明数据输入线路有传播延迟，为了使触发器能够正常触发数据，输入数据得提前一些时间（t_{p_data}）准备好。也就是说，数据线路存在的传播延迟将导致电路系统需要的建立时间增加。相反，t_{p_clk} 将导致电路系统需要的建立时间减小。

我们来看看 74HC595 中的时序要求（Timing Requirements），见表 9.3。

表 9.3　时序要求（V_{CC}=4.5V，$T_A \leqslant 85℃$）

符号	参数	最小值	典型值	最大值	单位
t_w	移位时钟的脉冲宽度（高电平或低电平）	20	—	—	ns
	锁存时钟的脉冲宽度（高电平或低电平）	20	—	—	ns
	复位脉冲宽度（低电平）	20	—	—	ns
t_{su}	DS 到 SH_CP	14	—	—	ns
	SH_CP 到 ST_CP	20	—	—	ns
t_{hd}	DS 到 SH_CP	3	—	—	ns

根据不同的测试环境，t_{su} 与 t_{hd} 会在一定的范围内变化，此处仅选择 V_{CC}=4.5V 时相应的数据（2.0V 低压供电时需要的建立与保持时间会成倍提升），我们需要关注的是**最小值**，在单片机编程时只要保证建立与保持时间不小于最小值即可。虽然表 9.3 中的 t_{su} 与 t_{hd} 都没有超过 20ns，但为了保证设计裕量，至少应该将其设置为 1μs 以上，有时为了代码的健壮性还可以多延时数微秒，这样即使碰到一个性能特别差的芯片（例如，老板为了省钱使用便宜的兼容替代芯片）也可以保证电路系统的正常运行，在速度要求不是很高的情况下可以这么做。当然，过多的延时也是没有必要的。

同样我们来看看 74HC595 数据手册中关于建立与保持时间的定义，如图 9.6 所示。

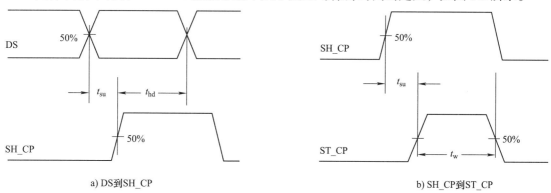

a) DS到SH_CP　　　　　　　　　　　　　　b) SH_CP到ST_CP

图 9.6　74HC595 的建立与保持时间定义

74HC595 中的移位寄存器与锁存器都有各自的时钟，它们都有相应的建立时间与保持时间。图 9.6a 表达的是：必须在串行数据 DS 设置好且保持稳定的时间不小于 t_{su} 后，才能在 SH_CP 引脚产生一个上升沿进行数据触发的移位操作。同样，也必须在 SH_CP 引脚产生上升沿后，继续保持串行数据 DS 的稳定时间不小于 t_{hd}。如果建立时间或保持时间太短，将可能无法正确将数据进行移位操作。

类似地，图 9.6b 表达的是：当通过 SH_CP 引脚的上升沿把数据移入移位寄存器后，可以在 ST_CP 引脚产生上升沿将数据进行锁存，但必须保证两个上升沿之间的间隔不应该小于 t_{su}，因为时钟触发边沿过后必须经过一定的时间才能得到有效的数据输出，它还得经过线路延时及满足锁存器的建立时间。换句话说，我们必须得保证移位寄存器的数据输出是稳定的。虽然图 9.6 中并没有给 ST_CP 上升沿定义 t_{hd}，但是却定义了一个脉冲宽度最小值 t_w，它们本质上也是为满足保持时间而存在的。

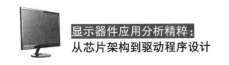
等等，导演，刚刚有个问题忘问了：表 9.2 中的 f_{max} 是怎么定义的呢？它跟触发器的建立与保持时间密切相关，我们来看图 9.7 所示电路结构。

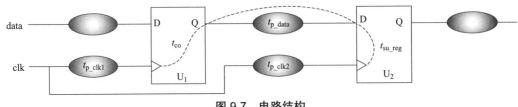

图 9.7 电路结构

图 9.7 中的 t_{p_clk1} 与 t_{p_clk2} 表示不同时钟线路可能存在的传播延时，这将导致不同寄存器的输入时钟边沿相位有所偏移，我们称为**时钟偏斜**（clock skew），它定义为不同时钟线路的传播延时之差（即 $t_{clk\_skew}=t_{p\_clk2}-t_{p\_clk1}$），那么该电路最小时钟周期为 $t_{clk}=t_{co}+t_{p\_data}+t_{su\_reg}-t_{clk\_skew}$，怎么理解呢？也就是说，当第一个时钟边沿到来后，前一个寄存器（U_1）的输出数据经过一定的传播延时准备给下一个寄存器（U_2）触发，如果输入的时钟频率太快，U_2 在触发边沿到来时输入数据还没有准备好，因为它还在线路上传播，对不对？所以我们必须限定一个最小时钟周期 t_{clk}，它对应最大时钟频率 $f_{max}=1/t_{clk}$。假设 t_{co}、t_{p_data}、t_{su_reg}、t_{clk_skew} 分别为 1ns、50ns、1ns、1ns，则相应的最大时钟频率为 $1/53ns \approx 18.87MHz$。

图 9.8 所示时序图将有助于理解 $t_{clk}(f_{max})$ 的来源（假设 $t_{clk\_skew}>0$）。

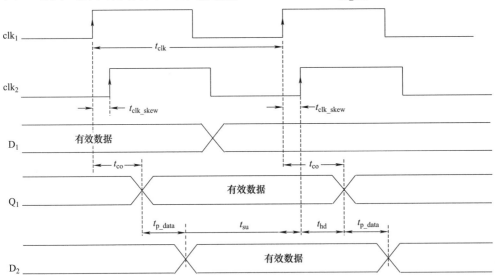

图 9.8 时序图

在图 9.8 中，第一个 clk_1 上升沿将输入数据 D_1 送到触发器 U_1 的输出 Q_1，第二个 CLK_2（即经过延时的 Q_1）送到触发器 U_2 的输出 Q_2。以第二个 CLK_2 上升沿为基准，可以得到 U_2 的建立时间 $t_{su}=t_{clk}+t_{clk\_skew}-t_{co}-t_{p\_data}$，保持时间 $t_{hd}=t_{co}+t_{p\_data}-t_{clk\_skew}$（$t_{hd}$ 与 t_{clk} 之间没有直接的约束关系）。也就是说，如果由我们提供时钟来驱动某个时序逻辑电路，必须保证 $t_{su}>t_{su\_reg}$。

那如何进一步提升最大时钟频率呢？从前面的讨论可以知道，限制时钟频率提升的"大头"在于数据线路的传播延时，可以采用插入寄存器的方式将传播延时较大的逻辑电路进行拆分，如图 9.9 所示。

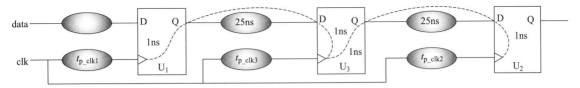

图 9.9　插入寄存器后的电路结构

同样使用前述传播延时数据，插入寄存器（U_3）后，50ns 的线路延时分解成为 2 个 25ns 的延时，这样前后两个数据传播延时都下降到了 28ns，相应的最大时钟频率约为 35.7MHz。如果插入更多寄存器将线路延时进行合理拆分，时钟频率还会进一步提升，这就是很多处理器为提升时钟频率与运算速度而插入"流水线"最基本原理（当然，涉及架构问题会复杂得多，因为提升频率只是一种手段，真正的目的是为了加快数据处理速度）。

74HC595 的最大时钟频率也是同样的道理，从图 8.2 可以看到，移位寄存器的数据输出紧接着下一个移位寄存器的输入，中间并没有连接额外的组合逻辑，所以移位寄存器的最大时钟主要取决于 t_{co}（也就是 SH_CP 到 Q7′ 的 t_{PHL}/t_{PLH}）与寄存器本身需要的最小建立时间 t_{su_reg}。从表 9.2 可以看到，t_{PHL}/t_{PLH} 最大为 40ns，建立时间假设为 1ns（不是表 9.3 中的 14ns，那是对整个芯片电路而言，而不是触发器本身），则相应的时钟频率约为 24MHz。这种计算结果当然并不准确，因为数据手册并没有提供给更多的数据，重点在于给大家介绍时钟频率及相关的时间参数概念，透彻理解它们将会对芯片设计非常有用，即便读者并非有志于此，也有利于深入理解数字逻辑电路的工作原理。

现在回到清单 8.1 的 write_74hc595 函数中，把将"byte_data<<=1"语句放在串行数据设置之后，就是为了在 SH_CP 产生触发上升沿之前进行一定的延时，即使把它放在"SH_CP=1"语句之后，功能上也同样没有发生变化。从编译的结果来看，"byte_data<<=1"语句被分解成了三条汇编语句（即耗时 3μs），为了代码的健壮性，我们还加了延时 1μs 的"_nop_()"语句。

有人可能会问："SH_CP=1"语句后面是否需要延时呢？因为最后一次产生移位时钟上升沿后，马上就要产生锁存时钟的上升沿，而前面已经提过，这两个边沿之间也有一个最小的建立时间。其实没有必要！因为这两个时钟上升边沿的产生并不是由紧挨着的语句完成的，期间还要执行 for 语句中的累加与判断指令，也就相当于（至少）延时了 2μs。

第 10 章

扩展芯片动态驱动 LED 数码管

虽然使用 74HC595 静态驱动数码管节省了单片机所需的控制引脚数量，但每多驱动一位数码管就需要相应增加一颗 74HC595 芯片，这就是钱呀，老板可不一定高兴呐！控制产品成本也是工程师必须考虑的一件事，所以进一步探索相对更优的方案很有意义。

前面已经提过，采用动态扫描驱动多位数码管可以节省单片机所需的控制引脚数量，那是否可以把 74HC595 的数据输出当作单片机的扩展引脚来实现数码管的动态扫描呢？这样既节省了单片机控制引脚还降低了成本，说不定老板高兴后一不小心给你加薪亦未可知。

嗯！加薪是头等大事，方案必须得拿出来，首先来看看两片 74HC595 驱动 8 位数码管的 Proteus 软件仿真电路，如图 10.1 所示。

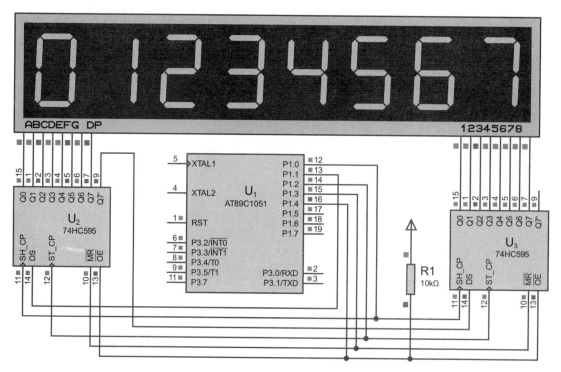

图 10.1 两片 74HC595 驱动 8 位共阴数码管

两片 74HC595 与 AT89C1051 之间的连接关系与图 8.6 是完全一样的，只不过串联的

74HC595 的数量不同而已，所以清单 8.2 所示源代码几乎可以直接使用，这样也就节省了重复的编程工作。这里需要注意的是，单片机输出的串行数据从 U₂（左侧）到 U₃（右侧）。我们把 U₂ 作为段驱动，U₃ 作为位选通，那怎么样动态驱动数码管呢？关键还得先弄清明白两颗 74HC595 的数据输出状态。动态扫描原理其实与以前一样，只不过以往我们使用单片机引脚直接驱动，现在则把 74HC595 的数据输出当作单片机的引脚间接驱动数码管。

假设要使数码管从左到右分别显示 "01234567"，当单片机动态扫描完成一帧时，两片 74HC595 的输出数据见表 10.1。

表 10.1 动态扫描时 U₂ 与 U₃ 的数据输出

扫描位	U₂ 数据输出（Q₇~Q₀）	U₃ 数据输出（Q₇~Q₀）
1	数字 "0" 的字型码：0x3F	0xFE
2	数字 "1" 的字型码：0x06	0xFD
3	数字 "2" 的字型码：0x5B	0xFB
4	数字 "3" 的字型码：0x4F	0xF7
5	数字 "4" 的字型码：0x66	0xEF
6	数字 "5" 的字型码：0x6D	0xDF
7	数字 "6" 的字型码：0x7D	0xBF
8	数字 "7" 的字型码：0x07	0x7F

按照 Proteus 软件平台中数码管器件的引脚定义约定：**最左侧数码管为第 1 位，最右侧数码管为第 8 位**。这里特别要注意 U₃ 输出数据的顺序，由于 Q₇ 与数码管的第 8 位（右侧）选通连接，所以我们必须把顺序反过来设置位选通，相应的源代码如清单 10.1 所示。

先来看一下 write_multi_74hc595_ex 函数，只要给它传入共阴字型码与位选通数据，单片机就可以把它们推送到 74HC595 的数据输出引脚。首先将位选通左移 8 位再与字型码进行位 "或" 运算，也就可以实现位选通与字型码的合并。由于位选通与字型码都是 8 位的，所以将合并后的数据赋给了临时的 16 位无符号整形变量 data_tmp，这样就可以把 16 位数据一次性写入。接下来发生的事就很容易预料到，需要将 16 位数据移位 16 次，并且同样是高位先行。main 主函数代码比较简单，只是在 while 语句中循环执行写入数据到 74HC595 的操作，每写入一位则延时约 3ms。

方案确定了！老板就算不加薪，年终奖至少也会多一点吧！哪知道软件工程师在老板那里诉了苦：我们这个产品实现的功能已经很多，如果再这么使用动态刷新的方式控制显示，效果有时可能不太好，达不到客户的要求。这不，老板凌晨 2 点打电话给我：马上把新方案定下来，暂不考虑成本问题，必须在合同期限内完成交货。

行！我又是中气十足地给了肯定的答案，此情此景早已经非常习惯了，但内心却在呐喊着：瞎指挥个啥？本来之前使用 8 片 74HC595 驱动肯定没问题，你却舍不得一点点成本，后来我千辛万苦找了个方案，为你节省了 6 片 74HC595，加薪的事都还没来得及跟你暗示，现在又要全部推翻说什么不考虑成本，再回过头使用之前 8 片 74HC595 方案吧，结构已经确定了，放不下这么多东西了，唉！

埋怨归埋怨，但问题还是要积极地解决！今晚注定是个不眠之夜，加个通宵把原理图及 PCB 弄出来，明天一大早发给 PCB 制造厂商应该来得及。先来看看新方案吧，相应的 Proteus 软件平台仿真电路如图 10.2 所示。

```c
#include <reg51.h>
#include <intrins.h>

typedef unsigned char uchar;                          //定义类型别名
typedef unsigned int uint;

uchar code segment_char_list[]=                        //共阴数码管字型码
              {0x3F, 0x06, 0x5B, 0x4F, 0x66, 0x6D, 0x7D, 0x07, 0x7F, 0x6F};

void delay_us(uint count){while(count-->0);}           //延时函数
void delay_ms(uint count){while(count-->0)delay_us(60);}

sbit SH_CP = P1^0;                                     //移位时钟输入
sbit DS    = P1^1;                                     //串行数据输入
sbit ST_CP = P1^2;                                     //存锁时钟输入
sbit MR_N  = P1^3;                                     //移位寄存器复位输入
sbit OE_N  = P1^4;                                     //输出使能输入

void write_multi_74hc595_ex(uchar segment_char, uchar bit_select)
{
  uchar i;
  uint data_tmp = (bit_select<<8)|(segment_char);      //将位选与段码合并

  for (i=0; i<16; i++) {
    SH_CP = 0;                                         //时钟置为低电平，准备数据移位
    DS = (bit)(data_tmp&0x8000);                       //高位先行
    data_tmp<<=1;                                      //左移1位
    _nop_();
    SH_CP = 1;                                         //时钟置为高电平，上升沿引起数据移位
  }

  ST_CP = 0;                                           //将移位数据输出载入锁存器
  _nop_();
  ST_CP = 1;                                           //锁存数据
}

void init_74hc595(void)                                //初始化74HC595
{
  OE_N  = 1;                                           //开始进行引脚初始化，关闭数据输出
  MR_N  = 0;                                           //把移位寄存器全部置0
  ST_CP = 1;                                           //移位寄存器全0数据送到锁存器输出
  SH_CP = 1;                                           //将移位时钟初始化为高电平（空闲状态）
  MR_N  = 1;                                           //置复位引脚无效，后续可以进行串行数据移入
  ST_CP = 0;                                           //将移位寄存器中全0数据进行锁存
  OE_N  = 0;                                           //打开缓冲器数据输出
}

void main(void)
{
  uchar i;
  init_74hc595();

  while(1){
    for (i=0; i<8; i++) {
      write_multi_74hc595_ex(segment_char_list[i], ~(0x01<<i));
      delay_ms(3);
    }
  }
}
```

清单 10.1　两片 74HC595 动态驱动 8 位数码管源代码

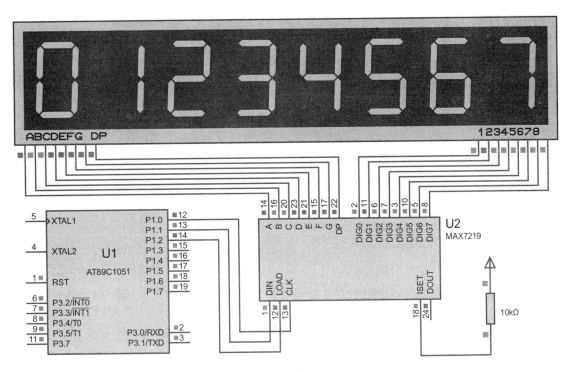

图 10.2　新的驱动方案

新方案的硬件电路非常简洁，使用了一片可以驱动最多 8 位数码管（**只能是共阴极**）的 MAX7219 芯片，它内部集成了**动态扫描时序生成电路**，仅需要 3 条信号线即可完全受控于单片机。MAX7219 的段驱动输出引脚 A ~ F 与数码管的各段连接，位选通输出引脚 DIG_0 ~ DIG_7 则与数码管的位选通连接，而外围器件只需要一个用来调整流过数码管工作电流的电阻即可，选取的阻值与电流之间的关系见表 10.2。

表 10.2　限流电阻与工作电流 I_{SEG} 及正向导通电压降 V_{LED} 之间的关系

I_{SEG}/mA	V_{LED}/V				
	1.5	2.0	2.5	3.0	3.5
40	12.2	11.8	11.0	10.6	9.69
30	17.8	17.1	15.8	15.0	14.0
20	29.8	28.0	25.9	24.5	22.6
10	66.7	63.7	59.3	55.4	51.2

假设数码管中 LED 发光单元的正向导通电压降 V_{LED}=3.0V，而需要设置的工作电流为 40mA，则限流电阻的阻值应约为 10kΩ。虽然对于 Proteus 软件仿真电路而言，限流电阻即使不连接也不影响正常的显示，但实际电路中却是必需的。

仍然使用单片机实现与图 10.1 相同的显示效果（即从左到右显示数字 0 ~ 7），源代码如清单 10.2 所示。

目前暂时不必关注源代码的细节，先从宏观上与清单 10.1 比较，会发现它们是高度相似的，只是定义的引脚名不同而已，但同样有移位（CLK）与锁存时钟（LOAD），同样在 main 函数开始需要进行初始化。但是有一点需要注意，在清单 10.2 所示源代码中，main

```c
#include <reg51.h>
#include <intrins.h>

typedef unsigned char uchar;                       //定义类型别名
typedef unsigned int uint;

sbit CLK  = P1^0;                                  //串行时钟
sbit DIN  = P1^1;                                  //串行数据
sbit LOAD = P1^2;                                  //存锁器控制

#define DECODE_MODE  0x09                           //译码控制寄存器地址
#define INTENSITY    0x0A                           //亮度控制寄存器地址
#define SCAN_LIMIT   0x0B                           //扫描限制寄存器地址
#define SHUT_DOWN    0x0C                           //关断模式寄存器地址
#define DISPLAY_TEST 0x0F                           //显示测试寄存器地址

void write_max7219(uchar addr, uchar byte_data)
{
  uchar i;
  uint data_tmp = (addr<<8)|byte_data;             //将地址与数据

  LOAD = 0;                                        //准备开始载入（锁存）数据

  for (i=0; i<16; i++) {
    CLK = 0;                                       //时钟置为低电平，准备数据移位
    DIN = (bit)(data_tmp & 0x8000);                //高位先行
    data_tmp <<= 1;                                //左移1位
    _nop_();                                       //延时1微秒
    CLK = 1;                                       //产生上升沿将串行数据移入MAX7219
  }

  LOAD = 1;                                        //移位完成后将数据载入（锁存）
}

void init_max7219(void)                            //初始化MAX7219
{
  write_max7219(DISPLAY_TEST,0x00);  //正常工作模式（非测试）
  write_max7219(DECODE_MODE,0xFF);                 //全译码模式
  write_max7219(SCAN_LIMIT,0x07);                  //8位数码管全扫描
  write_max7219(INTENSITY,0x0F);                   //初始亮度（占空比）
  write_max7219(SHUT_DOWN,0x01);                   //正常工作模式
}

void main(void)
{
  int i;
  init_max7219();

  for(i=1; i<9; i++){                              //数据寄存器的地址依次为1~8
    write_max7219(i, i-1);
  }

  while(1) {}
}
```

清单 10.2 MAX7219 驱动 8 位数码管

函数调用了 8 次 write_max7219 函数将需要显示的数字（0～7）写入到 MAX7219 之后，就不需要做更多的事情了。换句话说，单片机不需要再负责比较复杂的动态扫描时序，也就可以节省更多的单片机运算资源给其他需要执行的任务，这次大家都满足了吧！

下一章就会讲到 MAX7219 到底是如何工作的。

第 11 章

LED 数码管动态驱动芯片

　　为了能够顺利使用单片机控制 MAX7219，我们先来看看怎么样与它进行通信，相应的时序如图 11.1 所示。

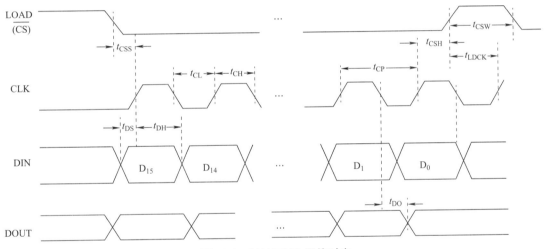

图 11.1　MAX7219 通信时序

　　MAX7219 需要的控制信号分别为串行时钟（Serial Clock Input, CLK）、串行数据（Serial Data Input, DIN）、加载数据（Load-Data Input, LOAD），它们均为输入引脚。当每个 CLK 的**上升沿**（因为 t_{DS} 与 t_{DH} 分别标注在 CLK 上升沿左右两侧）到来时，DIN 将被移入到 MAX7219 的内部 **16 位**移位寄存器，而当 LOAD **上升沿**到来时，移位寄存器的数据将会被载入到锁存器。虽然时序告诉我们，在进行数据移位时需要先将 LOAD 拉低，但对于 MAX7219 而言并不是必须的，可以在数据移位完成后再产生 LOAD 上升沿进行数据载入，但为了兼容其他芯片（例如，MAX7221 必须在移位时将$\overline{CS}$拉低，它同时也作为片选的功能而存在），我们还是严格按照时序图进行代码编写。另外，串行数据输出（Serial Data Output, DOUT）引脚输出 16 位移位寄存器的移出数据，DIN 引脚的数据将在 16.5（下降沿锁存）个时钟周期后成为 DOUT，它与下一片 MAX7219 的 DIN 引脚连接可以用于扩展。

　　有心的读者可能会想：MAX7219 的控制时序好像与 74HC595 非常相似呀！没错！MAX7219 与 74HC595 的控制引脚定义是相同的，只不过引脚名称不同而已。MAX7219

通信时序与 74HC595 主要有两点不同：其一，LOAD 信号是**边沿触发**的，而 ST_CP 是**电平触发**的；其二，MAX7219 **需要一次性载入 16 位数据（而不是 8 位）**，但我们前面已经写过这种函数了，所以拿过来修改一下就可以使用了。

现在的问题是：**怎么样控制 MAX7219 驱动数码管显示需要的数据呢？** 首先我们得知道，通过串行接口写入到 MAX7219 的 16 位数据都代表着什么。这并不难理解，就像在清单 10.1 所示源代码中往 74HC595 写入的 16 位数据一样，我们知道它代表的是合并的字形码与位选通，它与往 MAX7219 写入的 16 位数据没有本质的区别，只不过数据的定义可能会有所不同而已。表 11.1 为数据手册中标注的串行数据格式（Serial Data Format）。

表 11.1　串行数据格式

D_{15}	D_{14}	D_{13}	D_{12}	D_{11}	D_{10}	D_9	D_8	D_7	D_6	D_5	D_4	D_3	D_2	D_1	D_0
X	X	X	X	地址				最高位		数据					最低位

表 11.1 告诉我们，在写入 MAX7219 的 16 位数据中，低 8 位（$D_7 \sim D_0$）是数据，高 8 位中低 4 位（$D_{11} \sim D_8$）为地址，其他标记为 "X" 的数据位没有意义。那这里的 "地址" 又代表着什么对象的地址呢？MAX7129 芯片内部定义了一些寄存器，见表 11.2 所示。

表 11.2　寄存器地址映射表

寄存器	地址					（十六进制）
	$D_{15} \sim D_{12}$	D_{11}	D_{10}	D_9	D_8	
无操作	X	0	0	0	0	0xX0
第 0 位数字（DIG_0）	X	0	0	0	1	0xX1
第 1 位数字（DIG_1）	X	0	0	1	0	0xX2
第 2 位数字（DIG_2）	X	0	0	1	1	0xX3
第 3 位数字（DIG_3）	X	0	1	0	0	0xX4
第 4 位数字（DIG_4）	X	0	1	0	1	0xX5
第 5 位数字（DIG_5）	X	0	1	1	0	0xX6
第 6 位数字（DIG_6）	X	0	1	1	1	0xX7
第 7 位数字（DIG_7）	X	1	0	0	0	0xX8
译码模式	X	1	0	0	1	0xX9
亮度	X	1	0	1	0	0xXA
扫描限制	X	1	0	1	1	0xXB
关闭模式	X	1	1	0	0	0xXC
显示测试	X	1	1	1	1	0xXF

表 11.2 传达的信息与图 2.4 是一样的：MAX7219 中定义了一些寄存器及其所在的地址，这样就可以凭借地址来访问相应的寄存器。从表中可以看到，MAX7219 内部定义了 14 个寄存器，它们都各自对应一个地址，所以给 MAX7219 发送的串行数据中的地址部分占 4位就足够了。每一个地址都分别对应着一个 8 位寄存器，向某个地址写入数据，就意味着正在修改相应的寄存器数据。例如，地址 0x1 ~ 0x8 分别保存着 $DIG_0 \sim DIG_7$ 选通位对应的数码管段驱动数据，向地址 0x01 写入数据，就意味着正在修改 DIG_0 位选通对应的段驱动数据。同样，向地址 0x09 写数据，就意味着正在修改译码模式。

MAX7219 在正式显示数据前通常需要进行初始化，这与我们对 74HC595 芯片进行初始化的意义是完全一样的。从表 11.2 可以看到，除 $DIG_0 \sim DIG_7$ 对应的显示数据寄存器外，还可以控制译码模式（Decode Mode）、亮度（Intensity）、扫描限制（Scan Limit）、关闭模式（Shutdown）、显示测试（Display test）。为方便后续描述，在这里约定地址 0x1 ~ 0x8 对应为**数据寄存器**，而其他地址对应**控制寄存器**。

先来看看一下译码模式。前面已经提过，往**数据寄存器**任意写入一个数据，对应位选通的数码管就会有相应的显示，那么**数据寄存器**中的 8 位数据分别对应数码管的哪些段呢？数据手册中肯定会提供这个信息，见表 11.3。

表 11.3　译码表

数码管显示的字符	数据寄存器						值为 1 表示亮，值为 0 表示不亮						
	D_7*	$D_6 \sim D_4$	D_3	D_2	D_1	D_0	DP*	A	B	C	D	E	F	G
0	X	0	0	0	0	1	1	1	1	1	1	0
1	X	0	0	0	1	0	1	1	0	0	0	0
2	X	0	0	1	0	1	1	0	1	1	0	1
3	X	0	0	1	1	1	1	1	1	0	0	1
4	X	0	1	0	0	0	1	1	0	0	1	1
5	X	0	1	0	1	1	0	1	1	0	1	1
6	X	0	1	1	0	1	0	1	1	1	1	1
7	X	0	1	1	1	1	1	1	0	0	0	0
8	X	1	0	0	0	1	1	1	1	1	1	1
9	X	1	0	0	1	1	1	1	1	0	1	1
−	X	1	0	1	0	0	0	0	0	0	0	1
E	X	1	0	1	1	1	0	0	1	1	1	1
H	X	1	1	0	0	0	1	1	0	1	1	1
L	X	1	1	0	1	0	0	0	1	1	1	0
P	X	1	1	1	0	1	1	0	0	1	1	1
blank	X	1	1	1	1	0	0	0	0	0	0	0

表 11.3 从硬件实现层面就相当于存储了字型码的只读存储器（ROM），它的输入地址就是**数据寄存器**中的数据。例如，我们往地址 0x01 的**数据寄存器**写入 0x3，当 MAX7219 扫描 DIG_0 位对应的数码管时，就会在段驱动引脚 G ~ A 输出对应的共阴字型码 0x4F（注意顺序）。也就是说，只要往**数据寄存器**中写入 4 位 BCD 码，数码管就可以显示相应的数字，很方便吧！

但是请稍微等一下，通过"往**数据寄存器**中写入 4 位 BCD 码"控制显示字符的前提是：**你已经开启了译码模式**。这样 MAX7219 就会使用表 11.3 所示的译码规则对**数据寄存器**进行译码，此时**数据寄存器**中的 8 位数据只有 5 位是有效的，低 4 位就是对应的 BCD 码，而最高位用来单独控制小数点（写 1 表示亮，写 0 表示不亮）。

虽然译码模式很方便，但是它只能驱动数码管显示有限的字符，如果需要显示一些自定义的字型码（或下一章将要提到的 LED 点阵），就不能选择译码模式了，此时**数据寄存器**中的每一位都对应驱动数码管的每一段，见表 11.4。

表 11.4　寄存器数据与数码管发光单元的对应关系

	寄存器数据							
	D_7	D_6	D_5	D_4	D_3	D_2	D_1	D_0
对应的段	DP	A	B	C	D	E	F	G

从表中可以看到，**数据寄存器**与段驱动的对应关系与表 4.1 恰好是相反的（最高位是段 A），这意味着表 4.1 所示的字型码不能直接使用，这一点在写入数据时特别要注意，而"是否开启对**数据寄存器**的译码模式"取决于译码模式寄存器，其中每一位都对应一个**数据寄存器**的译码开关，换句话说，每一个**数据寄存器**的译码模式可以单独控制，见表 11.5。

表 11.5　译码模式寄存器（地址 =0xX9）

译码模式	寄存器数据								十六进制
	D_7	D_6	D_5	D_4	D_3	D_2	D_1	D_0	
所有位的数字均不译码	0	0	0	0	0	0	0	0	0x00
仅第 0 位数字译码	0	0	0	0	0	0	0	1	0x01
第 0～3 位数字译码	0	0	0	0	1	1	1	1	0x0F
所有位数字均译码	1	1	1	1	1	1	1	1	0xFF

表 11.5 传达了这样的信息：如果想对某一个**数据寄存器**进行译码，就应把相应的位置 1，否则应置 0。例如，向译码模式寄存器中写入 0x01，就表示打开了第 0 位（DIG_0）数据寄存器的译码模式，那么向地址 0x01 中写入的应该是 BCD 码，而往其他位**数据寄存器**写入的应该是字型码。

需要注意的是，表 11.5 只是举了 4 个应用例子说明怎么设置它，并不是说只有这 4 种情况。例如，可以向译码模式寄存器中写入 0x07，表示打开了 DIG_0 ~ DIG_2 对应**数据寄存器**的译码模式。**MAX7219 上电后均处于非译码模式，我们使用 8 位数码管只是为了显示一些数字，为方便起见就打开了所有数字寄存器的译码模式，写入译码模式寄存器的数据应为 "0xFF"，完整发送的 16 位串行数据应为 "0x09FF"**（最高 4 位无效，所以 0x19FF、0x29FF、0x39FF 等都可以）。

MAX7219 也是以动态扫描的方式驱动数码管，只不过内部已经使用硬件实现扫描时序，我们只需要往**数据寄存器**写入数据即可。虽然 MAX7219 可以驱动最多 8 位数码管，但如果在实际应用中并没有连接那么多位，则可以通过**扫描限制寄存器**设置一下扫描位数，具体信息见表 11.6。

表 11.6　扫描限制寄存器（地址 =0xXB）

扫描限制	寄存器数据								十六进制
	D_7	D_6	D_5	D_4	D_3	D_2	D_1	D_0	
仅显示第 0 位	X	X	X	X	X	0	0	0	0xX0
仅显示第 0～1 位	X	X	X	X	X	0	0	1	0xX1
仅显示第 0～2 位	X	X	X	X	X	0	1	0	0xX2
仅显示第 0～3 位	X	X	X	X	X	0	1	1	0xX3
仅显示第 0～4 位	X	X	X	X	X	1	0	0	0xX4
仅显示第 0～5 位	X	X	X	X	X	1	0	1	0xX5
仅显示第 0～6 位	X	X	X	X	X	1	1	0	0xX6
全部显示	X	X	X	X	X	1	1	1	0xX7

例如，只连接了 4 位数码管，那么可以将扫描位数限制为 4。当然，在硬件层面必须将这 4 位数码管的位选通与 $DIG_0 \sim DIG_3$ 连接，如果连到 $DIG_4 \sim DIG_7$，那就无法使数码管点亮。**MAX7219 上电后仅显示 DIG_0 位，我们驱动 8 位数码管则必须写入 "0xX7"**（仅低 4 位有效，所以 0x17、0x27、0x37 等都可以）。

有人可能会说：按照动态扫描的驱动原理，我不限制扫描位数（也就是全部显示）也应该可以正常显示 4 位数码管吧？答案当然是肯定的！但是在相同的硬件电路条件下，限制扫描位数的设置会影响发光单元的亮度，这不得不提及另一个与亮度相关的寄存器。

前面已经提过，在帧率不变的前提下，控制每一位数码管的点亮时长可以调整数码管的显示亮度，它是通过 PWM 调节驱动信号的占空比。MAX7219 中的亮度寄存器允许设置占空比，见表 11.7。

表 11.7　亮度寄存器（地址为 0xXA）

占空比	$D_7 \sim D_4$	D_3	D_2	D_1	D_0	十六进制
1/32	X	0	0	0	0	0xX0
3/32	X	0	0	0	1	0xX1
5/32	X	0	0	1	0	0xX2
7/32	X	0	0	1	1	0xX3
9/32	X	0	1	0	0	0xX4
11/32	X	0	1	0	1	0xX5
13/32	X	0	1	1	0	0xX6
15/32	X	0	1	1	1	0xX7
17/32	X	1	0	0	0	0xX8
19/32	X	1	0	0	1	0xX9
21/32	X	1	0	1	0	0xXA
23/32	X	1	0	1	1	0xXB
25/32	X	1	1	0	0	0xXC
27/32	X	1	1	0	1	0xXD
29/32	X	1	1	1	0	0xXE
31/32	X	1	1	1	1	0xXF

例如，往亮度寄存器写入 0x09，表示将占空比设置为 19/32。设置占空比越大，相应的数码管就会越亮，当然，消耗的电流也会越大。**MAX7219 上电后默认的亮度为最小（占空比最小），所以也必须对其进行初始化。**

有人可能会问：为什么占空比的分母是 32？它代表什么呢？问得好！在硬件实现层面，如果要产生一个 32 级可调的 PWM 时钟信号，这意味着我们需要一个比 PWM 信号频率至少高 32 倍的时钟源。例如，现在着手产生一个频率为 100Hz 且占空比 32 级可调的 PWM 信号，那么时钟源频率至少为 32×100Hz=3.2kHz。时钟源的频率比我们需要的 PWM 信号频率越高，那么可以细分的占空比就会越多，如图 11.2 所示。

PWM 信号的生成电路本质上就是计数器与比较器的结合。例如，我们要从时钟源 1 中获得占空比为 8/32 的 PWM 信号，就可以利用一个计数器对时钟源脉冲进行计数，当脉冲数不大于 8 时输出高电平，当脉冲数大于 8 且不大于 32 时就输出低电平，而当脉冲数大于 32 时就将计数器清零重新计数，这就是 PWM 信号产生的基本原理。

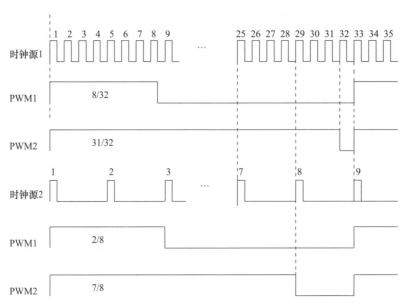

图 11.2　不同占空比的 PWM 信号

在 **PWM 信号频率相同**的条件下，时钟源频率越小则相应可调的占空比就会越少。例如，时钟源 2 比时钟源 1 的频率小 4 倍，那么从时钟源 2 可以得到最多 8 级可调的 PWM 信号。

MAX7219 的时钟源频率是多少呢？我们看看表 11.8 所示的数据手册标注的电气参数。

表 11.8　电气参数（部分）

符号	参数	测试条件	最小值	典型值	最大值	单位
V_+	供电电压	—	4.0	—	5.5	V
I_+	关闭模式供电电流	—	—	—	150	μA
f_{OSC}	显示扫描速率	8 位扫描	500	800	1300	Hz
I_{SEG}	段驱动电流	T_A=25℃，V_+=5V	−30	−40	−45	mA
I_{DIGIT}	位驱动电流	V_+=5V	320	—	—	mA

产品数据手册标注的显示扫描速率（Display Scan Rate，f_{OSC}）典型值为 800Hz，它是在 8 位数码管显示条件下的扫描帧率，即 1s 内扫描了 6400 位数码管，所以 6.4kHz 就是 PWM 信号的频率。从表 11.7 可知占空比的最大调整级数为 32，所以芯片内部振荡电路产生时钟源频率（至少）为 6400×32=204.8kHz。每一级占空比调整的时间为 1/204.8kHz≈4.9μs，换句话说，当占空比设置为 31/32 时，每一位数码管的显示时长约为 31×4.9μs=151.9μs，扫描一帧（8 位）所需的时间为 32×4.9μs×8≈1.25ms。

假设现在连接 4 位数码管，且限制扫描位数为 4，因为 PWM 信号频率是不变的，所以帧率提升了 1 倍。也就是说，单位时间内流过数码管发光单元的平均电流就上升了，从而提升了发光亮度。前面我们提过，调整限流电阻可以调整流过数码管的工作电流，也可以达到调节亮度的目的，由于减小扫描位数会使平均亮度提升，如果要保持相同的亮度，得将限流电阻的阻值加大一些。

MAX7129 还可以进入低功耗关闭模式，此时内部时钟源处于挂起状态，所有段驱动引脚都下拉到地，所有位选通引脚都上拉到电源，数码管将不会显示，芯片消耗的最大电流约为 150μA，并且已经写入的数据不会受到影响。也就是说，如果从关闭模式退出进入到正常工作模式，显示的内容与进入关闭模式前并没有什么不同，见表 11.9。

表 11.9　关闭模式寄存器（地址为 0xXC）

模式	寄存器数据							
	D_7	D_6	D_5	D_4	D_3	D_2	D_1	D_0
关闭	X	X	X	X	X	X	X	0
正常	X	X	X	X	X	X	X	1

表 11.9 的意义是：如果对功耗有较高的要求，可以在适当的时候将**关闭模式寄存器**的最低位置 0 即可，而将最低位置 1 则可进入正常工作模式。**在显示时应该将其设置在正常工作模式，写入的数据应为 "0x1"**

需要特别注意的是，**MAX7219 上电后即处于低功耗模式**，可以先对其他寄存器进行初始化，然后再进入正常工作模式即可，清单 10.2 所示源代码就是这么做的。

最后还有一个显示测试模式，它的作用与 74LS47 的试灯输入相似，相应的寄存器格式见表 11.10。

表 11.10　显示测试模式（地址为 0xXF）

模式	寄存器数据							
	D_7	D_6	D_5	D_4	D_3	D_2	D_1	D_0
正常模式	X	X	X	X	X	X	X	0
显示测试模式	X	X	X	X	X	X	X	1

在显示测试模式中，所有数码管的段都会点亮，而且 8 位数码管都会以最大亮度（最大占空比）显示。如果需要正常显示数据，**应该往显示测试寄存器中写入 "0x0"**。

MAX7219 的内部功能框图有助于我们宏观了解芯片内部硬件结构，如图 11.3 所示。

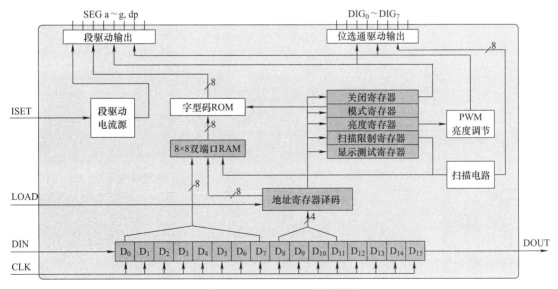

图 11.3　MAX7219 功能框图

从芯片设计层面，可以将数字逻辑分为两大块：其一，通过地址寄存器译码将 16 串行移位数据中的低 8 位数据载入不同的寄存器（8×8 双端口 RAM 表示 8 个 8 位数据寄存器）；其二，对各个寄存器中的数据进行相应的功能设计，包括 PWM 亮度调节、扫描时序、字型码 ROM，使用 FPGA（Field Programmable Gate Array，现场可编程逻辑门阵列）或 CPLD（Complex Programming Logic Device，复杂可编程逻辑器件）能够很容易实现它们。当然，段驱动模块是一种**恒流源**模拟电路，可以通过比例型镜像电流源来实现，我们将会在第 46 章详细讨论。

VisualCom 软件平台也有基于 MAX7219 的 8 位共阴数码管显示模组，数码管的连接线路与图 10.2 完全一样，相应的仿真效果如图 11.4 所示。

图 11.4　仿真效果

对于预置数据格式稍微复杂一些（例如需要对寄存器地址进行访问、包含指令与数据等）的仿真器件，"输出"窗口的信息栏会实时显示每一条预置数据的处理结果，如果预置的数据与分析出来的结果不一致，说明对如何正确控制该器件的理解并不到位。

预置的数据如图 11.5 所示。

序号	类型	附加	十进制	十六进制	自定义备注
1	数据	0	3840	F00	关闭显示测试模式
2	数据	0	2559	9FF	设置全8位译码
3	数据	0	2823	B07	设置全8位扫描
4	数据	0	2575	A0F	初始化亮度，占空比为31/32（最大亮度）
5	数据	0	3073	C01	进入正常工作模式
6	数据	0	256	100	地址0x01（DIG0数据寄存器）写入0
7	数据	0	513	201	地址0x02（DIG1数据寄存器）写入1
8	数据	0	770	302	地址0x03（DIG2数据寄存器）写入2
9	数据	0	1027	403	地址0x04（DIG3数据寄存器）写入3
10	数据	0	1284	504	地址0x05（DIG4数据寄存器）写入4
11	数据	0	1541	605	地址0x06（DIG5数据寄存器）写入5
12	数据	0	1798	706	地址0x07（DIG6数据寄存器）写入6
13	数据	0	2055	807	地址0x08（DIG7数据寄存器）写入7

插入数据　　插入命令　　批量插入…　　导入…　　进度：　　　　　　　　确定　　取消

图 11.5　预置数据

该仿真器件的预置数据位序定义与表 11.1 完全一致，12 位有效数据中的高 4 位为寄存器地址，低 8 位为具体的数据。我们的预置数据与清单 10.2 源代码中给 MAX7219 写入的数据是完全一样的。值得一提的是，当每次执行"单步运行"后，"内存窗口"中会实时显示 MAX7219 中所有寄存器的状态。

第 12 章

LED 点阵动态驱动

与数码管一样，LED 点阵模块内部也是由多个 LED 发光单元构成的，只不过发光单元被封装成圆形或矩形的透光窗口，通常称为像素（Pixel）。LED 点阵模块的像素按行列均匀排列，通常使用每列与每行的像素数量来区分，最常用的 5×7（5 列 7 行）与 8×8 点阵模块如图 12.1 所示。

 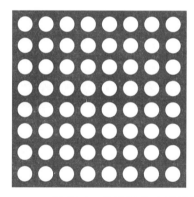 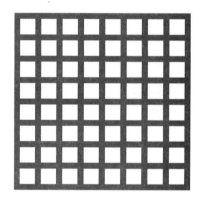

图 12.1　常用 LED 点阵模块

当然，即使行列像素数量相同，像素本身的尺寸也可能会有差异，所以也会以像素的直径（方形像素使用边长）大小来衡量，常用的有 3.00mm、3.75mm、5.0mm。大尺寸的 LED 点阵屏通常也是由这些小尺寸点阵模块组合而成的。例如，256×128 点阵模块每行有 32 个 8×8 点阵模块，总共 16 行。先来看看 8×8 点阵模块的内部结构，如图 12.2 所示。

从图中可以看到，8×8 点阵模块内部由 64 个 LED 组成，每一列（Column，COL）LED 的阴极是连接在一起的，每一行（ROW）LED 的阳极也是连接在一起的，与 8 位数码管的电路结构完全一样。LED 点阵模块本质上并不区分共阴与共阳，因为把行或列当作位选通或段驱动都可以，但是通常以 LED 与第 1 行（不是引脚号，这里对应就是 PIN9）的连接极性来约定是共阴还是共阳，所以图 12.2 所示 LED 点阵模块为共阳极。

共阴极点阵模块内部结构如图 12.3 所示，读者可以自行对比一下。

特别提醒一下：**LED 点阵模块的引脚号排列是没有规律的，可不要直接把行号或列号当成位选通或段驱动**。常用的 8×8 点阵模块的引脚定义如图 12.4 所示（字母 A ~ H 对应 1 ~ 8 行，数字 1 ~ 8 对应 1 ~ 8 列）。

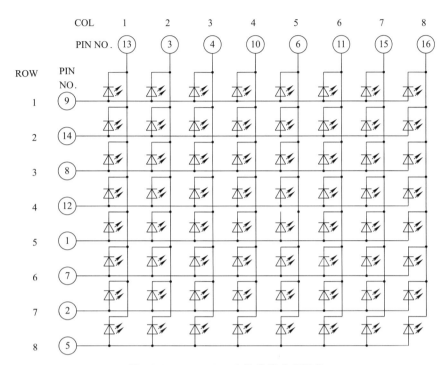

图 12.2　8×8 LED 点阵模块内部结构

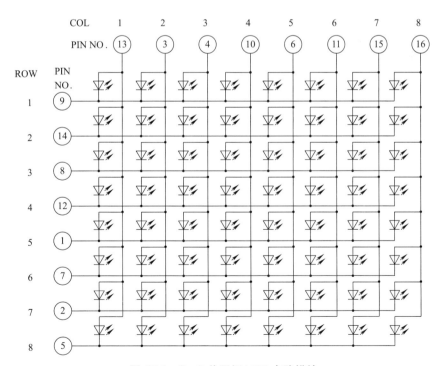

图 12.3　8×8 共阴极 LED 点阵模块

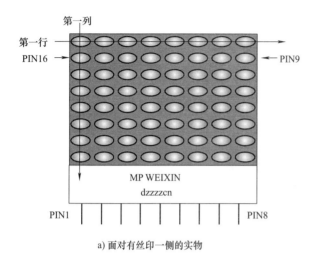

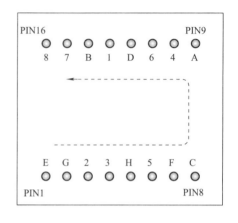

a) 面对有丝印一侧的实物　　　　　　　　　　　　b) 俯视引脚

图 12.4　某 LED 点阵模块的引脚顺序及定义

　　一般 LED 点阵模块某一侧会有厂家的生产型号丝印，当我们正向面对丝印时，左侧第一脚为 PIN1（有些厂家会直接在第一脚标记一下），然后按逆时针方向直至 PIN16。至于每一个引脚的具体定义最好参考相应的数据手册，厂家可能会因为一些实际的考量（例如兼容其他点阵模块）而使得引脚定义有所不同。

　　Proteus 软件平台中的点阵模块没有标记共阴或共阳，从器件库中调出来的时候，左上角为第 1 脚（有一个原点标记），上侧引脚名从左到右依次为 1 ~ 8，下侧引脚名从左到右依次为 A ~ H，相应的内部电路结构如图 12.5 所示（器件型号 MATRIX-8X8-RED）。

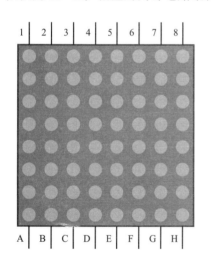

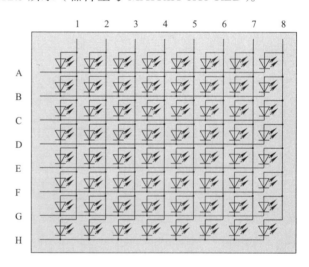

图 12.5　LED 点阵仿真模块

　　有人可能会问：你怎么知道的？可别信口开河呀！其实很简单，在 Proteus 软件平台中单击鼠标右键调出 LED 点阵模块，在弹出的快捷菜单中选择"取消组合（Decompose）"项可以打散该模块，然后用鼠标双击任意一个引脚，就可以弹出该引脚信息的属性对话框，类似如图 12.6 所示。

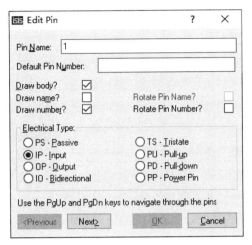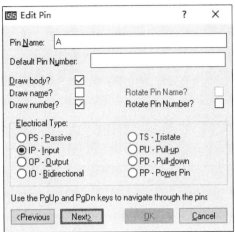

图 12.6　LED 点阵仿真模块的引脚信息

　　至于各 LED 发光单元对应的引脚，只能通过加电压的方式实验了。**为了统一全书描述，对于没有标记引脚的器件均不做旋转镜像操作，以从器件库中调出来的默认方向为准，且引脚定义以第一次介绍为准。**

　　由于 LED 点阵模块相当于多位数码管，所以只能使用动态扫描的方式来驱动。假设需要显示数字"5"，首先需要得到相应的字型码，如图 12.7 所示。

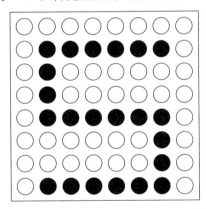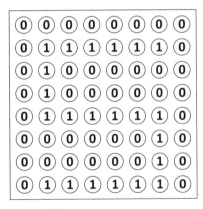

图 12.7　数字"5"的字型码

　　如果把行（见图 12.5）作为位选通，把列作为段驱动，则从上到下的字型码依次为（左高位）0x00、0x7E、0x40、0x40、0x7E、0x02、0x02、0x7E。如果把行作为段驱动，把列作为位选通，则从左至右的字型码依次为（下高位）0xFF、0x61、0x6D、0x6D、0x6D、0x6D、0x0D、0xFF（注意字型码是反过来的，因为此时位选通为高电平有效，相当于 8 个共阳数码管）。由字符（可以是数字或汉字）形状得到的字型码称为字模，获取字模的过程称为取模。

　　下面来看看单个 8×8 点阵模块是被如何驱动的，相应的仿真电路如图 12.8 所示。

　　这里使用 74HC138 把行作为位选通（A～H），使用 74HC573 把列作为段驱动（1～8），由于取模方向是从左到右，所以在线路连接时应该把 P1.7 与 LED 点阵第 1 脚（左上脚）对应连接，相应的源代码如清单 12.1 所示。

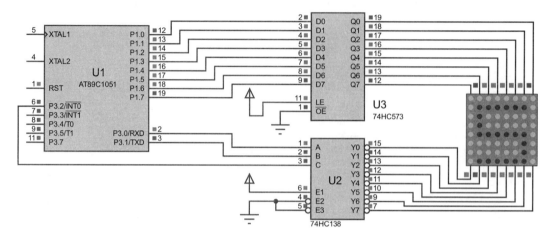

图 12.8　LED 点阵模块仿真驱动电路

```
#include <reg51.h>

typedef unsigned char uchar;                        //定义类型别名
typedef unsigned int uint;

#define COM_SELECT_PORT    P3                        //位选通引脚宏定义
#define SEGMENT_PORT       P1                        //段驱动引脚宏定义

uchar code display_char[]=                           //LED点阵显示数字"5"的字模
                {0x00,0x7E,0x40,0x40,0x7E,0x02,0x02,0x7E};

void delay_us(uint count){while(count-->0);}         //延时函数
void delay_ms(uint count){while(count-->0)delay_us(60);}

void matrix_8x8_display(void)
{
  uchar i;

  for (i=0; i<8; i++) {                              //8行需要被循环扫描
    switch(i) {                                      //先把每行的字模输出
      case 0:{SEGMENT_PORT = display_char[i];break;}
      case 1:{SEGMENT_PORT = display_char[i];break;}
      case 2:{SEGMENT_PORT = display_char[i];break;}
      case 3:{SEGMENT_PORT = display_char[i];break;}
      case 4:{SEGMENT_PORT = display_char[i];break;}
      case 5:{SEGMENT_PORT = display_char[i];break;}
      case 6:{SEGMENT_PORT = display_char[i];break;}
      case 7:{SEGMENT_PORT = display_char[i];break;}
      default:break;
    }
    COM_SELECT_PORT = i;                             //开启相应的位选通
    delay_ms(3);                                     //延时一段时间
    SEGMENT_PORT = 0x00;                             //取消行显示
  }
}

void main(void)
{
  SEGMENT_PORT = 0x00;                               //将段输出初始化为全0

  while(1) {
    matrix_8x8_display();                            //循环调用显示函数
  }
}
```

清单 12.1　点阵模块显示数字"5"

读者可自行阅读源代码，它与清单 7.2 几乎是完全一样的，主要的区别就在于字模，此处不再赘述。

也可以使用两片 74HC595 级联来动态驱动 LED 点阵模块，这样可以节省不少控制引脚，相应的仿真电路如图 12.9 所示。

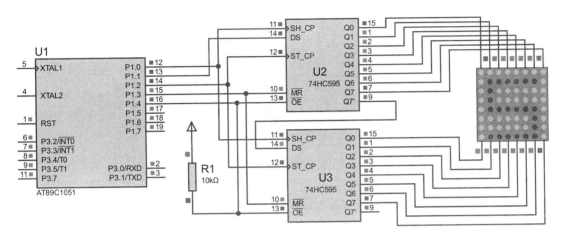

图 12.9　两片 74HC595 动态驱动 LED 点阵

74HC595 与单片机的连接仍然与图 10.1 完全一样，所以清单 10.1 所示源代码可以直接拿来修改，只需要使用清单 12.1 中的字模数组，同样来看看相应的源代码，如清单 12.2 所示。

这里仍然要注意点阵模块与 74HC595 的连接方式：我们使用 U_2 作为段驱动，U_3 作为位选通（与图 10.1 一致）。由于取模方向是从左至右，当串行数据输入到芯片时，最低位**应该**出现在 Q_7，所以在移入数据时采用**低位先行**的策略。同时还要注意，我们给位选通传递的参数是 "~(0x80>>i)"，而不再是清单 10.1 中的 "~(0x01<<i)"，后者显示出来的将是上下倒过来的数字 "5"（也就是数字 "2"）。

MAX7219 也同样可以驱动 LED 点阵模块，相应的 Proteus 软件平台仿真电路如图 12.10 所示。

在硬件设计上需要注意，由于 MAX7219 只能用来驱动共阴数管码（DIG_0 ~ DIG_7 最多只一个低电平），所以我们必须把段（A ~ DP）输出用来驱动列（1 ~ 8），而把位选通（DIG_0 ~ DIG_7）用来驱动行（A ~ H）。同时，还要注意 MAX7219 输出与 LED 点阵模块引脚的连接顺序，这样我们就可以把之前的取模数据直接发送到芯片中。

为节省篇幅，这里不再给出对应的源代码，读者只需直接使用清单 10.2 将字模写入到 MAX7219 即可，这里使用 VisualCom 软件平台给出具体发送的串行数据，从中还可以观察 MAX7219 内部寄存器的状态，如图 12.11 所示。

该模组的 LED 点阵与 MAX7219 连接方式与图 12.10 完全等价，相应的预置数据如图 12.12 所示。

通过与图 11.5 所示的预置数据进行对比，会发现只有两点不同，其一，将所有**数据寄存器**设置为不译码模式，其二，写入**数据寄存器**的就是刚刚定义的字模，仅此而已。

```c
#include <reg51.h>
#include <intrins.h>

typedef unsigned char uchar;                        //定义类型别名
typedef unsigned int uint;

uchar code display_char[]=                           //LED点阵显示数字"5"的字模
                {0x00,0x7E,0x40,0x40,0x7E,0x02,0x02,0x7E};

void delay_us(uint count) {while(count-->0);}        //延时函数
void delay_ms(uint count) {while(count-->0)delay_us(60);}

sbit SH_CP = P1^0;                                   //移位时钟输入
sbit DS    = P1^1;                                   //串行数据输入
sbit ST_CP = P1^2;                                   //存锁时钟输入
sbit MR_N  = P1^3;                                   //移位寄存器复位输入
sbit OE_N  = P1^4;                                   //输出使能输入

void write_multi_74hc595_ex(uchar segment_char, uchar bit_select)
{
  uchar i;
  uint data_tmp = (segment_char<<8)|(bit_select);   //将段码与位选合并

  for (i=0; i<16; i++) {
    SH_CP = 0;                                       //时钟置为低电平，准备数据移位
    DS = (bit)(data_tmp&0x0001);                     //低位先行
    data_tmp>>=1;                                    //左移1位
    _nop_();
    SH_CP = 1;                                       //时钟置为高电平，上升沿引起数据移位
  }

  ST_CP = 0;                                         //将移位数据输出载入锁存器
  _nop_();
  ST_CP = 1;                                         //锁存数据
}

void init_74hc595(void)                              //初始化74HC595
{
  OE_N  = 1;                                         //开始进行引脚初始化，关闭数据输出
  MR_N  = 0;                                         //把移位寄存器全部置0
  ST_CP = 1;                                         //移位寄存器全0数据送到锁存器输出
  SH_CP = 1;                                         //将移位时钟初始化为高电平（空闲状态）
  MR_N  = 1;                                         //置复位引脚无效，后续可以进行串行数据移入
  ST_CP = 0;                                         //将移位寄存器中全0数据进行锁存
  OE_N  = 0;                                         //打开缓冲器数据输出
}

void main(void)
{
  uchar i;
  init_74hc595();

  while(1){
    for (i=0; i<8; i++) {
      write_multi_74hc595_ex(display_char[i], ~(0x80>>i));
      delay_ms(3);
    }
  }
}
```

清单 12.2　74HC595 动态驱动 LED 点阵模块

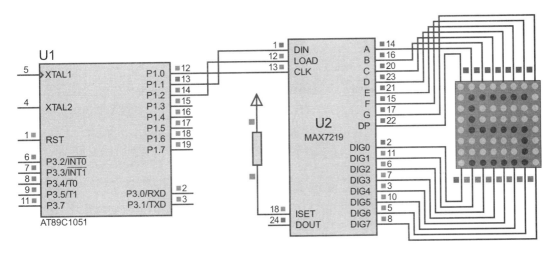

图 12.10　MAX7219 驱动 LED 点阵模块

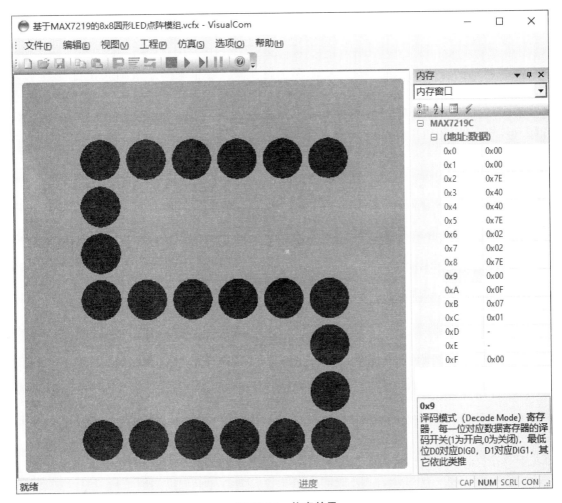

图 12.11　仿真效果

序号	类型	附加	十进制	十六进制	自定义备注
1	数据	0	3840	F00	关闭显示测试模式
2	数据	0	2304	900	设置全8位不译码
3	数据	0	2823	B07	设置全8位扫描
4	数据	0	2575	A0F	初始化亮度，占空比为31/32（最大亮度）
5	数据	0	3073	C01	进入正常工作模式
6	数据	0	256	100	地址0x01（DIG0数据寄存器）写入0x00
7	数据	0	638	27E	地址0x02（DIG1数据寄存器）写入0x7E
8	数据	0	832	340	地址0x03（DIG2数据寄存器）写入0x40
9	数据	0	1088	440	地址0x04（DIG3数据寄存器）写入0x40
10	数据	0	1406	57E	地址0x05（DIG4数据寄存器）写入0x7E
11	数据	0	1538	602	地址0x06（DIG5数据寄存器）写入0x02
12	数据	0	1794	702	地址0x07（DIG6数据寄存器）写入0x02
13	数据	0	2174	87E	地址0x08（DIG7数据寄存器）写入0x7E

插入数据　　插入命令　　导入...　　进度：　　　　　　　　确定　　取消

图 12.12　预置数据

如果驱动的点阵模块更多该怎么办呢？通过进一步扩展图 12.8 所示电路能够实现吗？可以！但是这种方案是由单片机承担动态扫描的任务，所以能够驱动的 LED 点阵模块的数量是有上限的，是什么因素限制的呢？主要是将一行（包括选通）数据完整移入到 74HC595 所花费的时间，我们来看图 12.13 所示时序。

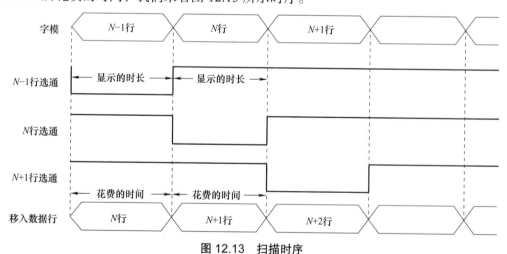

图 12.13　扫描时序

当开始扫描驱动点阵模块第 N 行显示时，这一行需要持续显示一定的时间，在这段时间内，应该进行第 N+1 行数据的准备工作，如果点阵的列数量越多，准备好一整行数据需要花费的移位时钟也就越多，那么第 N 行的持续显示时间也就越长，对不对？这看起来好像没什么问题，因为显示时间越长则亮度也越大，但是如果扫描行列数量一旦多了起来，完整刷新一帧所需要的时间也就越长，相应的帧率就会下降，显示效果也就会变差。

例如，在清单 12.2 所示 write_multi_74hc595_ex 函数中，每移入 1 位数据需要的时间

约为 15μs（可通过观察汇编指令估算），假设 LED 点阵屏的行列数均为 40，我们需要 10
片 74HC595 来驱动，则移入一整行（含选通）数据所需的时间为 15μs × (2 × 40)=1.2ms，
相应的帧率只有 1/(40 × 1.2ms)≈21fps。换句话说，想通过扩展图 12.8 所示电路来驱动超过
40 × 40 的 LED 点阵屏，刷新帧率将不会高于 21fps，这很有可能无法令客户满意。虽然更
换速度更快的单片机会有一定的积极意义，但是很遗憾，改善的空间仍然不会太大。

值得一提的是，当点阵屏的**列（段驱动）**数量很多，且相应的 LED 全部被点亮时，
所有流过 LED 的电流都会通过对应**位选通**的驱动引脚，这极有可能会超过 74HC595 的输
出驱动能力，所以实际进行大屏幕 LED 点阵显示产品的设计时，我们一般**不能**直接使用
74HC595（或类似的芯片，如 74HC138）直接驱动点阵模块的**位选通**，而是通过三极管或
场效应管扩流的方式间接驱动，下一章就会讲到这种应用。

第 13 章

大尺寸 LED 点阵驱动

鉴于单片机动态扫描方案固有的缺陷，我们通常会使用控制芯片来驱动行列数量更多的大尺寸 LED 点阵屏，HT1632 就是一款常用的 LED 点阵驱动芯片，其功能框图如图 13.1 所示。

HT1632 用来驱动 LED 的输出引脚 COM 与 OUTBIT 分别用来驱动 LED 点阵的行与列，并且 OUTBIT$_{24}$/COM$_{15}$ ~ OUTBIT$_{31}$/COM$_8$ 是复用引脚，可以通过指令设置为 8 个 COM

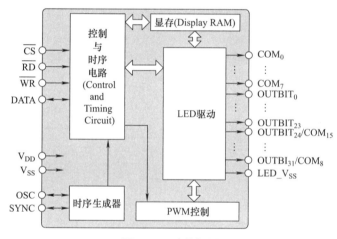

图 13.1　功能框图

（0 ~ 7）与 32 个 OUTBIT（0 ~ 31）或 16 个 COM（0 ~ 15）与 24 个 OUTBIT（0 ~ 23）。不仅如此，还可以设置 COM 输出结构是 PMOS 还是 NMOS，数据手册给出了两种输出结构应用示意，如图 13.2 所示。

首先需要特别注意：HT1632 **不是**恒流输出结构，所以必须串接限流电阻。数据手册对红色与绿色 LED 应用的推荐阻值分别为 120Ω 与 100Ω，实际取值最好根据 LED 的正向导通电压降与引脚驱动能力进行适当调整。PMOS 与 NMOS 输出结构的主要区别在于 COM 引脚提供拉电流（PMOS）还是灌电流（NMOS），数据手册标注的拉电流典型值为 20mA，而灌电流典型值可达到 50mA。从应用电路来看，貌似 PMOS 输出结构更好一些，毕竟每个 COM 输出都节省了一个三极管，这可都是钱呐！然而从实用的角度来看，使用 PNP 三极管间接驱动 LED 点阵屏的方案更值得应用到我们的电路系统中，因为对于动辄需要同时驱动几十甚至上百个 LED 的场合，20mA 的驱动能力还是显得实在太小了。

有心人读到这里可能会想：莫非 COM 相当于是选通扫描（而 OUTBIT 相当于段驱动），所以对 COM 的驱动能力有更大的要求？但数据手册里面好像没有明确说明呀？毕竟对于 LED 点阵模块而言，把行或列当成选通扫描都可以！

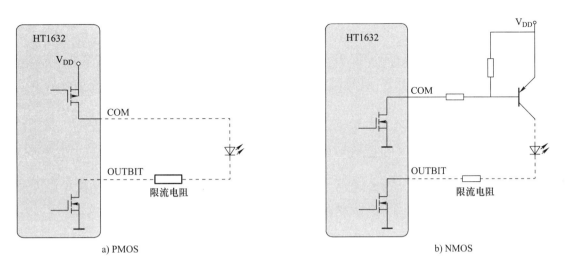

图 13.2　PMOS 与 NMOS 输出结构

只需要观察数据手册给出的典型应用电路就能够找到想要的答案，16 个 COM 与 24 个 OUTBIT 输出配置应用如图 13.3 所示（以下均以此电路为例）。

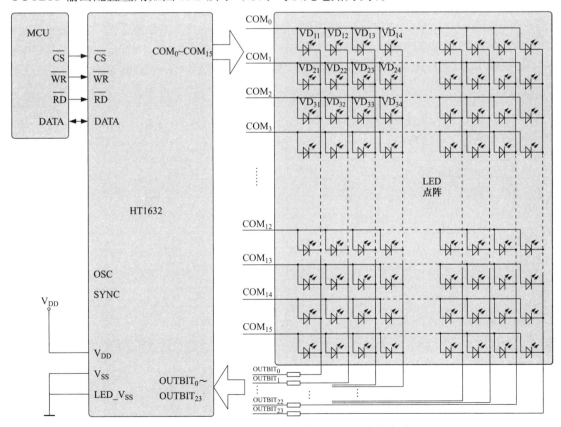

图 13.3　16 个 COM 与 24 个 OUTBIT 应用电路

虽然数据手册并没有明确指出选通驱动引脚是 COM 还是 OUTBIT，但根据限流电阻的串联位置，我们有理由相信：COM 就是选通驱动，而 OUTBIT 是段驱动。因为**限流电阻**

是不可能串连在选通引脚的，否则当某选通行全亮或全灭时，电流的波动会非常大，继而导致限流电阻两端的电压降波动也非常大，也就使得两种状态下 LED 的发光亮度不均匀。

那怎么样点亮某个 LED 呢？HT1632 内部有一片显示随机存取存储器（Display RAM，DRAM），通常简称为"显存"，这是大多数显示器件驱动芯片中一个非常重要的单元（MAX7219 内部的 8 个数据寄存器也可以认为是显存）。显存的意义就在于：**它把需要驱动的显示器件的状态与显存中的数据进行了关联（映射）**。往显存中某个地址写入某个数据，驱动芯片就会根据该数据设置显示器件的显示状态，而不需要考虑可能会非常复杂的驱动时序。

当 HT1632 配置为 16 个 COM 与 24 个 OUTBIT 输出时，对应的显存映射见表 13.1（8 个 COM 与 32 个 OUTBIT 输出配置稍有不同，有兴趣的读者可以参考数据手册）。

表 13.1　16 个 COM 与 24 个 OUTBIT 配置时的显存映射表

	COM_{15}	COM_{14}	COM_{13}	COM_{12}	地址	...	COM_3	COM_2	COM_1	COM_0	地址
OUT_0					03H		VD_{41}	VD_{31}	VD_{21}	VD_{11}	00H
OUT_1					07H		VD_{42}	VD_{32}	VD_{22}	VD_{12}	04H
OUT_2					0BH		VD_{43}	VD_{33}	VD_{23}	VD_{13}	08H
OUT_3					0FH		VD_{44}	VD_{34}	VD_{24}	VD_{14}	0CH
OUT_4					13H						10H
OUT_5					17H						14H
OUT_6					1BH						18H
OUT_7					1FH						1CH
OUT_8					23H						20H
OUT_9					27H						24H
OUT_{10}					2BH						28H
OUT_{11}					2FH						2CH
OUT_{12}					33H	...					30H
OUT_{13}					37H						34H
OUT_{14}					3BH						38H
OUT_{15}					3FH						3CH
OUT_{16}					43H						40H
OUT_{17}					47H						44H
OUT_{18}					4BH						48H
OUT_{19}					4FH						4CH
OUT_{20}					53H						50H
OUT_{21}					57H						54H
OUT_{22}					5BH						58H
OUT_{23}					5FH						5CH
	D_3	D_2	D_1	D_0	数据		D_3	D_2	D_1	D_0	数据

表 13.1 告诉我们：显存中共有 96 个地址（中间省略了 8 列），每个地址只有低 4 位是有效的，**只要 COM 列与 OUT 行交叉单元格对应的数据位为 1，则相应的 LED 点亮，否则 LED 熄灭**。例如，我们往地址 0x04 写入 0x2，则 COM_1 与 OUT_1 对应的 LED（对应图 13.3 中的 VD_{22}）是点亮的，简单吧！

那具体怎么修改 RAM 中的数据呢？ HT1632 使用串行通信接口，相应控制信号分别为 $\overline{CS}$、$\overline{RD}$、$\overline{WR}$、DATA，芯片内部为这些引脚都集成了弱上拉电阻。另外，DATA 引脚是双向类型，所以我们不仅可以往芯片写入数据，也可以从芯片读出数据。

首先我们来看看往 HT1632 写数据的时序，如图 13.4 所示。

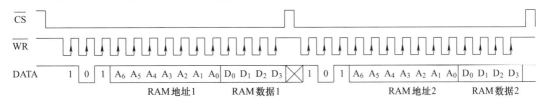

图 13.4　写 RAM 数据时序

可以看到，虽然 HT1632 的串行接口信号名称与 MAX7219 有所不同，但是时序的定义却并没什么不一样。为了将数据写入到 RAM，我们也需要传递地址（7 位）与数据（4 位），只不过在前面还增加了三位模式识别码（Mode Identity，Mode ID）"101"，可以理解为发送串行数据的分类，它用来标识后面跟随的 11 位数据的具体含义。

HT1632 共有 4 种模式识别码，见表 13.2。

表 13.2　模式识别码

操作	模式	识别码
读	数据	110
写	数据	101
读 - 修改 - 写（Read-Modify-Write）	数据	101
写	指令	100

发送串行数据时需要特别注意：**7 位 RAM 地址的最高位先发送，而 4 位 RAM 数据的最低位反而先发送**。在众多使用串行通讯接口的控制器件中，这可以说是比较"奇葩"的位序定义，除非定义的 4 位 RAM 数据本身就是反过来的，否则我们无法将地址与数据直接合并进行发送（必须先将位序反过来）。例如，现在需要点亮 VD_{22}，则往 HT1632 发送的串行数据应该为 0x2844（0b101_0000100_0100），而不是 0x2842（0b101_0000100_0010）。

如果需要将多个数据写入连续的 RAM 地址，可以在 7 位地址后面跟随多个 4 位数据，相应的时序如图 13.5 所示。

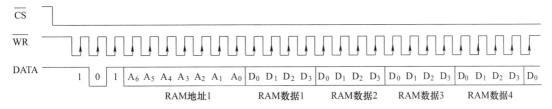

图 13.5　连续写入数据到 RAM

当然，一上电就直接把数据写入到 RAM 是无法点亮 LED 的，我们需要先对 HT1632 进行初始化，这涉及如图 13.6 所示的写指令时序。

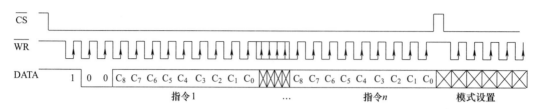

图 13.6　写指令时序

可以看到，往 HT1632 写指令时发送的串行数据是：模式识别码 "100" +9 位具体指令，总计 12 位（比写 RAM 数据时少 2 位）。如果多个指令连续发送，可以在 $\overline{CS}$ 上升沿到来前直接发送多次 9 位指令，**多个指令之间不需要重复发送模式识别码**。

如果确实有需要，也可以读出指定 RAM 地址中的数据，只要预先写入需要读取的 RAM 地址（相应的模式为 "110"），然后在 $\overline{RD}$ 上升沿读出数据即可，相应的时序如图 13.7 所示。

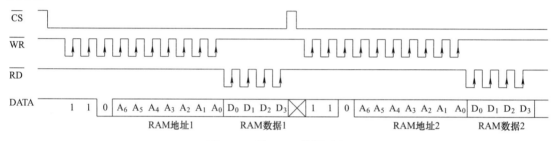

图 13.7　读 RAM 数据时序

有人可能会想：为什么需要读 RAM 数据呢？ MAX7219 可没有这个功能呀！我们考虑这样一种情况：假设图 13.3 所示电路 VD_{22} 已经处于点亮状态，现在需要把 VD_{12} 也点亮，应该怎么做呢？很明显，写入地址 0x04 中的数据应该为 0b0001（0x1），没错吧！但是当把这个数据写到芯片后，VD_{12} 确实被点亮了，但是原来的 VD_{22} 却熄灭了，这肯定是不行的！

有人说：那你直接写入 0x3（0b0011）不就行了？但问题在于你并不知道该地址中原来数据是什么，所以无法保证自己写入的数据不影响其他数据，对不对？

通常主要有两种解决方案可以避免影响不期望被修改的数据，其一：**如果要对某个 RAM 地址的数据进行修改，就先将该地址的数据读出来，我们将其进行必要的处理后再写入相同的地址不就行了**，这时候就需要**读数据**的功能。为了更方便对 RAM 数据进行 "一步到位" 地修改，HT1632 还提供 Read-Modify-Write（读 - 修改 - 写，后续简称为 "改写"）功能，相应的时序如图 13.8 所示。

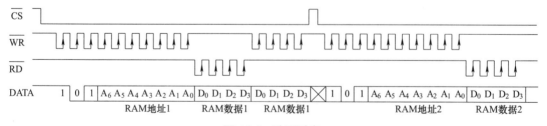

图 13.8　改写时序

可以看到，改写功能将数据读出并修改后，再次写入并不需要重新指定原来的地址，相对而言是不是方便一些。

另外一种更常用的思路是：**在单片机中开辟一片 RAM 区域**（通常就是定义一个数组），它与 HT1632 中 RAM 是对应的。当我们需要修改 HT1632 中 RAM 数据时，先将单片机 RAM 中相应的数据进行修改，再将 RAM 数据写入 HT1632。也就是说，HT1632 中 RAM 数据与单片机中 RAM 数据是同步的，我们总是可以通过单片机中的 RAM 数据得到当前 HT1632 中对应的 RAM 数据，也就可以有的放矢地直接写入正确的数据。

总的来说，对于显示器件驱动芯片而言，"改写 RAM 数据"的功能**并不是必须的**，虽然它可以节省单片机 RAM 数据空间，不过现如今，单片机的成本普遍都已经降下来了，RAM 空间也同时有了较大的提升，所以很多相似的驱动芯片并没有提供改写功能。

下面使用 VisualCom 软件平台调出"基于 HT1632 的 24×16 LED 点阵模块"，它的硬件线路连接与图 13.3 完全等价，相应的仿真效果如图 13.9 所示。

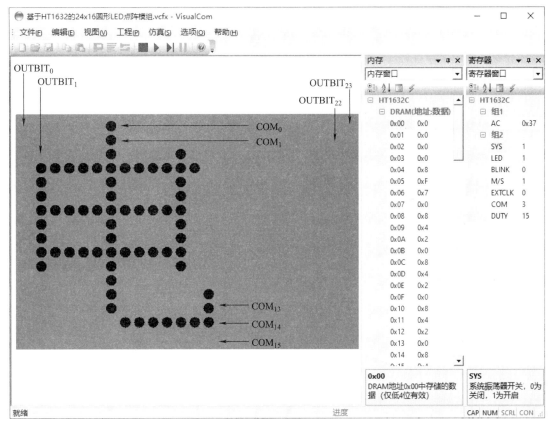

图 13.9　仿真效果

单步运行该仿真工程后，不仅能够在"内存"窗口实时观察显存数据，还可以在"寄存器"窗口中获得每条指令执行后的寄存器控制位状态。我们的预置数据如图 13.10 所示。

该器件的预置数据位序定义与前述时序描述完全对应，为了理解预置数据的具体含义，我们首先给出 HT1632 的指令集，见表 13.3（"X"表示忽略）。

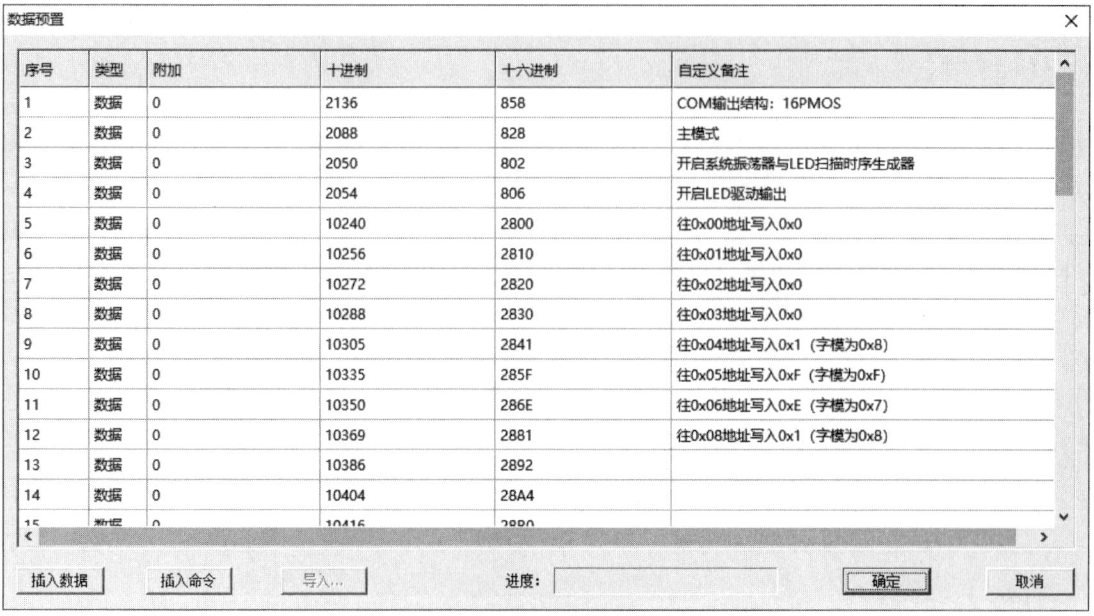

数据预置

序号	类型	附加	十进制	十六进制	自定义备注
1	数据	0	2136	858	COM输出结构：16PMOS
2	数据	0	2088	828	主模式
3	数据	0	2050	802	开启系统振荡器与LED扫描时序生成器
4	数据	0	2054	806	开启LED驱动输出
5	数据	0	10240	2800	往0x00地址写入0x0
6	数据	0	10256	2810	往0x01地址写入0x0
7	数据	0	10272	2820	往0x02地址写入0x0
8	数据	0	10288	2830	往0x03地址写入0x0
9	数据	0	10305	2841	往0x04地址写入0x1（字模为0x8）
10	数据	0	10335	285F	往0x05地址写入0xF（字模为0xF）
11	数据	0	10350	286E	往0x06地址写入0xE（字模为0x7）
12	数据	0	10369	2881	往0x08地址写入0x1（字模为0x8）
13	数据	0	10386	2892	
14	数据	0	10404	28A4	

图 13.10　预置数据

表 13.3　HT1632 指令集

名称	模式	代码	功能	默认
READ	110	$A_6A_5A_4A_3A_2A_1A_0D_0D_1D_2D_3$	读 RAM 数据	
WRITE	101	$A_6A_5A_4A_3A_2A_1A_0D_0D_1D_2D_3$	写数据到 RAM	
READ-MODITY-WRITE	101	$A_6A_5A_4A_3A_2A_1A_0D_0D_1D_2D_3$	读完 RAM 数据后再写入（改写 RAM 数据）	
SYS DIS	100	0000-0000-X	关闭系统振荡器与 LED 驱动时序生成	是
SYS EN	100	0000-0001-X	打开系统振荡器与 LED 驱动时序生成	
LED OFF	100	0000-0010-X	关闭 LED 驱动	是
LED ON	100	0000-0011-X	打开 LED 驱动	
BLINK OFF	100	0000-1000-X	关闭闪烁功能	是
BLINK ON	100	0000-1001-X	打开闪烁功能	
SLAVE MODE	100	0001-00XX-X	设置从模式，且时钟源来自外部时钟	
MASTER MODE	100	0001-01XX-X	设置主模式，时钟源来自片内 RC 振荡器，系统时钟输出到 OSC 引脚	
RC	100	0001-10XX-X	使用片内 RC 振荡时钟源	是
EXT CLK	100	0001-11XX-X	使用外部时钟源	
COMMONS OPTION	100	0010-abXX-X	ab=00: NMOS 开漏输出，8 个行扫描 ab=01: NMOS 开漏输出，16 个行扫描 ab=10: PMOS 开漏输出，8 个行扫描 ab=11: PMOS 开漏输出，16 个行扫描	ab=10
PWM DUTY	100	101X-abcd-X	PWM 占空比：（abcd+1）/16 abcd 设置范围：0 ~ 15	

首先，将 COM 引脚配置为 16 个 PMOS 输出结构，该配置的依据来源于图 13.3 所示硬件电路，相应的指令应为 0b100_0010_1100_0（0x858）；其次把 HT1632 配置为**主模式**，因为**从模式**主要用于多芯片级联应用，很快就会讲到；再次，这里打开了系统振荡器与 LED 驱动时序生成电路（默认处于关闭状态），因为动态扫描的时序都是基于振荡器产生的时钟，芯片没有了时钟就相当于人的心脏没有跳动，自然不可能驱动点阵模块显示任何信息；最后，开启了 LED 驱动输出功能（相当于 74HC595 的数据输出使能），这样芯片输出才能发出扫描驱动时序（默认处于关闭状态）。实际上，我们还应该配置"使用片内 RC 振荡时钟源"，但是由于上电后这一项是默认的，所以这一项配置并不是必需的。

执行完前面四条预置数据后，RAM 中的数据就可以显示了，接下来就是将需要显示的数据写入到 RAM 的过程。我们决定靠左显示一个 16×16 字体的"电"字，相应的取模信息如图 13.11 所示。

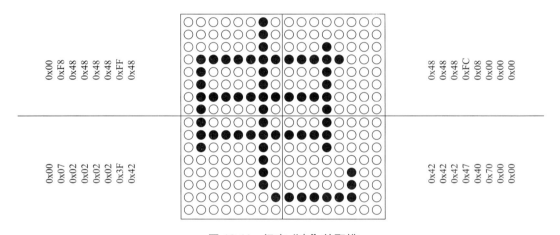

图 13.11　汉字"电"的取模

因为每个 RAM 地址中的 4 位数据对应 4 个 COM（行），所以我们得纵向取模，且每次只写入 4 位数据，方向为由上至下、从左到右（因为 RAM 地址增加方向是往 COM 增加的方向，见表 13.1）。很明显，RAM 地址 0x0 ~ 0x3 对应的字模数据都是 0，所以我们首先写入了 4 个 0x0（尽管 VisualCom 软件平台已经将 HT1632 的 RAM 数据全部初始化为 0x0，但实际应用时还是得重新写入，这样可以避免芯片上电后 RAM 出现随机数据），然后往 RAM 地址 0x4 写入了 0x8。这里再次提醒一下：字模的提取顺序是下高位，这与表 13.1 是对应的，但是写入的串行数据中的 4 位 RAM 数据是反过来的（低位先行），所以实际预置数据的低 4 位应该是 0x1。读者可自行分析剩下的预置数据，此处不再赘述。

有些读者可能在想：我从表 13.3 中可没有看到什么寄存器，为什么 VisualCom 软件平台还会有一个"寄存器"窗口呢！因为给 HT1632 发送指令的本质行为就是设置一些寄存器，只不过数据手册没有给它们命名而已，VisualCom 软件平台为了方便我们观察芯片的状态，做了一些额外的工作将这些寄存器提取出来了而已！举个小例子，我们对比一下"SYS DIS"与"SYS EN"指令，会发现只有一位是有差别的，"寄存器"窗口显示的"SYS"就是这个数据位的状态（M/S 表示 Master/Slave，COM 表示 COMMON OPTIONS，

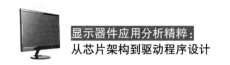

DUTY 表示 PWM DUTY)，点击后会在下方显示该寄存器的功能描述。

如果需要驱动更多数量的 LED 点阵模块，可以使用多片 HT1632 级联的方式，数据手册提供的级联示意如图 13.12 所示。

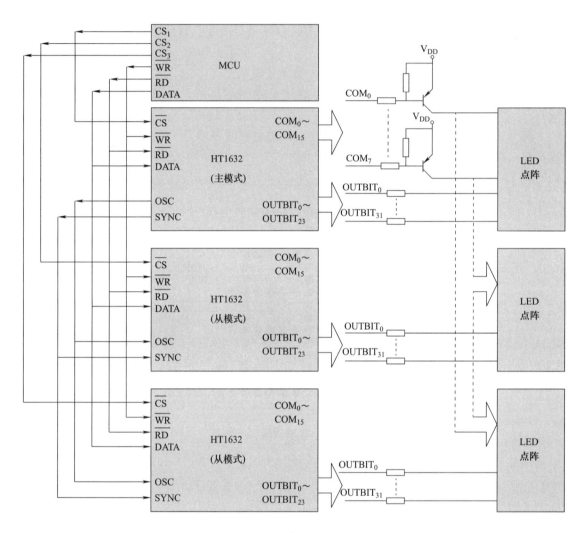

图 13.12　多片 HT1632 级联

多片 HT1632 级联扩展的是 OUTBIT（段驱动），所以 COM 位选通扫描需要驱动的 LED 数量肯定不会少，所以我们必须使用开关三极管来间接驱动。在级联的 HT1632 中，只有一片通过指令设置为**主模式**（掌握扫描时序的控制权，发送控制信号的单片机也经常被称为"主控制器"或"主控"），它用于产生振荡时钟（OSC 引脚）与同步信号（SYNC 引脚）给其他处于**从模式**的芯片。所有级联的 HT1632 都必须单独进行初始化，它们都有一个 CS 引脚与单片机连接，需要与哪个芯片通信就将其使能即可。

不过话又说回来，要驱动大尺寸 LED 点阵屏也没有必要"舍近求远"，多片 MAX7219 级联也可以完美实现，我们来看看使用 4 片 MAX7219 驱动 4 个 LED 点阵模块，相应的 Proteus 软件仿真电路如图 13.13 所示。

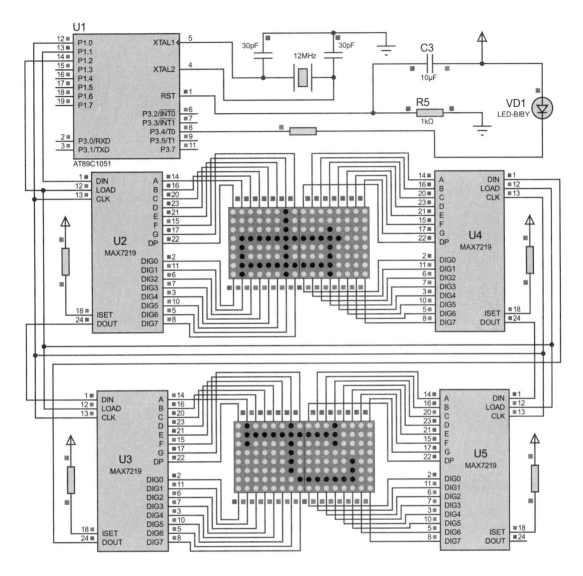

图 13.13　MAX7219 级联驱动 4 个 LED 点阵模块

该电路使用四片 MAX7219 级联来分别驱动四个 LED 点阵模块，所有芯片段驱动与位选通连接都保持一致，这有利于我们统一字符的取模方式。硬件电路上需要注意，我们把所有 MAX7219 的 CLK（时钟）与 LOAD（载入）引脚都连接在一起，而后一级联芯片的 DIN（数据输入）引脚与前一级芯片的 DOUT（数据输出）引脚相连。这种连接方式本质上与图 8.6 相同，因为 DOUT 引脚是 MAX7219 串行数据移位的输出，它与 74HC595 的 Q7′ 的意义完全一样。

为了驱动 LED 点阵模块显示汉字"电"，同样需要对其进行取模，只不过需要横向取模，如图 13.14 所示。

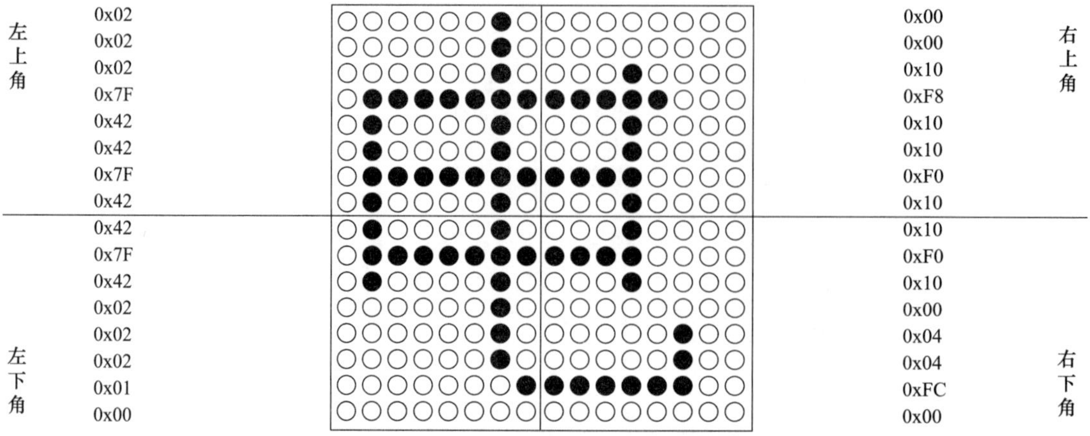

左上角	0x02		0x00	右上角
	0x02		0x00	
	0x02		0x10	
	0x7F		0xF8	
	0x42		0x10	
	0x42		0x10	
	0x7F		0xF0	
	0x42		0x10	
左下角	0x42		0x10	右下角
	0x7F		0xF0	
	0x42		0x10	
	0x02		0x00	
	0x02		0x04	
	0x02		0x04	
	0x01		0xFC	
	0x00		0x00	

图 13.14　汉字"电"的横向取模

下面来看看相应的驱动源代码，如清单 13.1 所示（为节省篇幅，仅给出关键源代码，其他与清单 10.2 完全一样）。

首先定义了一个二维数组，它包含了汉字"电"的 16×16 点阵字模（注意 MAX7219 的串联顺序，依次对应字模的左上角、左下角、右上角、右下角），shift_data 函数是将清单 10.2 所示源代码中数据移位部分的代码单独抽出来包装的移位函数，这一点在多片 74HC595 驱动代码中已经遇到过。重点是 write_multi_max7219 函数，它比清单 10.2 所示源代码中的 write_max7219 函数多了一个形参 pos，它表示要把数据写入到哪个级联位置（position）的芯片中。例如，与单片机连接的第一个 MAX7219（U_2）的位置为 0，后面级联的 U_3、U_4、U_5 分别为 1、2、3。要给哪个位置的芯片写数据，相应就传递位置参数即可。

write_multi_max7219 函数中惟一需要注意的是 for 语句。具体怎么样实现**将数据写入到某个芯片的同时又不影响其他芯片呢**？答案是**写入无效操作**（No-op）。从表 11.2 可以看到，MAX7219 的 0x00 地址标记的是无操作，也就是说，对这个地址写入数据不影响显示状态。所以，要对（且仅对）某个芯片写入**有效数据**的原理很简单，例如，要对位置 3 的 MA7219（U_5）写入数据，首先把将要写入的**有效数据**按平时一样进行 1 个单位（16 个时钟）的数据移位操作，完成后的移位数据目前还在位置 0 的 MAX7219（U_2）。然后我们再写 3 个单位（48 个时钟）的空操作（源代码中写入的是全 0，也就意味着往 0x00 地址中写入 0x00，推送的单位数由位置来定），这样就可以把第一次写入的有效数据推到位置 3 的 MAX7219 中，而前面 3 个芯片写入的是空操作，所以不影响它们的显示状态。

main 主函数中，首先对 4 个芯片都进行了相同的初始化，这一步非常重要，如果只初始化第一个芯片，其他 LED 点阵模块将会不显示。最后使用两个 for 语句循环把 display_char 数组中的字模数据依次全部送入到四个芯片中。

最后请读者思考一下：虽然我们已经完成了汉字的整个显示过程，但写空操作推入数据的方式毕竟效率还是不太高，对于 16×16 的点阵模块，有 8+16+24=48 次移位时钟是无效的，如果屏幕更大一些，写空操作占用的资源还是不能小觑，怎么样通过编程来改善呢？

```c
uchar code display_char[4][8] =                          //汉字"电"的16x16字模
            {{0x02,0x02,0x02,0x7F,0x42,0x42,0x7F,0x42},   //左上角
             {0x42,0x7F,0x42,0x02,0x02,0x02,0x01,0x00},   //左下角
             {0x00,0x00,0x10,0xF8,0x10,0x10,0xF0,0x10},   //右上角
             {0x10,0xF0,0x10,0x00,0x04,0x04,0xFC,0x00}};  //右下角

void shift_data(uint dat16)                              //数据移位函数
{
  uchar i;

  for (i=0; i<16; i++) {
    CLK = 0;                              //时钟置为低电平，准备数据移位
    DIN = (bit)(dat16 & 0x8000);          //高位先行
    dat16<<=1;                            //左移1位
    _nop_();
    CLK = 1;                  //时钟置为高电平，上升沿引起数据移位
  }
}

void write_multi_max7219(uchar pos, uchar addr, uchar array_data)
{
  uchar i;
  uint data_tmp = (addr<<8)|array_data;   //将地址与数据合并成16位数据一次性发送

  LOAD = 0;                               //使能片选，准备开始发送数据
  shift_data(data_tmp);

  for (i=0; i<pos; i++) {                              //写无效操作
    shift_data(0x00);
  }

  LOAD = 1;                               //移位完成后将数据载入
}

void main(void)
{
  int i, j;

  for (i=0; i<4; i++) {                               //初始化级联的4片MAX7219
    write_multi_max7219(i, DISPLAY_TEST, 0x00);       //正常工作模式(非测试)
    write_multi_max7219(i, DECODE_MODE, 0x00);        //不进行译码模式
    write_multi_max7219(i, SCAN_LIMIT, 0x07);         //8位数码管全扫描
    write_multi_max7219(i, INTENSITY, 0x0F);          //设置初始亮度（占空比）
    write_multi_max7219(i, SHUT_DOWN, 0x01);          //正常工作模式
  }

  for (i=0; i<4; i++) {                               //共有4片MAX7219
    for (j=0; j<8; j++) {                             //每片MAX7219写入8个字模
      write_multi_max7219(i, j+1, display_char[i][j]);
    }
  }

  while(1) {}
}
```

清单 13.1　字模与写数据函数

第 14 章
全彩 LED 点阵驱动原理

自第一张黑白照片诞生以来，与显示相关的媒介似乎都会尝试从单色到彩色的转变，彩色照片自然不用多说，电视机从黑白到彩色也是一个典型例子，智能手机的彩屏更是彰显五彩缤纷世界的独特魅力，LED 点阵模块作为应用广泛的显示器件自然也不例外。

前面几章讨论的单色 LED 点阵只能显示一种颜色（红、绿、蓝最常见），这未免显得有些单调，毕竟多姿多彩的世界更令人爽心悦目，而且用五颜六色的 LED 点阵屏打起广告来也更容易吸引人的注意力呀！为了满足市场的迫切需求，很多厂家制造了双色或全彩 LED 点阵，它们可以显示各种各样的颜色。8×8 双色 LED 点阵模块的内部结构如图 14.1 所示。

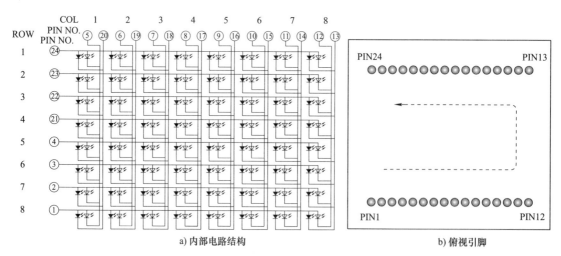

图 14.1 双色 LED 点阵模块的内部结构

可以看到，双色 LED 点阵模块的每一个透光窗口由两个发光颜色不同（红绿比较常用）的 LED（也称其为子像素）组成，所以列数多了一倍，但实物外观与单色 LED 点阵模块并没有什么不同（即透光窗口也是 64 个）。

全彩 LED 点阵模块的每个透光窗口是由三个发光颜色不同的 LED 组成，它们的颜色分别为红、绿、蓝，如图 14.2 所示。

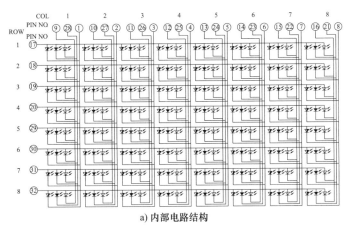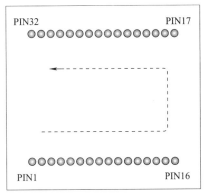

a) 内部电路结构　　　　　　　　　　　　b) 俯视引脚

图 14.2　全彩 LED 点阵模块的内部结构

　　全彩，顾名思义，就是可以显示多种颜色（而不仅仅只是红、绿、蓝三种颜色）。为什么要称为全彩呢？不是只有三种颜色吗？为了方便讨论全彩 LED 点阵模块的显示原理，我们先了解一下彩色的三要素，即亮度（Brightness）、色调（Hue）、饱和度（Saturation）。其中，亮度代表颜色引起人的视觉的明暗程度，它由发光体的发光强度决定；色调表示颜色的种类，例如，红、橙、黄、绿、蓝、靛、紫等颜色就属于不同的色调，它由光的波长决定；饱和度表示颜色的深浅程度，同一个色调的颜色有深浅之分，例如，红色有深红、粉红，深色饱和度高，浅色饱和度低，光的饱和度高低与往颜色掺入的白光成分有关，完全不掺白光的饱和度最高（即 100%）。掺入的白光成分越多，饱和度越低，自然界的颜色都是非饱和色。

　　光是一种客观存在的物质，色是人眼对光的视觉反映。 太阳是自然界色调最丰富的光源，它发出的白光包含了自然界的一切可见光。太阳光束（复色光）透过三棱镜就会被分解为红、橙、黄、绿、青、蓝、紫等一系列彩色光，我们称这种现象为光的**色散**（dispersion of light）。分解出来的彩色光是不可再分解的单色光，它们构成如图 14.3 所示的光谱。

颜　色	波　长	频　率
红	620～750nm	400～484THz
橙	590～620nm	484～508THz
黄	570～590nm	508～526THz
绿	495～570nm	526～606THz
蓝	476～495nm	606～630THz
靛	450～475nm	630～668THz
紫	380～450nm	668～789THz

太阳光束　三棱镜

图 14.3　光谱

　　实践证明，如果将红、绿、蓝三种色光投射到白色屏幕，调节它们的比例即可得到相加混色效果，我们称为**直接相加混色法**。例如：红 + 绿 = 黄、红 + 蓝 = 品红（紫）、绿 + 蓝 = 青（靛）、红 + 绿 + 蓝 = 白。我们把用来混色的红、绿、蓝三种单色称为基色，使用三基色混合成其他彩色的原理称为三基色原理。

　　需要注意的是：**绘画中将两种颜料混合产生的颜色与色光的混合是不同的，因为色光**

是直接相加混合，而颜料的混合则是相减混合，这是由颜色的吸色性质决定的（颜料的三基色是品红、黄、青），色光与颜料的混合区别如图 14.4 所示。

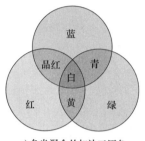

a) 色光混合的加法三原色

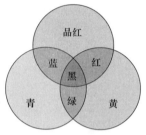

b) 颜色混合的减法三原色

图 14.4　色光与颜料混合

在彩色显示器件的实际应用中，经常使用间接相加混色法产生彩色，它主要有两种应用形式。其一为**空间混色法**，也就是把三基色同时投射到屏幕的三个邻近点上，当三个相邻点足够近时，由于人眼的分辨率限制，三基色就像同时投射到一个点一样，也就会产生相加混色效应。彩色显像管电视机就是这样做的，荧光屏上按一定规律涂着能发出红、绿、蓝三种光的荧光粉，电子枪发射出三电子束就分别轰击三种颜色的荧光粉；其二为**时间混色法**，将三基色轮换交替地投射于同一屏幕表面，只要轮换的速度足够快，由于人眼视觉滞留作用，看起来也像三基色直接相加的效果一样。

虽然色光混合相加后仅仅只多了黄、青、品红、白四种色光，但调节三基色光的不同亮度比例，几乎可以混合出自然界所有的颜色。为了进一步量化颜色的数量，我们引入灰阶（Gray Scale，GS）的概念，它是指颜色从最亮到最暗之间的亮度变化等级。也就是说，每种基色的灰阶（亮度）变化级数越多，则混合之后能够表现的颜色就越丰富。例如，使用 6 位二进制表示每个三基色的灰阶，则每种基色的灰阶变化级数为 $2^6=64$，三基色组合可以表达的颜色有 $2^6 \times 2^6 \times 2^6 = 262144$ 种（俗称 "262k"）。如果使用 8 位二进制表示每个三基色的灰阶，则每种基色的灰阶变化级数为 $2^8=256$，三基色组合可以表达的颜色有 $2^8 \times 2^8 \times 2^8 = 16777216$ 种（俗称 "16.7M"），这里的 "262k" 与 "16.7M" 就是我们所说的**颜色深度（color depth）**，简称 "**色深**"。

最常用的 RGB 色彩模式是工业界的一种颜色标准，它通过调节红、绿、蓝三基色通道的灰阶变化，以及相互之间的叠加来得到各种各样的颜色。通常我们使用 RGB（rr，gg，bb）表达具体的颜色，其中 rr、gg、bb 分别表示三基色分量值，其范围为 0 ~ 255。例如，RGB（0，0，0）表示黑色，RGB（255，0，0）表示红色，RGB（255，255，255）表示白色，也称为 RGB888 模式。当然，很多场合可能不需要这么多颜色，相应的还有 RGB565、RGB555、RGB332 模式等。

全彩 LED 点阵显示各种颜色也是基于同样的色光相加混合原理，只要使每个像素中红、绿、蓝三种 LED 发光单元的亮度不同（相当于灰阶的变化），也就可以显示出各种颜色，所以关键的问题是：**在动态扫描时如何使不同子像素获得不同的颜色灰阶？** 比较常用的方法就是使用 PWM 技术。现在假设使用 4 片 74HC595 驱动 8×8 全彩 LED 点阵模块，每一行显示时长仍然为 3ms。由于每个发光单元都有亮（1）、灭（0）两种状态，所以**正常情况下**可以得到图 14.4a 中的七种颜色及黑色（都不发光），相应的驱动电平见表 14.1。

表 14.1　8 种颜色的生成

	第 1 列	第 2 列	第 3 列	第 4 列	第 5 列	第 6 列	第 7 列	第 8 列
	(R, G, B)	(R, G, B)	(R, G, B)	(R, G, B)	(R, G, B)	(R, G, B)	(R, G, B)	(R, G, B)
第 1 行	1, 0, 1	0, 0, 1	1, 1, 0	0, 0, 0	1, 1, 1	0, 1, 0	0, 1, 1	1, 0, 0
第 2 行	1, 0, 1	0, 0, 1	1, 1, 0	0, 0, 0	1, 1, 1	0, 1, 0	0, 1, 1	1, 0, 0
第 3 行	1, 0, 1	0, 0, 1	1, 1, 0	0, 0, 0	1, 1, 1	0, 1, 0	0, 1, 1	1, 0, 0
第 4 行	1, 0, 1	0, 0, 1	1, 1, 0	0, 0, 0	1, 1, 1	0, 1, 0	0, 1, 1	1, 0, 0
第 5 行	1, 0, 1	0, 0, 1	1, 1, 0	0, 0, 0	1, 1, 1	0, 1, 0	0, 1, 1	1, 0, 0
第 6 行	1, 0, 1	0, 0, 1	1, 1, 0	0, 0, 0	1, 1, 1	0, 1, 0	0, 1, 1	1, 0, 0
第 7 行	1, 0, 1	0, 0, 1	1, 1, 0	0, 0, 0	1, 1, 1	0, 1, 0	0, 1, 1	1, 0, 0
第 8 行	1, 0, 1	0, 0, 1	1, 1, 0	0, 0, 0	1, 1, 1	0, 1, 0	0, 1, 1	1, 0, 0

表 14.1 中行与列交叉的每个单元格都代表 8×8 全彩点阵模块的一个像素，而其中的三个数字表示相应 R、G、B 子像素的输入电平状态，可以理解为驱动信号的占空比（例如，1 对应 80%，0 对应 0%，可以自行定义），这与我们刚刚介绍的 RGB 基色分量值不同，如果 PWM 可调占空比级数足够多，其中的数字也可以远大于 255。也就是说，（0、1、0）表示绿色，（1、1、1）表示白色，其他依此类推。

现在已经得到了 8 种颜色，虽然可以通过控制显示时长来调整像素的亮度，但是色彩仍然是不会变化的，因为每个子像素的点亮时间是一致的（PWM 占空比一样，所以亮度也一样）。为了得到更多的颜色，我们希望每选通一行时施加给每个子像素的占空比是不一样的，这样才能使子像素的亮度各不相同，对不对？具体应该怎么做呢？如果使用单片机驱动全彩 LED 点阵模块，那么**定时器是必不可少的**！

我们以驱动每个子像素产生 5 种灰阶（125 种颜色）为例，相应的驱动电平状态见表 14.2。

表 14.2　125 种颜色的生成

	第 1 列	第 2 列	第 3 列	第 4 列	第 5 列	第 6 列	第 7 列	第 8 列
	(R, G, B)	(R, G, B)	(R, G, B)	(R, G, B)	(R, G, B)	(R, G, B)	(R, G, B)	(R, G, B)
第 1 行	4, 3, 1	1, 0, 2	2, 4, 3	0, 4, 1	3, 1, 4	4, 1, 2	4, 4, 4	2, 0, 3
第 2 行	4, 3, 1	1, 0, 2	2, 4, 3	0, 4, 1	3, 1, 4	4, 1, 2	4, 4, 4	2, 0, 3
第 3 行	4, 3, 1	1, 0, 2	2, 4, 3	0, 4, 1	3, 1, 4	4, 1, 2	4, 4, 4	2, 0, 3
第 4 行	4, 3, 1	1, 0, 2	2, 4, 3	0, 4, 1	3, 1, 4	4, 1, 2	4, 4, 4	2, 0, 3
第 5 行	4, 3, 1	1, 0, 2	2, 4, 3	0, 4, 1	3, 1, 4	4, 1, 2	4, 4, 4	2, 0, 3
第 6 行	4, 3, 1	1, 0, 2	2, 4, 3	0, 4, 1	3, 1, 4	4, 1, 2	4, 4, 4	2, 0, 3
第 7 行	4, 3, 1	1, 0, 2	2, 4, 3	0, 4, 1	3, 1, 4	4, 1, 2	4, 4, 4	2, 0, 3
第 8 行	4, 3, 1	1, 0, 2	2, 4, 3	0, 4, 1	3, 1, 4	4, 1, 2	4, 4, 4	2, 0, 3

对于 5 种输入电平状态，可以定义单元格内数字与占空比之间的关系，例如，0 对应 0%，1 对应 20%，2 对应 40%，3 对应 60%，4 对应 80%。表 14.2 中（R、G、B）数据是随意填写的，数值范围均在 0~4 之间，由于我们仅关注**第一行的段驱动数据**，所以把其他行也设置为相同的，关键在于怎么样产生不同的灰阶。

首先把定时器的定时时长设置为 600μs，这意味着 3ms 被分解为了 5 个时间片。然后定义一个变量 i 并将其初始化为 0，每一次定时器中断到来，单片机就会跳到中断服务函数

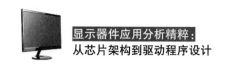

里去执行一些实时性要求非常高的事（相当于"校长有要事找我"）。中断服务函数里面只做一件事：将变量 i（对应表 14.2 中的数字）累加 1，并且设置一个标记位（例如 it_flag），然后就返回到正常流程执行代码。

下面来看看第一行 RGB 子像素的驱动流程，如图 14.5 所示。

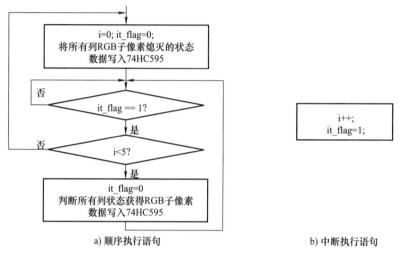

a) 顺序执行语句　　　　　　　　　　　　b) 中断执行语句

图 14.5　第一行 RGB 子像素的驱动流程

程序一开始，我们便将子像素初始化为熄灭状态（相应 74HC595 的段驱动数据输出均为 0），由于 it_flag 初始化为 0，所以后面的语句都不会执行，总是循环跳到判断的开始，此时单片机一直在等待定时器中断将 it_flag 置 1。

当定时器产生第 1 次中断时，变量 i 就累加为 1，并且将 it_flag 置 1 后就退出了。现在顺序执行语句中判断 it_flag 已经为 1 了，首先将 it_flag 清零（以便下一次中断时再次置 1），然后开始执行运算：**判断第一行所有 RGB 数据是否大于** 0。如果是就标记为 1，否则为 0。

从表 14.2 中可以看到，G2、R4、G8 为 0，所以此时驱动全彩 LED 点阵模块的 R、G、B 三个子像素的数据分别为 0xEF、0xBE、0xFF（1 为点亮，0 为熄灭），如图 14.6 所示。

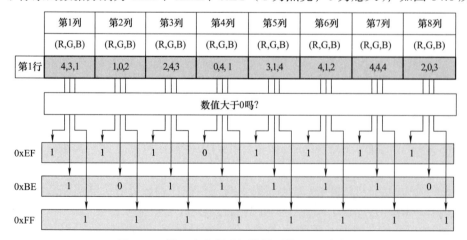

图 14.6　第一次中断后运算得到的 RGB 数据

获得三个数据后再写入到 74HC595 中即可完成第一次 RGB 子像素电平的设置，并在下一次定时器到来之前保持该状态，维持 1 个时间片（约 600μs）。

然后定时器的第 2 次中断到来了，变量 i 累加为 2 并且再次将 it_flag 置 1 后退出。同样再判断第一行所有列的值是否大于 1，如果是就标记为 1，否则为 0。由于 B1、R2、B4、G5、G6 对应数字均为 1，所以将相应的位置 0，其他位对应的状态不变，此时驱动点阵模块的 R、G、B 子像素的数据分别为 0xAF、0xB2、0x6F，然后同样将其写入到 74HC595。

第 3 次定时器中断到来后，变量 i 累加为 3 并将 it_flag 置 1 后退出。此时 B2、R3、B6、R8 大于 2，所以将相应的位置 0，前面已经设置为 0 的电平同样保持不变，所以此时驱动点阵模块的 R、G、B 子像素的数据分别为 0x8E、0xB2、0x2B，然后同样将其写入到 74HC595。

在第 5 次中断后，i 已经累加到 5，此时所有数据都置 0 开始进入下一行的扫描驱动，相应的时序如图 14.7 所示。

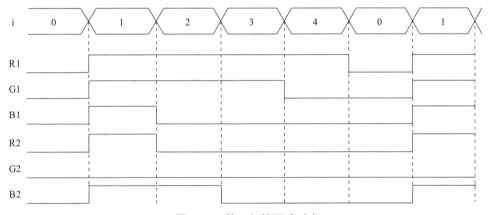

图 14.7　第一行的驱动时序

有人可能会想：哦，我知道了，只要把定时器的定时时长设置得更小，不就可以产生更多的灰阶吗？

很遗憾，虽然理论上的确如此，但是单片机的运算速度总是有限的，它在一个时间片内需要完成每一行 24 列数据与变量 i 的判断、累加、标记设置等操作，然后再写入 74HC595，这些操作粗略估计不会小于 500μs。如果定时器设置的时间太小，它可能还没有完成所有行的运算，或正在写 74HC595 的过程中，下一次定时器就已经产生中断信号了，自然也就不可能得到正确的 PWM 输出信号。换句话说，全彩 LED 点阵能够显示出多少灰阶，与单片机的运算速度直接相关，单片机的速度越快，我们就可以把每一行选通时间分割为更多时间片，也就可以产生占空比调节级数更多的 PWM 驱动信号。

第 15 章
全彩 LED 点阵驱动芯片

对色彩要求稍高一点的应用而言，为了使全彩 LED 点阵模块的每一个发光单元显示亮度尽量一致，通常会选择**恒流驱动**方案，因为点阵模块中所有 LED 的正向导通电压降不可能完全一致，如果要求 LED 点阵模块能够准确展现更多的颜色，也就同时意味着更小的电流偏差可能会引起无法接受的灰阶误差。MBI5026 就是一款 16 位恒流 LED 驱动芯片，它的基本功能框图与 74HC595 非常相似，主要不同在于输出是恒流源（而不再是电压源），相应的功能框图如图 15.1 所示。

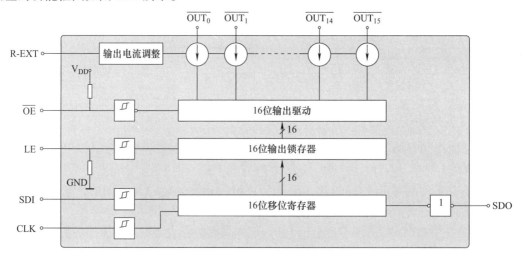

图 15.1　MBI5026 功能框图

MBI5026 的 CLK、LE、SDI、SDO、$\overline{\text{OE}}$ 引脚分别与 74HC595 的 SH_CP、ST_CP、DS、Q7′、$\overline{\text{OE}}$ 引脚对应，控制时序也基本相同，只不过内部寄存器是 16 位的。在应用时需要特别注意：**恒流源输出的电流方向是流入芯片内部的**，所以 MBI5026 的输出引脚只能与 LED 的**阴极**连接，锁存器输出位为 1 时表示电流源开启，否则电流源关闭。

在硬件设计层面，MBI5026 还需要在 R-EXT 引脚与公共地之间连接一个电阻来调节恒流源的输出电流值 I_{OUT}，可根据式（15.1）来计算：

$$I_{\text{OUT}} = \frac{1.26\text{V}}{R_{\text{EXT}}} \times 15 \tag{15.1}$$

其中，1.26V 可以理解为芯片内部的参考电压，它也是 R-EXT 引脚的电压值；15 为倍乘因子。例如，当 $R_{EXT} = 520\Omega$ 时，可以计算得到 $I_{OUT} \approx 36\text{mA}$。

下面来看看 MBI5026 的控制时序，如图 15.2 所示。

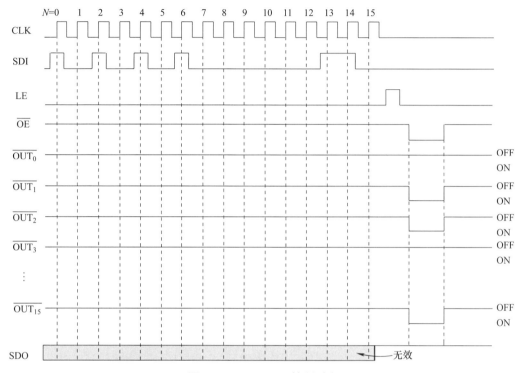

图 15.2　MBI5026 控制时序

时序分析时需要注意，第 0 个移位时钟移入的串行数据经过 16 个时钟后（也就是说，在 16 个移位时钟前，SDO 的输出数据是无效的），对应控制的是通道 $\overline{\text{OUT15}}$ 的电流输出状态，所以通道 $\overline{\text{OUT}_0}$、$\overline{\text{OUT}_1}$、$\overline{\text{OUT}_2}$、$\overline{\text{OUT}_3}$ 的电流输出状态分别取决于第 15、14、13、12 个时钟移入的串行数据。当然，只有将移位数据载入到锁存器且输出使能打开时，电流源驱动才是有效的。

与 74HC595 一样，将移位寄存器输出数据载入锁存器的 LE 信号也是一个正脉冲（而不是上升沿），本质上它模拟的就是一个触发器的**上升沿**触发行为，因为触发器本身就是由边沿检测器与锁存器组合而成的，类似如图 15.3 所示。

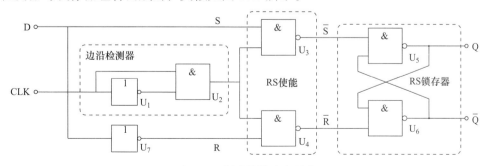

图 15.3　触发器的内部结构

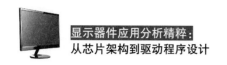

这里并不打算对该内部结构做过多的阐述，只需要注意边沿检测器那一块电路，它利用反相器（U_1）的传播延时形成具有一定相位延时的反相时钟，它与原来的时钟进行"与"逻辑运算就可以获得一个正脉冲，其脉冲宽度为 U_1 的传播延时，相应的时序如图 15.4 所示。

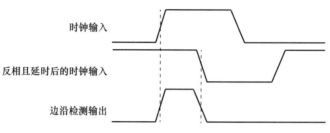

图 15.4　边沿检测器工作原理

边沿检测电路输出的正脉冲通过 RS 使能单元施加在 RS 锁存器输入端，就相当于产生了两个动作：**首先**使能 RS 锁存器将输入数据 D 传送到输出 Q，**然后马上**又关闭使能（锁存动作）。这样锁存的数据就能够一直保持而不再受输入 D 的影响，除非下一个正脉冲到来又打开了 RS 使能单元。

很明显，MBI5026 比 74HC595 应用方案相对要好一些，但也仅仅是好一些而已，如果需要驱动的全彩 LED 点阵模块像素更多，那么每一个时间片内的运算量也就越大，一旦同时还有更多显示灰阶的需求，单片机肯定将无法达到这个目标，所以在要求非常高的场合，通常会采用硬件方案生成 PWM 驱动信号。TLC5941 就是一款包含点校正（Dot Correction，DC）与硬件 PWM 灰阶控制的 LED 驱动芯片，其功能框图如图 15.5 所示。

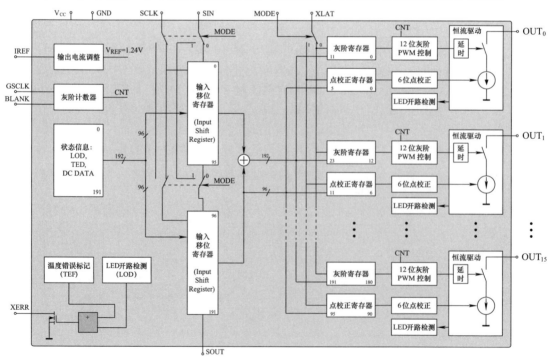

图 15.5　功能框图

与 MBI5026 一样，TLC5941 具有 16 通道的恒流输出驱动器，能够同时驱动 16 个 LED，而 LED 的显示亮度则取决于每个通道各自对应的 12 位灰阶寄存器与 6 位点校正寄存器数据。前面我们已经提过，PWM 信号生成电路本质上由计数器与比较器构成，灰阶寄存器保存的就是与灰阶计数器（GS Counter）计数输出值（CNT）进行比较的值。换句话说，灰阶寄存器中的数据越大，用来驱动 LED 的 PWM 电流占空比也就越大，对应的亮度百分比可按式（15.2）计算。

$$亮度（\%）= \frac{灰阶寄存器数据}{4095} \times 100 \qquad （15.2）$$

其中，灰阶寄存器数据的取值范围为 0 ~ 4095（对应的显示亮度百分比为 0% ~ 100%），这意味着每个通道驱动的 LED 可以产生的灰阶变化数量为 4096，这几乎可以满足绝大多数的应用场合，因为真彩的色深为 16.7M，对应每个基色的灰阶位数也才为 8 而已。

灰阶寄存器数据只是控制驱动 LED 的时间（占空比），但具体驱动峰值电流则由 IREF 引脚与公共地之间连接的电阻来决定，这与 MBI5026 是相同的，相应的计算公式如式（15.3）所示。

$$I_{max} = \frac{V_{(IREF)}}{R_{(IREF)}} \times 31.5 = \frac{1.24V}{R_{(IREF)}} \times 31.5 \qquad （15.3）$$

在进行硬件电路设计时，应该保证 I_{max} 的取值范围在 5mA ~ 80mA 之间，低于 5mA 可能会使输出电流不稳定。当然，如果设计确实需要低于 5mA 的电流，可以通过 6 位点校正寄存器进一步微调，这是 MBI5026 不具备的特点，相应的计算公式如下：

$$I_{OUTn} = \frac{DC_n}{63} \times I_{max} \qquad （15.4）$$

其中，DC_n 表示每通道对应的 6 位点校正数据（范围 0 ~ 63）。那为什么需要点校正呢？因为在驱动的数量众多的 LED 发光单元中，它们的发光强度不可能完全一致的，而且 LED 在使用过程中会出现光衰现象，这将导致显示画面均匀度下降，那么即使 PWM 信号的占空比完全相同，呈现出来的灰阶偏差可能无法令人满意，所以进行点校正也是一个非常重要的环节。

那具体如何设置 TLC5941 的灰阶与点校正数据呢？与 74HC595、MBI5026 相似，TLC5941 使用"先移位再锁存"的方式设置寄存器数据，同样它也使用 3 线串行接口，控制信号分别为串行数据（SIN）、串行时钟（SCLK）、锁存信号（XLAT）。为了区分当前移入的数据是灰阶还是点校正，TLC5941 额外提供一个 MODE 引脚，当 MODE=0 时表示移入灰阶数据，从功能框图可以看到，此时两个 96 位的移位寄存器串联在一起形成 192 位移位寄存器，同时 16 组 12 位灰阶寄存器均处于使能状态，这意味着锁存信号的到来会将移位寄存器数据载入到 192 位的灰阶寄存器。当 MODE=1 时表示移入点校正数据，此时只有下半部分的 96 位移位寄存器处于工作状态，同时 16 组 6 位点校正寄存器均处于使能状态，所以 MODE 引脚也可以认为是一条地址线，它决定我们的数据锁存到哪个寄存器。

我们来看看具体的控制时序，如图 15.6 所示。

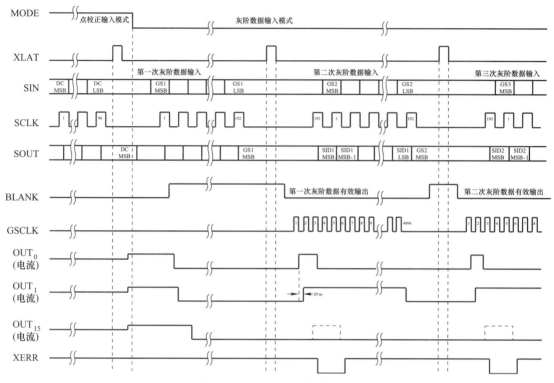

图 15.6　TLC5941 控制时序

　　时序看起来有些复杂，但是不要紧，一步步来。首先需要指出的是：16 通道的灰阶或点校正数据都是同时一次性移入的，并且都是**高位先行**！也就是说，在进行驱动设计时，应该先移入第 15 通道的数据。前面已经提过，灰阶寄存器为 12 位，16 个通道共有 192 位。当需要写入灰阶控制数据时，得先将 192 位的数据全部准备好，然后一次性移入 192 位。从功能框图可以看到，0 ~ 11 位为通道 0 的灰阶数据，12 ~ 23 为通道 1 的灰阶数据，其他依此类推。点校正数据的写入也是同样的道理，16 个通道的 6 位点校正数据共 96 位，同样以高位先行的位序方式移入，0 ~ 5 位为通道 0 的校正数据，6 ~ 11 为通道 1 的校正数据，其他依此类推。

　　当需要将移位寄存器输出锁存到灰阶或点校正寄存器时，需要给 XLAT 引脚施加一个**正脉冲**。需要特别注意：在锁存完点校正寄存器数据后，跟随的第一个灰阶寄存器数据载入后必须增加一个（第 193 个）串行时钟才完成整个输入周期。

　　BLANK 引脚可以用来关闭所有输出（相当于 74HC595 的$\overline{\text{OE}}$引脚），当其为低电平时，所有通道电流将正常输出，而当其为高电平时，所以通道将被关闭，**并且灰阶计数器也被复位**。从时序图可以看到，XLAT 引脚到来的每一个正脉冲锁存一次 192 位灰阶数据后，主控都会在 BLANK 引脚产生一个正脉冲，这样可以保证灰阶计数器总是从 0 开始计数，因为灰阶计数器达到最大值 0xFFF 后会停止计数，所有通道输出也将关闭。

　　也就是说，在进行动态扫描驱动编程时，根据定时器中断的标记位定时传输完灰阶数据后，必须让灰阶计数器复位后才会开始输出**驱动一行**的 PWM 信号，而在这一行时间内，应该进行下一行灰阶数据的移入操作，一旦定时中断再次有效，就应该再次进行数据锁存与灰阶计数器复位操作。

还有一点需要注意：灰阶计数器的输入时钟由 GSCLK 引脚输入，它是生成 PWM 信号的源时钟（也就是说，GSCLK 时钟频率是 PWM 信号频率的 4096 倍）。换句话说，GSCLK 时钟频率并不是越高越好，而是需要根据每行扫描的选通时间来定。一般只要保证在定时中断到来前完成一行 PWM 信号输出（即灰阶计数器达到最大值）即可。

在刚上电时，灰阶与点校正寄存器数据都是随机（无效）的，我们必须在输出被打开前进行**初始化**。数据手册还强调上电初始化时，**必须先设置灰阶数据再设置点校正数据，否则可能会丢失灰阶数据的第一位**。相应的原文如下：Please note that when initially setting GS and DC data after power on, the GS data must be set before the DC data is set. Failure to set GS data before DC data may result in the first bit of GS data being lost。

注意到每个通道的 PWM 信号输出都有一个延时单元，第 0 通道没有延时，第 1 通道的延时为 20ns，第 3 通道的延时为 40ns，其他依此类推，所以在时序图中，当 BLANK 引脚转变为低电平后，所有通道的驱动电流并不是同一时间开始输出。这样做的好处就在于减小了瞬间电流的变化量，那么需要的旁路电容的容量也相应会小一些。

笔者在《电容应用分析精粹》系列图书中已经详尽讨论了旁路电容的工作原理，它通常布局在离芯片供电电源与公共地尽可能近的位置。当芯片内部逻辑电路进行状态切换时，客观存在的负载电容（load capacitor）需要进行瞬间充电的动作，这将在线路上产生谐波丰富的高频成分，此时线路的等效电路如图 15.7 所示。

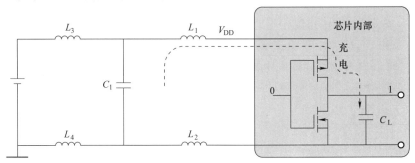

图 15.7 高频等效电路

图 15.7 中，L_1、L_2、L_3、L_4 就是线路（包括过孔、引脚、走线）在高频下的分布等效电感，它们横亘在直流电源、旁路电容 C_1 及芯片供电端子 V_{DD} 线路之间，线路越长则等效电感越大，这些等效电感对高频信号相当于是高阻抗，使得供电端子 V_{DD} 无法**及时**给 C_L 提供足够的电荷，也就会导致 V_{DD} 电压的瞬间下降（即变差），这种电压变化可以由式（15.5）来表达：

$$\Delta V = \frac{\Delta Q}{C_L} \tag{15.5}$$

也就是说，在逻辑状态切换瞬间对 C_L 进行充电时，移动的电荷量 ΔQ 也很大，如果 V_{DD} 供电端子在这一瞬间不能够及时提供这些电荷，就会产生 ΔV 的变化，亦即会导致 V_{DD} 不稳定。

在大规模数字集成电路中会存在成千上万个逻辑状态同时切换，这些切换动作产生的瞬时电流都将使原本看似平稳的电源电压不再"干净"，继而使得芯片工作不再稳定，类似如图 15.8 所示。

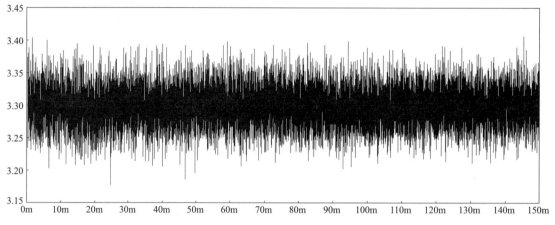

图 15.8　不再"干净"的直流电源电压

　　旁路电容 C_1 的作用就是在状态切换的瞬间代替直流电源给 V_{DD} 端子及时提供充电电荷。所以在布局时应该将其尽量地靠近芯片而减小分布电感，也就能保证芯片能够及时获取足够的电荷量。电路规模越大的芯片（如奔腾处理器），同一时间切换的逻辑会更多，相应也需要更多的电荷量进行消耗电能的补充，外部需要并接的旁路电容自然也更多。

　　回过头来，如果 TLC5941 所有通道的输出没有进行任何延时，当 BLANK 引脚为低电平时，所有电流输出将会同时打开，芯片需要的瞬时电流会相对比较大。而当我们对每个通道进行了一些延时后，由于电流突变的瞬间被错开，也就可以有效缓解芯片瞬时需要的电流（最大可降低到未延时前瞬间电流的 1/16），所需要的旁路电容容量也就下降了。

　　多片 TLC5941 也可以进行级联驱动更多的 LED，数据手册给出的级联示意如图 15.9 所示。

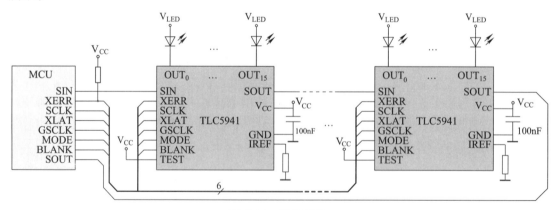

图 15.9　芯片级联

　　SOUT 引脚是移位寄存器的输出，与 74HC595、MAX7219 的扩展电路并没有什么不同。理论上可以级联的 TLC5941 并没有限制，对于全彩 LED 点阵模块的驱动而言，级联的数量受限于扫描帧率，具体来讲，主要取决于一行选通时间内可以移入到芯片内部移位寄存器的位数。假设 SCLK 频率为数据手册中标记最大值（30MHz）的 1/10，而每一行选通时间为 3ms，选通期间可以移入的串行数据位数约为 3ms × 30MHz/10=9000（**理想情况下**）。
每个通道的灰阶数据为 12 位，所以有效的输出列数为 750，相应的 TLC5941 级联数量为
750/16≈47。由于全彩 LED 点阵模块的每个像素包含 3 个子像素，串联足够多的 TLC5941
可以驱动约 250 列。行选通时间越小，相应能够驱动的列数也会越少。

TLC5941 还包含过热错误标记（Thermal Error Flag，TEF）与 LED 开路检测（Led
Open Detection，LOD）功能，TEF 会在芯片结温超过约 160℃时置 1，当外部连接的 LED
开路时，LOD 标记位也会置 1，这些状态可以通过串行接口进行读取，具体可参考数据手
册，本书不再赘述。值得一提的是，这两个检测单元的输出通过一个两输入或门反馈到开
漏输出结构的 XERR 引脚，换句话说，TEF 或 LOD 置 1 时，都会将 XERR 引脚拉低。

从前面的讨论可以看到，如果同样驱动全彩 LED 点阵，TLC5941 相对于 74HC595、
MBI5026 而言，只是在时间上节省了 PWM 占空比计算的时间，以至于有些人甚至发出这
样的感慨：我还以为有像 HT1632 那样的驱动芯片，向显存写入数据就可以驱动全彩 LED
点阵呢？搞了半天还是需要自己去负责扫描时序！

这种芯片不敢说绝对没有，但可以肯定的是：非常少！毕竟相对于单色 LED 点阵而言，
全彩 LED 点阵的应用只能算是小众市场，厂家设计芯片还是要考虑市场容量。市面上有能
够驱动单颗全彩 LED 的可级联驱动芯片，给它设置好 PWM 占空比就可以持续产生 PWM
信号，但是直接用来驱动 LED 点阵屏的控制芯片却很少见。

对于行列数量较多的全彩 LED 点阵屏，比较好的解决方案就是使用 FPGA/CPLD 配合
前述介绍的恒流驱动芯片，相应的功能框图如图 15.10 所示。

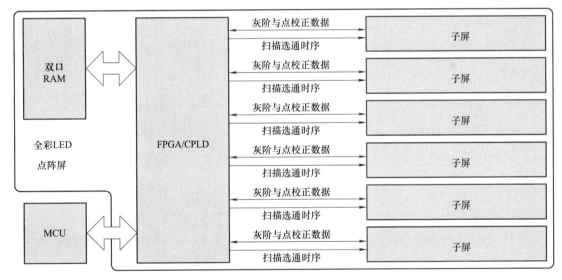

图 15.10 FPGA/CPLD 方案

前面提过，无论是 74HC595 还是 MBI5025、TLC5941，驱动的列数量越多（计算时
间越长），每行扫描的选通时间就会越长，扫描帧率就提不上去（可有效驱动的行数量有上
限），对不对？那这样好了，我把屏幕按行分割成多个子屏，每个子屏使用多片 TLC5941
级联的方式负责数量众多的列驱动，当然也包括行选通驱动电路（例如 74HC138 以及扩展
驱动电流的开关三极管），而 FPGA/CPLD 有并行处理数据的优势，它从双口 RAM（相当

于显存）中获取灰阶与点校正数据同时发送给所有子屏，且负责所有子屏的扫描时序，这样每个子屏的刷新时间是独立的，也就不会因为行数量过大而影响帧率，我们（MCU）只需要修改双口 RAM 芯片中的数据即可，整个方案就是刚刚"幻想"的全彩 LED 点阵控制"芯片"。由于双口 RAM 芯片的数据引脚通常比较多（并行数据接口），所以通常会在 FPGA/CPLD 内部进行串并转换处理，这样 MCU 通过串行接口就可以方便地修改 RAM 数据。

第 16 章

液晶显示工作原理

前面一直都在讨论以 LED 为基础的显示器件，这可能会令读者觉得有些烦闷，甚至不少读者认为实在太没"档次"了，迫不及待地想学习一些更"高级"、更复杂且应用非常广泛的新型显示器件，毕竟大多数工程师都热衷于追求"高精尖"技术。如果你也是如此，那么毫无疑问，液晶显示（Liquid Crystal Display，LCD）是几乎可以满足所有需求的首选，它也是本书重点阐述的对象。

为方便后续描述，我们先引入**液晶显示模组**（LCD Module，LCM）的概念，它是将 LCD、控制驱动芯片、PCB、背光源、结构件及连接件等诸多部分装配在一起的组件，**液晶电视**与（台式电脑配套的）**液晶显示器**就是典型的 LCM，而本书涉及的 LCD 仅仅是指 LCM 中显示内容的那一个部件，我们称其为**液晶显示面板**或**液晶显示屏**（也称为"裸屏"）。

现如今，LCD 已经充斥于我们的生活中，大多数电子计算器、电话（座）机、手机、液晶电视、平板电脑、空调等产品都在使用它，颜色可以是单色或彩色，使用场合不胜枚举，那 LCD 是如何显示字符或图像的呢？先来了解一下最基本的扭曲向列（Twisted Nematic，TN）型 LCD 的基本结构，如图 16.1 所示。

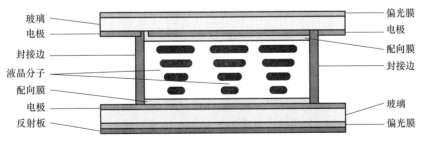

图 16.1　TN 型 LCD

LCD 以液晶分子为基本显示材料，只要控制液晶分子两端的电压，就可以调整其转动方向，继而控制透过液晶分子光线透射度而达到显示目的。在结构上，液晶分子被上下两块制作有透明电极（Electrode）的玻璃（Glass）及四周的环氧树脂封装起来（在真空环境下，将液晶分子通过封接边框上预留的注入口填充，然后使用树脂胶将注入口封堵），然后在上下玻璃**外**表面各贴上一块偏振方向**相互垂直**的偏光膜（Polarizer），底部再配一块反射

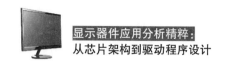
板（Reflector），最基本的 LCD 制造就大功告成了。

在两片玻璃的**内**表面还有一层定向处理过的配向膜（Polymer），也称为定向层。配向膜处理的方向与相邻偏光膜的偏振方向是一致的，液晶分子沿玻璃表面平行排列，由于上下两片玻璃内表面配向膜定向处理的方向**互相垂直**，液晶分子在两片玻璃之间呈 90° 的扭曲状态，这就是"扭曲向列"的名称由来。

如果觉得上一段文字比较不好理解，不要紧，咱们接着往下看，先了解一下光与偏光膜。大家都知道，光是一种电磁波（横波），光波的前进方向与电场及磁场是相互垂直的，同时光波本身的电场与磁场分量也是相互垂直的，如图 16.2 所示。

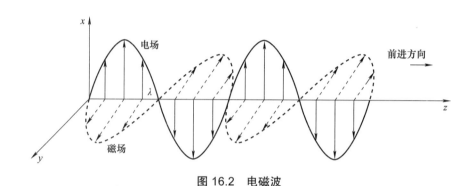

图 16.2　电磁波

光的振动方向在垂直于其前进方向的平面上，换句话说，自然光的振动方向是任意的。我们把仅在某一方向有振动的光称为线偏振光（Polarized Light），而自然光就是由许多振动方向不同的线偏振光组成的，偏振光的振动方向与前进方向构成的平面称为**振动面**。

偏振现象是横波的一个特性，例如，我们要搬一条长竹竿出入窄而高的大门，如果竹竿是竖向放置就可以通过，如果竹竿横向放置就会碰到门框而无法通过。偏振光也是同样的道理，**只有当它的振动方向与需要通过的缝隙方向平行时才能通过**。

偏光膜也叫偏振片，它的作用跟百叶窗类似，会滤掉与百叶窗垂直的光分量，仅允许与百叶窗平行的光分量通过（通俗地说，偏光膜就是一块滤镜）。当拿起一块偏光膜对着光源看，感觉像是戴了太阳眼镜一样，光线会变得较暗，因为与偏光膜方向不相同的线偏振光都被挡住了，如图 16.3 所示。

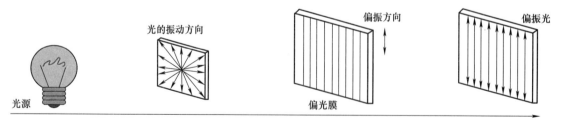

图 16.3　光束通过偏光膜

光源所产生的光为自然光，它的振动方向是任意角度的，在经过仅有一个偏振方向的偏光膜后，透出来的就是线偏振光。同样的光源，我们换另一个偏振方向的偏光膜，其效果如图 16.4 所示。

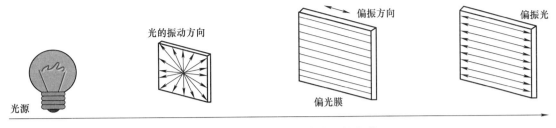

图 16.4　光束通过另一个方向偏光膜

如果两片相同的偏光膜重叠在一起，当它们的偏振方向的相对角度发生变化时，会发现透过偏振膜的光线亮度也会随之而变化，相对角度越大则光线越暗，如图 16.5 所示。

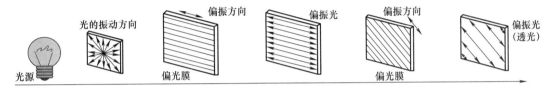

图 16.5　光束通过两片偏振膜

当偏振方向的相对角度为 90° 时，（理想情况下）自然光就完全无法透过了，如图 16.6 所示。

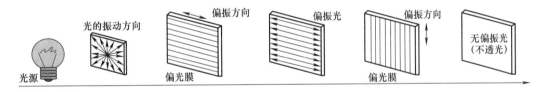

图 16.6　光束无法透过

人的眼睛之所以能看到物体，是因为物体表面存在光线的反射，液晶显示的基本原理也是如此，只要我们能够控制两片偏光膜的相对角度，就可以控制透光量的大小，继而达到控制显示的目的，简单吧！但是实际应用中，总不能手动去控制偏光膜的相对角度来调节透光度吧？因此，我们在两块偏光膜中间注入了液晶分子，利用液晶分子的特性来控制透光度！

液晶是一种介于固态和液态之间的有机化合物，不但具有固态晶体光学特性，又具有液态流动特性，它具有黏性（Viscosity）、弹性（Elasticity）、极化性（Polarizalility）等物理特性。目前已经发现的液晶物质有近万种，构成液晶物质的分子大体上呈细长棒状或扁平片状，并且在每种液晶相中形成特殊排列。由杆形分子形成的液晶，其液晶相共有近晶相（Smectic Liquid Crystals）、向列相（Nematic Liquid Crystals）和胆甾相（Cholesteric Liquid Crystals）三大类，我们主要了解**向列相液晶**即可，其他类型可自行参考相关资料。

向列相液晶的黏度小且富于流动性，主要是由于向列相液晶各个分子容易顺着**长轴**方向自由移动，不少向列相液晶的黏滞系数是水的数倍。向列相液晶分子的排列和运动比较自由，对外界作用相当敏感。从流体力学的观点来看，液晶的黏性和弹性使其成为具有一定排列性质（有序性）的液体，因此，液晶会依照外部施加作用力量的不同方向，从而会

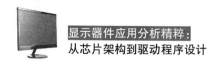
有不同的效果，正如把一堆长木棍扔进流动的河水中，起初会显得很凌乱，但随着木棍飘流一段时间后，其长轴方向大体上趋于河水流动的方向，如图 16.7 所示。

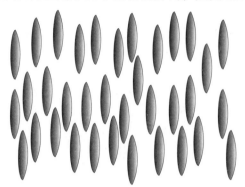

图 16.7　向列相液晶分子的排列

前面我们已经提过，在 LCD 的基本结构中，与液晶分子最接近的那一层为配向膜，当将这种棒状液晶分子注入两片配向膜之间后，液晶分子就会如图 16.8 所示排列。

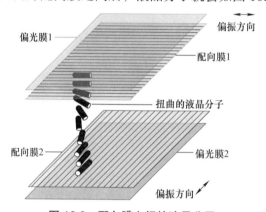

图 16.8　配向膜之间的液晶分子

图 16.8 中的配向膜可以看成是一道道的槽（沟），槽的方向与相邻偏光膜的偏振方向是相同的（也就是说，两片配向膜的槽也相互垂直），所以最接近配向膜的液晶分子就会恰好"躺"在配向膜 1 或配向膜 2 的槽中间。由于液晶分子固有的黏性，液晶分子就会呈现从上到下扭曲的状态，就像两个人给洗完的被单拧水一样，一人抓一头反向用力扭，如图 16.9 所示。

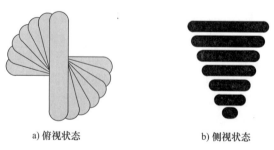

a) 俯视状态　　　　　　　　b) 侧视状态

图 16.9　液晶分子的俯视与侧视状态

此时液晶分子上下没有被施加电场，当自然光照射到偏光膜 1（也称为**起偏膜**）时，透过偏光膜 1 的偏振光原本是不能够透过偏光膜 2（也称为**检偏膜**）的，但是由于扭曲液晶分子的存在，透过偏光膜 1 后的偏振光将会顺着扭曲的液晶分子到达偏光膜 2（就像潜望镜一样，液晶分子充当导光材料），这样扭曲后的偏振光的偏振方向与偏光膜 2 的偏振方向恰好一致，所以偏振光也就可以透过偏光膜 2 了，如图 16.10 所示。

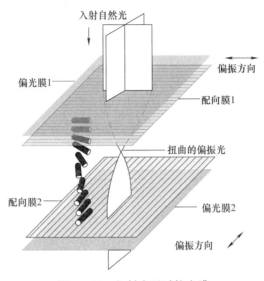

图 16.10　入射光透过偏光膜

也就是说，由于两片配向膜上的槽互相垂直，注入其中的液晶分子被强迫进入 90° 的扭转状态，当光线顺着液晶分子的排列方向传播时，偏振方向也被扭转了 90°。

为了能够控制液晶分子的透光度，我们在夹着液晶分子的两片玻璃上各制作了一块电极层，当给液晶分子两端施加**交流电压**时，相应的状态如图 16.11 所示。

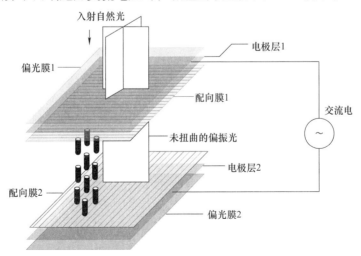

图 16.11　入射光无法透过偏光膜

当液晶分子受到外加电场的作用，便很容易地被极化产生感应偶极性（Induced Dipo-

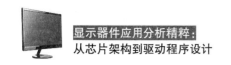

lar），液晶分子之间将产生相互作用力并重新排列。此种状态下的自然光通过偏光膜1后，偏振光便不再有液晶分子对光的扭曲传导（这与偏光膜之间没有液晶分子的效果一样），自然光穿过偏光膜1后直射出去而不发生任何扭转，由于偏振光的偏振方向与偏光膜2的偏振方向是相互垂直的，所以无法透过偏光膜2。也就是说，只要我们控制液晶分子两端的电压使其重新排列，也就能够调整对光线的偏转能力来获得亮暗差别（也称为**可视光学的对比**），继而达到控制显示与否的目的。

回过头来讨论LCD的显示原理。假设将液晶单元（盒）制作成如LED数码管那样的字段形状，则称为**段式LCD**（当然，也可以制作成像素点，称之为**点阵式LCD**），当电极没有施加电压时，光线（环境光）透过上偏光膜、玻璃及透明电极进入液晶分子，然后再经过下电极、玻璃穿过下偏光膜。注意到图16.1所示基本结构中有一块反射板，这样透射出来的偏振光就会被反射回来，此时液晶显示屏上没有显示内容，称其为"白"状态，如图16.12所示。

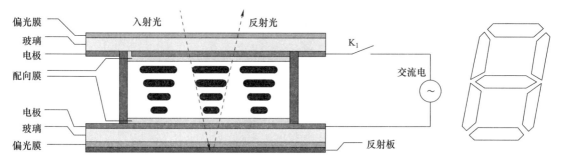

图 16.12　入射光被反射

相反，当液晶分子两端施加**交流电压**时，入射光无法到达反射板，也就没有反射光的存在，我们称其为"黑"状态，这种"黑"状态不是由于液晶分子的变色形成的（**液晶本身是不发光的**），而是光线被遮挡后的效果，如图16.13所示。

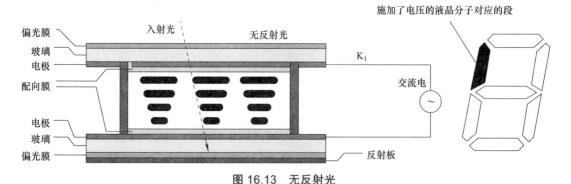

图 16.13　无反射光

由于所讨论的液晶分子在未施加电压时没有显示内容，所以也称为"常白（Normally White，NW）"型。当然，也有"常黑（Normally Black，NB）"类型，它的两块偏光膜是**相互平行**的，在没有液晶分子的情况下，入射自然光线可以直接穿过两块偏光膜，然而，配向膜的定向处理方向仍然是**相互垂直**的，因此，注入两片配向膜之间的液晶分子是扭曲90°的，也同样会对偏振光进行扭曲。本来可以直接穿过两片偏光膜的入射光线，却由于扭曲液晶分子的"乱弹琴"反而不透光了，如图 16.14 所示（注意与图 16.10 中偏光膜 2 的偏振方向不同）。

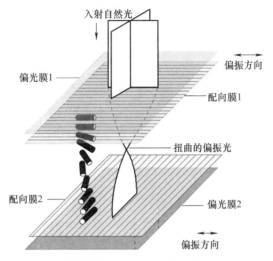

图 16.14　常黑型液晶显示原理

而当液晶分子两端施加交流电压时，液晶分子失去对光的扭曲，反而让光线顺利穿过两片偏振方向相互平行的偏光膜，此时 LCD 没有内容显示。

那为什么会有"常黑"与"常白"型两种不同的 LCD 呢？ 主要是为了更好地适用不同的环境！一般台式电脑或笔记本电脑都会配置"常白"型 LCD，因为大多数计算机应用软件运行时整个屏幕大多是白点（亮点）。例如，Office 办公软件多为白底黑字，"常白"型 LCD 的白点由于不需要施加电压而更加省电。反之，"常黑"型 LCD 就适用于大多数场合是黑色背景的场合了。

综上所述，LCD 的基本显示原理是：**在外加电场的作用下，液晶棒状分子排列状态发生变化，使得透过液晶分子的光通量相应有所改变（有些文献也称为"光通量的调制"），继而呈现明与暗的显示效果。** 由于液晶分子本身并不发光，它依靠调制外界光达到显示的目的，所以 LCD 也称为**被动显示**（Passive Display）器件，而以往我们讨论的 LED 属于**主动显示**（Active Display）器件。

LCD 有几个参数值得注意，它们的定义对于后续所有类型的 LCD 是适用的。首先了解一下**对比度**（Contrast）。由于液晶本身并不发光，所以不能以亮度衡量显示效果，取而代之的是对比度，它定义为同一液晶分子透光强度最大值（白色）与最小值（黑色）之比，不同对比度显示效果如图 16.15 所示。

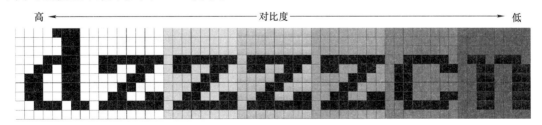

图 16.15　对比度不同的显示效果

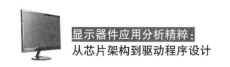

像素点之间的明暗差别越大，相应的对比度也就越大。环境光的条件不同也会造成显示对比度的差别（环境光越强，对比度越大），LCD 在白色光或自然光照射下，典型对比度为 5:1 ~ 20:1。当然，现如今很多 LCD 已经添加了背光源（下一章会详细讨论），相应也会有亮度参数。

可视角度（Viewing Angle）是一个与对比度密切相关的参数。通过前面的讨论可以知道，入射光线透过偏光膜之后，反射回来的光线也就具有一定的方向性。也就是说，大多数光线是从屏幕垂直方向（法线方向）射出来的。当在某一个较大的角度观看 LCD 时，体验到的对比度与正向面对 LCD 时会不一样，甚至可能只会看到全黑或全白。具体来说，当液晶分子处于某种状态时，如果从不同角度观看屏幕，有时看到液晶分子长轴，有时则是短轴，由于液晶分子在光学上表现各向异性，肉眼察觉到的对比度就会不一样，如图 16.16 所示。

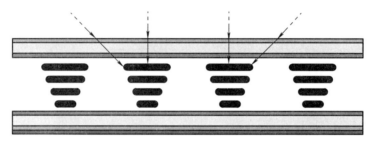

图 16.16　从不用角度观察屏幕

能够从不同的方向清晰地观察到屏幕所有内容的角度称为可视角度。LCD 的可视角度包括水平与垂直可视角度两个指标，它们都以 LCD 的垂直法线方向为基准，前者是在法线左方或右方仍然能够正常观察显示内容的最大角度，后者是在法线上方或下方仍然能够正常观察显示内容的最大角度，如图 16.17 所示。

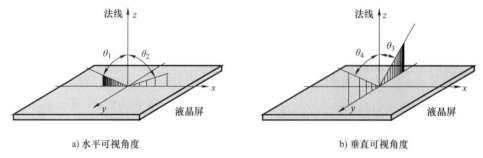

a) 水平可视角度　　　　　　　　　　b) 垂直可视角度

图 16.17　水平与垂直可视角度

一般而言，可视角度是以对比度变化为参照标准的，当观察角度增加时，相应位置看到的显示内容的对比度会下降，而对比度下降到 10:1 时的观察角度就是最大可视角度。

LCD 的视角也经常以**时针钟点**来命名。在警匪片中听到类似"疑犯在 6 点钟方向"之类的台词，它假设在地面上水平放置一个环形指针钟表，并且以主角面对 12 点钟方向站在中央的状态为参考，那么"6 点钟"指的就是主角背后，"12 点钟"就是主角前方，"7 点半"就表示在主角的左后方，其他依此类推。

LCD 的视角定义也是类似的，只不过它表示人的视角（人眼的观察角度）进入屏幕的方式，而时针钟点表示从该方向进入屏幕时显示对比度是最佳的。假设屏幕上显示了一个圆形钟表，6:00 视角表示从下方观察屏幕时最理想，而 12:00 视角表示从上方观察屏幕时最理想，如图 16.18 所示。

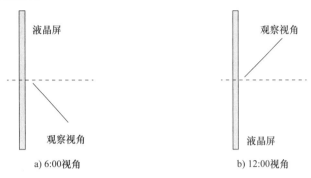

图 16.18　12:00 与 6:00 视角定义

当然，也有 9:00 与 3:00 视角的定义。在实际应用中，视角的选择应该根据产品使用时 LCD 与人眼相对位置决定。例如，计算器一般放在桌子上使用，我们的视角大多数时候会从偏下方进入屏幕，所以应该选择 6:00 视角的 LCD。有些产品总是会安装在低于人眼视线以下（例如汽车的仪表显示盘），此时应该选择 12:00 视角的 LCD，如图 16.19 所示。

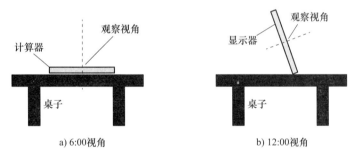

图 16.19　不同视角显示屏的选择

还有一个参数是**响应时间**，它反映液晶分子对电极施加电压的反应速度，即像素由亮转暗或由暗转亮所需要的时间，对于只有"黑"与"白"两种状态的单色 LCD，也称为黑白或全程响应时间，它定义为上升时间（rise time，t_r）与下降时间（fall time，t_f）之和，如图 16.20 所示。

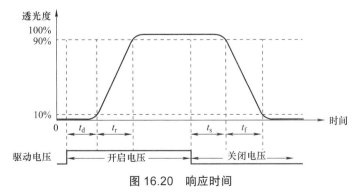

图 16.20　响应时间

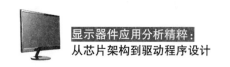
其中，t_r 表示在施加电压条件下，液晶分子的透光度从 10% 变化到 90% 时所需要的扭转时间，而 t_f 表示在未施加电压的条件下，液晶分子的透光度从 90% 变化到 10% 时所需要的回复时间。t_d 与 t_s 分别表示开启与关闭滞后时间。

如果液晶分子的响应时间过长，LCD 显示快速运动类画面就会出现拖影现象。拖影现象是什么呢？ Windows 操作系统的有一个"显示鼠标轨迹"的选项，选中它后移动鼠标会一直尾随着多个箭头，如图 16.21 所示。

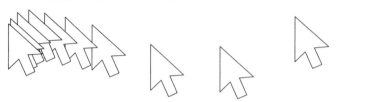

图 16.21　鼠标轨迹

这种鼠标轨迹就是一种模拟拖影的现象，当然，这是操作系统故意制造出来的效果。可以想象，如果液晶分子无法快速响应施加的电压，图像切换速度越快则效果越差，会感觉画面一片朦胧。

第 17 章
背光源及其驱动电路

到目前为止，不少读者可能会存在一个困惑：不是说液晶本身不发光，没有光线就看不到显示内容吗？为什么有些使用 LCD 的计算器却能够发光，黑夜之中也看得清呀！另外，手机不也使用 LCD 吗？无论白天黑夜都可以看到屏幕显示的内容呀？

这个问题的答案涉及 LCD 的显示模式。从前面讨论的液晶显示原理可以知道，基本 TN 型 LCD 是通过控制入射光的反射达到显示目的，所以环境光线越强，显示的内容越清晰。换句话说，在没有环境光的条件下（例如黑夜）的确是看不到内容的，我们称为反射型（Reflective Mode）显示模式的 LCD。

为了在环境光线比较差的条件下也能够看到屏幕的显示内容，我们可以更改一下 LCD 的结构：**不再使用反射板，而是增加一个背光源**（backlight）。此时我们眼睛看到的光线不是由入射自然光反射回来的，而是由背光源发出，所以无论白天黑夜都可以看到显示的内容，我们称为透射型（Transmissive Mode）显示模式的 LCD。

透射型显示模式看起来是个不错的方案，但也存在一个缺陷：**环境光线越强时，我们反而更加看不清屏幕显示的内容**。这是由于环境光线太强导致液晶显示对比度太小引起的，在大白天使用过智能手机的读者应该对此深有体会，因为它使用的就是透射型 LCD（虽然是彩色的，但基本的显示原理仍然与 TN 型 LCD 一样）。

还有一种反射与透射模式相结合的半透射（Transflective Mode）显示模式，它的反射板有一定的透光度，所以部分入射自然光能够反射回来，同时背光源也可以透过反射板直射出去，三种显示模式的区别如图 17.1 所示。

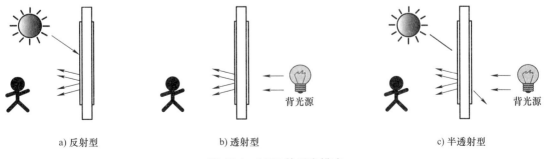

a) 反射型　　　　　　　　b) 透射型　　　　　　　　c) 半透射型

图 17.1　LCD 的透光模式

这里所提到的背光源有很多种，常用的是无机电致发光片、冷阴极荧光灯、发光二极管。无机电致发光片（Electro Luminescence，EL）也称为 EL 灯或 EL 片，它是一种与 LED 发光原理相似的直接将电能转化为光能的显示器件，有所不同的是，EL 灯需要施加交流电场（80～110VAC）来激发的电子轰击荧光物质，从而引起电子能级的跳跃、变化、复合而发射出高效率冷光。

EL 灯的主要特点有发光效率高、功耗低、耐振、不需要维护、颜色（可以是绿色、白色、蓝色等）很均匀，并且它属于冷光源，不存在工作过程中发热而影响电路工作稳定性的问题。当然，缺点肯定也是有的，即亮度低、寿命短（一般为 3000～5000h），而且在点亮 EL 灯时容易出现轻微的噪声，所以主要用于 4in 以下小尺寸液晶显示产品中（例如手机、游戏机等），但是我们都知道，这些产品一般使用电池（直流电压）供电，怎么产生交流高压来驱动 EL 灯呢？比较常用的方案是使用升压电路将直流电压进行升压（DC—DC），再把直流转换成交流（DC—AC），典型的应用电路如图 17.2 所示。

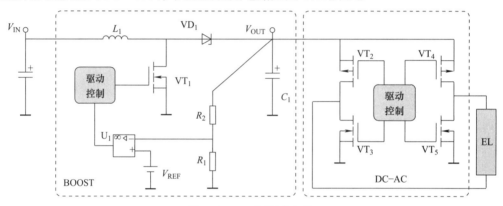

图 17.2　EL 灯驱动电路

图 17.2 中左侧虚线框内是一个经典的 BOOST 结构直流升压电路，它的基本结构由开关（一般为三极管或场效应管）、电感、电容及肖特基二极管构成，下面我们来分析 BOOST 升压的工作原理（假设高电平开关闭合，低电平开关断开），只需要注意：**电感两端的电压极性与电流变化趋势有关**。如果一直呈上升趋势的电流进入电感，电感两端将会产生自感电动势（进入电感的一端为正极，流出电感的一端为负极），因为电感具有阻碍流过其中电流变化的特点。相反，如果呈下降趋势的电流进入电感，则产生的自感电动势极性是相反的。

当开关 K_1（VT_1）闭合时，电感 L_1 对公共地是短路的，此时流过 L_1 的电流呈上升趋势，其两端感应出极性为左正右负的自感电动势。也就是说，该阶段输入电源 V_{IN} 将能源储存在 L_1 中，而输出负载 R_L 的能源仅由电容 C_1 提供。当开关 K_1 断开时，V_{IN} 通过 L_1、VD_1 对 C_1 充电的同时也对 R_L 提供能源，如图 17.3 所示。

各位看官请注意：K_1 断开后，**L_1 两端自感电动势的极性为左负右正**，相当于 V_{IN} 与电感的自感应电动势串联后对负载进行供电，这就是 BOOST 变换器能够升压的本质。简单地说，BOOST 变换器之所以能够升压，是因为输出电压是（开关断开后）电感产生的自感自动势（极性左负右正）与 V_{IN} 相加的结果。控制开关的信号占空比越大（开关闭合时间越长），则电感储存的能量越多，当开关断开后，产生的自感电动势也就越大，输出电压也就越高。

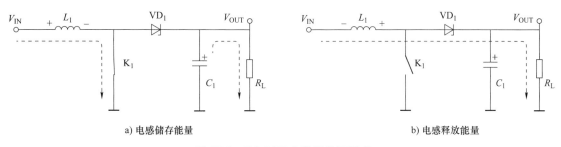

a) 电感储存能量   b) 电感释放能量

图 17.3　BOOST 变换器升压原理

很明显，如果 BOOST 变换器连接不同的负载 R_L，则 C_1 对 R_L 的充放电速度也会不一样，这会导致输出电压随 R_L 变化而变化，所以在实际应用中（例如升压集成芯片），通常会使用两个分压电阻采集输出电压，再通过误差放大器（也就是运算放大器，简称"运放"）将采集到的电压与参考电压 V_{REF} 比较，然后根据比较的结果实时调整控制开关 K_1 的驱动信号占空比，继而达到稳定输出电压的目的，正如图 17.2 所示那样。

从另一个角度也可以理解输出电压的稳定过程。运放的同相端通常与一个参考电压 V_{REF} 连接，其数值在数据手册中总是可以找到的。由于运放处于闭环深度负反馈，根据"虚短"特性，运放的反相端电位总是跟随同相端（即 V_{REF}），而根据"虚断"原理，运放的反相端的输入电流可以认为是 0，所以输出电压仅取决于 R_1 与 R_2 的阻值比，即

$$V_{OUT} = V_{REF}\left(1 + \frac{R_2}{R_1}\right) \tag{17.1}$$

直流电压经过升压处理之后，需要将其转换为交流电压，这个处理过程也称为逆变，它是整流（交流转换为直流）的逆向过程，相应的转换电路称为逆变器（Inverter），图 17.2 所示 $VT_2 \sim VT_5$ 及相关逻辑电路组成的全桥变换电路就是一个逆变器，其工作原理如图 17.4 所示。

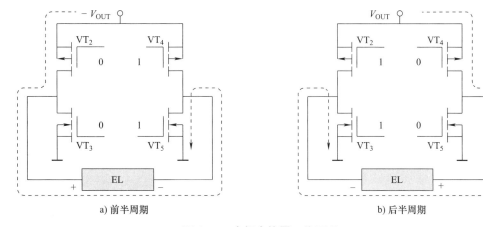

a) 前半周期   b) 后半周期

图 17.4　全桥变换器工作原理

图 17.4 中，下侧为两个 NMOS 管，上侧为两个 PMOS 管，NMOS 管的输入栅极为高电平时导通，而低电平时截止，PMOS 管恰好相反。当 VT_2、VT_5 导通时，V_{OUT} 施加在 EL

131

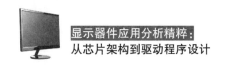

灯两端，电压极性为**左正右负**，而当 VT$_3$、VT$_4$ 导通时，V_{OUT} 同样施加在 EL 灯两端，只不过电压极性为**左负右正**，也就将直流转换成了交流。

冷阴极荧光灯（Cold Cathode Fluorescent Lamps，CCFL）的发光原理与日光灯（家里使用的长条状白色玻璃外壳）非常相似，其灯管的两端是由镍、钽、锆等金属制作而成的冷阴极（不需要加热即可发射出电子），而玻璃内被封入氖气（Ne）与氩气（Ar）混合惰性气体及微量水银蒸气（Hg），并且在玻璃内壁涂上了荧光粉，其结构如图 17.5 所示。

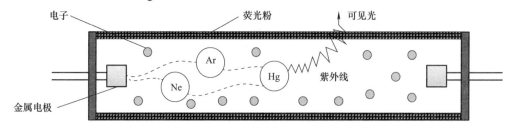

图 17.5 CCFL 灯管结构

当两个金属电极之间施加**高压高频**电场时，水银蒸气被激发产生释能发光效应而发出紫外线光，而内壁的荧光粉原子因紫外线激发提升了其能带，当原子返回原来的低能带时即可放射出可见光。

这里所说的高压为启动电压（一般为 AC1500 ~ 1800V，频率为 40 ~ 80kHz）。CCFL 在刚开始启动时，如果两端的电压小于启动电压，灯管呈现的阻抗非常大（数兆欧）。一旦达到启动值，灯管内部发生电离放电而产生增加的电流，但灯管两端电压却下降（负阻特性），此时只需要一个较小的电压（比启动电压低很多的，一般为 AC500 ~ 800V）就可以维持灯管继续点亮，而且亮度不会发生变化，灯管内的阻抗则会下降至 80kΩ 左右。因此，冷阴极荧光灯触发点亮后，在电路中必须安装限流单元，把灯管工作电流限制在额定值（约 5 ~ 9mA），以避免电流过大烧毁灯管，电流过小将难以维持灯管处于点亮状态。

CCFL 是一种优良的白光源，具有低成本、高效率（光输出与输入电功率之比）、寿命长（大于 25000h）、工作状态稳定、亮度容易调节、重量轻等优点。但是也存在一些问题，即功耗较大，成本比较高，一般应用在 10in 以上的液晶显示产品中（例如液晶电视、电脑液晶显示器）。

与 EL 背光源相同，CCFL 背光源需要将直流转换为交流的专用逆变电源，我们来看一款经典的 CCFL 驱动电路，如图 17.6 所示。

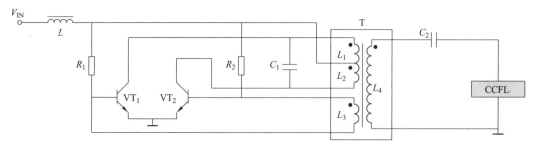

图 17.6 CCFL 驱动电路

图 17.6 是经典 Royer 结构的自激式推挽多谐振荡器，它利用开关三极管（VT$_1$ 与 VT$_2$）

和变压器铁心的磁通饱和来进行自激振荡，从而实现开关管"开 / 关"转换，是由美国人罗耶（G.H.Royer）在 1995 年首先发明，故又称"罗耶变换器"。

我们分析一下变换器的工作原理，首先关注一下变压器 T 的结构，它由 3 个绕组（电感）构成，绕组某一端标记的黑点表示同名端（**多个绕组中同名端的自感应电动势极性总是一样的**）。L_1 与 L_2 为带中心抽头的初级绕组，它连接在两个三极管的集电极，而中心抽头与供电电源之间连接了一个电感，它对交流相当于是高阻抗。VT_1、VT_2 的基极与反馈绕组 L_3 连接，电阻 R_1 与 R_2 则为它们提供基极直流偏置电压，也同时决定了集电极电流大小。

在电路刚刚上电时，由于 VT_1 与 VT_2 的电气参数不可能完全匹配，V_{IN} 给它们基极注入的基极电流不可能绝对平衡，所以流过集电极电流也不可能完全一致。假设 $i_{c1}>i_{c2}$，则变压器的磁通大小与方向由 i_{c1} 决定，磁通的变化在反馈绕组 L_3 上将引起感应电动势，其极性为上负下正，它们分别反馈到两个三极管的基极，如图 17.7 所示。

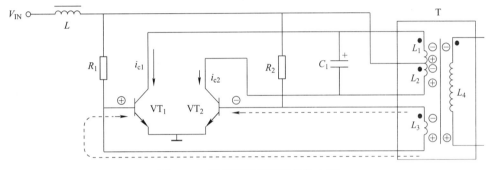

图 17.7　反馈到三极管基极的电压

可以看到，反馈到 VT_1 基极的电压为正极性，这使得 i_{c1} 越来越大（长箭头）而形成**正反馈**，与此同时，反馈到 VT_2 基极的电压为负极性，这使得 i_{c2} 越来越小（短箭头）而形成**负反馈**，最后将使 VT_1 进入饱和导通而 VT_2 进入截止状态。在这一瞬间，i_{c1} 为最大值，不再有增加的趋势，而 i_{c2} 为最小值，也不再有下降的趋势，所以反馈绕组 L_3 将不会产生感应电动势。

反馈绕组 L_3 两端感应电动势的消失将使 VT_1 的基极电位下降，i_{c1} 也会随之下降，此时 L_3 产生的感应电动势与之前相反，其极性为上正下负，同样它们分别反馈到两个三极管的基极，如图 17.8 所示。

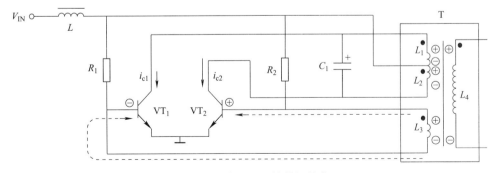

图 17.8　反馈到三极管基极的电压

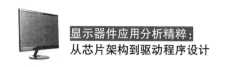

此时反馈到 VT_1 基极的电压为负极性，这使得 i_{c1} 越来越小而形成**负反馈**，与此同时，反馈到 VT_2 基极的电压为正极性，这使得 i_{c2} 越来越大而形成**正反馈**，最后将使 VT_1 进入截止而 VT_2 进入饱和导通状态。在这一瞬间，i_{c1} 为最小值，不再有下降的趋势，而 i_{c2} 为最大值，也不再有上升的趋势，所以 L_3 两端将不会产生感应电动势。

L_3 两端感应电动势的消失使 VT_2 的基极电位下降，i_{c2} 也会随之下降，L_3 产生的感应电动势方向又重新反转，其过程与第一个步骤相同，这样周而复始不断循环形成振荡。电容器 C_1 的与绕组 L_1、L_2 形成 LC 并联选频网络，调整 C_1 即可方便调整电路的振荡频率。

变压器的次级绕组 L_4 与 L_1、L_2 的匝比通常比较大（例如 $100:1$），这使得次级绕组两端可以产生非常高的感应电动势而实现 CCFL 启动。C_2 也称为镇流电容，顾名思义，就是限流流过 CCFL 的电流。我们前面提过，CCFL 启动后的等效电阻将会下降，必须限制流过灯管的电流。串入镇流电容后，虽然灯管的等效电阻下降了，看似回路电流将会上升，但是镇流电容两端电压降也上升了（容抗与电阻的串联分压），也就可以限制回路电流的上升。

C_2 的容值可根据式（17.2）计算：

$$C_2 = \frac{I_{ccfl}}{2\pi f \sqrt{V_{start}^2 - V_{on}^2}} \tag{17.2}$$

其中，I_{ccfl} 为 CCFL 启动后的维持电流；f 为交流电压频率；V_{start} 为启动电压有效值（Root Mean Square，RMS）；V_{on} 最为 CCFL 启动后的维持电压有效值。公式计算的基本原理就是欧姆定律，即 $V_{c2}=I_{c2}Z_{c2}=I_{c2}/2\pi f C_2$，而 $\sqrt{V_{start}^2 - V_{on}^2}$ 用来求得启动后 C_2 两端的电压降。之所以求均方根而不直接求差（$V_{start}-V_{on}$），是因为 C_2 与 CCFL 两端的电压相位是不一样的。

假设 $V_{start}=1500V_{RMS}$，$V_{on}=600V_{RMS}$，$I_{ccfl}=8mA$，$f=50kHz$，则有

$$C_2 = \frac{8\times10^{-3}}{2\times3.14\times50\times10^3\times\sqrt{1500^2-600^2}} \approx 18.5pF$$

LED 背光源通常使用恒流方式驱动，常用的单芯片 LED 背光驱动电路的基本结构如图 17.9 所示。

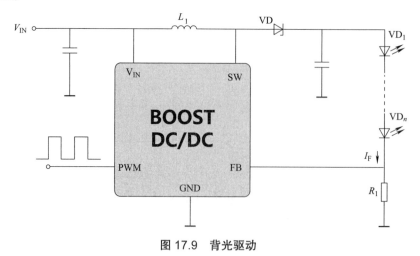

图 17.9 背光驱动

觉不觉得电路很熟悉？其实与图 17.2 所示的升压电路是一样的，只不过原来的电阻 R_2 使用一个（或多个串联）LED 替代了，但是基本原理还是不变的。FB 引脚与芯片内部运放的反相端连接，该引脚的电位值等于运放同相端的连接参考电压 V_{REF}，又因为 FB 引脚的输入电流约为 0，因此流过采样电阻 R_1 的电流就是流过 LED 的电流 I_F，其值为

$$I_F = \frac{V_{REF}}{R_1} \tag{17.3}$$

假设 V_{REF} 为 1.23V，如果想将 LED 的工作电流设置为 20mA，则 R_1 的阻值应为 1.23V/20mA=61.5Ω。串联的 LED 越多，则输出电压（即肖特基二极管的阴极电位）越高（注意不要超过芯片电压极限值，换句话说，可以串联的 LED 数量是有限的），但流过 LED 的电流并不随输出电压变化。

值得一提的是，很多 LED 背光源驱动芯片还有一个 PWM 引脚，它通过控制驱动 LED 的占空比来达到调节 LED 亮度的目的，这非常有利于单片机之类的主控进行数字化调光，以后我们会看到它的实际应用。

最后我们再谈谈背光源的安装问题。前面已经提过，EL 灯发出的光是均匀的，它本身也如硅胶片一样是均匀平板式的，所以只需要选择合适尺寸的 EL 片贴在液晶屏后面即可，也不存在复杂的安装问题。但是 CCFL 为线形光源，一般以一定间隔的方式分布在背板上（称为"下置式"或"背光式"结构，还有"侧置式"结构，马上我们就会看到），那么从液晶屏正面来看，靠近 CCFL 灯管的像素总是会亮一些，CCFL 灯管间隔处的像素总会暗一些，显示效果肯定非常差，所以在背板上必须增加一些散光之类的光学器件将其转换成均匀的平面光源。

大尺寸液晶显示器的 CCFL 背光源的基本结构如图 17.10 所示。

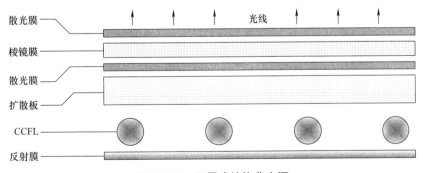

图 17.10　下置式结构背光源

其中，扩散板与散光膜能够让光线透过扩散涂层产生漫射，从而使光的分布均匀化。棱镜膜（Prism Sheet）也称为增亮膜，它能够把光线聚拢使其垂直进入液晶模块以提高辉度。

LED 属于点状光源，它的发光均匀度也并不太好，也需要比较复杂的光学器件进行散光处理，比较常用的是侧置式结构，如图 17.11 所示。

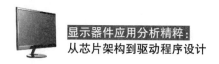
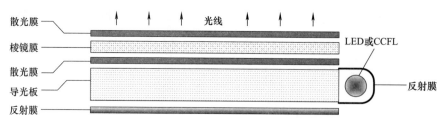

图 17.11　侧置式结构背光源

第18章

液晶静态驱动

前文已经阐述了单个液晶像素的显示原理，接下来陆续讨论各种类型 LCD 的工作原理及相应的驱动方式。LCD 在显示像素形状上可分为笔段式（Segment）和点阵式（Dot Matrix）两大类，我们先来讨论应用最早（也是最广泛）的笔段式 LCD。

几乎所有用来计时或计数的 LCD 都是笔段式，而且大多数属于 TN 型，典型的应用就是电子计算器与电话（座）机。与 LED 数码管一样，笔段式 LCD 按驱动方式也分为静态与动态两种，我们先来讨论静态笔段式 LCD。

前面已经提过，液晶分子处于两层电极之间，笔段式 LCD 的每一个笔段都对应一个前电极，我们称为段电极（SEG），而另一个电极称为背电极（COM）。静态笔段式 LCD 的所有背电极都是共用的，而每个段电极则单独引出。一位静态笔段式 LCD 的引脚定义如图 18.1 所示。

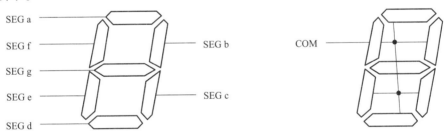

图 18.1　段式液晶的电极

可以看到，笔段式 LCD 的段标记定义与 LED 数码管是完全一样的，其段电极的每个笔段都引出一条段电极（SEG a ~ g），而背电极则只有一个公共电极（COM），但是与驱动 LED 数码管有所不同的是，我们必须在液晶分子两端施加**交流**电场，并且直流分量越小越好（通常要求小于 50mV，也就是所谓的**直流平衡**），因为直流电场会导致液晶材料的化学反应和电极老化，很容易迅速缩短液晶的使用寿命，这种破坏性是不可逆的。

由于显示原理的差异，LCD 的驱动方式与 LED 数码管有着很大的不同。在实际应用时，我们可以采用数字逻辑电路来驱动液晶像素（笔段）。如果想让液晶像素显示出来（即显示某个黑色段，以下假设 LCD 为常白型），首先需要给液晶分子两端的 COM 与 SEG 电极施加一定的电压，在维持一定时间后，再将两个电极的电压反转输出即可完成交流电场的施加，然后依此循环，如图 18.2 所示。

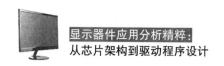

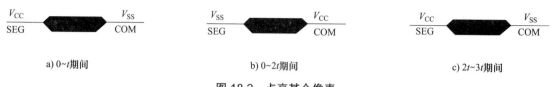

a) 0~t期间   b) 0~2t期间   c) 2t~3t期间

图 18.2   点亮某个像素

如果不想让液晶像素显示出来，只需要给液晶分子两端施加很小或为零的电压差即可，这可以在 COM 与 SEG 电极施加相同的电压来实现。例如，两个电极都为高电平或低电平，如图 18.3 所示。

a) 两端施加高电平   b) 两端施加低电平

图 18.3   不点亮某个像素

现在的问题是：**COM 与 SEG 电极之间的电压差需要多大才能使液晶像素点亮呢？** 前面我们提过，当对液晶分子两端施加电压时，其长轴会沿电场方向倾斜，更确切地说，**液晶分子的透光性与电极之间的电压有效值有关**。我们把液晶像素是否透光（即显示白或黑）时对应的有效电压临界值称为阈值电压（Threshold Voltage），并使用符号 V_{th} 来表示。当电压有效值超过 V_{th} 时，液晶分子的透光度会急剧上升。TN 型液晶分子的电光响应曲线类似如图 18.4 所示。

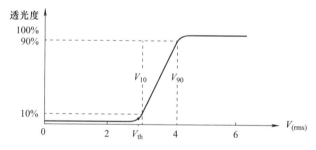

图 18.4   TN 型液晶分子电光响应曲线

响应曲线中标记的 V_{10} 与 V_{90} 分别表示当液晶分子透光度为 10% 与 90% 时施加的电压，有些资料把 V_{10} 直接标记为 V_{th}，而 V_{90} 也称为饱和电压。

TN 型 LCD 的阈值电压一般在 1 ~ 3V 之间，这意味着我们只需要给液晶分子施加常用的 3.3V 或 5V 电压即可，过高的电压是没有必要的。例如，我们需要点亮段 a（同时不点亮段 b）时，相应 SEG 与 COM 电极的驱动波形如图 18.5 所示。

其中，COM 电极总是周期性变化的。当需要段 a 点亮时，我们给相应的 SEG 电极施加与 COM 电极相反的电压，这样液晶分子施加的电压峰值将大于阈值电压，也就可以点亮某个像素。很明显，段 a 的 COM 与 SEG 电极之间的压差有正有负，并且正负峰值是相同的，所以理论上其直流分量为 0。当不需要段 b 时，给 SEG 电极施加与 COM 电极相同的驱动波形即可，这样液晶分子两端施加的电压总是非常小，也就无法点亮相应的液晶像素。

好的，理论知识已经储备得足够了，现在来尝试驱动 Proteus 软件平台中的一块静态段式 LCD（型号为 VI-402-DP），相应的笔段与引脚定义如图 18.6 所示。

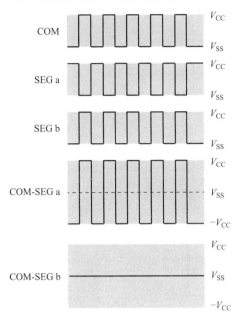

图 18.5　驱动波形

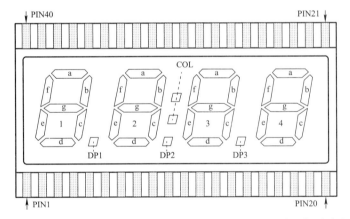

PIN	COM	PIN	COM	PIN	COM	PIN	COM
1	COM	11	2C	21	4a	31	2f
2	NC	12	DP2	22	4f	32	2g
3	NC	13	3e	23	4g	33	NC
4	NC	14	3d	24	3b	34	1b
5	1e	15	3c	25	3a	35	1a
6	1d	16	DP3	26	3f	36	1f
7	1c	17	4e	27	3g	37	1g
8	DP1	18	4d	28	COL	38	NC
9	2e	19	4c	29	2b	39	NC
10	2d	20	4b	30	2a	40	COM

图 18.6　液晶笔段与引脚定义

可以看到，该 LCD 共有 40 个引脚，每一个笔段都对应一个引脚（正中间的两个点对应一个 COL 引脚）。表格中使用"位（数字）+ 段（字母）"的方式标记所有字段，其中，"位"表示 LCD 中 4 个可显示的"8"字形位置，从左到右依次为 1 ~ 4，而"段"的定义与数码管相同。例如，1g 表示最左侧（第 1 位）"8"字形的 g 段，4b 表示最右侧（第 4 位）"8"字形的 b 段。

我们来看看相应的 Proteus 软件平台仿真电路，如图 18.7 所示。

由于完整驱动该 LCD 所需的引脚很多，超过了 AT89C1051 可用的引脚数量，因此以驱动一位循环显示数字 0 ~ 9 为例（其他都是一样的，不再赘述）。在硬件电路连接方面，P1 口与 LCD 左侧（第 1 位）数字对应的 SEG 电极连接（1a ~ 1g），而 P3.0 与 COM 电极连接，相应的驱动源代码如清单 18.1 所示。

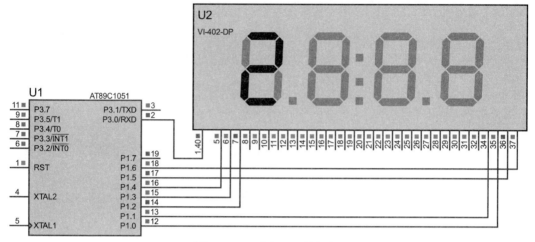

图 18.7　驱动显示一位数字

```c
#include <reg51.h>

#define PORT_SEG P1                                    //字段电极（SEG）驱动引脚
sbit PORT_COM = P3^0;                                  //公共电极（COM）驱动引脚

typedef unsigned char uchar;                           //定义类型别名
typedef unsigned int uint;

void delay_us(uint count){while(count-->0);}           //延时函数
void delay_ms(uint count){while(count-->0)delay_us(60);}

uchar code display_char[]=                             //共阴数码管字型码
          {0x3F,0x06,0x5B,0x4F,0x66,0x6D,0x7D,0x07,0x7F,0x6F};

bit polar_flag = 0;                                   //标记施加电压极性变换的变量

void main(void)
 {
   uchar number=0, i=0;

   while(1) {
     for (i=0; i<100; i++) {                          //循环100次，大约花费1秒
       if (polar_flag) {
         PORT_COM = 1;
         PORT_SEG = ~display_char[number];            //输出共阳字型码
       } else {
         PORT_COM = 0;
         PORT_SEG = display_char[number];             //输出共阴字型码
       }

       delay_ms(10);                 //延时约10毫秒，相应的交流电压频率约为50Hz
       polar_flag ^=1;                              //下一次应该施加极性取反的电压
   }

     if ((++number)>9) {                              //1秒后更改显示的数字
       number = 0;
     }
   }
 }
```

清单 18.1　驱动静态笔段式 LCD

代码并不复杂，首先定义了一个变量 polar_flag 来标记需要给液晶分子施加的电压极性。当 polar_flag=1 时，先设置 COM 电极为高电平，此时应该给需要点亮 SEG 电极施加低电平（输出共阳字型码），所以将查表得到的字型码"取反"后再推送即可。当 polar_flag=0 时，则设置 COM 电极为低电平，此时应该给需要点亮的 SEG 电极施加高电平（输出共阴型字型码），所以将查表得到的字型码直接推送即可。

有些读者可能会问：驱动液晶分子的交流电压频率应该多大合适呢？这是个好问题！驱动频率过低会导致明显的闪烁，这与 LED 数码管是完全相同的，但频率过高会导致驱动功耗的增加，因为从原理上来讲，液晶分子与两块电极形成了一个平行板电容（可以等效为电阻与电容的并联），频率越高则容抗越小，相同的电压有效值引起的驱动电流就会越大。一般驱动频率保持不发生闪烁时的最低频率即可，比较常用的驱动频率范围在 32～200Hz 之间，如果没有其他特殊的要求，将驱动频率设置在 60Hz 左右即可。

实际上，如果增加一些简单的硬件电路，第 8 章中的清单 8.2 所示源代码只需要做少量修改即可使用，如图 18.8 所示。

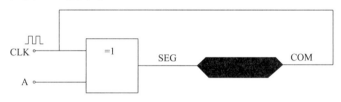

图 18.8 增加的硬件电路

可以看到，我们使用了一个异或门，液晶像素的 SEG 电极与异或门的输出连接，而 COM 电极则与输入时钟 CLK 连接，而输入 A 就是我们需要设置液晶像素显示状态的数据。如果需要点亮像素，可以将数据输入 A 置 1。由于异或门"同入为 0，异入为 1"，所以当 CLK（COM 电极）为低电平时，异或门输出（SEG 电极）为高电平，而当 CLK 为高电平时，异或门输出为低电平。在这两种情况下，液晶分子两端的电压降均比较大，只不过是反相的，也就达到了给液晶分子两端施加交流电场的目的。

如果不需要点亮某像素，则可以将输入 A 置 0。当 CLK 为低电平时，异或门输出也为低电平，当 CLK 为高电平时，异或门输出也为高电平。在这两种情况下，液晶分子两端电压降都非常小。换句话说，加入一个异或门之后，对液晶像素的驱动与共阴数码管是完全一样的，相应的驱动波形如图 18.9 所示。

也就是说，只要给静态段式 LCD 的每一个段驱动引脚都添加一个异或门，在编程时就不需要考虑烦琐的时序。我们根据该思路驱动同样的段式

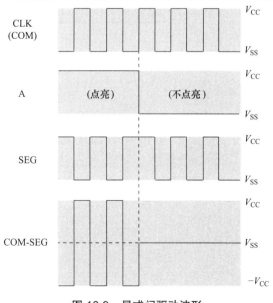

图 18.9 异或门驱动波形

LCD，相应的 Proteus 仿真电路如图 18.10 所示。

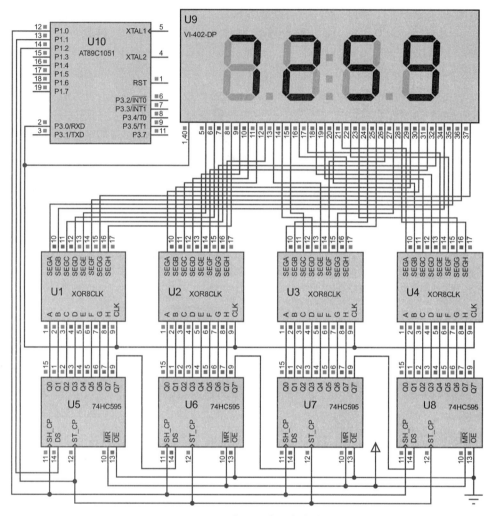

图 18.10　异或门驱动仿真电路

　　由于每个段驱动引脚都需要一个异或门，这将使电路非常复杂，严重影响电路图的可读性，所以笔者制作了一个名为"XOR8CLK"的仿真元器件，其内部电路结构非常简单，它包含 8 个异或门，所有异或门的其中一个输入都与 CLK 连接，如图 18.11 所示（为节省篇幅，本书不涉及 Proteus 仿真器件的制作过程，有兴趣的读者可以关注"电子制作站"微信公众号 dzzzzcn）。

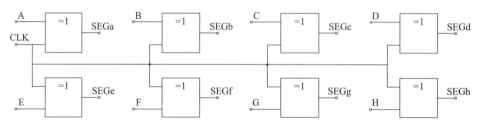

图 18.11　XOR8CLK 内部结构

所有 XOR8CLK 元器件的 CLK 引脚都与 LCD 的 COM 电极连接，并统一由单片机 P3.0 引脚输出的周期信号来驱动。然后我们使用 4 个串联的 74HC595 输出 4 位数字对应的字型码即可，相应的源代码如清单 18.2 所示。

```
uchar code display_char[]=          //数字"9527"对应的共阴数码管字型码
                          {0x6F, 0x6D, 0x5B, 0x07};

sbit SH_CP  = P1^0;                                    //串行时钟引脚
sbit DS     = P1^1;                                    //串行数据引脚
sbit ST_CP  = P1^2;                                    //存锁控制引脚
sbit CLK_XOR = P3^0;                          //公共电极时钟驱动输出引脚

void main(void)
 {
    write_multi_74hc595(display_char); //将"9527"对应的字型码写入
    while(1) {
       delay_ms(10);
       CLK_XOR ^= 1;    //每10ms翻转一次引脚状态产生约50Hz的时钟信号
    }
 }
```

清单 18.2　XOR8CLK 与 74HC595 驱动静态段式 LCD

这里仅给出主要源代码以节省篇幅，其他可参考清单 8.2，我们只是在其基础上增加了引脚 P3.0 产生频率约为 50Hz 的时钟信号。

第 19 章
液晶动态驱动

基于"动态扫描驱动多位 LED 数码管可以节省控制引脚"同样的理由，笔段式 LCD 也存在动态扫描驱动方式。前面已经提过，静态笔段式 LCD 的背电极是共用的，而动态笔段式 LCD 将背电极分割为多个块单独引出作为行电极（COM），而背电极不相同的前（段）电极则连接在一起分别引出作为列电极（SEG），实际上就是一种行列矩阵形式的驱动结构，如图 19.1 所示。

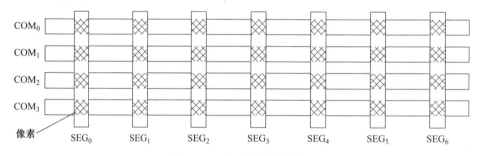

图 19.1　行列矩阵式结构

只要把像素制作成笔段形状，就是我们所说的动态笔段式 LCD。前面讨论了静态笔段式 LCD 的驱动方式：**给需要点亮的像素两端施加不同电压，而不需要点亮的像素两端施加相同电压**。但是这个驱动条件在动态扫描方式中是无法满足的，因为段电极是共用的，所以动态笔段式 LCD 的驱动时序与 LED 数码管有很大的不同，而且具体的驱动方式有很多种，就先以图 19.2 所示时序入手吧。

首先需要一个 $V_{CC}/2$ 的电压，这可以通过两个串联的等值电阻对 V_{CC} 进行分压获得。**在前半个 COM 周期**（一帧）内，每隔一段时间依次设置扫描选通 $COM_0 \sim COM_3$ 对应的行电极即可。具体来说，当扫描选通第一行时，即设置 COM_0 行电压为 V_{CC}，此时其他 COM 行均处于非扫描选通状态，相应的 COM 电极电压为 $V_{CC}/2$。然后再扫描选通第二行，即设置 COM_1 行电压为 V_{CC}，此时其他 COM 行均处于非扫描选通状态，相应的 COM 电极电压也是 $V_{CC}/2$，依此类推，有几行就扫描选通几次。扫描完所有行后再重新扫描一次才算一个完整的 COM 周期，只不过在下半个 COM 周期内，扫描选通的行电极电压为 V_{SS}，未扫描的行电极电压仍然为 $V_{CC}/2$。我们通常把扫描行数的倒数标记为"1/DUTY"（此例为 1/4），它代表一个 COM 周期内行扫描驱动信号的占空比。

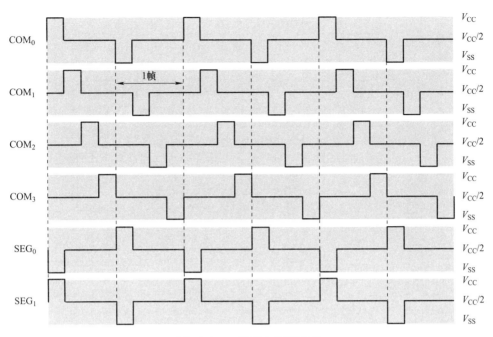

图 19.2　一种动态驱动时序

在 COM 电极扫描的过程中，如果需要点亮某个像素，给相应的 SEG 电极施加与 COM 电极**相反**的电压即可，如果不点亮某个像素，则给相应的 SEG 电极施加与 COM 电极**相同**的电压即可。从图 19.2 可以看到，当 COM_0 为 V_{CC} 时，将 SEG_0 设置为 V_{SS}，而 COM_0 为 V_{SS} 时，则将 SEG_0 设置为 V_{CC}，所以 COM_0 与 SEG_0 对应的像素处于点亮状态。相反，COM_0 与 SEG_1 对应的像素则处于不亮状态。

为方便后续进行驱动编程，将驱动电压的设置规律总结在表 19.1 中。

表 19.1　驱动电压设置

步骤	COM_0	COM_1	COM_2	COM_3	SEG_n（亮）	SEG_n（灭）
1	V_{CC}	$V_{CC}/2$	$V_{CC}/2$	$V_{CC}/2$	V_{SS}	V_{CC}
2	$V_{CC}/2$	V_{CC}	$V_{CC}/2$	$V_{CC}/2$	V_{SS}	V_{CC}
3	$V_{CC}/2$	$V_{CC}/2$	V_{CC}	$V_{CC}/2$	V_{SS}	V_{CC}
4	$V_{CC}/2$	$V_{CC}/2$	$V_{CC}/2$	V_{CC}	V_{SS}	V_{CC}
5	V_{SS}	$V_{CC}/2$	$V_{CC}/2$	$V_{CC}/2$	V_{CC}	V_{SS}
6	$V_{CC}/2$	V_{SS}	$V_{CC}/2$	$V_{CC}/2$	V_{CC}	V_{SS}
7	$V_{CC}/2$	$V_{CC}/2$	V_{SS}	$V_{CC}/2$	V_{CC}	V_{SS}
8	$V_{CC}/2$	$V_{CC}/2$	$V_{CC}/2$	V_{SS}	V_{CC}	V_{SS}

图 19.2 所示的驱动时序称为 B 型（Type B），还有一种 A 型（Type A）驱动时序，如图 19.3 所示。

与图 19.2 所示驱动时序唯一不同的是，在 COM 扫描过程中，COM 输出 $V_{CC}/2$ 后马上反转极性输出，所以在进行 SEG 设置时，也需要对应连续进行两次电压输出。这里需要特别注意**帧**的定义，虽然从时间上看，A 型时序扫描一帧所花费的时间看似是 B 型的 2 倍，但是在相同的驱动系统中，A 型时序扫描速度却通常是 B 型的 2 倍，所以**一帧**时间是完全相同的。

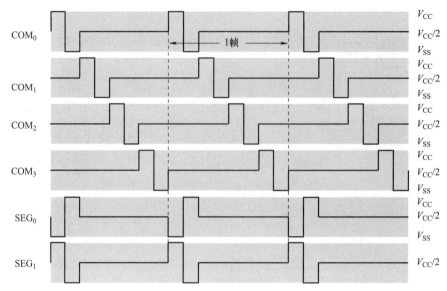

图 19.3　A 型动态驱动时序

同样，将 A 型时序驱动电压的设置规律总结在表 19.2 中。

表 19.2　A 型时序驱动电压设置

步骤	COM_1	COM_2	COM_3	COM_4	SEG_n（亮）	SEG_n（灭）
1	V_{CC}	$V_{CC}/2$	$V_{CC}/2$	$V_{CC}/2$	V_{SS}	V_{CC}
2	V_{SS}	$V_{CC}/2$	$V_{CC}/2$	$V_{CC}/2$	V_{CC}	V_{SS}
3	$V_{CC}/2$	V_{CC}	$V_{CC}/2$	$V_{CC}/2$	V_{SS}	V_{CC}
4	$V_{CC}/2$	V_{SS}	$V_{CC}/2$	$V_{CC}/2$	V_{CC}	V_{SS}
5	$V_{CC}/2$	$V_{CC}/2$	V_{CC}	$V_{CC}/2$	V_{SS}	V_{CC}
6	$V_{CC}/2$	$V_{CC}/2$	V_{SS}	$V_{CC}/2$	V_{CC}	V_{SS}
7	$V_{CC}/2$	$V_{CC}/2$	V_{SS}	V_{CC}	V_{SS}	V_{CC}
8	$V_{CC}/2$	$V_{CC}/2$	$V_{CC}/2$	V_{SS}	V_{CC}	V_{SS}

　　Proteus 软件平台有一块动态段式液晶屏（型号为 VIM-332-DP），现在尝试来驱动一下，相应的仿真电路如图 19.4 所示。

　　在硬件电路方面，为了得到 $V_{CC}/2$ 的电压，我们在每个需要驱动 LCD 的单片机引脚都串联了两个等值电阻与另一个辅助控制引脚（P3.0 与 P3.7）连接。当我们需要驱动 LCD 引脚为高电平时，将单片机引脚（COM 或 SEG）与辅助控制引脚都设置为高电平。当需要驱动 LCD 引脚为低电平时，将它们都设置为低电平。而需要 $V_{CC}/2$ 时，将单片机输出引脚与辅助控件引脚分别设置为高电平与低电平，这样两个等阻值电阻分压后就可以得到 $V_{CC}/2$ 的电平。

　　例如，我们要设置 LCD 的第 5 脚（SEG）的电平为 V_{CC}，则需要将 P1.0 与 P3.0 均设置为高电平即可。如果要将电平设置为 V_{SS}，则将 P1.0 与 P3.0 都设置为低电平即可。如果把 P1.0 与 P3.0 分别设置为 V_{CC} 或 V_{SS}，则两个等值电阻分压之后就是 $V_{CC}/2$，如图 19.5 所示。

　　另外，为了能够根据需要显示相应的字符，还得弄明白 LCD 各段与引脚之间的对应关系，这可以通过前一章所示添加一个异或门并施加电压来实现。实验结果如图 19.6 所示（COM_1 对应引脚 1，COM_2 对应引脚 2，其他依此类推）。

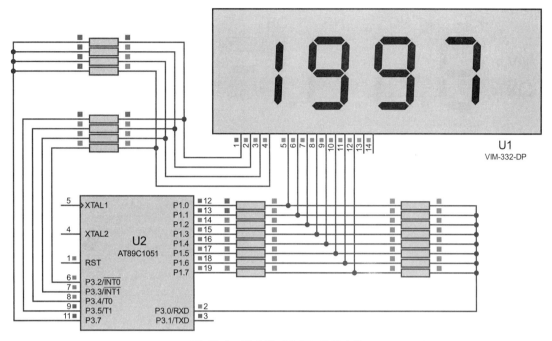

图 19.4 动态段式 LCD 仿真电路

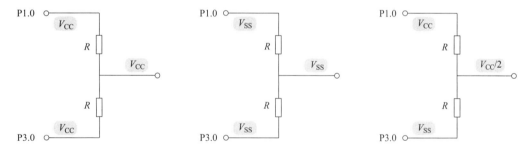

图 19.5 三种电平的输出状态

可以看到，与 LED 数码管不太一样，并不是每个 COM 行选通时输入数字对应的段 a ~ g 的字型码即可，因为每个 COM 对应的段电极是**分布式**的。假设我们需要 LCD 显示"1997"，则需要输入的字型码分别为 0x14、0xAA、0x3C、0xFC，该字型码的获取过程如图 19.7 所示。

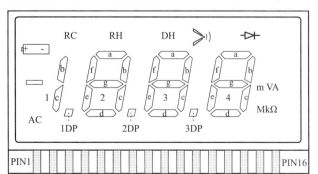

图 19.6 引脚定义

引脚号	COM$_1$	COM$_2$	COM$_3$	COM$_4$
1	COM$_1$			
2		COM$_2$		
3			COM$_3$	
4				COM$_4$
5	RC	BAT	MINUS	AC
6	DH	RH	1b/1c	1DP
7	2a	2f	2e	2d
8	2b	2g	2c	2DP
9	3a	3f	3e	3d
10	3b	3g	3c	3DP
11	4a	4f	4e	4d
12	4b	4g	4c	
13	SPK	DIODE	m	M
14	A	V	K	Ω

147

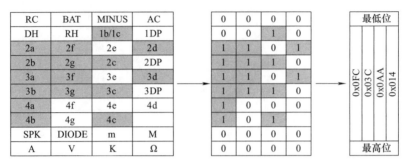

图 19.7 显示"1997"对应的字型码

先以第一种驱动时序（B 型）为例来驱动 LCD 显示"1997"，相应的源代码如清单 19.1 所示。

```c
#include <reg51.h>

typedef unsigned char uchar;                              //定义类型别名
typedef unsigned int uint;

void delay_us(uint count){while(count-->0);}              //延时函数
void delay_ms(uint count){while(count-->0)delay_us(60);}

#define COM_SEL_MASK 0x3C                                 //COM电极驱动引脚掩码
#define COM_PIN_MASK 0x80                                 //COM电极辅助驱动引脚掩码
#define SEG_PIN_MASK 0x01                                 //SEG电极驱动引脚掩码
#define SEG_OUTPUT   P1                                   //SEG电极驱动引脚
#define COM_SET_VSS(i) {P3 = P3 | COM_SEL_MASK & (~(0x4<<(i))) & (~COM_PIN_MASK);}
#define COM_SET_VCC(i) {P3 = P3 & (~COM_SEL_MASK) | (0x4<<(i)) | COM_PIN_MASK;}
#define SEG_SET_VSS(dat) {P3 &=(~SEG_PIN_MASK); P1=(dat);}
#define SEG_SET_VCC(dat) {P3 |= SEG_PIN_MASK; P1=~(dat);}
#define COM_SEG_VCC_2  {P1 = 0xFF; P3 = COM_SEL_MASK;}

uchar code display_char[] = {0x14,0xAA, 0x3C, 0xFC}; //显示的数字"1997"对应的字型码
uchar com_status = 0;                            //用于标记COM输出极性的全局变量

void display_dynamic_lcd(void)
{
  uchar i;

  for (i=0; i<4; i++) {
    if (com_status){      //COM为1时,需要点亮的SEG电极设置为VSS,而COM电极设置为VCC
      SEG_SET_VSS(display_char[i]);
      COM_SET_VCC(i);
    } else {              //COM为0时,需要点亮的SEG电极设置为VCC,而COM电极设置为VSS
      SEG_SET_VCC(display_char[i]);
      COM_SET_VSS(i);
    }
    delay_ms(5);
    COM_SEG_VCC_2;                                 //设置全部SEG与COM电极电平为VCC/2
  }

  com_status?(com_status = 0):(com_status = 1);     //COM极性反转
}

void main(void)
{
  COM_SEG_VCC_2;                                //上电初始化全部SEG与COM电极电平为VCC/2

  while(1) {
    display_dynamic_lcd();                         //循环调用显示函数
  }
}
```

清单 19.1 B 型时序驱动代码

由于 P3 口实现的功能比较多，不像 P1 口都用来输出 SEG 数据，所以我们首先定义了三个掩码分别用来标记 P3 口各引脚的位置，这可以方便对相应的引脚进行置位或清零操作。COM_SEL_MASK 表示用来驱动 COM 电极的引脚掩码，0x3C（0b0011_1100）表示对应的单片机控制引脚为 P3.5 ~ P3.2。COM_PIN_MASK 表示用来辅助驱动 COM 的引脚掩码，0x80（0b1000_0000）表示对应的单片机控制引脚为 P3.7。SEG_PIN_MASK 表示用来辅助驱动 SEG 电极的引脚掩码，0x01 表示 P3.0。

然后我们又定义了 5 个用来设置引脚状态的宏。COM_SET_VSS（i）用来将参数 i（对应 COM 电极，范围 0 ~ 3）表示的 COM 电极电压设置为 V_{SS}（此时其他 COM 电极电压应该为 $V_{CC}/2$）。也就是说，得把"需要设置为 V_{SS} 电压的 COM 电极对应的"控制引脚及辅助驱动 COM 电极的控制引脚（P3.7）都设置为"0"。但是实现这个目标不能简单地通过直接对 P3 口进行赋值来实现，因为它的控制功能比较多，真可谓"牵一发而动全身"，然而也不能通过仅仅对其中某一位与"0"进行"与"运算来完成，因为**此前**可能存在其他 COM 电极电压也为 V_{SS} 的情况，所以得把驱动 COM 电极的控制引脚全都预先设置为"1"，不然 4 个驱动 COM 电极的控制引脚可能就不止一个输出电压为 V_{SS} 了，对不对？

为此，先将 P3 口**此前**已经输出的数据与 COM_SEL_MASK 进行"或"运算，这可以把所有 4 个驱动 COM 电极的控制引脚都置"1"。然后再把"需要设置为 V_{SS} 电压的 COM 电极对应的"控制引脚与"0"进行"与"运算才能完成驱动 COM 电极引脚电压的设置。当然，万里长征还只走了一半，我们还得把辅助控制引脚 P3.7 也置"0"才算成功将指定的 COM 电极电压设置为 V_{SS}。

宏 COM_SET_VCC（i）也是类似的，只不过它设置其中一个 COM 电极电压设置为 V_{CC} 而已。宏 SEG_SET_VCC（dat）将 SEG 电极电压按字型码数据 dat 直接设置（"1"对应 V_{CC}，"0"对应 V_{SS}），而宏 SEG_SET_VSS（dat）则恰好相反，它根据取反后的 dat 数据位设置 SEG 电极电压。宏 COM_SEG_VCC_2 表示将 COM 与 SEG 电极均设置为 $V_{CC}/2$。这几个宏也可以定义为函数，只不过后者在调用时会带来一些额外的开销。

display_dynamic_lcd 函数就比较简单了，只需要按照表 19.1 所示分 8 步依次设置 COM 与 SEG 电极电压即可。变量 com_status 标记了当前 COM 电极需要设置的状态，当其为 0 时进行前半个周期扫描，这包括 4 次设置 COM 与 SEG 电极电压的操作，每次电压设置完成后延时（保持）约 5ms，所以刷新帧率约为 1/（4×5ms）=50Hz。需要注意的是，每次设置并保持 5ms 后，需要调用宏 COM_SEG_VCC_2 将 COM 与 SEG 电极都设置为 $V_{CC}/2$。

最后，在退出 display_dynamic_lcd 函数前将 com_status 状态翻转，以便下次调用时进行后半周期扫描，循环调用 display_dynamic_lcd 函数即可持续实现表 19.1 所示 8 个输出电压设置操作。

也可以按表 19.2 所示 A 型时序驱动相同的 LCD，相应的 display_dynamic_lcd 函数可修改如清单 19.2 所示，读者可自行阅读，此处不再赘述。

```
void display_dynamic_lcd(void)
{
  uchar i;

  for (i=0; i<8; i++) {
    switch(i) {
      case 0:{
          COM_SET_VSS(0);
          SEG_SET_VCC(display_char[0]);
          break;
      }
      case 1:{
          COM_SET_VCC(0);
          SEG_SET_VSS(display_char[0]);
          break;
      }
      case 2:{
          COM_SET_VSS(1);
          SEG_SET_VCC(display_char[1]);
          break;
      }
      case 3:{
          COM_SET_VCC(1);
          SEG_SET_VSS(display_char[1]);
          break;
      }

      case 4:{
          COM_SET_VSS(2);
          SEG_SET_VCC(display_char[2]);
          break;
      }
      case 5:{
          COM_SET_VCC(2);
          SEG_SET_VSS(display_char[2]);
          break;
      }
      case 6:{
          COM_SET_VSS(3);
          SEG_SET_VCC(display_char[3]);
          break;
      }
      case 7:{
          COM_SET_VCC(3);
          SEG_SET_VSS(display_char[3]);
          break;
      }
      default:{break;}
    }
    delay_ms(2);
    COM_SEG_VCC_2;
  }
}
```

清单 19.2 A 型时序驱动代码

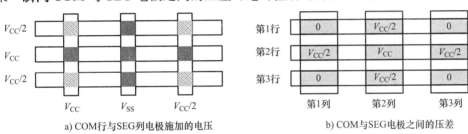

第 20 章
提升显示效果的偏压驱动法

虽然已经顺利完成了 LCD 的显示驱动，但是仿真结果与实际应用毕竟存在一定的差异，前述两种驱动方式还存在一些亟待解决的问题。下面从图 19.2 所示驱动时序入手，先得到某一**瞬间** COM 与 SEG 电极之间的压差（绝对值），如图 20.1 所示。

a) COM行与SEG列电极施加的电压

b) COM与SEG电极之间的压差

图 20.1　COM 与 SEG 电极驱动电压及两者的压差

为方便后续描述，我们以（x，y）的方式定位像素点位置，例如，（1，2）表示第 1 行（COM）第 2 列（SEG）电极对应的像素点。现在要点亮像素（2，2），所以需要在第 2 行与第 2 列电极施加 V_{cc} 与 V_{ss}（或反之），而其他行与列电极电压均为 $V_{cc}/2$，如图 20.1a 所示。然后我们可以进一步计算出施加在每个像素点两端的压差（绝对值），如图 20.1b 所示。

可以看到，虽然我们的本意只是想对像素（2，2）进行电场施加而使其呈现显示状态，但是第 2 行或第 2 列的其他像素点也被施加了一定的电压（$V_{cc}/2$），它们处于半选择状态（相应的像素点称为**半选择点**，需要点亮的像素点称为**选择点**，而与**选择点**既不在同一行也不在同一列的像素点称为**非选择点**）。如果 V_{cc} 足够高，施加在**半选择点**的电压可能会超过液晶材料的阈值电压，也就能够呈现出一定的显示状态，我们称为交叉或串扰（cross-talk）效应，相应的显示现象如图 20.2 所示。

很明显，**半选择点**的显示状态对正常需要显示的内容产生了干扰，它使得**选择点**的显示对比度下降。另外，即便**半选择点**的电压没有超过液晶材料的阈值电压，但它与**非选择点**电压还是有一定的差距，由于液晶分子的透光度与电压有效值成正比，它们之间也存在一定

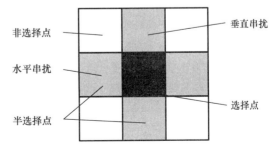

图 20.2　串扰效应带来的显示现象

151

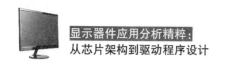

的对比度，这同样会影响显示质量。LCD 的行列数量越多，串扰效应对显示效果的影响越显著。

在工程应用上，通常从两方面着手削弱串扰效应给显示效果带来的影响，一方面（以下简称为"第一目标"），我们需要尽量使**半选择点**电压与**选择点**电压的差距最大化，这样**选择点**的对比度才能有一定的保证，另一方面（以下简称为"第二目标"），尽量使**半选择点**电压与**非选择点**电压的差距最小化（理想为 0），同时使它们的电压越小越好（理想为 0），这样它们的显示对比度就会很均匀（当然，这两方面是矛盾对立的，所以需要折中考虑，后文会讲到）。

在实际操作时，我们可以通过改进驱动时序来逼近这两个目标，直接看如图 20.3 所示的改进后的 B 型驱动时序。

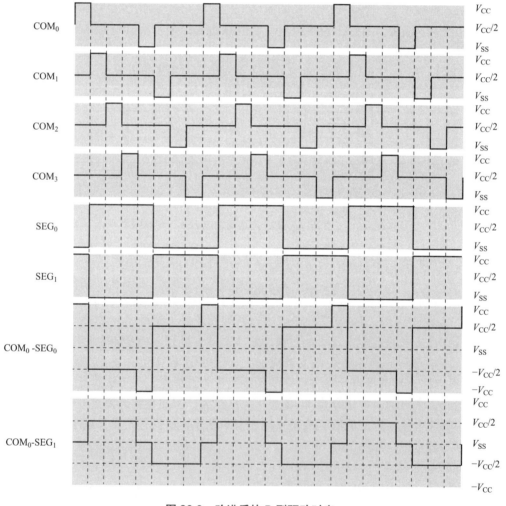

图 20.3　改进后的 B 型驱动时序

与图 19.2 所示时序唯一不同的是施加在 SEG 电极的电压，当像素点不显示时，相应的 SEG 电极电压在半个周期内一直被设置为 V_{CC} 或 V_{SS}（而不是 $V_{CC}/2$），我们同样可以计算出某一**瞬间**施加在每个像素点两端的压差（绝对值），如图 20.4 所示。

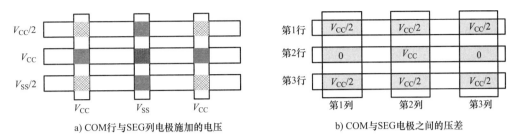

a) COM行与SEG列电极施加的电压　　　　　b) COM与SEG电极之间的压差

图 20.4　COM 与 SEG 电极驱动电压及两者的压差

很明显，现在施加在行**半选择**像素点两端的压差为 0，也就提升了**选择点**的对比度。为了区别于图 19.2 所驱动时序，我们引入一个偏压比（Bias）的概念，并使用小写字母 a 来表示，它定义为驱动 LCD 的电平数量（不含 V_{ss}），也可以理解为最高与最低驱动电平的比值。例如，图 20.3 所示驱动时序有 V_{cc} 与 $V_{cc}/2$ 两种驱动电平，所以偏压比 $a=2$，相应的扫描时序则称为 1/2 偏压驱动法，这里的 1/2 表示**非选择点**与**选择点**电压的比值，我们称为**偏压系数**。

有人可能会想：虽然把部分**半选择点**的电压优化为了 0，但是**非选择点**的电压却上升到了 $V_{cc}/2$，这又怎么说？说实话，这的确不是一件好事，但至少现在**非选择点**与（列）**半选择点**电压是一样的，也就使它们的显示对比度更加均匀，已经**比较**好地实现了第二个目标。如果非要纠结的话，我们还有其他常用 1/3、1/4、1/5、1/6 偏压法等等可以进一步降低**非选择点**电压。1/3 偏压驱动时序如图 20.5 所示。

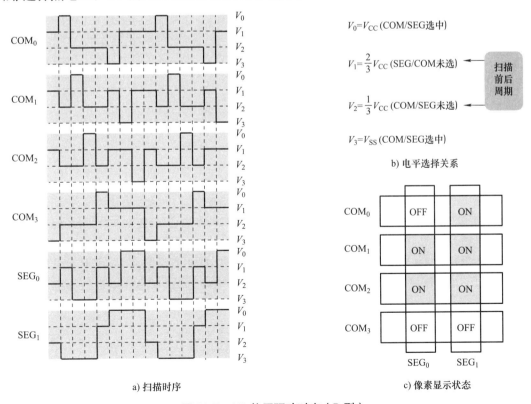

$V_0 = V_{cc}$（COM/SEG 选中）

$V_1 = \dfrac{2}{3}V_{cc}$（SEG/COM 未选）

$V_2 = \dfrac{1}{3}V_{cc}$（COM/SEG 未选）

扫描前后周期

$V_3 = V_{ss}$（COM/SEG 选中）

b) 电平选择关系

a) 扫描时序　　　　　　　　　　c) 像素显示状态

图 20.5　1/3 偏压驱动时序（B 型）

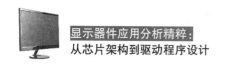

1/4 偏压驱动时序如图 20.6 所示。

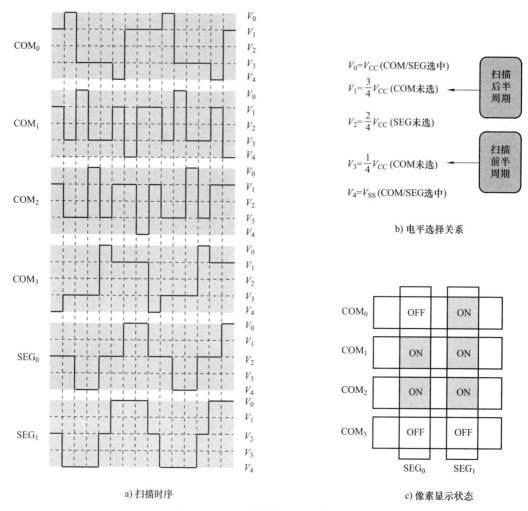

a) 扫描时序

b) 电平选择关系

$V_0 = V_{CC}$ (COM/SEG 选中)

$V_1 = \dfrac{3}{4}V_{CC}$ (COM 未选) ← 扫描后半周期

$V_2 = \dfrac{2}{4}V_{CC}$ (SEG 未选)

$V_3 = \dfrac{1}{4}V_{CC}$ (COM 未选) ← 扫描前半周期

$V_4 = V_{SS}$ (COM/SEG 选中)

c) 像素显示状态

图 20.6　1/4 偏压驱动时序（B 型）

1/5 偏压驱动时序如图 20.7 所示（与 1/6 偏压法相似）。

时序看起来有点难以理解，但是只要按照一定的方法就可以分析出来，我们以 1/5 偏压时序为例来讲解。最关键的分析要点隐藏在图 20.7b 中，它已经告诉我们应该怎么样具体设置驱动电平，具体来说可理解为 3 点：

1）当 COM（行）与 SEG（列）被选中时，施加的电平只能是 V_0 或 V_5。也就是说，COM 电极施加电平 V_0 时，SEG 电极必须施加 V_5，或者反过来，COM 电极施加电平 V_5 时，SEG 电极应该必须 V_0；

2）当 COM 未选中时，施加的电平只能是 V_1 或 V_4；

3）当 SEG 未选中时，施加的电平只能是 V_2 或 V_3。

再来看图 20.7a 所示驱动波形，其中我们标记了 1～8 个时间段，1～4 为扫描前半周期，5～8 为扫描后半周期。首先我们选中 COM_0，为此给它施加了电平 V_0（满足第 1 点），而其他未选择的 COM 电极施加的电平均为 V_4（满足第 2 点）。与此同时，给 SEG_0 施加的电

平为 V_3，所以 COM_0 与 SEG_0 的交叉像素点是不亮的（满足第 3 点），而给 SEG_1 施加的电平为 V_5，所以 COM_0 与 SEG_1 的交叉像素点是点亮的（满足第 1 点）。

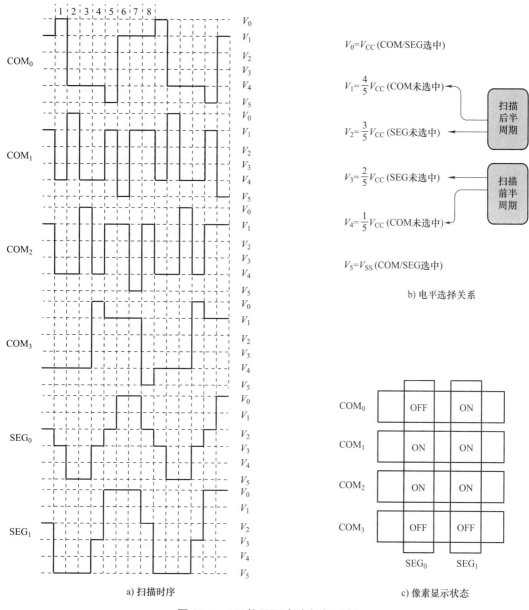

$V_0 = V_{CC}$ (COM/SEG选中)

$V_1 = \dfrac{4}{5} V_{CC}$ (COM未选中) ← 扫描后半周期

$V_2 = \dfrac{3}{5} V_{CC}$ (SEG未选中) ←

$V_3 = \dfrac{2}{5} V_{CC}$ (SEG未选中) ← 扫描前半周期

$V_4 = \dfrac{1}{5} V_{CC}$ (COM未选中) ←

$V_5 = V_{SS}$ (COM/SEG选中)

b) 电平选择关系

	SEG₀	SEG₁
COM₀	OFF	ON
COM₁	ON	ON
COM₂	ON	ON
COM₃	OFF	OFF

a) 扫描时序

c) 像素显示状态

图 20.7　1/5 偏压驱动时序（B 型）

接下来选择 COM_1 电极，同样也给它施加了电平 V_0（满足第 1 点），其他未选择的 COM 电极施加的电平均为 V_4（满足第 2 点）。与此同时，给 SEG_0、SEG_1 施加的电平均为 V_5，所以 COM_1 与 SEG_0、SEG_1 的交叉像素点都是点亮的（满足第 1 点）。

依此方法可推导出 1 ~ 4 时间段所有驱动波形，读者可自行分析，而 5 ~ 8 时间段属于扫描后半周期，驱动波形需要特别注意**极性的反转**。同样首先我们先选中 COM_0，但由于第 1 时间段给它施加了电平 V_0，所以这一次得施加电平 V_5（同样满足第 1 点），而其他未

选择的 COM 电极施加的电平均为 V_1（因为第 1 时间段施加的是 V_4，满足第 2 点）。与此同时，给 SEG_0 施加的电平为 V_2（因为第 1 时间段施加的是 V_3，满足第 2 点），所以 COM_0 与 SEG_0 的交叉像素点是不亮的（满足第 3 点），而给 SEG_1 施加的电平为 V_0，所以 COM_0 与 SEG_1 的交叉像素点是点亮的（满足第 1 点）。总之，**扫描前后半周期的电平都轮着来驱动**。

按此思路接下来选择 COM_1 电极，同样也给它施加了电平 V_5（满足第 1 点），其他未选择的 COM 电极施加的电平均为 V_1（满足第 2 点）。与此同时，给 SEG_0、SEG_1 施加的电平均为 V_0，所以 COM_1 与 SEG_0、SEG_1 的交叉像素点都是点亮的（满足第 1 点）。

当然，以上所述各种偏压驱动对应也有 A 型时序，我们以 1/5 偏压驱动时序为例进行讨论，如图 20.8 所示。

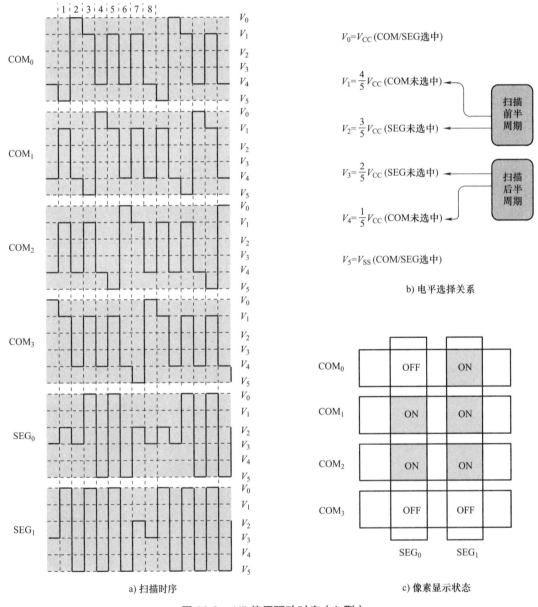

图 20.8　1/5 偏压驱动时序（A 型）

图 20.8b 和 c 与图 20.7b 和 c 类似（注意前后半周期的电平），所以分析要点也并无不同，只需要注意在一帧内连续改变极性即可。首先选中 COM_0，为此在第 1 时间段给它施加了电平 V_5（满足第 1 点），而其他未选择的 COM 电极施加的电平均为 V_1（满足第 2 点）。与此同时，给 SEG_0 施加的电平为 V_2，所以 COM_0 与 SEG_0 的交叉像素点是不亮的（满足第 3 点），而给 SEG_1 施加的电平为 V_0，所以 COM_0 与 SEG_1 交叉像素点是点亮的（满足第 1 点）。

接下来马上进行 COM_0 的极性反转，但由于第 1 时间段给它施加了电平 V_5，所以这一次得施加电平 V_0（同样满足第 1 点），而其他未选择的 COM 电极施加的电平均为 V_4（因为第 1 时间段施加的是 V_1，满足第 2 点）。与此同时，给 SEG_0 施加的电平为 V_3（因为第 1 时间段施加的是 V_2，满足第 3 点），所以 COM_0 与 SEG_0 的交叉像素点是不亮的（满足第 3 点），而给 SEG_1 施加的电平为 V_5，所以 COM_0 与 SEG_1 电极的交叉像素点是点亮的（满足第 1 点）。

接下来选择 COM_1 电极，同样也给它施加了电平 V_5（满足第 1 点），其他未选择的 COM 电极施加的电平均为 V_1（满足第 2 点）。与此同时，给 SEG_0、SEG_1 施加的电平均为 V_0，所以 COM_1 与 SEG_0、SEG_1 电极的交叉像素点都是点亮的（满足第 1 点）。依此方法可推导出 1 ~ 8 时间段所有驱动波形，读者可自行分析，此处不再赘述。

需要注意的是：**每个厂家的数据手册对液晶偏压的命名可能会有所不同，我们在撰写本书时均遵从数据手册的习惯，届时一定要注意各偏压之间的对应关系。**

下面再次计算出 1/5 偏压驱动时施加在每个像素点两端的电压差（绝对值），如图 20.9 所示。

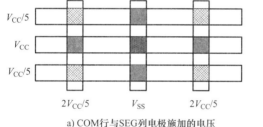

a) COM 行与 SEG 列电极施加的电压

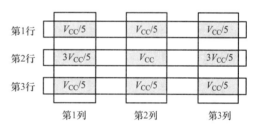

b) COM 与 SEG 电极之间的压差

图 20.9　COM 与 SEG 电极驱动电平及两者的电压差

可以看到，1/5 偏压驱动时的**非选择点**电压为 $V_{CC}/5$，比 1/2 偏压驱动时的**非选择点**电压 $V_{CC}/2$ 更小了，并且仍然与列**半选择点**电压相同，这对显示质量会有很大的改善。也就是说，当使用更大的偏压比 **a** 驱动 LCD，施加在**非选择点**的电压就会越小，刚刚提到的"1/2 偏压驱动时**非选择点**电压被提升到 $V_{CC}/2$"也就可以改善。

同时我们也会发现，行**半选择点**的电压也增加到了 $3V_{CC}/5$，这当然不是一件好事，但通过单纯优化驱动时序不可能完全消除交叉效应（因为两个目标是矛盾关系）。既然**非选择点**与（列）**半选择点**电压已经达到了比较理想的状态，是不是可以从其他方面入手解决"行**半选择点**电压过于接近**选择点**电压"的问题呢？答案当然是肯定的！我们可以用它来驱动液晶分子电光响应曲线很陡的 LCD，如图 20.10 所示。

为了方便衡量电光曲线的陡峭程度，我们引入阈值陡度 P 的概念，它定义为液晶分子饱和电压 V_{90} 与阈值电压 V_{10} 的比值，其值越小表示电光曲线越陡。TN 型 LCD 的 P 值一般为 1.2 ~ 1.5，其他类型 LCD 的 P 值也有达到 1.05 以下的，后续章节还会进一步讨论。

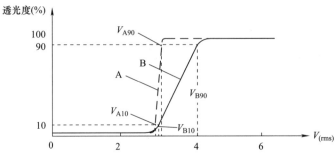

图 20.10　两种不同的电光响应曲线

很明显，曲线 A 比 B 更陡峭，这样带来的好处是，只要电压稍微有所变化，透光度就会急剧下降，对不对？对于刚才讨论的 1/5 偏压驱动时序，即便行**半选择点**电压与**选择点**电压有些过于接近，但是如果 LCD 的阈值陡度足够小，只要选择合适的 V_{CC}，仍然可以使**半选择点**与**选择点**的透光度差距很大，也就可以使**选择点**的对比度足够大，第一个目标也就同样达到了。

有些人可能会想：我手头上有一块 LCD，使用哪种偏压驱动方式才能使显示质量最佳呢？换句话说，最合适偏压比的选择有什么依据呢？当然有！偏压的选择主要与 LCD 的扫描行数 N 有关，一般扫描行数越多，相应偏压比也越大，可由式（20.1）计算。

$$a = \sqrt{N} + 1 \qquad\qquad (20.1)$$

我们把式（20.1）称为最佳偏压选择法。例如，当扫描行数为 20 时，应该使用 1/5 偏压驱动法，但是偏压比越大，对电源的要求也越高，所以式（20.1）只是一般的偏压选择依据，实际应用时还需要适时调整。例如，两块扫描行数相同但阈值陡度不同的 LCD，相应的最佳偏压可能也会不一样。

偏压驱动时序中的各级偏压可以通过多个等值电阻串联分压获得，相应的偏压电路如图 20.11 所示。

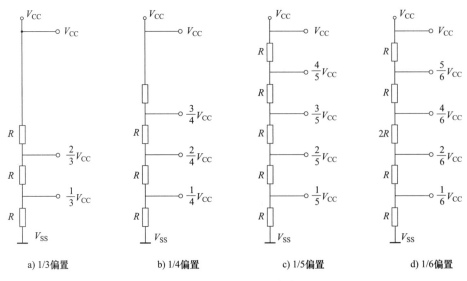

图 20.11　电阻分压电路

1/5、1/6 或更高偏压系数的分压电路是相似的，主要区别在于最中间电阻的阻值，其阻值越大则**非选择点**与列**半选择点**电压越小。需要注意的是，用于偏置电压获取的电阻值不宜取得过小，以避免消耗的功率过大，也不宜取得过大，这会导致偏压的等效内阻过大。因为液晶像素相当于一个电容，也就相当于一个 RC 电路，充放电时间常数过大会使施加到像素两端的电压波形变差，所以对于要求更高的场合，通常会使用运放跟随器形式的分压电路，如图 20.12 所示。

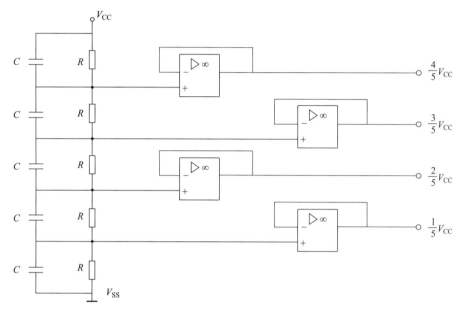

图 20.12　运放分压电路

在高占空比应用电路中，输出波形往往会变得比较差，这对显示对比度也有一定影响，所以我们在每个电阻两端都并联了小电容（通常为 0.1μF）。

最后留个问题给大家思考：如果使用图 19.2 所示时序驱动来阈值陡度足够小的 LCD，只要合理设置 V_{CC}，好像也完全可以使**半选点**与**非选择点**的透光率远小于**选择点**，那是否意味着偏压驱动法没有太大必要了呢？

第 21 章

基于 HT1621 的液晶显示模组设计

笔段式 LCD 的动态扫描驱动波形是不是有点让人眼花缭乱？如果有人因此而跳过了这些内容，我一点都不会觉得意外！在显示数据时还要考虑那么多时序方面的问题，的确不是一件令人愉快的事情。

与多位动态数码管一样，我们也可以使用专用芯片来驱动笔段式 LCD，那些复杂的液晶分子偏压扫描时序就交给芯片来处理，只需要往显存中写入想要显示的数据即可，简单吧！HT1621（与 HT1632 来自同一厂家，所以很多时序与控制指令也是相似的，很快就会知道）就是一款比较常用驱动芯片，其功能框图如图 21.1 所示。

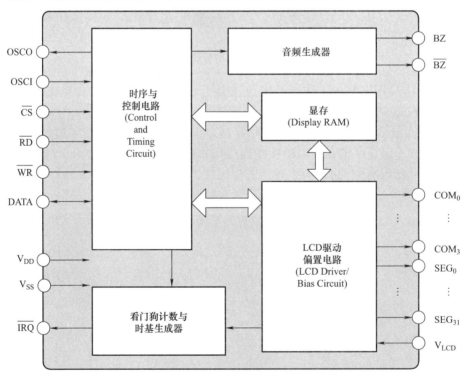

图 21.1　HT1621 功能框图

可以看到，HT1621 有 32 个 SEG 与 4 个 COM 输出引脚，最多可以驱动 128 段的

LCD，而 SEG 与 COM 对应的液晶像素显示状态则取决于显存中的数据，相应的映射关系如图 21.2 所示。

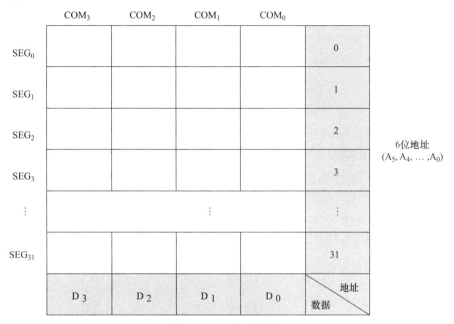

图 21.2　显存映射表

HT1621 内部显存大小为 32×4 位（共 32 个显存地址，每个地址保存 4 位有效数据），如果需要点亮某个液晶像素，在相应 COM 与 SEG 交叉的单元格内写入 "1" 即可。至于点亮的是哪个像素，取决于 HT1621 与 LCD 的连接方式。

假设我们的 LCD 与 HT1621 连接的定义如图 21.3 所示。

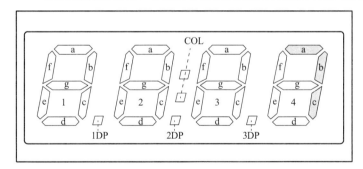

	COM$_3$	COM$_2$	COM$_1$	COM$_0$
SEG$_0$	1a	1f	1e	COL
SEG$_1$	1b	1g	1c	1d
SEG$_2$	2a	2f	2e	1DP
SEG$_3$	2b	2g	2c	2d
SEG$_4$	3a	3f	3e	2DP
SEG$_5$	3b	3g	3c	3d
SEG$_6$	4a	4f	4e	3DP
SEG$_7$	4b	4g	4c	4d

图 21.3　LCD 与 HT1621 的连接定义

现在要在 LCD 最右侧显示数字 7，则需要点亮的笔段分别为 4a、4b、4c，而它们与 SEG$_6$、SEG$_7$ 相关，所以需要往显存地址 0x6（SEG$_6$）与 0x7（SEG$_7$）分别写入 0x8（0b1000）与 0xA（0b1010）即可。

那具体怎么样修改 RAM 中的数据呢？HT1621 与 HT1632 的写 RAM 数据的时序基本相同，只不过 HT1621 只有 32 个有效显存地址，所以只需要发送 6 位地址（理论上 5 位就足够了），相应的时序如图 21.4 所示。

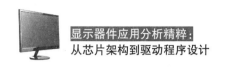
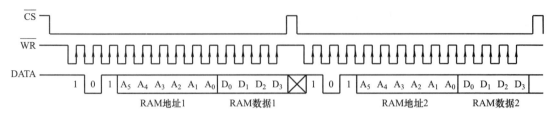

图 21.4　写 RAM 数据时序

　　首先，需要发送模式识别码"101"（其定义同表 13.2），然后发送 6 位地址与 4 位 RAM 数据即可。仍然需要再次提醒一下：**6 位地址的最高位先发送，而 4 位数据的最低位反而先发送**。例如，我们需要图 21.3 所示 LCD 的最右侧显示数字"7"，则需要发送的串行数据分别为 0x1461（0b101_000110_0001）与 0x1475（0b101_000111_0101）。

　　HT1621 的写指令时序与图 13.6 完全相同，改写 RAM 时序与图 13.8 相似，有兴趣可参考数据手册，此处不再赘述，下面我们从 VisualCom 软件平台中调出与图 21.3 定义相同的 LCD 仿真器件，相应的仿真效果如图 21.5 所示。

图 21.5　LCD 仿真效果

　　我们的预置数据如图 21.6 所示。

图 21.6　预置数据

为了使 HT1621 正常工作，我们首先需要对其进行一些必要的初始化工作，先来看一下表 21.1 所示 HT1621 指令集。

表 21.1　HT1621 指令集

名称	模式	代码	功能	默认
READ	110	$A_5A_4A_3A_2A_1A_0D_0D_1D_2D_3$	读 RAM 数据	
WRITE	101	$A_5A_4A_3A_2A_1A_0D_0D_1D_2D_3$	写数据到 RAM	
READ-MODITY-WRITE	101	$A_5A_4A_3A_2A_1A_0D_0D_1D_2D_3$	读完数据后再写入到 RAM	
SYS DIS	100	0000-0000-X	关闭系统振荡器与 LCD 偏压生成器	是
SYS EN	100	0000-0001-X	打开系统振荡器	
LCD OFF	100	0000-0010-X	关闭 LCD 偏压生成器	是
LCD ON	100	0000-0011-X	打开 LCD 偏压生成器	
TIMER DIS	100	0000-0100-X	禁止时基输出	
WDT DIS	100	0000-0101-X	禁止看门狗溢出标志输出	
TIMER EN	100	0000-0110-X	开启时基输出	
WDT EN	100	0000-0111-X	开启看门狗溢出标志输出	
TONE OFF	100	0000-1000-X	关闭蜂鸣器驱动输出	是
TONE ON	100	0000-1001-X	打开蜂鸣器驱动输出	
CLR TIMER	100	0000-11XX-X	清除时基生成器内容	
CLR WDT	100	0000-111X-X	清除看门狗计数器	
XTAL 32K	100	0001-01XX-X	使用外部晶体振荡时钟源	
RC 256K	100	0001-10XX-X	使用片内 RC 振荡时钟源	是

（续）

名称	模式	代码	功能	默认
EXT 256K	100	0001-11XX-X	使用外部时钟源	
BIAS&COM	100	0010-abXc-X	ab：（ab+2）个 COM 输出 c：0 为 1/2 偏压，1 为 1/3 偏压	
TONE 4K	100	010X-XXXX-X	蜂鸣器输出频率：4kHz	
TONE 2K	100	011X-XXXX-X	蜂鸣器输出频率：2kHz	
$\overline{\text{IRQ}}$ DIS	100	100X-0XXX-X	禁止中断请求输出	是
$\overline{\text{IRQ}}$ EN	100	100X-1XXX-X	开启中断请求输出	
F1	100	101X-X000-X	时基 / 看门狗时钟输出：1Hz 看门狗溢出时间为 4s	
F2	100	101X-X001-X	时基 / 看门狗时钟输出：2Hz 看门狗溢出时间为 2s	
F4	100	101X-X010-X	时基 / 看门狗时钟输出：4Hz 看门狗溢出时间为 1s	
F8	100	101X-X011-X	时基 / 看门狗时钟输出：8Hz 看门狗溢出时间为 1/2s	
F16	100	101X-X100-X	时基 / 看门狗时钟输出：16Hz 看门狗溢出时间为 1/4s	
F32	100	101X-X101-X	时基 / 看门狗时钟输出：32Hz 看门狗溢出时间为 1/8s	
F64	100	101X-X110-X	时基 / 看门狗时钟输出：64Hz 看门狗溢出时间为 1/16s	
F128	100	101X-X111-X	时基 / 看门狗时钟输出：128Hz 看门狗溢出时间为 1/32s	
TEST	100	1110-0000-X	测试模式，用户不使用	
NORMAL	100	1110-0011-X	正常模式	是

从预置数据可以看到，我们给 HT1621 发送了三条指令。首先开启了系统振荡器与 LCD 偏压生成器，因为动态扫描是以一定时序（频率与偏压）进行液晶分子的驱动，如果不开启这两个选项，液晶像素肯定无法显示，从指令集中可以看到，这两项默认（芯片上电后）是关闭的（SYS DIS）。由于最低位无效，"开启系统振荡器（SYS EN）"指令对应的预置数据可以是 0x802（0b100_0000_0001_0）或 0x803（0b100_0000_0001_1），"开启 LCD 偏压生成器（LCD ON）"指令对应的预置数据可以是 0x806 或 0x807。

其次，我们设置使用 1/2 偏压法来驱动 LCD，并且 4 个 COM 全部输出，因为从图 21.3 可以看到，与 HT1621 连接的 LCD 使用到了 4 个 COM 引脚。HT1621 支持 1/2 与 1/3 偏压驱动方式，可以选择 2 ~ 4 个 COM 输出（相当于 MAX7219 的位边界扫描命令），但由于上电后没有明确的默认驱动方式，所以相应的初始化指令是必需的，我们发送的偏压及 COM 数量设置指令即 0b100_0010_1000_0（0x850）。

执行完前面三条预置数据后，RAM 中的数据就可以显示了，接下来是将需要显示的数据写入到 RAM 的过程。我们发送了 8 个修改 RAM 数据的指令，相应的预置数据来源如图 21.7 所示。

	COM₃	COM₂	COM₁	COM₀
SEG₀	1a	1f	1e	COL
SEG₁	1b	1g	1c	1d
SEG₂	2a	2f	2e	1DP
SEG₃	2b	2g	2c	2d
SEG₄	3a	3f	3e	2DP
SEG₅	3b	3g	3c	3d
SEG₆	4a	4f	4e	3DP
SEG₇	4b	4g	4c	4d

COM₃	COM₂	COM₁	COM₀
0	0	0	0
1	0	1	0
1	1	0	0
1	1	1	1
1	1	0	0
1	1	1	1
1	0	0	0
1	0	1	0

写入的数据 (101+地址+数据)
0x1400 (0b101_000000_0000)
0x1415 (0b101_000001_0101)
0x1423 (0b101_000010_0011)
0x143F (0b101_000011_1111)
0x1443 (0b101_000100_0011)
0x145F (0b101_000101_1111)
0x1461 (0b101_000110_0001)
0x1475 (0b101_000111_0101)

图 21.7 写入 RAM 数据

有人可能会问：表 21.1 中还有很多指令没有讨论，咋就这么完了呢？如果用不上的话，为什么会有这些呢？图 21.1 所示看门狗计数器（Watchdog Timer，WDT）、时基生成器（Time Base Generator）、音频生成器（Tone Frequency Generator）又是什么，这几个模块好像跟 LCD 驱动没什么关系呀？

没错，本来就没什么关系，相当于买 HT1621 多送几个功能而已。下面来看一下典型单片机控制 HT1621 应用电路，如图 21.8 所示。

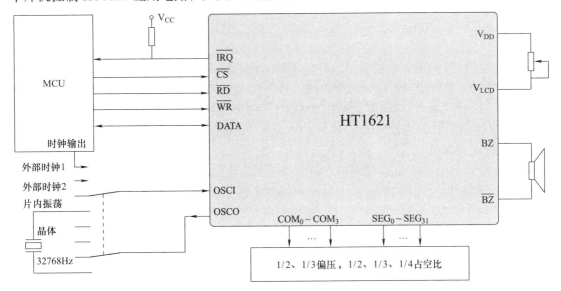

图 21.8 典型应用电路

首先来看一下时钟源，它是整个芯片正常工作的心脏，无论是液晶扫描时序、看门狗计数器、音频生成器都基于此，可以使用（XTAL 32K）指令设置由外接晶体配合芯片内部谐振电路产生 32768Hz 时钟源，也可以通过（EXT 256K）指令设置从外部输入 256KHz 时钟源（从 OSCI 引脚接入），或者可以利用（RC 256K）指令设置由内部 RC 振荡电路产生的 256kHz 时钟。当然，也可以什么也不做，因为默认时钟源就是由内部 RC 振荡电路产生的。

有人可能会想：为什么接入的时钟频率会有 32768Hz 与 256kHz 两种呢？我们看一下

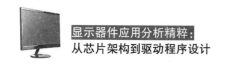

系统振荡器的配置结构，如图 21.9 所示。

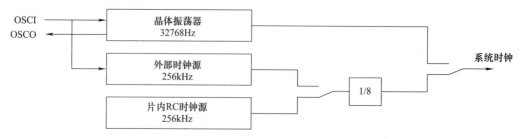

图 21.9　系统振荡器结构

可以看到，外部 256kHz 与片内 RC 振荡 256kHz 时钟源都会经过 8 分频，所以无论选择哪一种时钟源，最后的系统时钟都是 32kHz 左右。**为什么需要对 256kHz 时钟源进行分频呢？** 因为芯片内部 RC 振荡器是由电阻电容组成的，但是受制作工艺的限制，电阻电容的精度不可能完全一致，所以不同芯片的 RC 振荡器产生的频率会有一定的偏差，而且还会受到温度、湿度等因素的影响。当我们对其进行分频之后，就可以缩小频率的偏差。例如，时钟频率在 250kHz 与 260kHz 之间变化，它们之间相差了 10kHz，但是经过 8 分频之后的频率分别为 31.25kHz 与 32.5kHz，两者的偏差只有 1.25kHz。也就是说，时钟源的分频系数越大，获得的输出时钟频率也就会越稳定，也正因为如此，很多钟表所需要的 1Hz 时钟信号都是由 32768Hz 时钟源进行 32768（2^{15}）分频得到的，而不是由 1Hz 振荡器直接产生的。

如果决定从外部施加时钟源，芯片也不知道它的频率稳定性如何，为了保证系统时钟频率的稳定性（**定时**应用对时钟的要求高一些），我们假设它与 RC 振荡器产生的时钟质量相同（稳定性比较差），所以要求施加 256kHz（而不是 32768Hz）的时钟信号，同样也需要经过 8 分频进一步提升稳定性。而晶体振荡器产生的时钟频率一般很稳定，所以直接生成 32768Hz 时钟即可。

HT1621 可以由音频生成器产生直接驱动无源压电式蜂鸣器（Piezoelectric Buzzer）的时钟信号（频率可以选择 4kHz 或 2kHz）。我们知道，有源蜂鸣器只需要通电就可以发出声音，因为它内部存在振荡器产生一定频率的周期驱动信号，而无源蜂鸣器内部没有振荡源，要使它发出声音得给它输入一定频率的周期驱动信号。另外，用来直接驱动蜂鸣器的 BZ 与 $\overline{BZ}$ 两个引脚是互补输出的，在供电电压为 V_{CC} 的条件下，蜂鸣器两端施加的电压峰-峰值为 $2V_{CC}$，这有利于在额定电流不变的条件下增强发出的声音响度，因为压电蜂鸣器属于**电压型器件**，如图 21.10 所示。

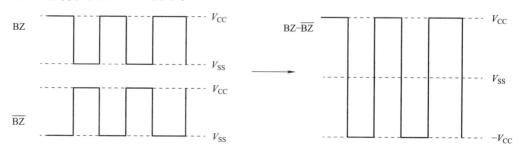

图 21.10　互补输出电压

还有一点需要注意的是，HT1621 不能直接驱动**电磁式蜂鸣器**，因为 BZ 与 $\overline{\text{BZ}}$ 两个引脚的驱动电流只有数毫安，而电磁式蜂鸣器消耗的电流比压电式要大很多，几十毫安都是很常见的，如果非要使用电磁式蜂鸣器，需要外接三极管之类的扩流器件。

如果想使用 HT1621 中的蜂鸣器功能，可以使用"开启音频输出（TONE ON）"指令，然后再使用（TONE 4K）或（TONE 2K）指令设置需要的频率即可。我们没有使用到该功能，所以不需要进行任何设置，因为默认情况下是蜂鸣器功能是关闭的。

还有一个 $\overline{\text{IRQ}}$ 引脚是用来干什么的呢？这是一个中断请求（Interrupt ReQuest）输出引脚，涉及看门狗与定时器时基电路。看门狗是个什么东西？通俗地说就是一条狗，养了条狗就得隔段时间喂一次食，不然它就会叫起来。

从硬件层面来看，看门狗就是一个加法（或减法）计数器，如果使用（WDT EN）指令开启了看门狗计数器，它就会一直进行累加，如果累加状态一直保持而不打断，计数器最终总会累加为全 1 输出（称为"溢出"）状态，对不对？可以选择看门狗计数器溢出时是否产生一个中断请求（低电平）信号给单片机，这样做有什么用呢？

例如，单片机实现一个万万不能停止且非常重要的功能（例如控制用于防守的机关枪），但是由于外部干扰导致程序"跑飞"（功能不正常）或者崩溃（死机），怎么办？此诚危急存亡之秋，我们需要一种能够确保单片机能够再次进入正常运行状态的方案，看门狗就是其中之一。

在单片机程序正常运行的时候，必须隔段时间（小于看门狗溢出时间）使用（CLR WDT）指令清除看门狗计数器中的计数值（俗称"喂狗"），这样计数器就会从 0 重新开始累加，如果单片机程序是正常运行的，看门狗计数器就永远不会溢出，$\overline{\text{IRQ}}$ 引脚总会是高电平（没有中断请求），对不对？一旦单片机程序"跑飞"或崩溃了，它极有可能总是跑不到执行（CLR WDT）指令的那段代码，所以看门狗计数器就会溢出，也就能够在 $\overline{\text{IRQ}}$ 引脚输出一个低电平给单片机。例如，把 $\overline{\text{IRQ}}$ 引脚与单片机的复位引脚关联起来，看门狗溢出后产生的低电平就会对单片机进行复位操作，程序也就可以再次正常运行。

那看门狗溢出的时间究竟为多少呢？这样我才能在单片机程序中计算好时间来发送（CLR WDT）指令呀？我们具体来看一下 HT1621 中看门狗与计数时基的结构，如图 21.11 所示。

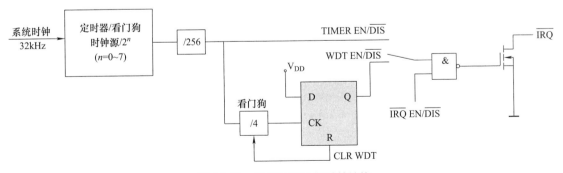

图 21.11 看门狗与计数时基结构

可以看到，32kHz 系统时钟首先经过了一个系数 2^n（$n = 0 \sim 7$）可调的分频器。也就是

说，可以选择是否对 32kHz 进行 1（不分频）、2、4、8、16、32、64、128 分频，它们分别对应（F128）、（F64）、（F32）、（F16）、（F8）、（F4）、（F2）、（F1）指令，这样能够调节看门狗的溢出时间，分频系数越小则时钟频率越高，看门狗计数器的溢出时间就会越短，因为相应的累加速度越快。

然后对时钟再进行了 256 分频，看门狗本身也包含一个 **4** 分频，所以我们能够计算出看门狗的溢出时间。例如，使用（F2）指令设置先对 32kHz 系统时钟进行 64 分频，那么看门狗计数器的输入时钟频率则为 32kHz/64/256≈2Hz，所以看门狗的溢出时间为 (1/2Hz)×4=2s，这与表 21.1 中的指令描述是吻合的。

当然，也可以使用 256 分频后的时钟来产生 $\overline{\text{IRQ}}$ 信号，这可以通过（TIMER EN）指令来设置。从结构图也可以看到，$\overline{\text{IRQ}}$ 信号的来源是定时器或者看门狗，二者只能选其一。当使用（TIMER EN）时，就意味着看门狗溢出标记不再使用，反过来，当使用（WDT EN）时，定时器的溢出标记将不会使用。那么使用定时器或看门狗产生 $\overline{\text{IRQ}}$ 信号有什么区别呢？本质上并没有！看门狗计数器会在 $\overline{\text{IRQ}}$ 引脚输出**低电平**，在下一次执行（CLR_WDT）指令前，这个低电平会一直保持，它的主要作用还是监控单片机程序是否运行正常，而定时器会在 $\overline{\text{IRQ}}$ 引脚产生周期性的时钟信号，这可以用来通知单片机作一些定时需要执行的操作。例如，我们在第 3 章中使用 AT89C1051 内部定时器中断来实现 LED 闪烁的，也可以使用 HT1621 中的定时器功能，只不过可调的定时时间有限而已。

需要特别注意的是：256 分频单元是时基输出与看门狗共用的，当执行（WDT DIS）指令后，时基输出也被禁止了，但是如果执行（WDT EN）命令后，不仅时基输出被打开了，看门狗的溢出标记也连接到了 $\overline{\text{IRQ}}$ 引脚。反过来，如果执行了（TIMER EN）命令，则时基输出将连接到 $\overline{\text{IRQ}}$ 引脚。

无论使用哪种方式，如果需要 HT1621 产生 $\overline{\text{IRQ}}$ 信号，必须使用（IRQ EN）指令开启中断请求，从图 21.11 可以看到，它控制"二输入与门"的其中一个输入引脚电平。由于 $\overline{\text{IRQ}}$ 引脚输出为开漏结构，所以在图 21.8 所示典型应用电路中给它添加了一个上拉电阻。

第 22 章
基于 HD44780 的液晶显示模组设计

笔段式 LCD 可以显示的信息并不少，如果现有 LCD 不符合要求（例如需要显示英文字母，或医疗产品需要一些人体部位等特殊形状），还可以联系相关厂家进行定制，价格也不会很高，这的确是一件非常美好的事情，但是很多时候，通用的**点阵型** LCD 将会使得产品开发更加灵活方便。

点阵型 LCD 可以分为字符与图形两类，前者主要用来显示字母及符号，后者主要用来显示图形（自然也可以是字母、符号或汉字）。我们先来讨论字符点阵型 LCD，它的电极分布类似如图 22.1 所示。

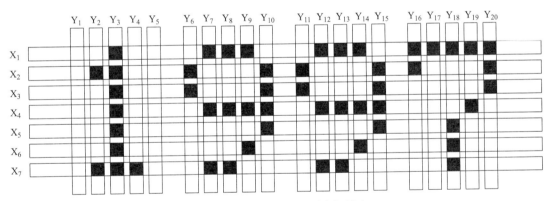

图 22.1　字符点阵液晶屏电极排布

图 22.1 所示电极可以显示 4 个 5×7 点阵字符，每个字符之间有一定的间隔，如果有多行字符，每行字符之间也会有一定的间隔。与 LED 点阵模块一样，当我们需要显示某种字符时，只需要使相应位置的液晶像素点亮即可。

现在需要设计一块字符型点阵液晶显示模组（LCM1602），它能够显示 2 行 5×7 点阵字符，每行字符数量为 16 个，并且能够显示光标，应该怎么做呢？当务之急就是选择合适的驱动芯片，HD44780 就是最常用的字符点阵 LCD 驱动芯片之一，其功能框图如图 22.2 所示。

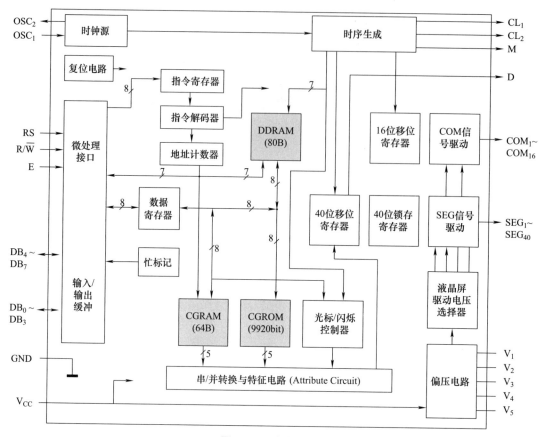

图 22.2　功能框图

　　HD44780 的功能框图比 HT1621 更复杂一些，我们先明确所有引脚的定义，以方便后续进行硬件电路设计，见表 22.1。

表 22.1　HD44780 引脚定义

引脚名	类型	连接到	功能
RS	输入	微处理器	寄存器选择（Select register） （0：写命令/读地址计数器、忙标记；1：读/写数据寄存器）
R/$\overline{W}$	输入	微处理器	读/写选择（0：写；1：读）
E	输入	微处理器	启动数据读/写（Start data read/write）
DB$_4$~DB$_7$	双向	微处理器	高 4 位双向三态数据总线引脚，用来与微处理器之间传输数据，DB$_7$ 可以作为忙标记
DB$_0$~DB$_3$	双向	微处理器	低 4 位双向三态数据总线引脚，用来与微处理器之间传输数据（4 位总线应用时不使用）
CL$_1$	输出	扩展驱动	将串行数据锁存到扩展驱动芯片的时钟
CL$_2$	输出	扩展驱动	移位串行数据的时钟

（续）

引脚名	类型	连接到	功能
M	输出	扩展驱动	将液晶驱动波形转换为交流的开关信号
D	输出	扩展驱动	SEG 信号对应的串行字模数据
$COM_1 \sim COM_{16}$	输出	液晶屏	COM 输出。没有使用到 COM 引脚被驱动为非选择状态。1/8 占空比应用时 $COM_9 \sim COM_{16}$ 为非选择状态。1/11 占空比应用时 $COM_{12} \sim COM_{16}$ 为非选择状态
$SEG_1 \sim SEG_{40}$	输出	液晶屏	SEG 输出（Segment Signals）
$V_1 \sim V_5$	—	供电电源	LCD 驱动偏压，$V_{CC}-V_5$=11V（最大值）
V_{CC}，GND	—	供电电源	V_{CC}：2.7V ~ 5.5V，GND：0V
OSC_1，OSC_2	—	振荡电阻	外接电阻产生振荡时钟，如果使用外部时钟，将其输入到 OSC_1

从表 22.1 中可以看到，HD44780 的引脚可以分为四类。第一类是**面向微处理器**的引脚，$DB_0 \sim DB_7$ 为 8 位并行数据，E 为启动数据读 / 写，R / $\overline{W}$ 为读 / 写选择，RS 为数据命令选择（后续会详述），它们也是模组对外的接口信号，这样用户就可以使用单片机之类的处理器进行控制，一般情况下与模组接口直接相连即可。有些电路设计者会有电磁兼容（Electromagnetic Compatibility，EMC）或静电释放（Electrostatic Discharge，ESD）的考虑，可能会串入小电阻或并接小电容（或 ESD 元件）。

第二类是**供电电源与振荡电阻**。V_{CC} 与 GND 只需要连接 5V 即可，为了保证芯片工作的稳定，可以并联一个 0.1μF 的旁路电容。$V_1 \sim V_5$ 这 5 个引脚用来设置驱动液晶分子的偏置电压，数据手册给出的典型应用电路如图 22.3 所示。

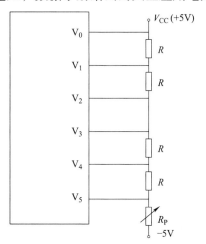
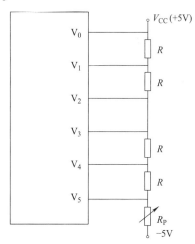

a) 1/4偏压(应用于1/8、1/11占空比)   b) 1/5偏压(应用于1/16占空比)

图 22.3　偏压电路

在硬件电路层面，可以设置 1/4 或 1/5 偏压驱动方式，具体选择哪种取决于需要的扫描行数，图 22.3 中的 1/8、1/11、1/16 占空比的分母就是扫描行数。我们需要设计能够显示 2 行 5×7 点阵字符的液晶显示模组，所以行数至少为 14，再考虑到每行字符都需要显示光标（也占用一个扫描行），应该选择 1/5 偏压驱动方式。虽然引脚 V_5 通过一个可调电位器

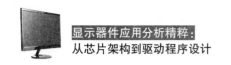

与负电源连接，但实际应用时通常与公共地连接，它通过控制各级偏压来达到调节 LCD 显示对比度的目的。

连接在 OSC_1 与 OSC_2 引脚之间的振荡电阻与芯片内部电容器组成 RC 振荡源，从而产生芯片工作所需的系统时钟，其连接方式及推荐参数如图 22.4 所示。

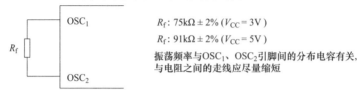

R_f：75kΩ ± 2% (V_{CC} = 3V)

R_f：91kΩ ± 2% (V_{CC} = 5V)

振荡频率与 OSC_1、OSC_2 引脚间的分布电容有关，与电阻之间的走线应尽量缩短

图 22.4　RC 振荡源

由于我们刚刚已经选择 5V 作为供电电源，所以选择 91kΩ 的电阻即可，数据手册给出的振荡频率典型值为 270kHz（测试条件为 R_f=75kΩ，V_{CC}=3.3V），还给出了三种偏压驱动 COM 时序与该振荡频率的关系，如图 22.5 所示。

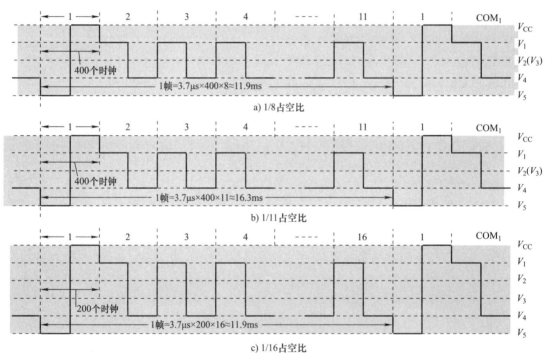

图 22.5　COM 驱动波形

很明显，HD44780 的偏压驱动时序为 A 型（参见图 20.8），其中，3.7μs 就是 270kHz 的周期，以扫描 16 行为例，每扫描一行花费的时间为 200 个系统时钟，所以扫描一帧花费的时间为 3.7μs × 200 × 16≈11.8ms。

有人可能会想：扫描 16 行与 8、11 行所需要的时间并不一样，但是并没有从表 22.1 中看到相应的设置引脚呀？咳咳，这是通过指令来改变的，后面我们就会知道。

再来看第三类**面向 LCD 的引脚**。HD44780 有 16 个 COM 驱动输出，可以支持最多两行 5 × 8（或最多一行 5 × 10）点阵字符驱动，数据手册中可以找到 3 种应用电路，如图 22.6 所示。

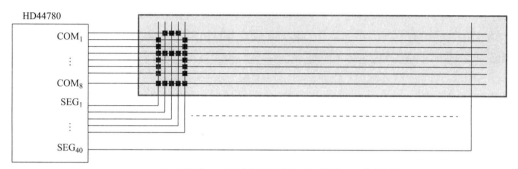

a) 一行8个5×8点阵字符显示模式（1/4偏压，1/8占空比）

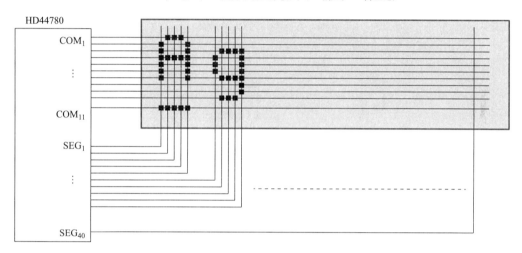

b) 一行8个5×10点阵字符显示模式（1/4偏压，1/11占空比）

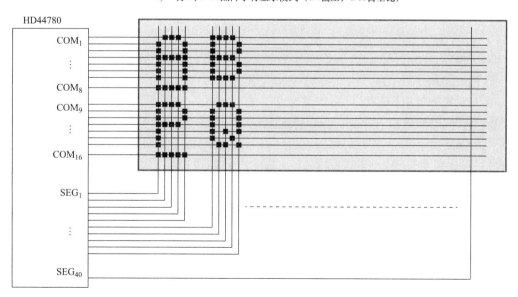

c) 两行8个5×8点阵字符显示模式（1/5偏压，1/16占空比）

图 22.6　COM 与 SEG 引脚的三种连接应用电路

需要注意的是：**每行字符所需的 COM 扫描行数总是会比字符点阵本身多一行（用来显示光标）**。由于需要显示两行 5×7 点阵字符，所以图 22.6c 所示连接方式正是我们需要的，但是很明显还存在一个问题：**HD44780 只有 40 个 SEG 驱动输出，而每个字符需要 5 个 SEG**。这意味着每行最多可以驱动 8 个字符，而我们需要每行显示 16 个字符，很明显是不够用的，为此还需要 SEG 扩展芯片与 HD44780 配合使用，这涉及用于**扩展驱动**的第四类引脚：CL_1、CL_2、M、D。

除表 22.1 中简单描述之外，HD44780 数据手册对扩展引脚并没有进一步说明，我们可以找到与其配套的扩展芯片，比较常用的有 HD44100、HD66100，前者有 40 个通道输出，后者有 80 个通道输出。下文以 HD44100 为例，其功能框图如图 22.7 所示。

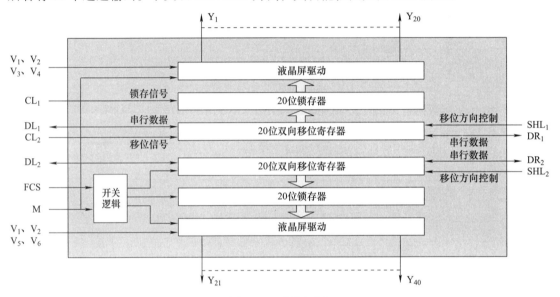

图 22.7　功能框图

可以看到，HD44100 的内部框图并不复杂，它可以用来对图 22.2 所示内部 40 位移位寄存器进行扩展，从 HD44780 传送过来串行数据通过 CL_1、CL_2、D 到达扩展芯片，它们与 74HC595 的三个串行控制引脚的意义是完全一样的。有所不同的是，HD44100 内部包含两个通道的 20 位移位寄存器，可以设置通道 2 是用来扩展 COM 还是 SEG（通道 1 默认用来扩展 SEG）。另外，两个通道的移位寄存器均可以通过 SHL 信号控制移位的方向，如果希望它们都用来扩展 COM（或 SEG），可以将它们串接起来组成 40 位移位寄存器，也就意味着可以最多扩展 40 个 COM（或 SEG）驱动输出。

我们先来看一下 HD44100 的引脚定义，见表 22.2。

这里需要特别注意：HD44100 的 $V_1 \sim V_6$ 引脚电平的关系为：$V_2 \geqslant V_5 \geqslant V_4 \geqslant V_3 \geqslant V_6 \geqslant V_1$（与 HD44780 的电平大小的定义完全不一样）。具体来说，HD44100 的 V_1、V_2 是选择电平（对应 HD44780 的 V_5、V_0），而 V_3、V_4 与 V_5、V_6 分别为通道 1 与 2 的非选择电平，它们并没有区分是 SEG 还是 COM 非选择电平，给这 4 个引脚施加什么电平取决于把两个通道作为 COM 还是 SEG 扩展。例如，把通道 1（$Y_1 \sim Y_{20}$）作为 SEG，通道 2（$Y_{21} \sim Y_{40}$）作为 COM，那么 **V_3、V_4 对应 HD44780 的 V_3、V_2，而 V_5、V_6 则对应 HD44780 的 V_1、V_4**。

表 22.2　HD44100 的引脚定义

引脚名	类型	连接到	功能
SHL_1	输入	V_{CC} 或 GND	通道 1 移位寄存器方向选择 （V_{CC}：DL_1 为输出，DR_1 为输入；GND：DL_1 为输入，DR_1 为输出）
SHL_2	输入	V_{CC} 或 GND	通道 2 移位寄存器方向选择 （V_{CC}：DL_2 为输出，DR_2 为输入；GND：DL_2 为输入，DR_2 为输出）
DL_1，DR_1	双向	控制器或本身	通道 1 的移位寄存器移位输入 / 输出数据
DL_2，DR_2	双向	控制器或本身	通道 2 的移位寄存器移位输入 / 输出数据
M	输入	V_{CC} 或 GND	将液晶驱动波形转换为交流的开关信号
CL_1	输入	V_{CC} 或 GND	将串行数据锁存到扩展驱动芯片的时钟
CL_2	输入	V_{CC} 或 GND	串行数据的移位时钟
FCS	输入	V_{CC} 或 GND	设置通道 2 作为 COM 还是 SEG 驱动 （V_{CC}：COM 驱动；GND：SEG 驱动）
$Y_1 \sim Y_{20}$	输出	液晶屏	通道 1 的驱动输出（**Channel 1** Liquid crystal driver output）
$Y_{21} \sim Y_{40}$	输出	液晶屏	通道 2 的驱动输出（**Channel 2** Liquid crystal driver output）
V_1，V_2	—	供电电源	液晶显示驱动的选择电平供电电源
V_3，V_4	—	供电电源	通道 1 非选择电平供电电源
V_5，V_6	—	供电电源	通道 2 非选择电平供电电源
V_{CC}	—	供电电源	逻辑电路供电电源
GND	—	供电电源	0V
V_{EE}	—	供电电源	液晶显示驱动供电电源

引脚 M 是用来选择相应的驱动电平，也就是说，当 M 信号电平变化时，说明驱动极性要开始变换了。总的来说，$Y_1 \sim Y_{40}$ 的输出电平取决于 FCS、M 以及相应的数据 D，见表 22.3。

表 22.3　输出电平

FCS	数据（D）	M	$Y_1 \sim Y_{20}$	$Y_{21} \sim Y_{40}$
V_{CC}	1（选择电平）	1	V_1	V_2
		0	V_2	V_1
	0（非选择电平）	1	V_3	V_6
		0	V_4	V_5
GND	1（选择电平）	1	V_1	V_1
		0	V_2	V_2
	0（非选择电平）	1	V_3	V_5
		0	V_4	V_6

由于我们现在缺少 40 个 SEG，所以应该将 HD44100 的两个通道均作为 SEG 扩展，相应的电路示意如图 22.8 所示。

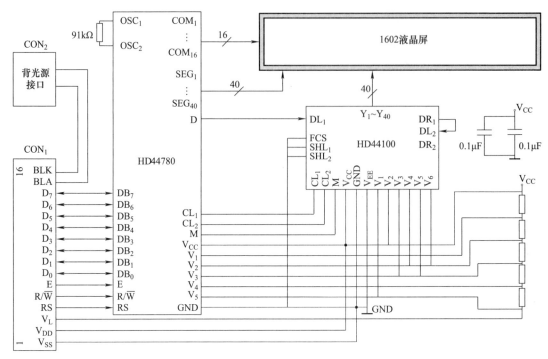

图 22.8   LCM1602 原理图

在硬件连接方面，有两点需要特别注意。其一，FCS 引脚接公共地表示将通道 2 也作为 SEG 扩展。由于我们需要 40 个 SEG 扩展输出，但 HD44100 中只有两个 20 位移位寄存器，所以需要将它们拼接成 40 位移位寄存器，为此我们将 SHL_1、SHL_2 都与公共地连接，此时 DL_1、DL_2 为输入，DR_1、DR_2 为输出。把 DR_1 与 DL_2 连接就意味着通道 1 移位寄存器输出移入通道 2 移位寄存器。其二，偏压引脚的连接需要谨慎处理。前面我们已经提过：**HD44100 数据手册中的偏压引脚名称定义与 HD44780 是不一样的**。由于已经把两个通道均作为 SEG 扩展，所以 $V_3 \sim V_6$ 应该输入 SEG 非选择电平，并且 V_3、V_4 与 V_5、V_6 的电平分别对应相同。

LCM1602 通常使用 LED 背光源，通过接口 CON_2 安装在 LCD 背后，从模组外面是看不到的，CON_1 是模组留给用户的控制接口，其引脚定义见表 22.4。

表 22.4   接口信号定义

引脚号	符号	功能	引脚号	符号	功能
1	V_{SS}	电源地	9	D_2	I/O 数据
2	V_{DD}	电源正极	10	D_3	I/O 数据
3	V_L	液晶显示偏压信号	11	D_4	I/O 数据
4	RS	数据 / 命令选择（H/L）	12	D_5	I/O 数据
5	$R / \overline{W}$	读 / 写选择（H/L）	13	D_6	I/O 数据
6	E	使能信号	14	D_7	I/O 数据
7	D_0	I/O 数据	15	BLA	背光源正极
8	D_1	I/O 数据	16	BLK	背光源负极

模组硬件方面的连接已经基本讨论完毕，接下来就是 PCB 设计、投板（发给 PCB 厂家制作）、焊接、调试、装配，最后就成为大多数读者使用的 LCM1602 液晶显示模组，其正面如图 22.9 所示。

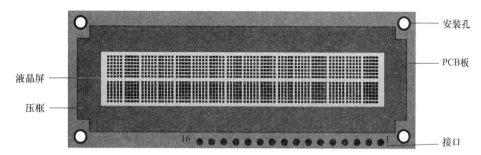

图 22.9　LCM1602 正面

LCM1602 的背面类似如图 22.10 所示。

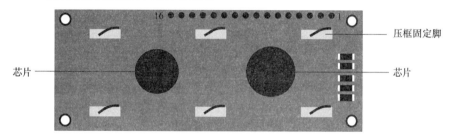

图 22.10　LCM1602 背面

背面有两块呈圆形状态的黑色凸起物体，分别是 HD44780 与 HD44100，它们相当于常见芯片的 DIP、LQFP、BGA 等封装，内部也是一块芯片（即裸片，Die）。有些厂商将没有进行封装的芯片直接售出（可降低封装成本），由客户自行联系邦定[⊖]厂家，通过邦定机将芯片引脚与 PCB 连接在一起再打上黑胶，我们称为芯片**安装在 PCB 上**（Chip On Bard，COB）封装，很多电子玩具、遥控器等低成本产品都使用这种方式，其内部结构如图 22.11 所示。

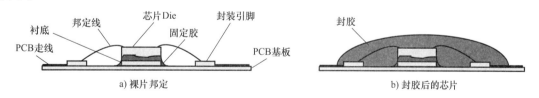

图 22.11　邦定芯片

COB 只是 LCD 驱动芯片的安装方式之一，如果直接采购厂家封装好的芯片贴在 PCB 板上，我们称为表面安装技术（Surface Mount Technology，SMT），但是它与 COB 方式都存在体积太大缺点（使模组小型化困难）。现如今，很多对厚度有要求的 LCM（尤其是彩屏）都把驱动芯片**安装在柔性 PCB 上**（Chip On Film，COF）或**直接固定在 LCD 的玻璃上**（Chip On Glass，COG），如图 22.12 所示。

　　⊖　邦定，源自单词 Bonding，意为"芯片打线"或"引线键合"。

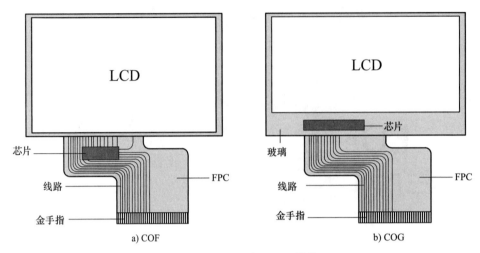

图 22.12　COF 与 COG 封装

　　柔性 PCB 简称为 FPC（Flexible Printed Circuit），它与我们通常见到的 PCB 功能相同，上面也有印制有线路、过孔、焊盘等，只不过 FPC 的可挠性绝佳，具有配线密度高、重量轻、厚度薄、弯折性好的特点，在液晶显示应用中通常扮演连接 LCD 与外部驱动板的角色。

　　COF 是一种将外围元器件与芯片安装在 FPC 的方式，集成度非常高，在彩屏中应用非常广泛。COG 就更绝了，直接把芯片安装到 LCD 的玻璃上，可以进一步缩小整个模组的体积，且易于大批量生产。

第23章

LCM1602 显示驱动设计：
显存映射关系与指令控制原理

前面已经设计好了液晶显示模组 LCM1602，接下来的工作就是使用单片机驱动它显示想要的内容，首先应该从硬件层面保证 LCM1602 能够正常工作，这包括供电（芯片与背光源）、偏压调节以及与单片机之间的控制信号连接，模组厂家的数据手册一般会有类似如图 23.1 所示的典型应用电路。

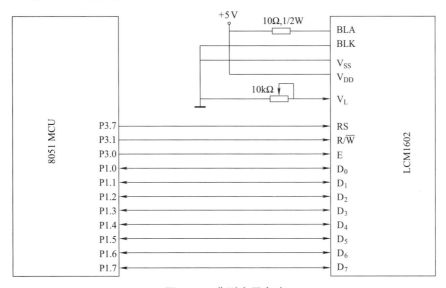

图 23.1 典型应用电路

其中，$D_0 \sim D_7$、E、$R/\overline{W}$、RS 这 11 个引脚直接与单片机相连，这一点无需赘述。V_L 引脚对公共地连接了一个电位器，它相当于图 22.3 所示偏压电路中的电位器 R_P，可以用来调节显示对比度。V_{DD} 与 V_{SS} 为供电电源的正负极，分别与 +5V、0V（GND）连接。BLA 与 BLK 分别是 LED 背光源的阳极与阴极，我们串联了一个限流电阻，其阻值直接使用数据手册推荐值即可。

Proteus 软件平台中有一块与 LCM1602 功能相同的器件（型号为 LM016L），相应的仿

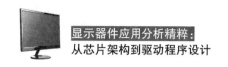
真电路与效果如图 23.2 所示。

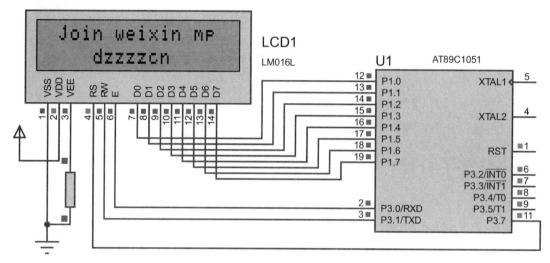

图 23.2　仿真电路

硬件电路设计的过程已然结束，现在的问题是：**如何让 LCM1602 显示我们想要的信息呢？** 几乎所有显示驱动芯片的基本原理都是相似的，肯定需要往**显存**写入数据，屏幕上才会显示相应的内容，这不得不涉及 HD44780 内部存储器。我们回过头关注图 22.2 所示功能框图，其中有三个模块值得重视，即数据显示随机存取存储器（Display Data RAM，**DDRAM**）、字符生成只读存储器（Character Generator RAM，**CGROM**）、字符生成随机存取存储器（Character Generator RAM，**CGRAM**）。

咱们逐个来讨论，DDRAM 的意义与 HT1621、HT1632 中 DRAM（显存）的意义是完全一致的，往 DDRAM 中写入什么数据，屏幕对应位置就会显示相应的内容。HD44780 内部 DDRAM 大小为 80 字节（Byte，B），每个字节的具体地址与行显示模式（一行或两行）有关。假设的硬件连接如图 22.6a 所示一行 16 个字符显示模式（当然，行显示模式需要执行相应的指令，很快就会看到），那么相应的 DDRAM 地址如图 23.3 所示。

图 23.3　一行显示模式下的 DDRAM 地址

DDRAM 地址与屏幕显示位置是一一对应的。例如，想在最左边显示信息，只需要往地址 0x00 中写入数据即可，图 23.4 所示为 DDRAM 地址与屏幕显示位置之间的映射关系（**当然，这只是默认情况下**）。

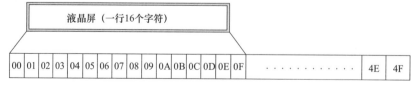

图 23.4　一行模式下 DDRAM 地址与屏幕显示位置映射关系

有人可能会问：往 DDRAM 地址 0x10 ~ 0x4F 写入的数据还有效吗？当然有效！屏幕上**暂时**没有对应显示位置的 DDRAM 地址可以作为一般的 RAM 使用，但是其中的数据也可以通过移动屏幕（简称"移屏"）指令显示出来，移屏后的显示效果功能如图 23.5 所示。

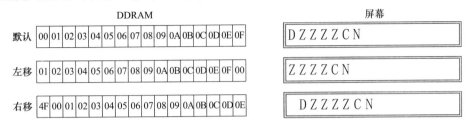

图 23.5   一行显示模式下移屏效果

假设现在屏幕只能显示一行 16 个字符，默认对应的 DDRAM 地址为 0x00 ~ 0x0F，往其他地址中写入的数据是不会在屏幕上显示的。当使用一次左移屏指令后，屏幕对应的 DDRAM 地址就是 0x01 ~ 0x10，也就是说，左移一次后屏幕最左侧第一个位置对应 DDRAM 地址 0x01。相反，如果执行右移屏指令一次，屏幕对应的 DDRAM 地址就是 0x4F ~ 0x0E（图 23.5 中假设地址 0x4F 对应的屏幕位置没有内容，如果有的话，它就会显示在字母"D"的左侧）。

LCM1602 可以显示两行字符，厂家的数据手册通常也会给出 DDRAM 地址与屏幕显示位置映射关系，类似如图 23.6 所示。

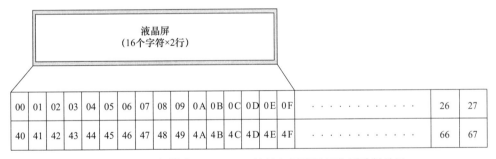

图 23.6   两行模式下 DDRAM 地址与屏幕显示位置映射关系

可以看到，屏幕第一行字符**默认**对应的 DDRAM 地址为 0x00 ~ 0x0F，第二行字符**默认**对应的 DDRAM 地址为 0x40 ~ 0x4F（与一行显示模式的地址不一样，并且两行地址不连续）。假设我们想要在屏幕右下角显示信息，只需要往地址 0x4F 中写入相应的数据，如果想要在右上角显示信息，只需要往地址 0x0F 中写入相应的数据，简单吧！

两行显示模式下也可以进行移屏，相应的效果如图 23.7 所示。

讨论了这么多关于 DDRAM 方面的知识，那究竟需要往 DDRAM 写入什么样的数据呢？具体来说，如果我想在图 23.6 所示屏幕左下角显示大写字母"J"，应该往 DDRAM 地址 0x40 写入什么呢？难道像 HT1621 那样先把字母"J"按每行取模再写进去吗？当然不行！因为每个字符包含 5 × 7=35 个像素点，而 DDRAM 每个地址只能存储 8 位数据（一个字节），肯定是不够用的，所以需要特别注意：我们往 DDRAM 写入的数据是**字模地址**（而不是**字模本身**），具体屏幕上显示什么取决于**字模地址**对应的**字模数据**。

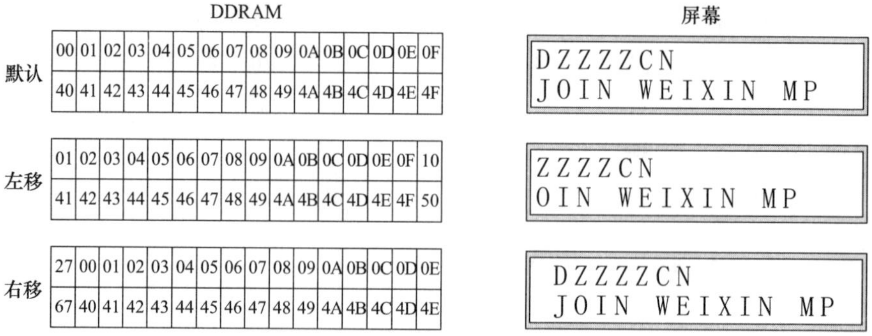
DDRAM
屏幕
默认
00 01 02 03 04 05 06 07 08 09 0A 0B 0C 0D 0E 0F
40 41 42 43 44 45 46 47 48 49 4A 4B 4C 4D 4E 4F
DZZZZCN
JOIN WEIXIN MP
左移
01 02 03 04 05 06 07 08 09 0A 0B 0C 0D 0E 0F 10
41 42 43 44 45 46 47 48 49 4A 4B 4C 4D 4E 4F 50
ZZZZCN
OIN WEIXIN MP
右移
27 00 01 02 03 04 05 06 07 08 09 0A 0B 0C 0D 0E
67 40 41 42 43 44 45 46 47 48 49 4A 4B 4C 4D 4E
DZZZZCN
JOIN WEIXIN MP

图 23.7　两行显示模式下的移屏效果

HD44780 已经预定义了一些常用字模，它们被保存在 CGROM（简单地说，CGROM 就是一个字库），其中的字模数据如图 23.8 所示。

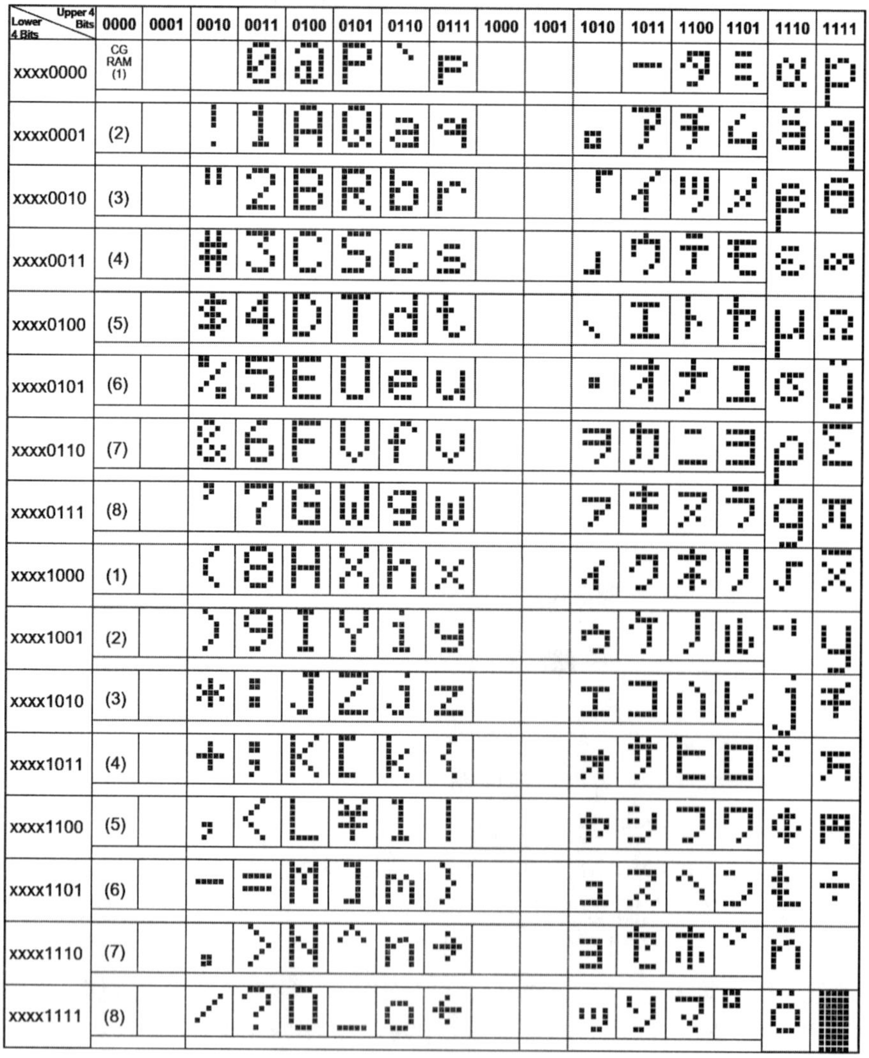
Upper 4 Bits
Lower 4 Bits
0000 0001 0010 0011 0100 0101 0110 0111 1000 1001 1010 1011 1100 1101 1110 1111
xxxx0000
CG RAM (1)
xxxx0001
(2)
xxxx0010
(3)
xxxx0011
(4)
xxxx0100
(5)
xxxx0101
(6)
xxxx0110
(7)
xxxx0111
(8)
xxxx1000
(1)
xxxx1001
(2)
xxxx1010
(3)
xxxx1011
(4)
xxxx1100
(5)
xxxx1101
(6)
xxxx1110
(7)
xxxx1111
(8)

图 23.8　CGROM 预定义字模

使用 CGROM 中预定义的字模非常简单，只需要把**字模对应的地址**写入到 DDRAM 即可，这样就不需要自己针对每个字符单独去提取字模了，是不是很方便？例如，要显示大写字母"J"，就应该写入 0b0100_1010（0x4A），其中"0100"表示高 4 位地址（Upper 4 Bits），"1010"表示低 4 位地址（Lower 4 Bits）。

HD44780 的基本驱动原理已经讨论完毕，但是为了使 DDRAM 中的数据能够正常显示，还需要**预先对 HD44780 进行一些初始化**（这一点对于绝大多数显示驱动芯片都是适用的），下面来看一下 HD44780 都有哪些指令，见表 23.1。

表 23.1　HD44780 指令集

指令名称	代码（Code）									描述	执行时间
	RS	R/$\overline{W}$	D$_7$	D$_6$	D$_5$	D$_4$	D$_3$	D$_2$	D$_1$	D$_0$		
清屏	0	0	0	0	0	0	0	0	0	1	所有 DDRAM 写入 20H，I/D=1，AC=0，S 不变	1.52ms
归位	0	0	0	0	0	0	0	0	1	—	AC=0，清除屏移量	1.52ms
输入模式设置	0	0	0	0	0	0	0	1	I/D	S	光标与屏移方向	37µs
显示开关控制	0	0	0	0	0	0	1	D	C	B	屏显、光标、闪烁开关	37µs
移动光标或屏幕	0	0	0	0	0	1	S/C	R/L	—	—	不修改 DDRAM 数据时控制光标或屏移	37µs
功能设置	0	0	0	0	1	DL	N	F	—	—	总线宽度、行数、字体	37µs
设置 CGRAM 地址	0	0	0	1	A$_5$	A$_4$	A$_3$	A$_2$	A$_1$	A$_0$	低 6 位有效	37µs
设置 DDRAM 地址	0	0	1	A$_6$	A$_5$	A$_4$	A$_3$	A$_2$	A$_1$	A$_0$	低 7 位有效	37µs
读忙标记或地址	0	1	BF	A$_6$	A$_5$	A$_4$	A$_3$	A$_2$	A$_1$	A$_0$	读 BF、AC 值	0µs
写数据	1	0	D$_7$	D$_6$	D$_5$	D$_4$	D$_3$	D$_2$	D$_1$	D$_0$	往（从）DD/CGRAM 写（读）数据	37µs
读数据	1	1	D$_7$	D$_6$	D$_5$	D$_4$	D$_3$	D$_2$	D$_1$	D$_0$		37µs

I/D=1：加 1	R/L=1：右移	N=1：2 行显示	S=1：屏移跟随
I/D=0：减 1	R/L=0：左移	N=0：1 行显示	BF=1：忙（内部正在解析）
S/C=1：屏移	DL=1：8 位总线	F=1：5×10 点阵	BF=0：空闲（已经准备好接收数据）
S/C=1：移动光标	DL=0：4 位总线	F=0：5×8 点阵	执行时间条件：f_{osc}=270kHz

复位后初始化流程：清屏→功能设置（DL=1，N=0，F=0）→显示开关控制（D=0，C=0，B=0）→输入模式设置（I/D=1，S=0）

表 23.1 中的 RS 与 R/$\overline{W}$列分别表示代码（D$_7$ ~ D$_0$）发送时引脚对应的电平，RS=0 表示写入指令，RS=1 表示写入数据，R/$\overline{W}$=0 时表示写，R/$\overline{W}$=1 时表示读。来看一下写数据或指令的时序，如图 23.9 所示。

图 23.9 所示时序告诉我们，如果要向 HD44780 发送数据或指令，先将 RS 与 R/$\overline{W}$提前设置好，然后在有效数据稳定期间，在引脚 E 输出一个**正脉冲**即可，这个正脉冲对 HD44780 内部锁存器进行使能与关闭操作（模拟触发器的数据触发行为，与 74HC595 类似）。

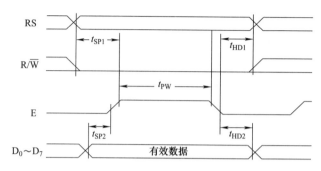

图 23.9 写数据或命令时序

来看一下相应的驱动代码，如清单 23.1 所示。

```c
#include <reg51.h>
#include <intrins.h>

#define WRITE_COM   0                                        //写指令
#define WRITE_DAT   1                                        //写数据
#define LCD_DATA_BUS P1                                      //定义引脚别名

typedef unsigned char uchar;                                 //定义类型别名
typedef unsigned int uint;

void delay_us(uint count){while(count-->0);}                 //延时函数
void delay_ms(uint count){while(count-->0)delay_us(60);}

sbit LCD_E  = P3^0;
sbit LCD_RW = P3^1;
sbit LCD_RS = P3^7;

uchar code_dzzzzcn[] = {0x64, 0x7A, 0x7A, 0x7A, 0x7A, 0x63, 0x6E};   //"dzzzzcn"
//uchar code_dzzzzcn[] = "dzzzzcn";                                  //"dzzzzcn"

void write_hd44780(uchar data_byte, uchar rs_flag)
{
    delay_ms(5);                        //延时确保HD44780已经完成内部指令解析过程
    (WRITE_DAT == rs_flag)?(LCD_RS = 1):(LCD_RS = 0);   //根据标记位设置RS引脚电平
    LCD_RW = 0;                                                  //写操作
    LCD_DATA_BUS = data_byte;                                    //将数据输出
    _nop_();
    LCD_E = 1;                                          //输出高电平，开始生成正脉冲
    _nop_();
    LCD_E = 0;                                          //输出低电平，完成正脉冲的生成
}

void main(void)
{
    int i = 0;

    LCD_E = 0;                                                  //设置初始状态为无效
    delay_ms(100);    //上电延时一段时间，使LCM1602供电稳定及完成上电复位初始化过程
    write_hd44780(0x38, WRITE_COM);                            //功能设置
    write_hd44780(0x01, WRITE_COM);                            //清屏
    write_hd44780(0x0E, WRITE_COM);                            //显示开关控制

    for (i=0; i<sizeof(code_dzzzzcn); i++) {
        write_hd44780(code_dzzzzcn[i], WRITE_DAT);
    }

    while(1){}
}
```

清单 23.1   LCM1602 驱动代码

write_hd44780 函数可以用来给 HD44780 发送数据或指令，它通过形参 rs_flag 区分，WRITE_COM 表示写入指令，WRITE_DAT 表示写入数据，函数内部通过判断 rs_flag 设置 RS 引脚的电平，此处不再赘述。

首先我们在主函数一开始延时了 100ms，这条语句在实际产品设计中是非常有必要的。因为 HD44780 刚上电后会进行复位初始化过程（见表 23.1），在此期间芯片是不能正常接收数据的。如果我们在单片机一上电就马上对其进行读写操作，芯片可能还处于复位状态，此时写入的数据自然是无效的，初始化失败很有可能会导致 LCM1602 不显示或显示不正常。

然后我们发送了"**功能设置（Function Set）**"指令，它用来调整与硬件相关的配置，从表 23.1 可以看到，相应的代码包含 DL、N、F 三个配置位。"DL（Data Length）"位选择数据总线的宽度为 4 位（**DL=0**）还是 8 位（**DL=1**）。"N"位表示一行（**N=0**）还是两行（**N=1**）显示模式。"F（Font）"位表示显示的字体为 5×8 点阵（**F=0**）还是 5×10 点阵（**F=1**），数据手册还给出了"N"与"F"位对应的设置，见表 23.2。

表 23.2　功能设置

N	F	显示行数量	字符字体	占空比因子	备注
0	0	1	5×8 点阵	1/8	
0	1	1	5×10 点阵	1/11	
1	—	2	5×8 点阵	1/16	5×10 点阵只能显示一行

这里主要关注"占空比因子（Duty Factor）"列，它们分别对应图 22.6 所示三种应用电路，所以正如清单 23.1 所示源代码一样，**"功能设置"指令通常是发送给 LCM1602 的第一条指令**，设置不当可能会导致数据传输或显示不正常。例如，LCM1602 内部使用图 22.6c 所示硬件连接电路，却使用"功能设置"指令将**占空比因子设置为 1/8**（这也是 HD44780 上电复位后的状态），那么 LCM1602 的第二行无论如何都不会有显示。再例如，一般使用 8 位总线来发送数据，这时却设置为 4 位数据总线，LCM1602 自然就不可能正确进行解析。我们决定使用 8 位总线给（显示两行 5×8 点阵字体的）LCM1602 发送数据，相应的控制指令为"**0b0011_1000（0x38）**"。

接下来执行了"清屏（Clear Display）"指令。清屏，顾名思义，一旦执行该指令，屏幕上不会有任何内容显示。实际上，这条指令把所有 DDRAM 地址中的数据都设置为 0x20。有人可能会想：为什么不全部设置为 0x00 呢？因为前面已经提过，DDRAM 中的数据代表的是**字模地址**（而不是**字模本身**）。我们回到图 23.8 所示 CGROM 字模，"**0b0010_0000（0x20）**"恰好对应一个空白的字模（事实上，0x20 就是空格的 ASCII），也就可以清除屏幕显示，这能够避免 HD44780 上电后 DDRAM 中出现随机数据而显示在屏幕上。

有人可能会问：从表 23.1 可以看到，复位后首先会执行"清屏"指令，所以这条指令并不是必要的吧？理论上的确不需要，但是在实际产品设计时，我们还是得**显式**发送该指令，毕竟要考虑到芯片复位失败的可能性，很多不起眼的小细节就是产品稳定设计的保证。

最后我们执行了一条"显示开关控制（Display on/off control）"指令，从表 23.1 可以

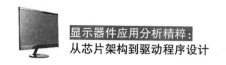

看到，它包含 B、C、D 三个配置位。"D（Display）"位表示屏幕是否显示，D=0 表示整个屏幕不显示，D=1 表示屏幕上显示 DDRAM 中的数据，它并不影响 DDRAM 中已有的数据。也就是说，如果反复开启与关闭屏幕显示，DDRAM 中的内容仍然是不变的，因为本质上它只是控制 LCD 驱动时序是否生成。

"C（Cursor）"位表示光标状态，C=0 表示隐藏光标，C=1 表示显示光标，相应的状态如图 23.10 所示。

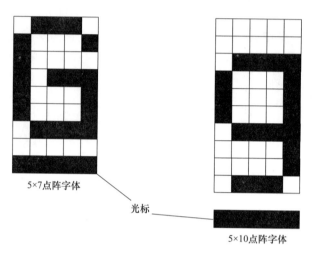

图 23.10　光标

"B（Blink）"位表示光标是否闪烁，B=0 表示光标不闪烁，B=1 表示光标闪烁，光标闪烁时在如图 23.11 所示两种状态中变换。

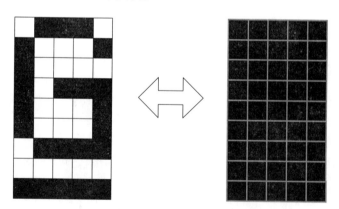

图 23.11　光标闪烁状态

光标闪烁的速度正比于时钟频率。当 RC 振荡源的时钟频率约为 250kHz 时，光标状态变换间隔时间约为 409.6ms。当时钟为频率 270kHz 时，光标状态变化间隔时间约为 409.6ms×（250kHz/270kHz）≈379.2ms。

执行上述三条指令后，DDRAM 中的数据就可以正常显示了，当我们把字符串"dzzzzcn"中 7 个字母对应的字模地址写入到 DDRAM 后，相应的仿真运行效果如图 23.12 所示。

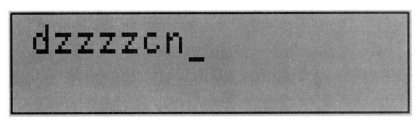

图 23.12　仿真效果

有些人可能会有疑问：怎么往 DDRAM 写入的数据会显示在屏幕左上角呢？毕竟没有使用"设置 DDRAM 地址（Set DDRAM Address）"指令呀！的确没有！HD44780 内部有一个 7 位地址计数器（Address Count, AC），AC 值就代表要往哪个地址写入数据，**它同时也代表着光标的位置**，如图 23.13 所示。

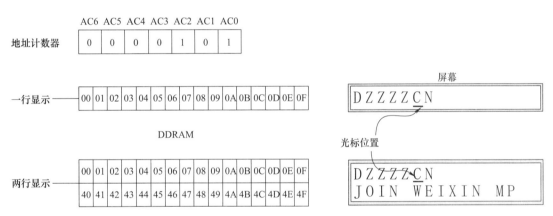

图 23.13　地址计数器与光标位置的对应关系

"设置 DDRAM 地址"指令的作用就是用来设置 AC 值，想往哪个 DDRAM 地址写入数据，使用该指令先设置 AC 值即可。但是由于我们刚刚已经执行了"清屏"指令，它会将 AC 清零，所以后面我们一开始写入数据的 DDRAM 地址就是 0x00，明白了吧！

当然，也可以**显式**设置 DDRAM 地址，只需要发送指令 "**0b1000_0000（0x80）**"即可。需要特别注意，"设置 DDRAM 地址"指令中的低 7 位是可以更改的。换句话说，它可以设置的地址有效范围为 0x00 ~ 0x7F（总共 128 个地址）。前面我们已经提过，HD44780 内部 DDRAM 地址有 **80** 个，并且地址最大值为 **0x67**，所以"设置 DDRAM 地址"指令可以指定任意一个 DDRAM 地址作为数据写入目的地。

有心人可能又会想：连续写入了 7 个数据，它们竟然没有重叠，难道 AC 值会在连续写入数据时自动累加吗？但是同样也没有执行相应的指令呀？

前面已经提过：想往哪个 DDRAM 地址写数据，就需要先设置相应的 AC 值。现在我们要写一行字符，如果每写一个字符都要设置一下 DDRAM 地址岂不是很麻烦？HD44780 允许我们使用"**输入模式设置（Entry mode set）**"指令设置往（从）DDRAM 写（或读）数据后，AC 值是自加 1（**I/D=1**）还是自减 1（**I/D=0**），这样如果要写一行字符，只需要确定首地址就可以了，是不是很方便？

例如，要让 AC 处于自加状态，则需要发送的指令为"**0b0000_0110（0x6）**"。我们的确没有**显式**执行"输入模式设置"指令，但奥妙仍然在于已经执行过的"清屏"指令，它会将 I/D 置 1（见表 23.1），所以我们只需要连续写入数据即可。

值得一提的是，"输入模式设置"指令还有一个"S"配置位，可以用来选择是否开启移屏功能，"S=1"表示移屏功能开启，而移屏方向可以是左（**I/D=1**）或右（**I/D=0**）。有意思的是，HD44780 另外还有一条"光标或屏幕移动（Cursor or display shift）"指令也可以实现移屏功能，不少人可能会琢磨：莫非这两条指令的功能是重复的？

非也！需要特别注意，"输入模式设置"指令中开启的移屏功能**只有往 DDRAM 中写入数据时才有效，每写一次数据移一次屏**，但有时候想实现移屏效果，但又不需要写入 DDRAM 数据时该怎么办？"光标与屏幕移动"指令就是一条专门用于移动光标或屏幕的指令，每写一次指令就会引起一次光标或移屏的变化，"**S/C**"位表示想要移动光标（**S/C=0**）还是屏幕（**S/C=1**），而"**R/L**"位则表示想往左移（**R/L=0**）还是右移（**R/L=1**），数据手册对它们进行了说明，见表 23.3。

表 23.3　光标或屏幕移动指令

S/C	R/L	描述
0	0	左移光标（AC 值减 1）
0	1	右移光标（AC 值加 1）
1	0	左移屏幕，光标跟随屏幕移动
1	1	右移屏幕，光标跟随屏幕移动

假设我现在要使光标往右移一次，应该执行的指令为"0x14（0b0001_0100）"，由于因为 D_1、D_0 是无效的，所以 0x15、0x16、0x17 与 0x14 的执行结果一样。

有心人可能会问："光标与屏幕移动"指令把光标移动了，那 AC 值是不是也发生了相应的变化呢？这是一个好问题！答案是肯定的。从表 23.3 可以看到括号中的说明：移动光标时，AC 会自加或自减（**AC is incremented/decremented by one**）。而我们早就提过：**AC 值代表着光标位置！**当然，如果只是进行移屏操作，AC 值却是保持不变的，但是光标还是会随屏移量变化，毕竟屏幕对应的 DDRAM 地址已经不一样了。

值得一提的是：**HD44780 中大多数常用字符对应的 CGROM 字模地址就是相应的 ASCII**。由于 C 语言中的字符串数组保存的就是 ASCII，如果使用清单 23.1 所示源代码中被注释掉的那一行语句来定义 code_dzzzzcn 数组（不需要查找每个字符的字模地址），最后的执行结果是相似的，只不过会多写一个空字符（光标位置在图 23.12 所示仿真效果的基础上右移了一个字符），因为 C 语言定义的字符串数组会默认在最后添加一个'\0'字符（对应字模地址 0x00）。

最后，我们使用 VisualCom 软件来实现与图 23.12 相同的仿真效果，如图 23.14 所示。

我们预置的数据与清单 23.1 所示源代码是完全对应的，读者可自行分析，此处不再赘述，如图 23.15 所示。

图 23.14　仿真效果

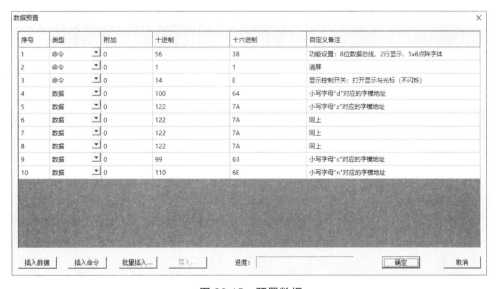

图 23.15　预置数据

第 24 章

LCM1602 显示驱动设计：
优化访问效率与自定义字模

有些读者可能还在为清单 23.1 所示 write_hd44780 函数中的 "delay_ms(5)" 语句犯愁，为什么在每一条指令（或数据）发送之前都延时了 5ms 呢？从表 23.1 可以看到，所有指令都需要一定的执行时间，HD44780 在接收指令后一段时间内一直处于解析状态，不能够马上接收下一条指令。也就是说，如果发送指令的速度过快，HD44780 可能反应不过来。清屏与归位指令的执行时间最长（1.52ms），我们在该时间的基础上留了一些裕量，以确保上一条指令有足够的时间执行完毕。

虽然延时 5ms 可以充分确保 HD44780 已经可以接收下一条指令，但对于其他执行时间更短的指令而言，还是浪费了很多宝贵的时间资源去等待，为了使单片机的运行更加有效率，通常希望一旦 HD44780 处于空闲状态单片机就可以马上发送数据，岂不快哉！HD44780 允许读取芯片的忙状态标记（Busy Flag, BF），BF=1 表示 HD44780 还在执行上一个指令过程中，暂时不能接收新的指令。BF=0 则表示 HD44780 已经准备好接收指令。在读状态的过程中，当前的 AC 值也会被读取出来后，可以根据需求决定是否使用。下面来看一下读操作时序，如图 24.1 所示。

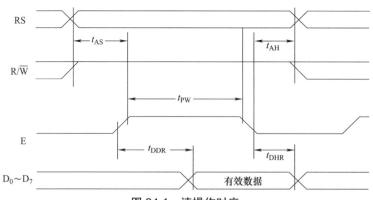

图 24.1　读操作时序

可以看到，读操作时应该将 R/$\overline{\text{W}}$ 置 1，当 RS=1 时读取 CGRAM 或 DDRAM 中的数据，当 RS=0 时读取忙状态标记与地址计数器。E 引脚上升沿表示开始读数据，经过一定数据延迟时间（Data delay time，t_{DDR}）后，有效数据才会出现在数据总线，此时可以使用单片机进行读取。E 引脚下降沿表示数据读取的结束，也就是说，应该在下降沿到来前完成数据的取读操作。

我们这里只关注忙状态标记的读取，相应的关键源代码如清单 24.1 所示。

```
void check_busy(void)
{
  uchar w_time = 0;

  do {
      LCD_DATA_BUS = 0xFF;                                    //设置单片机引脚为输入类型
      LCD_E = 0;
      LCD_RS = 0;
      LCD_RW = 1;
      LCD_E = 1;
      _nop_();
      w_time++;
  }while(((bit)(LCD_DATA_BUS&0x80)) && (w_time<220));         //读取忙标记状态

      LCD_E = 0;
}
```

清单 24.1 忙状态标记读取源代码

只要使用 check_busy 函数替代了前述"delay_ms（5）"语句，就一直会执行状态的读取并判断 BF 是否为 1（忙状态），如果 BF 是 1，就返回再次循环执行读取数据，直到 BF 为 0 时退出 while 循环。另外，还定义了一个变量 w_time，每执行一次读数据操作后都将其累加，如果 w_time 不小于 220，同样会退出循环语句，这可以用来限制等待的最大时间，因为当 LCM1602 出现问题时，单片机将可能永远读取不到空闲状态标记，这可以避免程序陷入"死"循环。由于 while 中全部语句执行需要花费约 16μs，所以最大等待时间约为 3.52ms，比 1.52ms 长一些（留些时间裕量）。

check_busy 函数中需要特别提醒一下：先把 LCD_DATA_BUS 全部置 1，并且添加的注释是"设置单片机引脚为输入类型"，这是怎么回事呢？因为很明显，这条语句只是使 P1 口输出全 1 而已，跟输入引脚类型设置有什么关系？如果你有使用其他厂家单片机的经验，会发现大多数单片机的引脚只能设置为输入或输出，但是 51 单片机却不需要，直接读或写都可以，是不是觉得很神奇？下面来看一下 P1 口的结构，如图 24.2 所示。

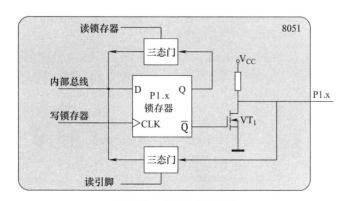

图 24.2 P1 口内部结构

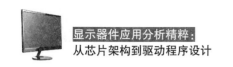
我们先来分析一下 P1 口是如何输出数据的。从内部结构图可以看到，P1 口引脚是开漏输出结构，只不过内部集成了上拉电阻。当我们要让引脚输出"0"时，只要给锁存器写入数据"0"，相应的输出 $\overline{Q}$ 则为"1"，此时 VT_1 导通而将引脚下拉到"0"。当给锁存器写入数据"1"时，输出 $\overline{Q}$ 为"0"使 VT_1 截止，此时引脚由内部电阻上拉到高电平。

很明显，写入锁存器的数据与 P1 口引脚的状态是对应的。那怎么使用 P1 口读数据呢？假设之前已经往锁存器中写入了数据，那读出来的不就是刚刚写入锁存器的数据（而不是引脚状态）吗？这不就没什么意义了嘛！所以在读取数据之前，**必须先将 P1 口设置为全 1 状态**，此时 VT_1 是截止的，相应的引脚由内部电阻上拉至高电平，这是一种弱上拉状态，此时 P1 口的电平才可以由 HD44780 输出的数据改变。如果没有预先将 P1 口设置为全1 状态，假设 P1.7（对应 BF 忙标记位）之前输出为低电平，那么从 P1.7 引脚第一次（且每一次）都能读到低电平（VT_1 一直处于导通状态），check_busy 函数也就没有存在的意义。

有人站起来火急火燎地对我说：这么重要的信息怎么不早说？为什么在第 3 章讲解按键状态的时候没有将相应的引脚先置 1 呀？原因其实很简单，因为 51 单片机在上电复位后，P1 口输出默认都是高电平，这一点从图 2.4 中就可以查到，而且当时只是作为输入引脚，所以也就没有必要"画蛇添足"了。

好的，到目前为止，已经有能力高效率地在 LCM1602 屏幕指定位置显示想要字符，但是能够显示的字符仅限于 CGROM 预定义的字模，虽然对于一般的应用已然足够，然则有些产品很可能需要显示一些并不存在于 CGROM 中的特殊字符，这时候就需要自定义字模数据，这与以往讨论过的"先取模再写入显存"的过程是相似的，只不过由于往 DDRAM 中写入的是**字模地址**，所以需要把**字模数据**保存在一个称为 CGRAM 的地方。

下面仍然回到图 23.8 所示 CGROM 表（以下一定要注意区分**字模地址**与 **CGRAM 地址**），它共有 16 行 16 列，相应的**字模地址**范围为 0x00 ~ 0xFF（共 256 个）。前面已经提过，向 DDRAM 中写入字模地址，屏幕相应位置就会显示该字模，对不对？但是请注意最左侧标记了"CGRAM"那一列，它们默认都是空白的。换句话说，当向 DDRAM 中写入字模地址 0x00 ~ 0x0F 时，屏幕上是没有显示的（空白字符）。然而，一旦通过指令把自己定义的字模数据写进去，屏幕上就会显示已定义的字模。也就是说，从使用的角度来讲，**CGROM 与 CGRAM 的作用是完全一样的**，只不过前者不可以更改而已，但它们的可用**字模地址**并没有重叠，对不对？

现在关键的问题是：**如何把自己定义的字模数据写入到正确的 CGRAM 地址呢？往 CGRAM 写入字模数据的顺序又是怎么样的呢？** 数据手册对 **CGRAM 地址**、**字模地址**以及字模数据之间的关系进行了详细描述，如图 24.3 所示。

图 24.3 是针对 5×8 字体的（5×10 字体稍有不同，具体可参考数据手册），它告诉我们：每个 **CGRAM 字模地址**（0x00~0x07）与 **CGROM 字模地址**一样包含了 8 行字模数据，而从上到下每行字模数据（总共 64 行）都分别对应一个 CGRAM 地址（0x00 ~ 0x3F）。也就是说，CGRAM 有效地址共有 8×8=64 个。

请注意：**只能定义 8 个 5×8 点阵字模**（如果是 5×10 点阵字模，每个完整字模会占用两个 CGRAM 字模地址空间，所以你只能定义 4 个）。从图 24.3 可以看到，字模地址的第 3 位是无效的（* 号），而从图 23.8 所示 CGROM 列可以看到，字模地址 0x0 ~ 0x07 与0x8 ~ 0xF 中标记的（1）、（2）、（3）、（4）、（5）、（6）、（7）、（8）是重复的。换句话说，你往 DDRAM 中写入字模地址 0x00 或 0x08，屏幕上的显示结果将会完全一样。

DDRAM数据（字模地址）								CGRAM地址						CGRAM数据（字模）							
7	6	5	4	3	2	1	0	5	4	3	2	1	0	7	6	5	4	3	2	1	0
0	0	0	0	*	0	0	0	0	0	0	0	0	0	*	*	*	0	0	0	0	0
											0	0	1	*	*	*	0	0	0	0	1
											0	1	0	*	*	*	0	0	0	0	1
											0	1	1	*	*	*	0	1	1	0	1
											1	0	0	*	*	*	1	0	0	1	1
											1	0	1	*	*	*	1	0	0	0	1
											1	1	0	*	*	*	1	0	0	0	1
											1	1	1	*	*	*	0	1	1	1	1
0	0	0	0	*	0	0	1	0	0	1	0	0	0	*	*	*	0	0	0	0	0
											0	0	1	*	*	*	0	0	0	0	0
											0	1	0	*	*	*	0	0	0	0	0
											0	1	1	*	*	*	1	1	1	1	1
											1	0	0	*	*	*	0	0	0	1	0
											1	0	1	*	*	*	0	0	1	0	0
											1	1	0	*	*	*	0	1	0	0	0
											1	1	1	*	*	*	1	1	1	1	1
⋮	⋮	⋮	⋮	⋮	⋮	⋮	⋮	⋮	⋮	⋮	⋮	⋮	⋮	⋮	⋮	⋮	⋮	⋮	⋮	⋮	⋮
0	0	0	0	*	1	1	1	1	1	1	0	0	0	*	*	*	0	0	0	0	0
											0	0	1	*	*	*	0	0	0	0	0
											0	1	0	*	*	*	0	0	0	0	0
											0	1	1	*	*	*	1	0	1	1	0
											1	0	0	*	*	*	1	1	0	0	1
											1	0	1	*	*	*	1	0	0	0	1
											1	1	0	*	*	*	1	0	0	0	1
											1	1	1	*	*	*	1	0	0	0	1

图 24.3 CGRAM 地址、字模地址与字模数据的关系

现在要自定义一个 5×8 点阵的汉字“王”，相应的字模数据如图 24.4 所示。

取模的过程很简单，黑点用 1 表示，白点（不显示）用 0 表示，所以需要往 CGRAM 中写入的字模数据共 8 个（0x00、0x1F、0x04、0x04、0x1F、0x04、0x04、0x1F）。为了将这些字模数据写入 CGRAM，我们首先得使用“设置 CGRAM 地址（Set CGRAM Address）”指令确定 CGRAM 地址，从表 23.1 可以看到，该指令的低 6 位是可以修改的，也就是说，CGRAM 地址的有效寻址范围恰好为 64 个，**那我们应该设置 CGRAM 地址为多少呢**？

0	0	0	0	0	0x00
1	1	1	1	1	0x1F
0	0	1	0	0	0x04
0	0	1	0	0	0x04
1	1	1	1	1	0x1F
0	0	1	0	0	0x04
0	0	1	0	0	0x04
1	1	1	1	1	0x1F

图 24.4 汉字“王”的取模

与往 DDRAM 中写入数据一样，8 行字模数据也可以

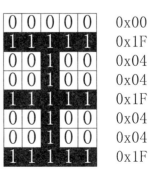

连续写入，所以我们只需要确定首地址即可，它可以是 0x00、0x08、0x10、0x18、0x20、0x28、0x30、0x38 这 8 个 CGRAM 地址中任意一个，因为它们分别对应每个 CGRAM 字模地址中第一行字模数据的 CGRAM 地址。如果你指定其他的地址，连续写入的 8 个字模数据会占用两个 **CGRAM 字模地址**，那么你往 DDRAM 中写入任意一个字模地址都不可能完整显示出想要的字符，对不对？

假设我们从 CGRAM 首地址 0x00 开始写字模数据，则相应的指令为"**0b0100_0000（0x40）**"，由于 AC 值代表的是 DDRAM 或 CGRAM 地址，所以该指令执行完成后的 AC 值也会修改为 0x00，那么光标也会显示在左上角（如果光标打开的话），但是在访问 CGRAM 区域时，光标的位置其实是没有意义的。换句话说，一般在写入自定义字模时，应该关闭光标显示。

CGRAM 首地址确定后，下面再将前面取得的 8 行字模数据连续写入即可，这与往 DDRAM 中写入数据的指令是一样的，只不过数据写入的目的地已经由"设置 CGRAM 地址"指令切换到了 CGRAM 区域。我们使用 VisualCom 软件平台来演示自定义字模的过程，相应的预置数据如图 24.5 所示。

序号	类型	附加	十进制	十六进制	自定义备注
1	命令	0	56	38	功能设置：8位数据总线，2行显示，5x8点阵字体
2	命令	0	1	1	清屏
3	命令	0	14	E	显示控制开关：打开显示与光标（不闪烁）
4	命令	0	64	40	设置CGRAM地址为0x00
5	数据	0	0	0	以下为汉字"王"的字模数据
6	数据	0	31	1F	
7	数据	0	4	4	
8	数据	0	4	4	
9	数据	0	31	1F	
10	数据	0	4	4	
11	数据	0	4	4	
12	数据	0	31	1F	
13	命令	0	128	80	设置DDRAM地址为0x00
14	数据	0	0	0	写入自定义字模地址0x00

插入数据　插入命令　批量插入...　导入...　　进度：　　　　　确定　取消

图 24.5　预置数据

可以看到，在完成 LCM1602 初始化后，设置 CGRAM 地址为 0x00，然后直接写入了 8 行字模数据，从 CGRAM 表整体来看，写入的字模数据如图 24.6 所示。

将自定义字模数据写入到 CGRAM 中后，后面的故事发展就非常简单了，我们只要往 DDRAM 中写入字模地址"**0x00**"即可显示刚刚定义的字模，只需要注意一点：**因为之前是往 CGRAM 中写入数据，所以在往 DDRAM 中写入数据前，得先使用"设置 DDRAM 地址"指令设置需要写入的 DDRAM 地址（把访问区域从 CGRAM 切换到 DDRAM）**，相应的仿真效果如图 24.7 所示。

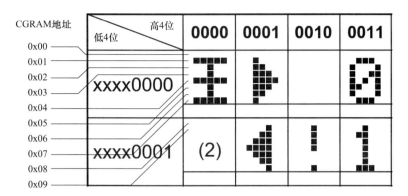

图 24.6　写入的字模数据

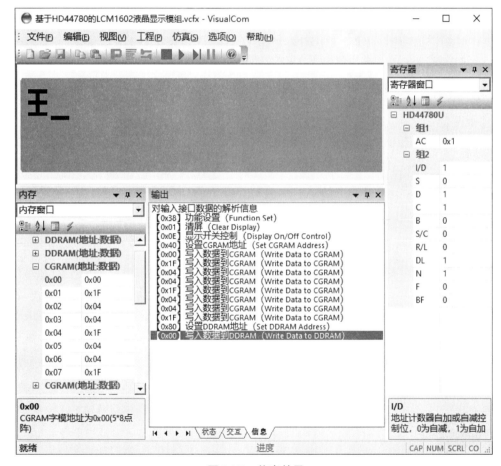

图 24.7　仿真效果

从"寄存器"窗口可以看到，AC 值处于累加状态（I/D=1），所以每写入一个 CGRAM 数据，相应的 CGRAM 地址就会加 1。从"内存"窗口可以看到，CGRAM 中已经写入了相应的字模数据。当然，也可以把字模数据写入到其他 CGRAM 首地址，只要明白往 DDRAM 地址中写入的字模地址是什么即可。

第 25 章
串行接口显示模组

使用 8 位并行总线接口控制 LCM1602 需要占用 11 个单片机引脚,虽然也可以使用 4 位总线完成相同的功能,但对于 AT89C1051 这类引脚资源并不丰富的单片机而言,花费 7 个引脚实现显示控制仍然还是有些奢侈,更何况很多单片机的可用引脚还不到 7 个,是不是可以考虑更简单的通信方式呢? Proteus 软件平台有几块基于 HD44780 的串行接口 LCD,只需要一个控制引脚即可实现显示功能,相应的仿真电路如图 25.1 所示。

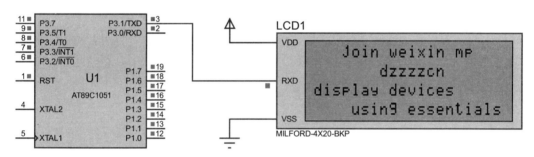

图 25.1 串行接口 LCD 的仿真电路

首先必须着重提醒一下,串行接口只是多种通信接口的统称,因为数据的传送不是并行就是串行。例如,74HC595、MAX7219、HT1621 的控制接口都可以算是串行接口,但本章讨论的串行接口**特指**通用异步收发器(Universal Asynchronous Receiver and Transmitter,UART),它包含发送数据(Transmit Data,TXD)与接收数据(Receive Data,RXD)两个引脚。当两个电路系统使用 UART 通信时,某一方的 TXD 引脚与另一方的 RXD 引脚连接,如图 25.2 所示。

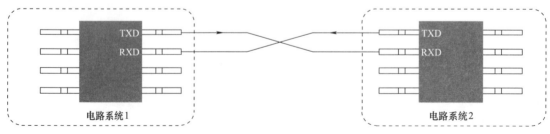

图 25.2 UART 通信系统

当然，如果你只需要发送或接收数据，也可以仅使用一个引脚，图 25.1 所示 LCD 就只有一个用来接收数据的 RXD 引脚，我们要做的就是使用单片机引脚模拟 UART 协议来控制 LCD 显示相应的内容。

这里特别要注意"**异步**"的概念。以往在使用串行接口发送数据时，总会有一个额外的时钟信号，接收方在每个时钟的边沿（视具体芯片定义不同，可以是上升沿或下降沿）对串行数据引脚电平进行采集，称为**同步传输方式**。在同步传输方式中，发送方与接收方拥有共同的时钟引脚，发送每一位串行数据所占用的时间并没有严格规定。换句话说，不管发送某一位串行数据维持的时间有多长，一个时钟边沿只会采集一次数据。

异步传输方式只有数据而没有时钟引脚，那么接收方又是如何准确判断发送方传输过来的数据是什么呢？这牵涉到衡量 UART 数据传输速度的一个重要参数：**波特率（Baud）**。**波特率**与**比特率**的概念非常相似，只不过前者代表单位时间内传输**码元（symbol）**的个数，其单位为波特（Baud）或者 symbol/s；后者代表单位时间内传输**比特（位）**数，其单位为每秒钟传送的二进制位数（bit/s）。码元表示携带了数据（信息）的信号波形，它是信号波形传输数据的最小单位，一个码元在不同调制方式下对应的二进制位数也会有所不同。例如，二进制码元的波形有两种，分别表示"0"与"1"，即一个码元代表一位数据；四进制码元的波形有四种，分别表示"00""01""10""11"，即一个码元代表两位数据。本章讨论的都是二进制码元，所以波特率与比特率在数值上是相等的。

1 波特表示每秒传输 1 个码元，波特率越高，则数据的传输速度越快。通俗点说，波特率约定了发送方与接收方传输数据的快慢节奏（发送或接收 1 个码元所需要时间）。例如，发送方每隔一定的时间发送一位数据，而接收方也在同样的间隔时间采集信号线上的数据就可以了，所以在使用 UART 进行通信时，**双方的波特率总是会尽量设置为相同**，这一点极为重要。

那么一个问题又来了：接收方怎么知道发送方**开始**发送数据呢？又是怎么知道数据发送结束呢？我们来看看 UART 的通信格式，如图 25.3 所示。

图 25.3　UART 通信格式

UART 定义高电平为空闲状态，此时发送方没有开始发送数据。一旦数据线被拉低，则表示数据发送开始，所以把第一位称为起始位（Start Bit），之后紧接着是 5～9bit [常用的长度为 8bit（一个字节）] 的数据，大多数情况下，数据会以**低位先行**方式发送。

UART 通信有一种简单的检错方式，这体现在跟随数据后面的校验位，它可以是奇校验（Odd）、偶校验（Even）、固定值 1（Mark）、固定值 0（Space）。当然，没有校验位（None）也是可以的，此时数据长度可以是 9bit。

所谓奇偶校验（Parity Check），是根据传输数据位中"1"的个数是奇数或偶数来进行校验。采用奇数则为奇校验，反之则为偶校验。假设现在我们发送小写字母"d"的 ASCII

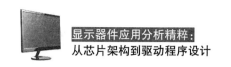
码（0b0110_0100），当我们使用奇校验时，由于该 ASCII 有 3 个 1（为奇数），必须使校验位为 0 才能满足"1 的个数为奇数"。相反，如果使用偶校验，跟随的校验位必须为 1 才能满足"1 的个数为偶数"，如图 25.4 所示。

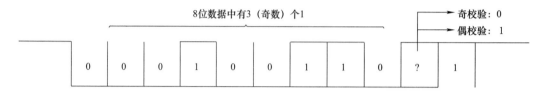

图 25.4　奇偶校验

　　当使用校验位后，如果数据接收出现错误，接收方就会**有可能**检测出数据传输是否出错。当然，并不是所有错误都能检测到，例如，连续两位（偶数）数据都接收错误，则校验仍然能够通过。

　　校验位后再跟随 1 ～ 2bit 的停止位，它们必须是高电平，表示数据传输的结束。我们把完整发送一次数据包含的所有位称为一帧。一帧数据发送完毕后，发送方（TXD）仍然为高电平（空闲状态），随时可以进行下一帧数据的发送。通常我们使用"数据位数 + 校验方式 + 停止位数"的方式来表达帧格式。例如，"8N1"表示"数据位 8、无校验位、停止位 1"格式，"5E2"表示"数据位 5、偶校验位 1、停止位 2"格式。

　　标准 UART 最高传输波特率数值为 115200，其他波特率数值还有 57600、38400、19200、9600 等。当然，波特率具体设置多少并没有强制要求，如果硬要使用非标准波特率也可以，还是那句话：**双方的波特率一定要约定好**。

　　为了确保数据接收的正确性，接收方一般会使用比发送方移出数据时所使用时钟频率更高的时钟进行采样。例如，接收方把每一位数据采集 16 次，然后把第 7、8、9 次取出来，如果这三次中有两次是高电平，就认定这一位数据是 1，如果两次数据是低电平，就认为是 0，这样可以提高通信的容错率（51 单片机就是这么做的）。换句话说，即使双方的波特率并不是精确一致的，数据传输仍然还是成功的，如图 25.5 所示（为简化绘图，使用"5N1"帧格式，且接收方的波特率保持不变）。

　　图 25.5a 中，发送方与接收方的波特率相同，所以采集时钟的第 7 ～ 9 个脉冲恰好在每个串行数据位的正中间，所以接收的数据为 0b01000。图 25.5b 中，虽然发送方的波特率稍大于接收方，但采集到的数据仍然还是正确的。需要注意的是：即使连续发送多个帧，帧与帧之间的采集误差并不会累计，因为每一帧都会重新从起始位进行数据采集。

　　图 25.5c 中，发送方的波特率已经远大于接收方，但是接收方始终坚定不移地贯彻落实"以固定波特率对应的时钟采集串行数据"的方案，所以接收到的数据为 0b11000，发送的停止位被当成了数据，空闲状态也被采集了一次作为停止位，而 5 位数据中的逻辑 1 恰好没有被采集到。图 25.5d 中，发送方的波特率远小于接收方，所以发送的一位数据会被多次采集，接收到的数据为 0b00000。由于采集到的第 7 个数据为高电平，所以接收方认为它是停止位（尽管这是错误的），但是如果第 7 个数据为低电平，接收方就会一直等待停止位的到来。

　　图 25.1 所示串行接口 LCD 的波特率可以设置为 2400 与 9600（默认），如图 25.6 所示。

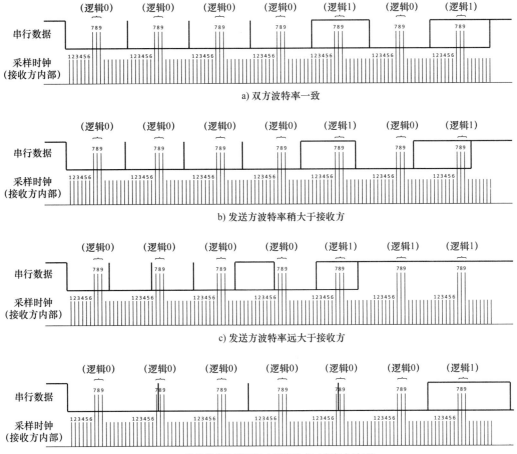

图 25.5 接收方的数据采集方式

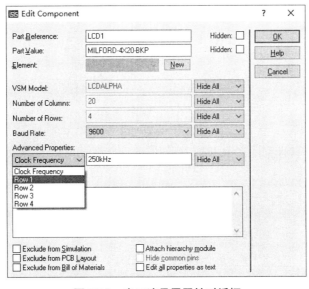

图 25.6 串口液晶屏属性对话框

该串行接口 LCD 的通信帧格式为"8N1"，控制指令与 LM041 基本相同，只不过在发送指令前必须先发送指令识别码"0xFE"。另外，还要注意一下该 LCD 的 DDRAM 地址，如图 25.7 所示。

join weixin mp
dzzzzcn
display devices
using essentials

80	81	82	83	84	85	86	87	88	89	8A	8B	8C	8D	8E	8F	90	91	92	93
C0	C1	C2	C3	C4	C5	C6	C7	C8	C9	CA	CB	CC	CD	CE	CF	D0	D1	D2	D3
94	95	96	97	98	99	9A	9B	9C	9D	9E	9F	A0	A1	A2	A3	A4	A5	A6	A7
D4	D5	D6	D7	D8	D9	DA	DB	DC	DD	DE	DF	E0	E1	E2	E3	E4	E5	E6	E7

图 25.7　DDRAM 地址

注意：第一行与第三行的地址是连续的，第二行与第四行的地址是连续的。本质上就是两行，但是好像与 HD44780 不太一样，因为后者的第一行与第二行地址分别为 0x00 与 0x40，然而在给 HD44780 发送"设置 DDRAM 地址"指令时，数据的最高位总是 1，所以实质上访问的地址仍然是 0x80 与 0xC0。当然，也可以在图 25.6 所示对话框的高级属性（Advanced Properties）中重新自定义每一行（ROW）的地址。

我们来看看相应的源代码，如清单 25.1 所示。

```
#include <reg51.h>

typedef unsigned char uchar;                          //定义类型别名
typedef unsigned int uint;

void delay_us(uint count){while(count-->0);}          //延时函数
void delay_ms(uint count){while(count-->0)delay_us(60);}

uchar code display_line1[]="  join weixin mp   display devices";
uchar code display_line2[] = "        dzzzzcn         using essentials";

sbit LCD_TXD = P3^1;                                  //串行数据发送引脚

void write_serial_byte(uchar data_byte)
{
    int i;
    LCD_TXD = 0;                                      //起始位
    delay_us(6);                                      //延时约104微秒
    for (i=0; i<8; i++) {
        LCD_TXD = (bit)(0x01&data_byte)?1:0;          //低位先行
        delay_us(6);
        data_byte >>= 1;
    }
    LCD_TXD = 1;                                      //停止位
    delay_us(2000);                                   //延时等待芯片内部指令解析完毕
}
```

清单 25.1　串口 LCD 驱动代码

```
void write_cmd(uchar data_byte)                            //写指令函数
{
    write_serial_byte(0xFE);                               //发送指令识别码
    write_serial_byte(data_byte);                          //发送数据
}

void main(void)
{
    int i = 0;
    LCD_TXD =1;                                  //初始化数据发送引脚为空闲状态
    delay_ms(100);

    write_cmd(0x0C);                                      //打开显示，不显示光标
    write_cmd(0x80);                      //设置第一三行字符写入的DDRAM首地址为0x80
    for (i=0; i<sizeof(display_line1); i++) {
        write_serial_byte(display_line1[i]);
    }

    write_cmd(0xC0);                      //设置第二四行字符写入的DDRAM首地址为0xC0
    for (i=0; i<sizeof(display_line2); i++) {
        write_serial_byte(display_line2[i]);
    }

    while(1);
}
```

清单 25.1　串口 LCD 驱动代码（续）

为了将数据写入到串口屏，肯定需要知道它的波特率，进而知道发送每一位数据所占用的时间。默认设置的波特率为 9600，相应的比特率为 9600bit/s，每一位数据所占用的时间约为 1/9600≈104.17μs，所以在每发送一位数据后都调用了 delay_us 函数（第 2 章已经提过，该函数并不是精确的延时，具体可观察相应的汇编代码）。

需要特别注意的是：实际电路系统中的 UART 通信几乎不会使用这种**延时**发送数据的方式。从接收方的采集数据方式可以看到，双方的波特率相差越大，则出错率越高。例如，单片机在发送数据过程中接收到了一个需要尽快处理中断信号，所以暂停了当前串口数据发送行为而进入处理中断的函数，待处理完成后才继续发送串口数据。很明显，处理中断的时间就会影响串口数据位的延时，也就会导致收发双方的波特率不再一样，接收方也就无法获得正确数据。

所以在实际产品设计时，UART 通信通常都会使用单片机内置的 UART 控制器，它与定时器同样是一块硬件电路单元，可以在不受源代码执行流程的影响下独立完成 UART 发送与接收的时序。图 25.1 所示 AT89C1051 的 P3.1 与 P3.0 引脚名中的 TXD 与 RXD 表示它们内部有 UART 控制器，只需要把 UART 控制器初始化好（例如波特率，帧格式），再把需要发送的数据写到 UART 控制器中，它就会按照设置好的帧格式自动发送，有兴趣的读者可参考 51 单片机相关资料，此处不再赘述。

VisualCom 软件平台也有与 Proteus 对应的串口 LCM1602 显示模组，相应的仿真效果如图 25.8 所示。

相应的预置数据如图 25.9 所示，读者可自行与图 23.15 进行对比，此处不再赘述。

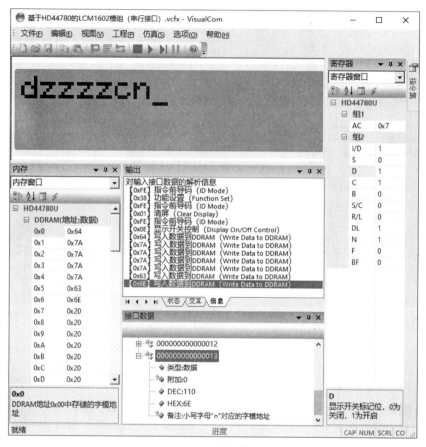

图 25.8　仿真效果

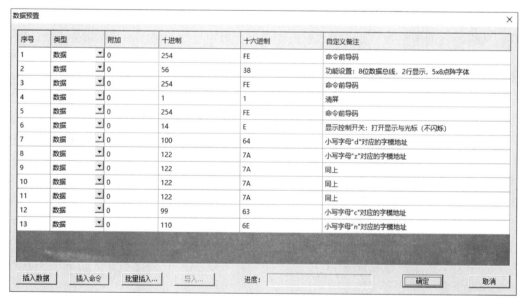

图 25.9　预置数据

第 26 章

基于 SED1520 的液晶显示模组设计

虽然字符型点阵 LCD 能够显示的信息相对于笔段式 LCD 已然足够丰富，但如果想要显示汉字或图形还是很难做到的，所以就有一种图形点阵 LCD，它的 X 与 Y 电极分布与图 22.1 相似，只不过所有行或列电极都是均匀分布的（没有间隔），这样才能使大量像素点不间断地形成点阵图形。我们把点阵图形 LCD 在纵横方向的像素点数称为屏幕分辨率，例如，分辨率 128×64 表示每行有 128 个像素点，而每列有 64 个像素点（LED 点阵屏同样可以使用分辨率的概念）。

在进行图形点阵液晶显示模组设计时，同样首先需要考虑驱动芯片的选型。常用的图形点阵 LCD 驱动芯片也有很多，例如 SED1520、SED1565、KS0108、ST7920、PCD8544、T6963C 等，它们各有特点，后续会结合 Proteus 与 VisualCom 软件仿真平台逐一做详细介绍。下面先来详细讨论 SED1520，其内部框图如图 26.1 所示。

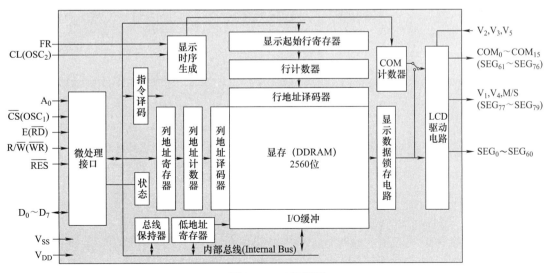

图 26.1　功能框图

SED1520 实现的主要功能只有一个:以一定的时序驱动 LCD 把 DDRAM 中的数据直接在屏幕对应位置显示出来(数据位为 1 则屏幕对应位置点亮,反之不点亮)。它没有(也不需要)CGROM 或 CGRAM,因为写入 DDRAM 的数据就是**字模**(往 HD44780 芯片中 DDRAM 写入的数据却是**字模地址**),也没有单独的光标 / 闪烁控制单元,这使得 SED1520 的功能框图比 HD44780 更简单一些。

接下来明确一下 SED1520 的引脚定义,见表 26.1。

表 26.1　SED1520 引脚定义

引脚名	类型	连接到	功能
$\overline{RES}$	输入	微处理器	复位及接口类型选择(0:8080 接口,1:6800 接口)
A_0	输入	微处理器	数据 / 指令选择(0:指令,1:数据)
$\overline{CS}$(OSC_1)	输入	微处理器	片选(或与 OCS$_2$ 外接电阻产生振荡时钟)
R / $\overline{W}$($\overline{WR}$)	输入	微处理器	6800 接口中作为读(R / $\overline{W}$ =1)/ 写(R / $\overline{W}$ =0)控制信号 8080 接口中作为写控制信号
E($\overline{RD}$)	输入	微处理器	启动数据读 / 写(6800 接口),或读数据(8080 接口)
$D_0 \sim D_7$	双向	微处理器	8 位双向三态数据总线,用来与微处理器之间传输数据
CL(OSC_2)	双向	扩展驱动	振荡放大器输出或外部时钟源输入
FR	双向	扩展驱动	将驱动波形转换为交流的开关信号(或外部时钟源输入)
$SEG_0 \sim SEG_{60}$	输出	液晶屏	SEG 驱动输出
$COM_0 \sim COM_{15}$	输出	液晶屏	COM 驱动输出
$V_1 \sim V_5$	—	供电电源	LCD 驱动偏压供电
V_{DD}, V_{SS}	—	供电电源	V_{DD}:+5V, GND:0V

注意功能框图有两组引脚($SEG_{77} \sim SEG_{79}$、$SEG_{61} \sim SEG_{76}$)被标记在小括号中,它们分别对应引脚(V_1、V_4、M/S、$COM_0 \sim COM_{15}$),因为 SED1520 与 SED1521 的数据手册是合在一起的,它们的主要区别在于:SED1521 只有 SEG 输出(此时括号中对应的那些引脚均为 SEG),主要用于扩展 SEG 输出,相应的 SEG 非选择电平为 V_2、V_3,SEG 选择电平为 V_0(V_{DD})、V_5,而不需要 COM 非选择电平 V_1 与 V_4,具体的引脚对应关系与芯片型号有关,见表 26.2 所示。

表 26.2　不同型号芯片的引脚功能

芯片型号	引脚号					
	74	75	96 ~ 100,1 ~ 11	93	94	95
SED1520FOA	OSC_1	OSC_2	$COM_0 \sim COM_{15}$	M/S	V_4	V_1
SED1521FOA	$\overline{CS}$	CL	$SEG_{76} \sim SEG_{61}$	SEG_{79}	SEG_{78}	SEG_{77}
SED1520FAA	$\overline{CS}$	CL	$COM_0 \sim COM_{15}$	M/S	V_4	V_1
SED1521FAA	$\overline{CS}$	CL	$SEG_{76} \sim SEG_{61}$	SEG_{79}	SEG_{78}	SEG_{77}

引脚 M/S(Master/Slave)是需要特别关注的,它用来设置芯片的主从模式,因为多片 SED1520 可以级联扩展应用,此时只能有一块芯片处于主模式(M/S=1),而处于**从模式**(M/S=0)芯片的扫描时序则由主模式芯片来控制。SED1520 处于主从模式下的一些引脚功能会有所不同,见表 26.3。

表 26.3　主从模式下 SED1520 的引脚定义

M/S	FR	COM 输出	OSC$_1$	OSC$_2$
V$_{DD}$	输出	COM$_0$～COM$_{15}$	输入	输出
V$_{SS}$	输入	COM$_{31}$～COM$_{16}$	未连接（Not Connected, NC）	输入

SED1520 处于主模式状态时，FR 引脚为输出类型（相当于 HD44780 的 M 引脚），它应该与处于从模式的 SED1520 或（只有从模式的）SED1521 的 FR 输入引脚连接。典型的 SED1521 扩展 SED1520 的电路示意如图 26.2 所示。

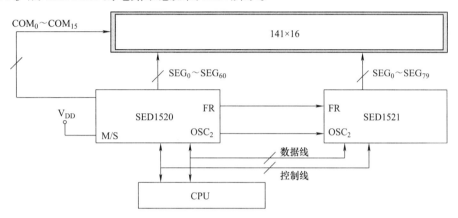

图 26.2　SED1520 与 SED1521 扩展电路

SED1520 处于主模式时，OSC$_1$ 与 OSC$_2$ 之间应该连接一个反馈电阻以形成 RC 振荡电路，典型的参数见表 26.4。

表 26.4　振荡频率参数（以 V_{DD}=0V 为参考）

参数	符号	条件	最小值	典型值	最大值	单位
振荡频率	f_{OSC}	R_f=1.0MΩ ± 2%，V_{SS}= −5.0V	15	18	21	kHz
		R_f=1.0MΩ ± 2%，V_{SS}= −3.0V	11	16	21	
输入漏电流	I_{LI}	A$_0$、E、R/W、CS、CL、RES 引脚	−1.0	—	1.0	μA
输出漏电流	I_{LO}	处于高阻态的 D$_0$～D$_7$、FR 引脚	−3.0	—	3.0	

处于从模式的 SED1520 或 SED1521 的 OSC$_1$ 引脚处于未连接（悬空）状态，而 CL（OSC$_2$）引脚应该与主模式芯片的时钟源连接，如图 26.3 所示。

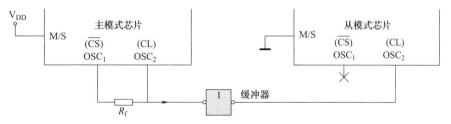

图 26.3　时钟源连接

其中，缓冲器用来增强时钟的驱动能力，在多个扩展芯片共用同一时钟源时是很有必要的，而扩展芯片 SED1521 的输出 SEG 电平由 FR 与 DATA（DDRAM 数据）决定，相应的 SEG 驱动电平的输出时序如图 26.4 所示（与表 22.3 表达的意思相同）。

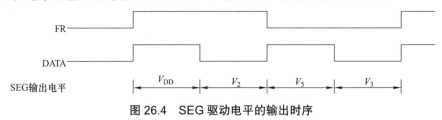

图 26.4　SEG 驱动电平的输出时序

当然，扩展芯片也可以是 SED1520 本身（相对于 SED1521，SEG 输出少了 16 个，COM 输出则多了 16 个），只要我们通过 M/S 引脚设置 SED1520 的主从模式即可。处于从模式状态的 SED1520 是存在 COM 输出的，其电平由 FR 引脚及内部计数值决定，相应的输出时序如图 26.5 所示。

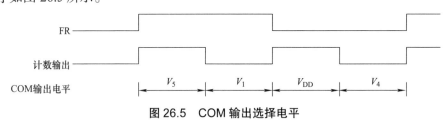

图 26.5　COM 输出选择电平

那表 26.3 所示主从模式下的 COM 输出又表示什么呢？为什么是 $COM_{31} \sim COM_{16}$ 而不是 $COM_{16} \sim COM_{31}$ 呢？我们来看看图 26.6 所示扩展电路。

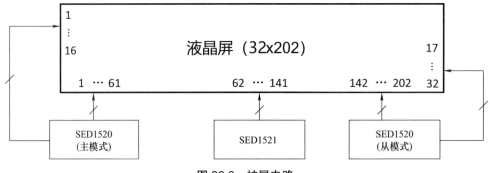

图 26.6　扩展电路

该电路由 2 片 SED1520 与一片 SED1521（只有 SEG 输出）构成，右侧处于从模式的 SED1520 也有 16 个 COM 输出，如果它的引脚也如左侧（处于主模式）SED1520 那样是从小到大排列，进行 PCB 布线时几乎每一个 COM 输出都需要添加过孔，所以这个细节只是为了布线的方便，后续讨论的很多 LCD 驱动芯片还可以使用专用指令进行线序的调整。

注意到图 26.1 所示功能框图内部总线有一个总线保持器（Bus Holder），它用来干什么呢？前面我们讨论了 CMOS 三态门中非门的逻辑行为（图 6.8 中 VT_1 与 VT_2），当输入为低电平时输出为高，而当输入为高电平时输出为低，那么到底多大的电压算高电平？多小的电压才算低电平？这就要涉及数字逻辑系统中一个非常重要的概念：**噪声容限**（Noise Margin）。通俗地说，就是数字系统在传输逻辑电平时容许叠加在有用电平的噪声最大限制，它衡量数字逻辑系统的抗干扰能力，如图 26.7 所示。

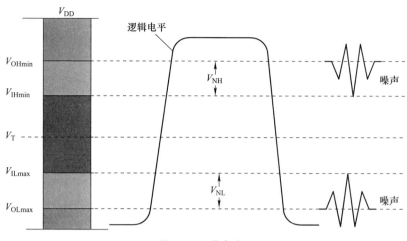

图 26.7　噪声容限

其中，V_{IH}（High-Level input voltage）表示输入高电平，而 V_{OH}（High-Level output voltage）表示输出高电平，V_T 表示数字电路勉强完成翻转动作时的阈值电平，它是一个介于 V_{IL} 与 V_{IH} 之间的电压值。要保证数字逻辑认为外部给它输入的电平为"高"，则输入电平（也就是前级的高电平输出）的最小值 V_{OHmin} 必须大于输入电平要求的最小值 V_{IHmin}，如图 26.8 所示。

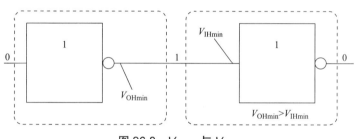

图 26.8　V_{OHmin} 与 V_{IHmin}

同样，V_{IL}（Low-Level input voltage）表示输入低电平，而 V_{OL}（Low-Level output voltage）表示输出低电平。要保证数字逻辑认为外部给它输入的电平为"低"，则输入电平（也就是前级的低电平输出）的最大值 V_{OLmax} 必须小于输入电平的最大值 V_{ILmax}，如图 26.9 所示。

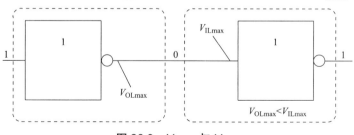

图 26.9　V_{OLmax} 与 V_{ILmax}

我们把 V_{OHmin} 与 V_{IHmin} 的差值称为高电平噪声容限，用符号 V_{NH} 表示，即

$$V_{NH} = V_{OHmin} - V_{IHmin} \tag{26.1}$$

而把 V_{ILmax} 与 V_{OLmax} 的差值称为低电平噪声容限，用符号 V_{NL} 表示，即

$$V_{\text{NL}}=V_{\text{ILmax}}-V_{\text{OLmax}} \tag{26.2}$$

噪声容限越大，在有用的逻辑电平上容许叠加更大的噪声，也就是抗干扰能力越强。例如，当前一级输出为高电平时，它的最小值应该是 V_{OHmin}，那么即使被幅值不超过 V_{NH} 的噪声干扰（叠加），后一级输入的电平仍然不会小于 V_{IHmin}，也就能够保证电平传输后不会被后一级误判为低电平。

双向数据线总线可以认为是由两个三态门（一个用于数据输出，一个数据输入）组成的，在正常工作的时候，总线上的状态不是低电平就是高电平，但是当**把其他器件挂在同一条总线上时**，很有可能出现一种状态：**所有总线驱动器都处于无效的状态，没有驱动器给总线施加确定的逻辑电平**。此时总线的逻辑电平就由连接在总线上所有器件的漏电流决定。

通常认为，处于静态时的 CMOS 逻辑门的输入或输出引脚是不消耗电流的，但实际上是有的，只不过非常小（微安级别，见表 26.4）。挂在总线上的器件越多，无效状态下的漏电流就会越大，由此产生的电平状态是非常不稳定的。假设总线电平处于 V_{T} 附近，用于数据输入的 PMOS 与 NMOS 管**都会**部分导通，电源与公共地之间就存在一定的直通电流，也就增加了电路系统的静态功耗（低功耗本来是 CMOS 器件的优势）。在环境（噪声、干扰及其他因素）比较恶劣的条件下，如果不稳定的总线电平多次在 V_{T} 电平处切换，就可能会在输出产生振荡，严重的情况下还可能会损坏器件。

有人可能会说：别逗了，我使用单片机做过很多液晶显示驱动方面的项目，只要给双向数据线添加上拉电阻不就搞定了吗？添加拉电阻虽然会占用 PCB 的面积，但成本几乎可以忽略不计。

然而，请不要自作多情，总线保持器不是为你做过的那种"单片机驱动一个双向数据总线"电路系统而准备的（这种情况下可以使用拉电阻），而是用于**多个高低速器件挂在同一总线**的系统，这种情况下如果还使用拉电阻，那阻值应该选择多大的呢？因为逻辑电路的输入或输出都会有分布电容，上拉电阻与总的分布电容形成了一个 RC 电路，电平的高低切换时间则由 RC 时间常数决定，如图 26.10 所示。

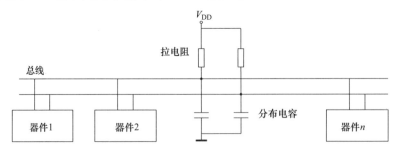

图 26.10　总线分布电容与上拉电阻形成的 RC 电路

高速器件要求更快的高低电平切换时间，所以应该将上拉电阻取小一些，但是当总线被拉为低电平时就会消耗更多不必要的电流，低速器件通信时也是如此。相反，如果选择的阻值过大，则总线完成电平切所需的时间就过长，低速器件也许能够正常工作，但却达不到高速器件本身应有的正常通信速率。

有人可能会想：好像不对吧！处理器总会选择一个器件进行读或写，总线不会存在高阻状态呀！前面对 LCM1602 进行控制时，总线电平的最终状态就是单片机发送的最后一个指令或数据。

首先需要明确的是：**总线难免会存在高阻态**！前面已经提过：在任意时刻仅允许一个器件驱动总线，多个器件同时驱动总线会造成数据冲突，这种状态是不允许的！为了避免数据冲突的发生，在设计典型的三态器件时，会使其进入高阻态比离开高阻态更快，这样当多个三态器件同时挂在总线上时，即便禁止一个器件的**同时**使能另一个器件，仍然能保证总线上只有一个驱动器件，对不对？然而，这并不能解决速度不同的三态器件挂在同一总线的情况，因为它们进入或离开高阻态的时间没有可比性，也许速度快的器件离开高阻态比速度慢的器件进入高阻态还要快。为了安全地使用三态器件，通常会人为地设计控制逻辑，以保证总线上有一段足够长的截止时间（Dead Time），在此期间没有任何器件驱动总线，即总线处于高阻态。

总线保持器就是为了更好地避免总线电平处于不确定的状态，它可以让总线保持上一次的有效电平状态，直到下一个新的电平状态到来，其基本思路是通过另一个反相器把输出端的信号正反馈给输入端，如图 26.11 所示。

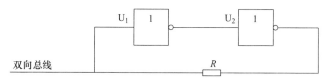

图 26.11　总线保持器的基本结构

当总线为低电平时，反相器 U_1 输出高电平，而反相器 U_2 输出的低电平经电阻施加在总线，这是一个正反馈过程，即使你在总线施加的低电平时间很短，总线也会进入稳定的状态。当总线为高电平时也是同样的原理。电阻 R 在电平状态变换时吸收或提供小电流给总线保持器（你可以理解为**隔离**作用），如果没有它（阻值为 0），得需要很大的电流才能使总线保持器的完成电平切换，但是阻值也不宜过大，不然容易受到噪声的影响（噪声容限小）。

SED1520 内部总线有一个总线保持器，当开始往芯片中写入数据后，即使外部信号被撤掉，芯片内部仍然会保持该数据，并且将进入内部逻辑的写入操作（相当于缓冲了一次），具体时序如图 26.12 所示。

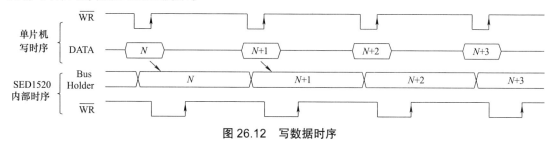

图 26.12　写数据时序

当进行读数据操作时，第一次读出来的数据会写入总线保持器（而不是外部数据总线），第二次读操作才能获取第一次想要读出的数据，相应的时序如图 26.13 所示。

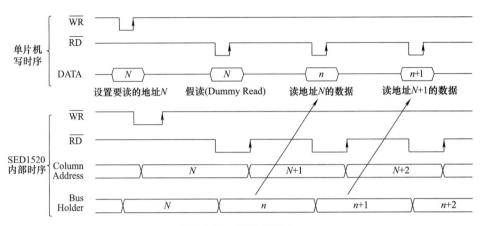

图 26.13　读数据时序

也就是说，在实际进行数据读取操作时，我们得先做一次假读（Dummy Read）操作（也翻译为"空读"或"虚读"），此时单片机从 SED1520 数据总线读取的数据是无效的，然后再读一次才是真正想要的数据，这一点需要特别注意。另外，总线保持器还提升了单片机与 SED1520 之间的数据交换速度，在**没有总线保持器**的芯片中，当我们准备开始读数据时，得先等待一定的**数据访问时间** t_{ACC}（相当于寄存器的时钟延迟时间 t_{co} 与线路延时之和）后数据才是有效，而在 SED1520 中却不必等待。

这里使用两片 SED1520 来驱动分辨率为 122×32 的图形点阵 LCD，相应的电路如图 26.14 所示。

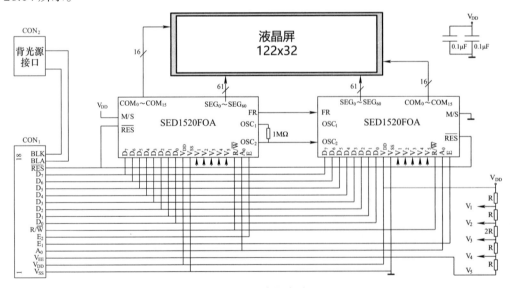

图 26.14　应用电路

硬件方面需要注意，左右半屏各由两片 SED1520 来驱动，模组控制接口引出了各自的启动读 / 写操作引脚 E_1 与 E_2，而其他控制与数据信号线是共用的，你想往哪片 SED1520 写入数据，只需要把数据与控制信号准备好后再启动读 / 写操作即可，当然，同时往两片 SED1520 写入相同的数据也是可以的。另外，1/32 占空比应用时应该使用 1/6 偏压驱动。

第 27 章

LCM12232 显示驱动设计

前面已经设计好了基于两片 SED1520 的 122×32 点阵液晶显示模组，接下来的任务就是编写相应的驱动。回到图 26.1 所示功能框图，其中有一块大小为 2560 位的 DDRAM 单元，只要往 DDRAM 中写入数据，屏幕上就有相应的显示，所以关键在于定位 DDRAM 地址以及明确写入的数据与屏幕位置之间的映射关系，数据手册对此已经有了详尽的描述，如图 27.1 所示。

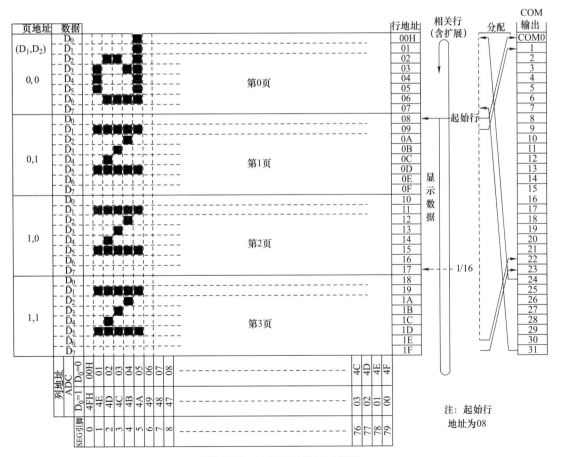

图 27.1 DDRAM 地址映射图

为了方便用户在指定的地址写入数据，SED1520将整个DDRAM空间划分成了4页，每一页包含80个列地址，每个列地址中的8位数据以**纵向下高位**的方式排列，所以每页数据对应显示屏幕上80列8行像素点。在往DDRAM中写入数据前，你只需要确定页与列地址即可。例如，要在屏幕左上角显示一个小写字母"d"，在第0页中0~5列依次写入数据0x00、0x38、0x44、0x44、0x48、0x7F即可。点阵图形驱动芯片的显示数据通常是连续写入的，SED1520的列地址会在指定页范围内自动累加（不能减小），直到列地址到达最大值（0x4F）为止。

SED1520可以通过设置**显示起始行**（范围0~31）实现上下卷屏效果，它把指定的行地址作为COM_0对应的行（默认是第0行）。对于图26.14所示液晶显示模组，假设将显示起始行设置为0x8，相应的显示状态如图27.2所示（只展示了左半屏设置显示起始行的卷屏效果，如果需要左右半屏同时卷屏，必须对两片SED1520分别进行相应的指令控制）。

a) 起始显示行地址为0   b) 起始显示行地址为8

图27.2　设置起始行

SED1520还可以设置列地址与SEG输出驱动引脚的映射关系，对应有一个ADC（Assignment of Column Addresses to Segment Drivers）控制位。当ADC = 0时，DDRAM中第0列地址对应SEG_0引脚，第1列地址对应SEG_1引脚，其他依此类推，这是一种正常的正向（Forward）映射关系。如果ADC = 1，列地址与SEG输出驱动引脚之间的映射关系恰好是反过来的，即DDRAM中第0列地址对应SEG_{79}引脚，第1列地址对应SEG_{78}引脚，其他依此类推，这是一种反向（Reverse）映射关系。也就是说，如果设置为正向映射关系，你往列地址为0x00处写入数据会出现在显示屏的**最左侧**，而当设置为反向映射关系时，同样在0x00处写入的数据会出现在显示屏的最右侧（**如果能显示的话**），如图27.3所示。

a) ADC=0   b) ADC=1

图27.3　前向与反向映射关系时的屏幕显示内容

有人可能会想：反向映射关系时的屏幕显示内容好像不太对吧？有几个字母没有显示！因为图26.14中两片SED1520都有COM驱动输出，所以它们的SEG驱动引脚数量都只有61个，而DDRAM中每页中列地址数量为80个。也就是说，有19个列地址是没有对应SEG驱动引脚的。当你设置为正向映射关系时，DDRAM中列地址0x00~0x3C中的数据会屏幕上显示出来，而列地址 0x3D ~ 0x4F（最右侧 19 列）中的数据则不会。当同样的内容改为反向映射关系时，原来最左侧 19 列的数据将不会显示出来。

列地址与 SEG 输出驱动引脚之间映射关系的可配置性能够给模组布线带来一定的灵活性，但是需要特别注意的是：**ADC 控制位并不影响我们已经设置的 DDRAM 地址**，它只是通过软件方式改变 SEG 驱动扫描方向而已。例如，你现在设置当前地址为第 1 页第 2 列，修改 ADC 控制位后，你写入的显示数据仍然是从第 1 页第 2 列（而不是第 1 页第 77 列）开始。

我们来看看 SED1520 的指令集，见表 27.1。

表 27.1　SED1520 指令集

指令	代码（Code）											功能
	A_0	$\overline{RD}$	$\overline{WR}$	D_7	D_6	D_5	D_4	D_3	D_2	D_1	D_0	
显示开关	0	1	0	1	0	1	0	1	1	1	0/1	0：开显示，1：关显示（开启静态驱动进入低功耗模式）
设置显示起始行	0	1	0	1	1	0	显示起始地址（0~31）					指定 COM_0 对应 DDRAM 数据行
设置页地址	0	1	0	1	0	1	1	1	0	页（0~3）		设置页地址寄存器中 DDRAM 页
设置列地址	0	1	0	0	列地址（0~79）							设置列地址寄存器中 DDRAM 列地址
读状态	0	0	1	忙	ADC	显示开关	复位	0	0	0	0	忙（0：空闲，1：忙碌）ADC（0：反向，1：正向）显示开/关（0：开，1：关）复位（0：正常工作，1：复位中）
写显示数据	1	1	0	写数据								写 DDRAM 数据
读显示数据	1	0	1	读数据								读 DDRAM 数据
选择 ADC	0	1	0	1	0	1	0	0	0	0	0/1	0：正向，1：反向
静态驱动开关	0	1	0	1	0	1	0	0	1	0	0/1	1：静态驱动（低功耗模式）0：正常驱动
选择占空比	0	1	0	1	0	1	0	1	0	0	0/1	1：1/32，0：1/16
改写	0	1	0	1	1	1	0	0	0	0	0	进入改写模式，每写一个数据，列地址加 1
结束	0	1	0	1	1	1	0	1	1	1	0	结束改写模式
复位	0	1	0	1	1	1	0	0	0	1	0	设置显示起始行为第 0 行，页与列地址均为 0

与 HD44780 类似，SED1520 也有显示开关控制指令，但是注意功能栏中关于显示关闭状态的说明：**当静态驱动打开时进入低功耗模式**。我们再观察 "静态驱动开关" 指令，静态驱动关闭时为正常偏压动态驱动，而静态驱动开启时，如果同时也打开了显示，所有像素点都将处于显示状态（这是一种显示模式，像素状态与 DDRAM 中显示数据无关），相应的功耗也比较高，所以进入低功耗模式必须关闭显示。如果需要退出低功耗模式，通

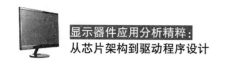

过打开显示或关闭静态驱动即可。

与 HT1621 一样，SED1520 也可以进行改写（读—修改—写）操作，相应的流程如图 27.4 所示。

在进行改写操作之前，得先确定需要改写数据的页与列地址，然后再进入改写模式，紧接着读取数据修改后再写入即可。仍然需要注意的是：**在读取数据前必须先进行一次假读操作**。另外，在连续修改操作过程中，每改写一个数据列地址会自动累加。如果你需要结束改写操作，则发送"结束"指令退出改写模式即可。

使用 Proteus 软件平台中基于 SED1520 的液晶模组（型号为 AGM1232G）进行仿真，相应的电路与效果如图 27.5 所示。

首先需要说明的是，AGM1232G 的仿真模型并不是很完善。例如，当连续往 DDRAM 写入数据时，半屏显示已经满了（显示了 4 页），但是根据数据手册的描述，连续往 SED1520 写入数据时，页地址是不会自动增加的（不会跨页），而且列地址到达最大值（0x4F）后就会停止（不会返回到列地址 0x00 继

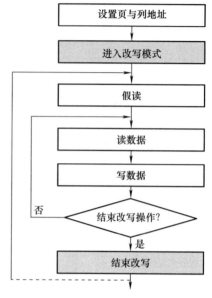

图 27.4　改写流程

续写）。再例如，设定从某一列地址开始写入显示数据是无效的，只能从列地址 0x00 开始。当然，还有其他一些指令的执行结果也与数据手册不符合，或根本没结果（没有实现全部指令），但是仿真也只是为了辅助我们了解模组，不必太较真。

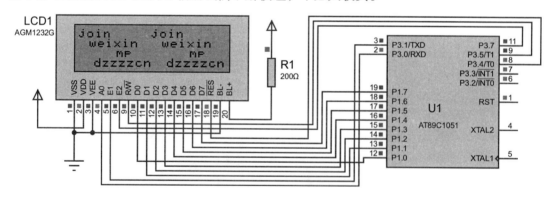

图 27.5　仿真电路与效果

SED1520 支持 6800 与 8080 两种时序接口，见表 27.2。

表 27.2　6800 与 8080 接口信号定义

RES极性	接口类型	控制线				数据线
低有效	6800	A_0	E	R/$\overline{W}$	$\overline{CS}$	$D_0 \sim D_7$
高有效	8080	A_0	$\overline{RD}$	$\overline{WR}$	$\overline{CS}$	$D_0 \sim D_7$

时序接口的选择由复位引脚$\overline{\text{RES}}$的电平决定，它是一个边沿触发有效的引脚，也就是说，**上升沿或下降沿都会引起复位行为**，而复位后的稳定电平可以选择时序接口。表 27.2 中$\overline{\text{RES}}$极性暗示了复位触发边沿，低有效表示上升沿（低电平为复位状态，退出复位状态后就是高电平，也就产生了一个上升沿），高有效表示下降沿。换句话说，**如果你要选择 6800 接口，则应该设置$\overline{\text{RES}}$引脚为高电平，如果$\overline{\text{RES}}$引脚为低电平，则表示选择 8080 接口**。

6800 接口与 8080 接口的主要区别在于数据读 / 写操作的具体实现。6800 接口由 R/$\overline{\text{W}}$引脚确定将要进行读（R/$\overline{\text{W}}$ = 1）还是写（R/$\overline{\text{W}}$ = 0）操作，而 E 引脚的正脉冲则启动相应读写操作，这是由摩托罗拉（Motorola）公司提出的一种时序接口，也称为 M6800 接口，HD44780 使用的就是这种。8080 接口的读 / 写操作分别由$\overline{\text{RD}}$与$\overline{\text{WR}}$引脚单独决定，符号上面的一横表示低电平有效（读 / 写信号的有效电平通常都是低电平），这是由英特尔（Intel）公司提出一种时序接口，也称为 I8080 接口，相应的时序如图 27.6 所示。

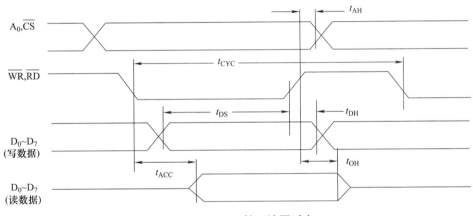

图 27.6　8080 接口读写时序

A_0 是一个地址输入引脚，用来选择往（从）数据寄存器还是指令寄存器写入（读出），它与 HD44780 芯片的 RS 引脚的意义是完全一致的，相应的读写操作定义见表 27.3。

表 27.3　6800 与 8080 接口操作定义

A_0	M6800	I8080		功　能
	R/$\overline{\text{W}}$	$\overline{\text{RD}}$	$\overline{\text{WR}}$	
1	1	0	1	读显示数据
1	0	1	0	写显示数据
0	1	0	1	读状态
0	0	1	0	写内部寄存器（指令）

有必要**特别提醒**一下**读状态**时"奇葩"定义，从表 27.1 所示读状态的功能描述可以看到：**你读出来的位状态与设置的位所表示的状态恰好是反过来的**！例如，设置 ADC = 0 表示正向映射，但读出 ADC = 0 却表示反向映射。显示开关控制位（ON/OFF）也同样如此。

下面来看看相应的源代码，如清单 27.1 所示。

```c
#include <reg51.h>
#include <intrins.h>

#define WRITE_COM   0                                        //写指令
#define WRITE_DAT   1                                        //写数据
#define LCD_DATA_BUS P1                                      //定义引脚别名

typedef unsigned char uchar;                                 //定义类型别名
typedef unsigned int uint;

void delay_us(uchar count){while(count-->0);}               //延时函数
void delay_ms(uchar count){while(count-->0)delay_us(60);}

sbit LCD_RS  = P3^0;
sbit LCD_E1  = P3^1;
sbit LCD_E2  = P3^7;
sbit LCD_RW  = P3^5;
sbit LCD_RST = P3^4;

uchar code half_screen_dots[] = {                            //显示符号的字模
    0x38, 0x44, 0x44, 0x48, 0x7F, 0x00, 0x00,                //小写字母"d"
    0x44, 0x64, 0x54, 0x4C, 0x44, 0x00, 0x00,                //小写字母"z"
    0x44, 0x64, 0x54, 0x4C, 0x44, 0x00, 0x00,                //小写字母"z"
    0x44, 0x64, 0x54, 0x4C, 0x44, 0x00, 0x00,                //小写字母"z"
    0x44, 0x64, 0x54, 0x4C, 0x44, 0x00, 0x00,                //小写字母"z"
    0x38, 0x44, 0x44, 0x44, 0x20, 0x00, 0x00,                //小写字母"c"
    0x7C, 0x08, 0x04, 0x04, 0x78, 0x00, 0x00 };              //小写字母"n"

void write_sed1520(uchar dat, uchar rs_flag)                 //6800时序接口写函数
{
    delay_ms(5);                                             //延时等待SED1520处于可接收数据的空闲状态
    (WRITE_DAT == rs_flag)?(LCD_RS = 1):(LCD_RS = 0);        //设置RS引脚电平
    LCD_RW = 0;                                              //设置将要进行的是写操作
    LCD_DATA_BUS = dat;
    _nop_();
    _nop_();
    LCD_E1 = 1;                                              //左右半屏同时写入数据
    LCD_E2 = 1;
    _nop_();
    _nop_();
    LCD_E1 = 0;
    LCD_E2 = 0;
}

void main(void)
{
    int i;

    LCD_E1 = 0;
    LCD_E2 = 0;
    delay_ms(100);
    LCD_RST = 0;
    delay_ms(3);
    LCD_RST = 1;                                             //复位后为高电平，设置6800时序接口
    delay_ms(3);

    write_sed1520(0xAF, WRITE_COM);                          //打开显示

    for (i=0; i<sizeof(half_screen_dots); i++) {             //写入左半屏显示数据
        write_sed1520(half_screen_dots[i], WRITE_DAT);
    }

    while(1){}
}
```

清单 27.1　LCM12232 驱动源代码

为了节省篇幅，我们只在左右半屏左上角显示字符串"dzzzzcn"，并且左右半屏是同时写入的，所以在写入指令或数据时无需区分左右半屏。如果需要分别写入，可以给 write_sed1520 函数增加一个形参并在函数内部判断一下即可，此处不再赘述。

首先来控制$\overline{\text{RST}}$引脚产生上升沿，该边沿将使 SED1520 进入复位初始化状态，这包括**关闭显示**、显示起始行清零、关闭静态驱动、页列地址清零、设置扫描占空比为 1/32、列地址与 SEG 输出驱动引脚正向映射模式、关闭改写模式这几步。由于复位后$\overline{\text{RST}}$引脚为高电平，所以选择的是 M6800 时序接口（注意："复位"指令的功能有所不同，它只会将显示起始行以及页列地址清零）。

由于复位后的液晶显示模组处于显示关闭状态，所以必须得开启显示，不然屏幕是不会有任何显示的。需要从左上角显示内容，按道理应该在写入数据前设置页与列地址分别为 0，并且将显示起始行设置为 0，但这本来就是复位后的状态，所以代码中并没有添加这些指令。另外，复位后的扫描占空比为 1/32，这正是我们想要的，如果设置为 1/16，则液晶屏的下半部分是不会有内容显示（Proteus 软件平台的器件模型并没有实现该命令）。

有人可能会想问：怎么不使用 I8080 接口呢？第一次介绍还是应该配个实例好一些呀！别急，后文有些芯片只支持 I8080 接口，总有学到的时候。

VisualCom 软件平台也有基于 SED1520 的 122×32 点阵液晶显示模组，相应的仿真效果如图 27.7 所示。

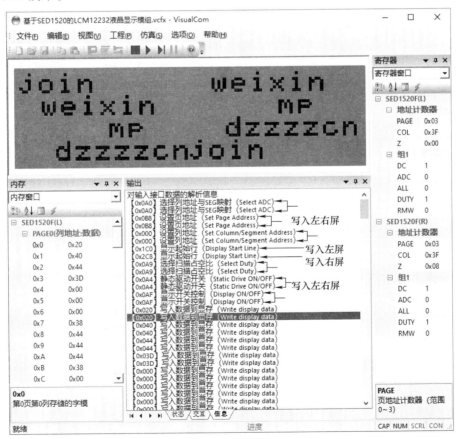

图 27.7　仿真效果

相应的预置数据如图 27.8 所示。

序号	类型	附加	十进制	十六进制	自定义备注
1	命令	0	160	A0	设置ADC：列地址与SEG驱动输出前向映射
2	命令	0	184	B8	设置页地址为0
3	命令	0	0	0	设置列地址为0
4	命令	0	448	1C0	设置左半屏起始行地址为0
5	命令	0	712	2C8	设置右半屏起始行地址为8
6	命令	0	169	A9	设置扫描占空比：1/32
7	命令	0	164	A4	关闭静态驱动
8	命令	0	175	AF	打开显示
9	数据	0	32	20	以下写入"join"字模
10	数据	0	64	40	
11	数据	0	68	44	
12	数据	0	61	3D	
13	数据	0	0	0	
14	数据	0	0	0	
15	数据	0	0	0	

插入数据　插入命令　批量插入…　导入…　　进度：　　　　　　　　　　确定　取消

图 27.8　预置数据

预置数据**格式**与前述基于 HD44780 的 LCM1602 有所不同，由于分为左右半屏，预置数据共 10 位有效，低 8 位数据的意义与 LCM1602 相同，高 2 位用来指定数据写入哪半屏（0b00 为同时写入，0b01 为左半屏，0b10 为右半屏，0b11 为不写入）。我们给左右半屏分别设置了不同的起始显示行（左屏为 0，右屏为 8），所以右半屏的显示内容向上卷动了 8 行。另外，虽然在打开显示（第 8 行）之前进行了一些与复位相同的初始化，但该仿真器件从库中调入进来就是复位后的状态，所以并不是必须的。

第 28 章

内置电源电路的 SED1565

SED1565 与 SED1520 是来自同一厂家的液晶驱动芯片，所以它们的指令集大体是相似的，但是前者的功能更强大，相应也新增了一些控制指令，我们先来看看 SED1565 的功能框图，如图 28.1 所示。

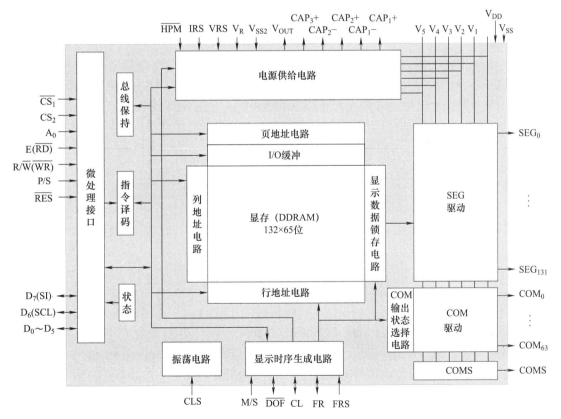

图 28.1 SED1565 功能框图

可以看到，单颗 SED1565 芯片即可支持最多 132 个 SEG 与 65 个 COM 输出。M/S 引脚同样用来设置芯片的主从模式，CLS 引脚决定芯片内部 RC 振荡器是否开启，这两个引

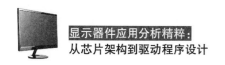

脚的具体功能定义见表 28.1 所示。

表 28.1　M/S 与 CLS 引脚的功能定义

M/S	CLS	振荡电路	供电电路	CL	FR	FRS	$\overline{DOF}$
H	H	开启	开启	输出	输出	输出	输出
	L	禁用	开启	输入	输出	输出	输出
L	H	禁用	禁用	输入	输入	输出	输入
	L	禁用	禁用	输入	输入	输出	输入

当 SED1565 处于主模式时（M/S = H），你可以选择使用内部 RC 振荡源产生系统时钟（CLS = H），或者从 CL 引脚引入外部时钟源（CLS = L）。当处于从模式时（M/S = L），RC 振荡源是被禁用的，时钟源只能由 CL 引脚接入。$\overline{DOF}$引脚用来进行液晶显示消隐控制（Display Blanking Control），使用两片 SED1565 进行扩展应用时，典型的连接示意如图 28.2 所示。

图 28.2　两片 SED1565 级联

我们重点关注一下 SED1565 内置的电源供给电路。从前面介绍的基于 HD44780 或 SED1520 的模组硬件电路可以看到，它们都需要从外部电阻分压电路得到各级偏置电压，但是 SED1565 却将这部分电路集成到了芯片内部，它由电压转换（Voltage Converter）、电压调节（Voltage Regulator）、电压跟随（Voltage Follower）三个部分组成，其基本结构如图 28.3 所示。

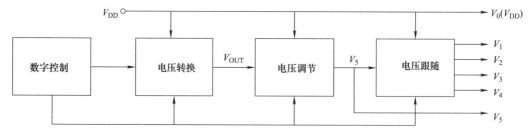

图 28.3　内置电源电路的基本结构

电压转换电路通常是升压电路（Booster Circuit），它产生整个芯片中的最大负电压 V_{OUT}，这样即使外部芯片的供电电源 V_{DD} 比较低（典型值为 5V 或 3.3V），经过内部升压电路后，最终施加在选择像素点两端的**电压差**仍然可以很高，这对于提升液晶显示对比度是非常有利的。

前面在讨论背光源驱动电路时涉及了一种 BOOST 升压方案，它的基本结构由开关、二极管、电容、电感组成，但是**电感**是很难集成到芯片中的，所以芯片中最常用的升压方案是**不需要电感的**电荷泵，2 倍压电荷泵电路的基本结构如图 28.4 所示。

其中，V_{DD} 为输入供电电源，C_F 为浮置电容（Floating Capacitor），C_L 为负载电容，

开关 $S_1 \sim S_4$ 可以由场效应管构成，它们由两路互补的时钟信号 CLK_1 与 CLK_2 控制，如图 28.5 所示。

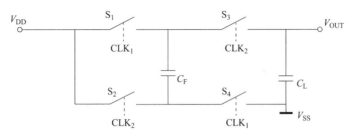

图 28.4　2 倍压电荷泵电路基本结构

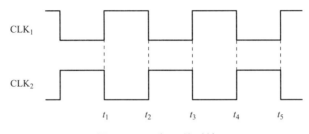

图 28.5　两相互补时钟

假设在初始状态下，C_F 与 C_L 均没有存储电荷，且时钟为高电平时相应的开关闭合，为低电平时相应的开关断开。当 t_1 时刻到来时，开关 S_1、S_4 闭合，S_2、S_3 断开，此时 V_{DD} 对 C_F 快速充电，充满电后 C_F 两端的电压为 V_{DD}，其极性上正下负，而 V_{OUT} 暂时还没有电压。当 t_2 时刻到来时，开关 S_1、S_4 断开，S_2、S_3 闭合，此时 V_{DD} 与 C_F 两端的电压串联叠加给 V_{OUT} 供电，其值为 $2V_{DD}$，C_L 两端的电压也会被充电至 $2V_{DD}$。当 t_3 时刻到来时，由 C_L 给 V_{OUT} 提供 $2V_{DD}$ 的电压，V_{DD} 继续给 C_F 充电以补充转移到 C_L 中的电荷，这就是 2 倍压电荷泵的基本原理，如图 28.6 所示。

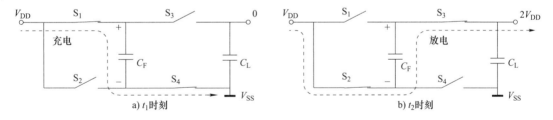

图 28.6　2 倍压电荷泵工作原理

如果需要获得倍数更高的输出电压，只需要把 V_{OUT} 作为下一级电荷泵的输入电源即可，然而，这只能实现偶数倍压输出，我们来看一个 3 倍升压电路，如图 28.7 所示。

我们同样沿用 2 倍压电荷泵的假定条件。当 t_1 时刻到来时，开关 S_1、S_2、S_4、S_7 闭合，其他开关断开，此时 V_{DD} 对 C_{F1} 与 C_{F2} 同时充电，充满电后 C_{F1} 与 C_{F2} 两端的电压均为 V_{DD}，极性均为上正下负。当 t_2 时刻到来时，开关 S_3、S_5、S_6 闭合，其他开关断开，此时 V_{DD} 与 C_{F1}、C_{F2} 串联叠加给 V_{OUT} 供电，如图 28.8 所示。

电荷泵也可以进行负向升压，(-1) 倍压基本电路结构如图 28.9 所示。

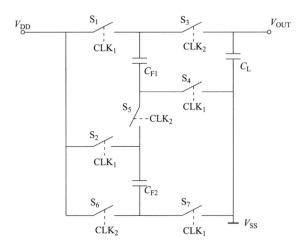

图 28.7　3 倍压电荷泵基本结构

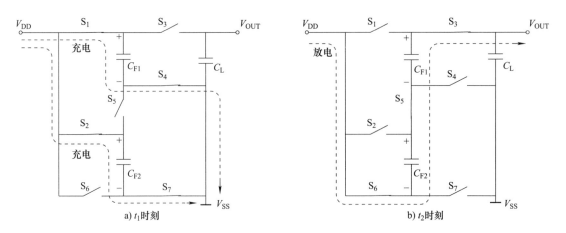

a) t_1 时刻　　　　　　　　　　　　　b) t_2 时刻

图 28.8　3 倍压电荷泵电路工作原理

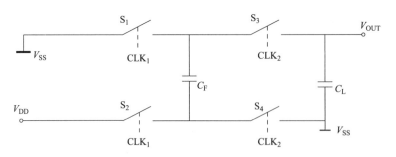

图 28.9　（−1）倍压基本电路结构

　　图 28.9 与图 28.4 有点相似，但注意控制开关的时钟相位有所不同。当 t_1 时刻到来时，开关 S_1、S_2 闭合，其他开关断开，此时 V_{DD} 对 C_F 快速充电，其极性为**上负下正**。当 t_2 时刻到来时，开关 S_3、S_4 闭合，其他开关断开，此时 C_F 向 V_{OUT} 供电，V_{OUT} 为 $-V_{DD}$。

　　当然，以上分析过程是在理想条件下进行的，我们假定电容充电常数为 0，放电常数为无穷大。实际上，由于电源内阻、场效应管导通电阻、负载等因素的存在，C_F 与 C_L 的充电速度总是有限的，不可能一瞬间就能将电容充满电。换句话说，C_F 储存的电荷量会随着时钟周期的增加而越来越多，从 C_F 转移到 C_L 的电荷也会逐渐增加，而且由于损耗的存在，输出电压也达不到理想值。实际 2 倍压电荷泵的 V_{OUT} 波形类似如图 28.10 所示（V_{DD} = 5V，$C_F = C_L = 4.7\mu F$，电源内阻 10Ω，负载电阻 $100k\Omega$）

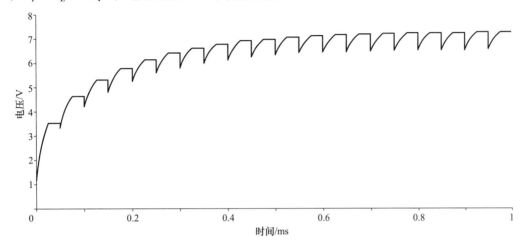

图 28.10　实际电荷泵的 V_{OUT} 波形

可以看到，V_{OUT} 在上升期间总会定期地下降一点点，因为 V_{OUT} 通常也是需要连接负载的，在 C_F 充电期间，C_L 总是会因为放电行为而有所下降，我们称其为纹波（ripple）。理论上，C_L 的电容量越大，则 V_{OUT} 的纹波也就越小，这当然是一件美好的事情，但是 C_L 容量越大，充放电时间常数也会变大，这会降低电路的反应速度，因为输出需要更长的时间才能上升到所需电压，所以很多液晶显示模组都会有一个 V_{OUT} 引脚，我们需要根据芯片的数据手册连接容量**合适**的电容器。

在集成芯片中，Dickson 结构电荷泵应用最为广泛，其电路拓扑结构如图 28.11 所示。

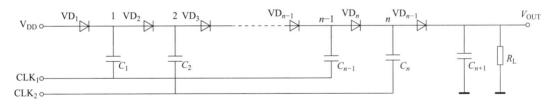

图 28.11　Dickson 结构电荷泵

Dickson 结构电荷泵中的二极管相当于一个单向开关，可以限制电荷只能从左到右流动，通常使用场效应管代替（漏极与栅极相连），电容器同样可以由场效应管实现（即栅极作为一个极板，而源极与漏极连接作为另一个极板），CLK_1 与 CLK_2 仍然为两相互补时钟。

当 CLK_1 为低电平（CLK_2 为高电平，假设为 V_{DD}）时，V_{DD} 通过二极管 VD_1 对 C_1 进行充电，由于二极管导通电压降 V_F 的存在，C_1 两端的电压降为 $V_{DD}-V_F$，其极性为上正下负。当 CLK_1 为高电平时，节点 1 的电压为 $2V_{DD}-V_F$。由于此时 CLK_2 为低电平，VD_2 处于导通状态，所以节点 1 的电压通过 VD_2 对 C_2 充电，C_2 两端的电压降为 $2V_{DD}-2V_F$。当 CLK_2 为高电平时，节点 2 的电压为 $3V_{DD}-2V_F$，其他依此类推。

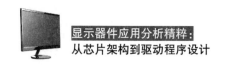

当然，Dickson 电荷泵电路的输出电压比理论值要小很多（效率不高），限制了在大于20V 以上的场合应用，所以也有很多改进的电荷泵结构，这已经超出了本书范畴，有兴趣的读者可参考集成电路设计相关的资料。幸运的是，对于理解 SED1565 具体应用电路而言，迄今为止介绍的电荷泵知识已经足够我们使用了。

SED1565 数据手册提供了电荷泵的硬件电路连接方式，我们只需"如法炮制"即可，如图 28.12 所示。

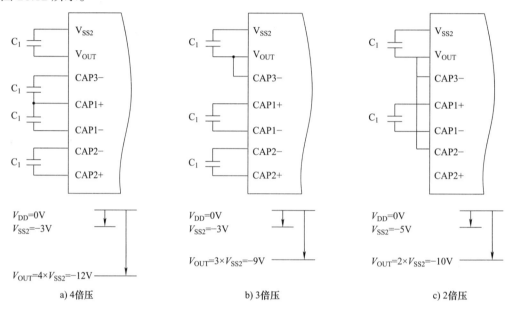

图 28.12　电荷泵电容连接及相应的倍压输出

可以看到，SED1565 产生的 V_{OUT} 为负电压（**注意图 28.12 中电位均以 V_{DD} 为参考**），根据外部电容器连接方式的不同，可以分别实现 2 倍、3 倍、4 倍电压。图 28.12a 与 b 告诉我们，当 V_{DD} 为 3.0V 时（以 V_{SS} 为参考电压），可以分别将获得负向倍电压 −9V 与 −6V。图 28.12c 告诉我们，当 V_{DD} 为 5.0V 时，V_{OUT} 可以达到 −5V。

有人可能会想：如果 4 倍压连接时 V_{DD} 为 5.0V，不就可以得到 −15V（以 V_{DD} 参考电压时为 −20V）吗？还真不行！因为 V_{OUT} 本身能够产生的最高负电压为 −18V，见表 28.2。

表 28.2　SED1520 极限参数（如未特别注明，以 V_{SS} 为参考电压）

参数	符号	条件	单位
供电电压	V_{DD}	−0.3 ~ +7.0V	V
供电电压 2（以 V_{DD} 为参考电压）	V_{SS2}	−7.0 ~ +0.3V	V
		−6.0 ~ +0.3V（3 倍压）	V
		−4.5 ~ +0.3V（4 倍压）	V
供电电压 3（以 V_{DD} 为参考电压）	V_5, V_{OUT}	−18.0 ~ +0.3V	V
供电电压 4（以 V_{DD} 为参考电压）	V_1, V_2, V_3, V_4	V_5 ~ +0.3V	V
输入电压	V_{IN}	−0.3 ~ V_{DD}+0.3V	V
输出电压	V_O	−0.3 ~ V_{DD}+0.3V	V

需要注意的是：V_{OUT} 虽然是整个芯片中最高的负电压，但是它的纹波仍然比较大（尽管液晶显示模组外都会连接数微法的电容器），所以并不能直接施加在偏压生成电路上，所以通常还会在后面增加一级电压调节电路，它的主要作用就是降低电压纹波与输出内阻（提升带负载能力），而且也能够方便调整输出电压，其典型电路如图 28.13 所示。

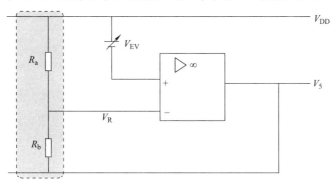

图 28.13　电压调节电路

这是一个同相比例运算放大器电路，输出电压 V_5 才是施加到偏压电路的电压，而运放的供电电压就是 V_{DD} 与 V_{OUT}（而不是 V_{SS}），所以 V_5 总是会在 V_{DD} 与 V_{OUT} 之间。由于运放处于深度闭环负反馈状态，其反相端电位跟随同相端，所以有

$$V_5 = \left(1 + \frac{R_b}{R_a}\right) \cdot V_{EV} = \left(1 + \frac{R_b}{R_a}\right) \cdot \left(1 - \frac{\alpha}{162}\right) \cdot V_{REG} \tag{28.1}$$

其中，$(1 + R_b/R_a)$ 可以称为电压增益，也就是对 V_{EV}（负电压）的放大系数，而后者是一个可使用数字方式调节的电子容量（Electronic Volume，EV）电压，实际上就是设置（电阻）系数 α（范围 $0 \sim 63$），见表 28.3。

表 28.3　α 的设置范围

D_5	D_4	D_3	D_2	D_1	D_0	α
0	0	0	0	0	0	63
0	0	0	0	0	1	62
0	0	0	0	1	0	61
⋮	⋮	⋮	⋮	⋮	⋮	⋮
1	1	1	1	0	1	2
1	1	1	1	1	0	1
1	1	1	1	1	1	0

需要注意的是，α 所代表的十进制与指令设置的寄存器值并不是一一对应的（恰好相反），α 越大则式（28.1）中计算出来的 V_5 越小，V_{DD} 与 V_5 之间的电压差也就越大，液晶显示的对比度就会越高。

V_{EV} 包含的固定参考电源 V_{REG} 能够由内部电源电路生成，其值可以为 $-2.1V$ 与 $-4.9V$，相应的温度梯度（Thermal Gradient）是 $-0.05\%/℃$ 与 $-0.2\%/℃$。当然，也可以从芯片引脚 V_{RS} 输入，这取决于芯片的具体型号（不是由指令修改的），见表 28.4。

表 28.4　V_{REG} 的值（环境温度 $T_A = 25℃$）

V_{REG} 类型	温度梯度	V_{REG}
①内部电源供给	−0.05%/℃	−2.1V
②内部电源供给	−0.2%/℃	−4.9V
③外部输入	—	V_{RS}

当 V_{REG} 确定之后，我们就可以通过改变式（28.1）中的电压增益来调节 V_5，见表 28.5。

表 28.5　电压增益设置表

寄存器			SED1565		
D_2	D_1	D_0	①−0.05%/℃	②−0.2%/℃	③外部输入 V_{REG}
0	0	0	3.0	1.3	1.5
0	0	1	3.5	1.5	2.0
0	1	0	4.0	1.8	2.5
0	1	1	4.5	2.0	3.0
1	0	0	5.0	2.3	3.5
1	0	1	5.5	2.5	4.0
1	1	0	6.0	2.8	4.5
1	1	1	6.4	3.0	5.0

综上所述，V_5 可以由 α、电压增益（$1+R_b/R_a$）以及具体芯片型号的温度梯度决定，图 28.14 为温度梯度为 −0.05%/℃时 SED1565 的 V_5 变化曲线。

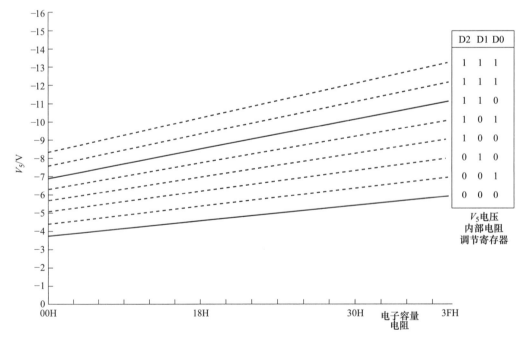

图 28.14　V_5 变化曲线

咱们举个简单的例子：假设环境温度 $T_A = 25℃$，芯片的温度梯度为 $-0.05\%/℃$，$\alpha = 26$，电压增益设置为 4.0，那么 V_5 应该为多少呢？

根据式（28.1），则有

$$V_5 = 4.0 \times \left(1 - \frac{26}{162}\right) \times (-2.1\text{V}) \approx -7.05\text{V}$$

与 V_{REG} 可以来源于芯片外部一样，内部调压电阻 R_a 与 R_b 也可以，此时应该将 IRS 引脚设置为低电平（高电平表示使用内部 R_a 与 R_b），同时在芯片外部使用电阻分压电路（代替 R_a 与 R_b）从 V_{DD} 与 V_5 之间分压供给 V_{RS} 引脚即可。也就是说，此时图 28.13 中的电阻 R_a 与 R_b 是外接的。假设 $T_A = 25℃$，芯片的温度梯度为 $-0.05\%/℃$，$\alpha = 31$，如果需要 V_5 为 -7V，外接的电阻 R_a、R_b 的阻值应该为多少呢？

根据式（28.1）有

$$-7\text{V} = \left(1 + \frac{R_b}{R_a}\right) \times \left(1 - \frac{31}{162}\right) \times (-2.1\text{V})$$

可得 $R_b/R_a \approx 3.12$（同时可以计算出 $V_{EV} \approx -1.698\text{V}$，马上用得着）。这并不能确定 R_a、R_b 的具体阻值，我们进一步假定流过 R_a、R_b 的电流为 $5\mu\text{A}$，则有

$$R_a = \frac{V_{EV} - V_5}{5\mu\text{A}} = \frac{-1.698\text{V} - (-7\text{V})}{5\mu\text{A}} \approx 1060\text{k}\Omega$$

$$R_a = 1060\text{k}\Omega/3.12 \approx 340\text{k}\Omega$$

电压跟随电路类似如图 20.12 所示，其中的 V_{SS} 与 V_{CC} 对应图 28.12 所示电路中的 V_{OUT} 与 V_{DD} 对应，此处不再赘述。值得注意的是：电荷泵升压、电压调节及电压跟随三个单元可以使用**指令**分别进行使能或禁止，你可以根据实际情况灵活应用，见表 28.6。

表 28.6　内部电源的设置

用户设置 （User Settings）	寄存器			外部电压输入 （External voltage input）	升压电路系统引脚 （Step-up voltage system terminal）
	D2	D1	D0		
仅使用内部电源	1	1	1	V_{SS2}	使用
仅使用电压调节与跟随	0	1	1	V_{OUT}，V_{SS2}	开路
仅使用电压跟随	0	0	1	V_5，V_{SS2}	开路
仅使用外部电源	0	0	0	$V_1 \sim V_5$	开路

表 28.6 提供给信息非常明确。例如，如果完全不使用内置电源电路，那么应该（像 SED1520 那样）在芯片外使用电阻分压的方式给 $V_1 \sim V_5$ 提供偏压。如果仅使用电压跟随电路，那么电压 V_5 需要由芯片外部提供，因为内部可以输出 V_5 的电压调节电路已经关闭。如果你仅使用电压调节与跟随电路，那么电压调节单元中运放的供电（负）电源得由外部从 V_{OUT} 引脚接入，因为此时能够提供 V_{OUT} 的电荷泵是关闭的。

下面来设计基于 SED1565 的 128×64 点阵液晶显示模组，相应的硬件电路如图 28.15 所示。

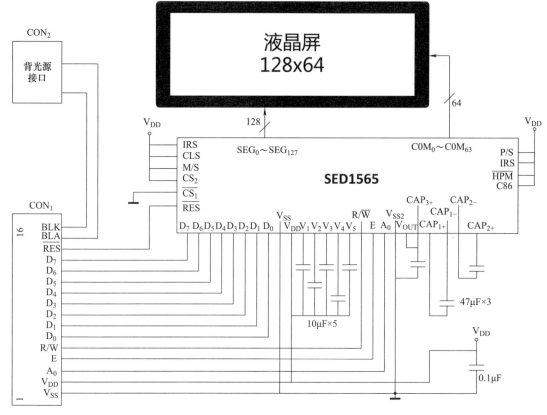

图 28.15　模组硬件电路

　　硬件电路设计方面应该注意几点与 SED1520 的不同之处。其一，SED1565 同样支持 6800 与 8080 并行接口，但接口的选择由 C86 引脚决定（C86 = 0 为 8080 接口，C86 = 1 为 6800 接口），这里选择了 6800 接口；其二，SED1565 还支持串行接口（只能写不能读，具体可参考数据手册），由 P/S 引脚设置并行（P/S = 1）还是串行（P/S = 0）接口，我们当然得选择并行接口；其三，为简化电路，我们决定全部使用内部电源电路，电荷泵电路为 3 倍压连接方式，此时 $V_1 \sim V_5$ 均由内部偏压电路供给；其四，SED1565 内部电源的输出功率比较小，当需要驱动负载比较大的 LCD 面板时，输出功率不足可能会影响显示效果，这时可以将 $\overline{\text{HPM}}$ 引脚接低电平以开启高功率模式（High Power Mode），当然，如果高功率模式下的显示效果依然不符合要求，那只能选择外接电源了；其五，正如刚刚已经提过的，由于使用内部分压电阻 R_a 与 R_b，所以必须将 IRS 引脚接高电平。

　　最后来看看 DDRAM 地址映射关系，如图 28.16 所示。

　　与 SED1520 相比，SED1565 将 DDRAM 分为了 9 页，每页包含 132 个列地址。但是需要注意：**第 8 页只有一行数据是有效的，而且该行不参与卷屏**。另外，COM 输出引脚与行地址的映射关系也可以调整为正向或反向。

　　下面来看看相应的指令集，见表 28.7。

　　我们使用 Proteus 软件平台中基于 SED1565 的模组（型号为 HDG12864F-3）来展示其仿真效果，如图 28.17 所示。

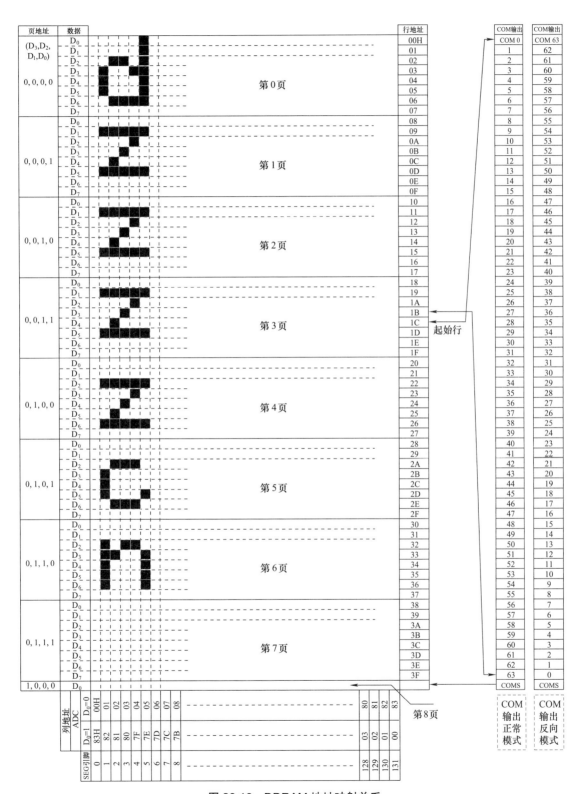

图 28.16　DDRAM 地址映射关系

表 28.7　SED1565 指令集

指令	A$_0$	$\overline{RD}$	$\overline{WR}$	D$_7$	D$_6$	D$_5$	D$_4$	D$_3$	D$_2$	D$_1$	D$_0$	功能
显示开关	0	1	0	1	0	1	0	1	1	1	0/1	0：开显示，1：关显示
设置显示起始行	0	1	0	0	1	显示起始地址（0~63）						指定 COM$_0$ 对应 DRAM 数据行
设置页地址	0	1	0	1	0	1	1	页（0~15）				设置页地址寄存器中 DRAM 页
设置高位列地址	0	1	0	0	0	0	1	高 4 位列地址				设置 DRAM 高 4 位列地址
设置低位列地址	0	1	0	0	0	0	0	低 4 位列地址				设置 DRAM 低 4 位列地址
读状态	0	0	1	忙	ADC	显示开关	复位	0	0	0	0	忙（0：空闲，1：忙碌） ADC（0：反向，1：正向） 显示开/关（0：开启，1：关闭） 复位（0：正常工作，1：复位中）
写显示数据	1	1	0	写数据								写 DRAM 数据
读显示数据	1	0	1	读数据								读 DRAM 数据
选择 ADC	0	1	0	1	0	1	0	0	0	0	0/1	列地址与 SEG 输出映射关系 0：正向，1：反向
正常/反白显示	0	1	0	1	0	1	0	0	1	1	0/1	0：正常显示 1：反白显示（**DRAM 数据为 1 不显示，为 0 反而显示**）
全显示开关	0	1	0	1	0	1	0	0	1	0	0/1	0：正常显示 1：所有像素点处于显示状态
偏压设置	0	1	0	1	0	1	0	0	0	1	0/1	0：1/9 偏压，1：1/7 偏压
改写	0	1	0	1	1	1	0	0	0	0	0	每写一个数据，列地址加 1
结束	0	1	0	1	1	1	0	1	1	1	0	结束改写模式
复位	0	1	0	1	1	1	0	0	0	1	0	软件复位
COM 输出模式选择	0	1	0	1	1	0	0	0/1	*	*	*	设置 COM 输出扫描方向 （0：正向，1：反向）
电源控制	0	1	0	0	0	1	0	1	工作模式			选择内部电源工作模式
V$_5$ 设置	0	1	0	0	0	1	0	0	电阻分压比值			选择内部电阻比模式
电子容量设置模式	0	1	0	1	0	0	0	0	0	0	1	进入电位子容量设置模式
电子容量设置	0	1	0	*	*	电子容量设置值（1~63）						设置 V$_5$ 输出电压的电子容量值
静态指示开关	0	1	0	1	0	1	0	1	1	0	0/1	0：关闭，1：开启
静态指示设置	0	1	0	*	*	*	*	*	*	模式		设置闪烁模式
空操作	0	1	0	1	1	1	0	0	0	1	1	没有功能的空指令
测试	0	1	0	1	1	1	1	*	*	*	*	IC 设置指令，用户勿使用

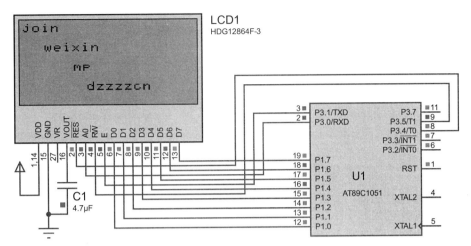

图 28.17　仿真电路与效果

不得不说，VR 引脚是一个"BUG"（错误），因为没有 V₅ 引脚，尽管不连接并不影响仿真结果，但做戏应该要做全套才是，否则就不要留 VR 引脚，不然想要做个样子的外接分压电阻都没办法。当然，还是那句话，仿真器件不要太较真。

为节省篇幅，这里并不打算给出相应的源代码，因为大部分与清单 27.1 高度相似，只不过发送的指令有所不同而已，所以这里使用 VisualCom 软件平台重点展示指令的不同之处，相应的仿真效果如图 28.18 所示。

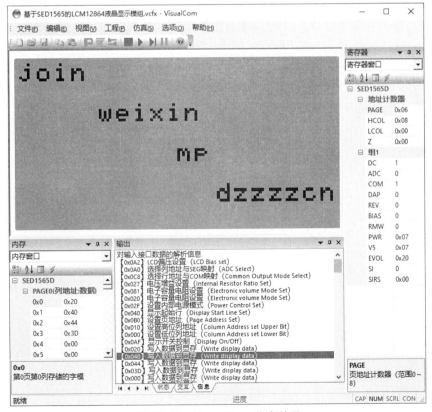

图 28.18　VisualCom 仿真效果

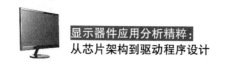

相应的预置数据如图 28.19 所示。

序号	类型	附加	十进制	十六进制	自定义备注
1	命令	▼0	162	A2	设置LCD偏压：1/9
2	命令	▼0	160	A0	设置列地址与SEG引脚为正向映射关系
3	命令	▼0	200	C8	设置行地址与COM引脚为正向映射关系
4	命令	▼0	39	27	设置电压增益（电阻分压比）
5	命令	▼0	129	81	进入电子容量设置模式（双字节指令）
6	命令	▼0	32	20	设置电子容量
7	命令	▼0	47	2F	设置内部电源：打开升压、调压、跟随电路
8	命令	▼0	64	40	设置起始行为0
9	命令	▼0	176	B0	设置页地址为0
10	命令	▼0	16	10	设置列地址为0（双字节指令）：高4位地址置0
11	命令	▼0	0	0	低4位列地址置0
12	命令	▼0	175	AF	打开显示
13	数据	▼0	32	20	以下写入"join"字模
14	数据	▼0	64	40	
15	数据	▼0	68	44	

数据预置 ×

插入数据　插入命令　批量插入…　导入…　进度：　　　　　确定　取消

图 28.19　预置数据

我们在打开显示（第 12 行）之前进行了一系列初始化工作，初始化顺序均参考数据手册。除电源设置相关指令（第 4～7 行）外，其他都初始化为复位后的状态。实际上，仿真器件调入进来就是复位后的状态，所以这些初始化指令并不是必须的，读者可参考数据手册自行分析。受篇幅所限，有些 SED1565 细节并未详细讨论，有兴趣可以关注"电子制作站"微信公众号"dzzzzcn"。

第 29 章
基于 KS0108B 的液晶显示模组设计

如果你想知道："黑白"点阵图形 LCD 的分辨率有很多，使用得最广泛的又是哪一种呢？那我会毫不犹豫地告诉你：128×64！尽管 SED1520 或 SED1565 都可以用来作为驱动芯片，但市面上基于 KS0108B 的 128×64 点阵图形液晶显示模组仍然还是最常见的，相信在本书出版多年后，工程师都可以很轻松地采购到相应的模组。

先使用 Proteus 软件平台仿真基于 KS0108B 的液晶显示模组（型号为 AMPIRE128×64），相应的电路如图 29.1 所示。

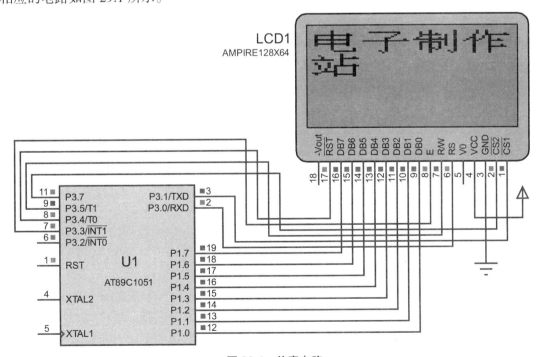

图 29.1　仿真电路

与前述基于 SED1520 的液晶模组 AGM12232G 类似，AMPIRE128x64 也分为左右两半屏，有所不同的是，模组引出了 $\overline{CS_1}$ 与 $\overline{CS_2}$ 两个片选引脚（而不是 E_1 与 E_2），E 引脚则是共用的，但是分屏控制的原理仍然还是一致的。

先来看 KS0108B 的功能框图，如图 29.2 所示。

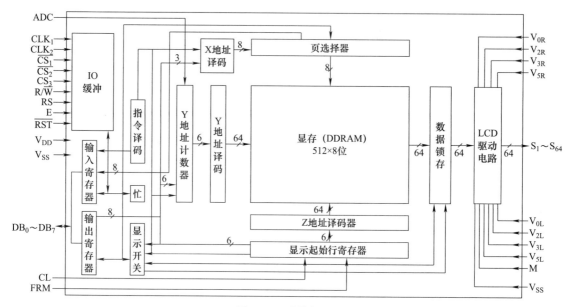

图 29.2　功能框图

读者可以与图 26.1 所示 SED1520 功能框图比较一下，除了一些细节上的区别，两者大体上是一样的。KS0108B 功能框图中的 X、Y、Z 分别为页、列、起始行，而且没有总线保持器，所以在读取数据时无需进行假读操作。ADC 引脚的意义与 SED1520 的 ADC 指令是一样的，只不过我们需要从硬件方面进行设置，当 ADC = H 时，列地址与 SEG 驱动是正向映射关系。

需要注意的是，KS0108B 本身并没有 COM 输出（而且也没有振荡源），只有 64 个 SEG（$S_1 \sim S_{64}$），它是无法单独驱动 LCD 的，所以 KS0108B 总是会与至少一片 COM 扩展芯片联合使用，相关的扩展引脚为 **CLK₁、CLK₂、C_L、FRM、M**，它们都是输入引脚。比较常用的扩展芯片是 KS0107B，它的基本结构与 HD44100 相似，只不过移位与锁存器都是 64 位的，其功能框图如图 29.3 所示。

与 KS0108B 恰好相反，KS0107B 只有 64 个 COM 而没有 SEG 输出，所以 LCD 驱动偏压只需要 V_1 与 V_4（而 KS0108B 则只有 V_2 与 V_3）。MS 引脚用来设置芯片的主从模式，它决定了 DIO_1、DIO_2、CL_2、M 引脚的输入输出类型，见表 29.1 所示。

KS0107B 内部有一个振荡源，需要外接一个电阻与电容，这个振荡源只有在芯片处于主模式（MS = H）时才处于开启状态，如果需要使用外部系统时钟，可以将 C、R 引脚开路并从 CR 引脚引入即可。当芯片处于从模式时，应该将 CR 引脚上拉为高电平。

使用 KS0108B 与 KS0107B 驱动 128 × 64 点阵图形 LCD 的典型应用电路如图 29.4 所示。

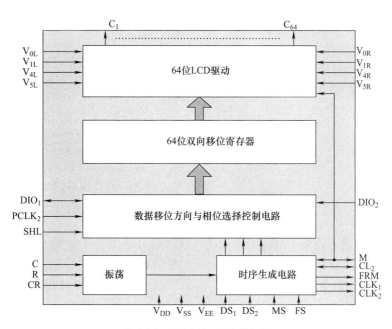

图 29.3　KS0107B 功能框图

表 29.1　MS 引脚功能定义

MS	SHL	振荡电路	DIO$_1$	DIO$_2$	CL$_2$	M
H	—	开启	输出	输出	输出	输出
L	H	禁用	输入	输出	输入	输入
	L	禁用	输出	输入	输入	输入

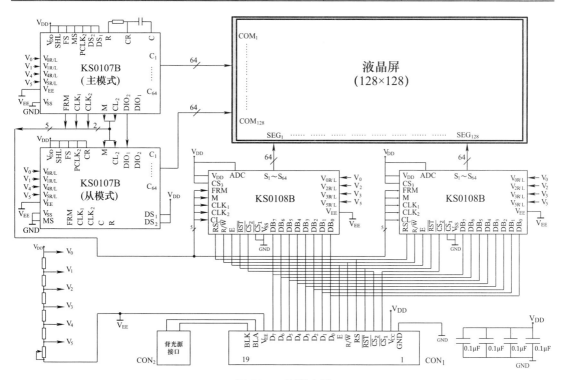

图 29.4　硬件电路

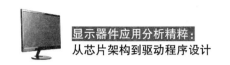

整个电路系统的液晶驱动时序由处于主模式的 KS0107B 主导，但是与模组外部直接通信的仍然还是 KS0108B。FS（Frequency Selection）引脚可以选择处于主模式芯片的振荡频率（从模式下应该与高电平连接），DS_2 与 DS_1 可以设置主模式下的扫描占空比（从模式下应该与高电平连接），见表 29.2 所示。

表 29.2 扫描占空比设置

DS_1	DS_2	扫描占空比
L	L	1/48
L	H	1/64
H	L	1/96
H	H	1/128

图 29.4 所示电路需要的 COM 输出数为 128，所以将（处于主模式状态的）KS0107B 的 DS_1、DS_2 都拉高。如果驱动 128×64 点阵 LCD，只需要去掉从模式芯片 KS0107B 即可，相应的扫描占空比应该为 1/64。如果愿意，也可以像图 26.14 那样将两片 KS0108B 的 E 引脚与接口 CON_1 连接（用来启动往左右半屏读写数据操作），只需要将各自的 $\overline{CS_2}$ 引脚固定为低电平即可。

$PCLK_2$ 引脚用来控制 KS0107B 发出的移位时钟相位，它决定数据移位是在移位时钟 CL_2 的上升沿（$PCLK_2 = H$）还是下降沿（$PCLK_2 = L$），多片扩展时应该设置为相同电平，数据手册有图 29.5 所示时序，读者可自行分析。

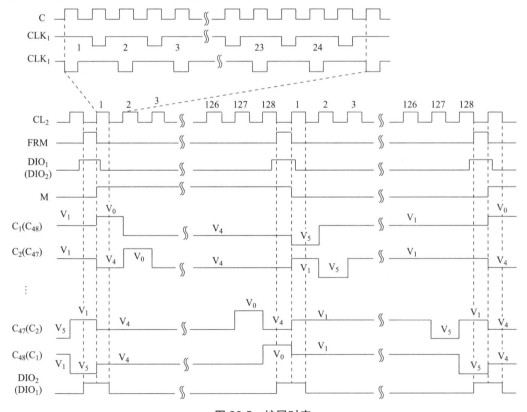

图 29.5 扩展时序

我们看看 KS0108B 的 DDRAM 的组织结构，如图 29.6 所示。

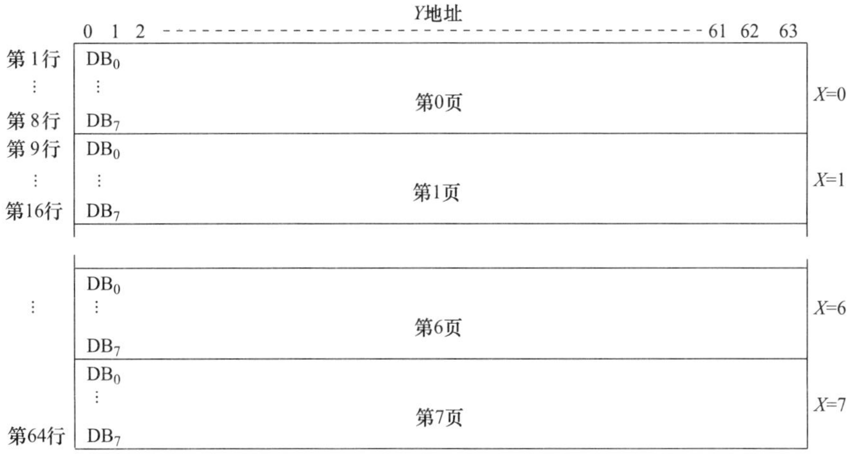

图 29.6　DDRAM 组织结构

KS0108B 内部 DDRAM 大小为 512B，并且划分为 8 页（对应 X 地址）64 列（对应 Y 地址），每一页包含 80B，每个字节（B）也是以**纵向下高位**的方式排列（与 SED1520/1565 相同），需要往 DDRAM 写入数据时，只需要先确定页与列地址即可。

KS0108B 的指令集见表 29.3。

表 29.3　KS0108B 的指令集

指令	RS	R/$\overline{W}$	D_7	D_6	D_5	D_4	D_3	D_2	D_1	D_0	功能
显示开 / 关	0	0	0	0	1	1	1	1	1	1/0	0：关，1：开
设置 Y 地址	0	0	0	1	Y 地址（0 ~ 63）						设置 Y 地址
设置 X 地址	0	0	1	0	1	1	1	页（0 ~ 7）			设置 X 地址
设置显示起始行	0	0	1	1	显示起始行（0 ~ 63）						设置显示起始行
读状态	0	1	忙	0	开 / 关	复位	0	0	0	0	读状态
写显示数据	1	0	写数据								往 DDRAM 写数据
读显示数据	1	1	读数据								从 DDRAM 读数据

KS0108B 的指令只有 7 个，读者现在应该都不会陌生，因为在 SED1520/SED1565 中也有相同的指令，此处不再赘述，所以也不打算给出源代码，有兴趣可以关注"电子制作站"微信公众号 dzzzzcn 获取。使用 VisualCom 软件平台调出与 AMPIRE128×64 对应的模组，相应的仿真效果如图 29.7 所示。

相应的预置数据如图 29.8 所示，读者可自行分析，此处不再赘述。

图 29.7　仿真效果

序号	类型	附加	十进制	十六进制	自定义备注
1	命令	0	448	1C0	设置左屏起始地址为0
2	命令	0	736	2E0	设置右屏起始地址为32
3	命令	0	184	B8	设置页地址为0
4	命令	0	320	140	设置左屏列地址为0
5	命令	0	584	248	设置右屏列地址为8
6	命令	0	63	3F	打开显示
7	数据	0	56	38	以下写入"dzzzzcn"字模
8	数据	0	68	44	
9	数据	0	68	44	
10	数据	0	72	48	
11	数据	0	127	7F	
12	数据	0	0	0	
13	数据	0	0	0	
14	数据	0	68	44	
15	数据	0	100	64	

插入数据　　插入命令　　批量插入…　　导入…　　进度：　　　　　　　确定　　取消

图 29.8　预置数据

第 30 章

基于 ST7920 的液晶显示模组设计

前面已经分别详细讨论了字符型与图形两种液晶显示模组，前者对常用字符的显示非常便利，却很难显示出汉字或图形，后者虽然可以想要的任何图形，但汉字的显示还需要额外的取模操作，虽然功能最终可以实现，但毕竟还是有些烦琐，由此应运而生了一种带汉字字库的点阵图形 LCD 驱动芯片，ST7920 就是其中常用之一，我们来看它的内部框图，如图 30.1 所示。

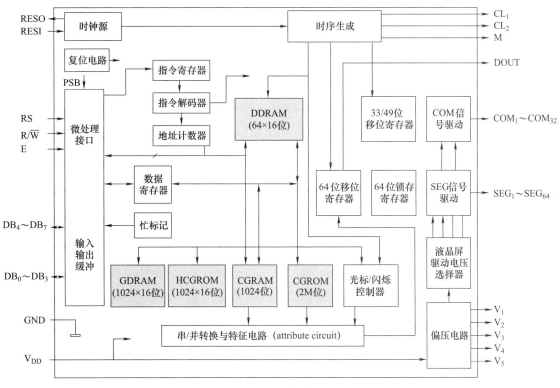

图 30.1 功能框图

有没有觉得这个功能框图很眼熟？没错！它与 HD44780 的大部分模块都是相同的，所以 ST7920 的显示控制思路也大体相似，只不过多出来一个 GDRAM（Graphic Display RAM，图形显示 RAM）单元用来显示图形所用，相应也增加了一些指令。从功能框图可以看到，它的 COM 与 SEG 输出引脚分别为 32 与 64 个，所以单独一片 ST7920 无法驱动完整的 128×64 点阵 LCD。通常我们采购的基于 ST7920 的 128×64 点阵液晶显示模组增加了两片 ST7921 扩展芯片，典型应用电路如图 30.2 所示。

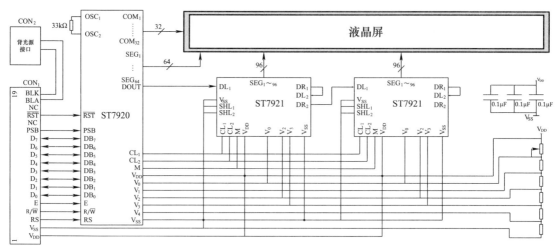

图 30.2　典型应用电路

这里不准备对 ST7921 做过多的阐述，因为它与 HD44100 非常相似，只不过调整偏压的电位器安装在 V_{DD}（而不是 V_{SS}），但是原理仍然没有变化。另外，PSB（Parallel Serial Bus，并行串行总线）引脚可以设置 ST7920 的通信接口是并行（PSB = 1）还是串行（PSB = 0），后者只可以用来写数据，具体时序可参考数据手册，此处不再赘述（后续还有多款使用串行控制接口的驱动芯片）。

很明显，图 30.2 所示电路可以驱动分辨率为 256×32 的 LCD，那它又是如何做到驱动分辨率为 128×64 的 LCD 呢？其实我们只需要把布线稍微更改一下即可，如图 30.3 所示。

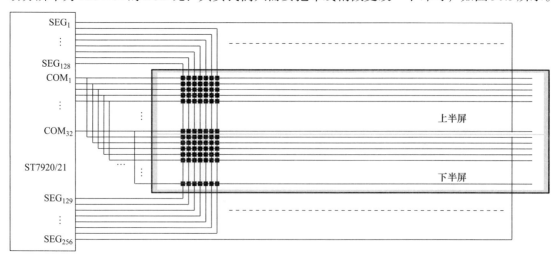

图 30.3　更改布线后的模组

这是一种很常用的液晶模组设计技巧，把图 30.2 中 256×32 点阵 LCD 的右半屏放到左半屏下面，线路连接并没有任何更改，但却**直接影响 ST7920 中 DDRAM（或 GDRAM）地址与 LCD 屏幕显示位置的对应关系**。我们先来看看 ST7920 的 DDRAM 地址分布，如图 30.4 所示。

80	81	82	83	84	85	86	87	88	89	8A	8B	8C	8D	8E	8F
H L	H L	H L	H L	H L	H L	H L	H L	H L	H L	H L	H L	H L	H L	H L	H L

90	91	92	93	94	95	96	97	98	99	9A	9B	9C	9D	9E	9F
A0	A1	A2	A3	A4	A5	A6	A7	A8	A9	AA	AB	AC	AD	AE	AF
B0	B1	B2	B3	B4	B5	B6	B7	B8	B9	BA	BB	BC	BD	BE	BF

图 30.4　DDRAM 地址分布

可以看到，DDRAM 空间地址组织成 4 行 16 列，第一行到第四行的地址从 0x80 到 0xBF。与 HD44780 一样，只要我们往 DDRAM 中写入**字模地址**，屏幕上就会显示**字模地址代表的字符**，但是有所不同的是：**ST7920 的字模地址是由 2 个字节组成的**。在写入字模地址时应注意：**先写高 8 位再写低 8 位**，而每个 DDRAM 地址对应屏幕上 16×16 点阵。当然，高低 8 位地址也可以拆开来使用，分别代表一个 16×8 的字模地址（拼起来仍然还是 16×16 点阵），我们很快会看到。

由于 ST7920 中的每个**字模地址**代表的字模行高都为 16 个点阵，四行 DDRAM 地址空间恰好对应 64 行点阵，对不对？但是 ST7920 的 COM 输出只有 32 个，所以任意时刻只有两行 DDRAM 地址（默认为第一行与第二行）在 LCD 上有对应的显示位置（没有对应显示位置的 DDRAM 地址可作为一般 RAM 使用，或者通过移屏功能显示出来）。如果驱动 256×32 点阵的 LCD，则 LCD 屏幕所有像素点恰好一一对应两行 DDRAM 地址。但是为了驱动 128×64 点阵的 LCD，我们在布线上将原来的右半屏移到了左半屏下面，但实际上下半屏对应的 DDRAM 地址仍然没有发生变化，具体 DDRAM 地址与屏幕位置的对应关系如图 30.5 所示。

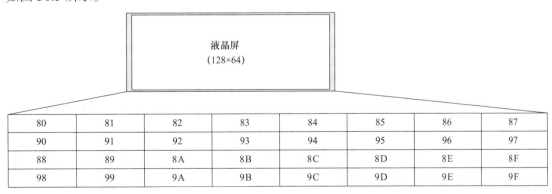

80	81	82	83	84	85	86	87
90	91	92	93	94	95	96	97
88	89	8A	8B	8C	8D	8E	8F
98	99	9A	9B	9C	9D	9E	9F

图 30.5　DDRAM 地址与屏幕位置对应关系

原来第一行与第二行的 DDRAM 地址应该分别是 0x80～0x8F 与 0x90～0x9F，它们都分别对应 16×16 = 256 列，按照图 30.3 所示布线方式进行模组设计后，第三行与第四行 DDRAM 地址 0x88～0x8F 与 0x98～0x9F 分别对应 128×64 点阵 LCD 的下半屏，而上半

屏对应的第一行与第二 DDRAM 地址仍然还是 0x80 ~ 0x87 与 0x90 ~ 0x97。

ST7920 的移屏指令的执行效果与 HD44780 是一样的，但是由于硬件布线方面的特殊性，屏幕移屏后的显示效果有着很大的不同，大多数情况下并不是我们想要的，如图 30.6 所示。

图 30.6　移屏效果

如果像图 30.2 所示驱动 256×32 点阵 LCD，当我们执行左移指令后，最左侧的字符会出现在最右侧，右移指令则恰好相反。但是如果按图 30.3 所示驱动 128×64 点阵 LCD，执行左移指令后，第一（二）行最左侧的字符会出现在第三（四）行最右侧，第三（四）行最左侧的汉字会出现在第一（二）行最右侧，这种显示结果读者应该不难理解。

根据往 DDRAM 写入字模地址的不同，字模可以来自 HCGROM（Half height Character Generation ROM，半宽字符生成只读存储器）、CGROM、CGRAM。当字模地址在 0x02 ~ 0x7F 之间时，它代表的字模来自（预定义了常用字符字模的）HCGROM，其字体为 16×8 点阵，字模地址就是显示字符对应的 ASCII 码，如图 30.7 所示。

假设我们往 DDRAM 地址 0x80、0x81、0x82、0x83 分别写入 "0x647A" "0x7A7A" "0x7A63" "0x6E20" 时，相应 LCD 屏幕左上角显示的内容如图 30.8 所示。

以 DDRAM 地址 0x80 为例，高 8 位字模地址 "0x64" 对应字符 "d"，低 8 位字模地址 "0x7A" 对应字符 "z"。由于 HCGROM 中的字模字体为 16×8，所以两个字符占用屏幕 16×16 点阵，此时相当于高低 8 位拆开来显示半宽字符。请务必注意：最右侧为空白字符（对应字模地址 0x20），**不可以**因为空白就只写入 "0x6E"（小写字母 "n" 的字模地址）一个字节。

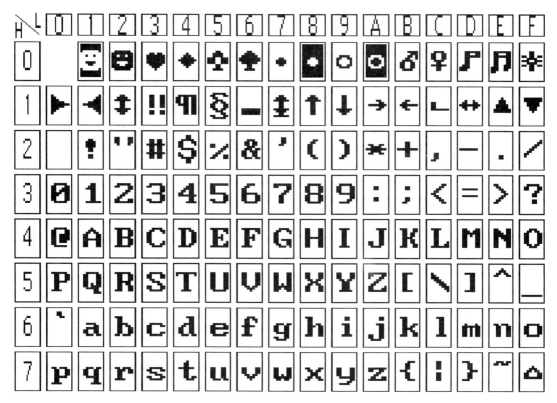

图 30.7　HCGROM 半宽字符字模

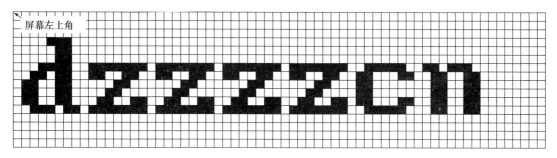

图 30.8　半宽字符显示

CGROM 中预定义了字模字体为 16×16 点阵的汉字，每个字模占用 32B，2M 位的 CGROM 空间最多可以定义 $2^{21}/16/16 = 8192$ 个字模。如果写入 DDRAM 的**字模地址**范围在 0xA1A0 ~ 0xF7FF 之间，则对应为 GB 2312 编码，如果**字模地址**范围在 0xA140 ~ 0xD75F 之间，则对应为 BIG5 编码。请注意：两套编码的地址空间是重叠的，也就暗示着：通常买到的模组只会有一套编码，常用的就是 GB 2312 编码。假设我们需要显示"电子制作站"，则往 DDRAM 地址写入的字模地址应该分别为 0xB5E7、0xD7D3、0xD6C6、0xD7F7、0xD5BE。

有心人可能想到这样一个问题：前面我们通过连续写入两个字节的字模地址来显示 HCGROM 定义的字模，难道不会与 GB 2312 编码的字模地址重叠吗？不会！因为 HC-

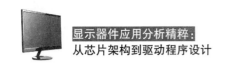

GROM 最大的字模地址为 0x7F，两个字节的最大字模地址为 0x7F7F，而 GB2312 的字模地址范围在 0xA1A0 ~ 0xF7FF 之间。

ST7920 允许用户自定义 4 个 16×16 点阵的字符，它们的字模地址分别为 0x0000、0x0002、0x0004、0x0006。例如，自定义的汉字"电子"的字模如图 30.9 所示。

DDRAM数据(字模地址)					CGRAM地址						CGRAM数据(高字节)								CGRAM数据(低字节)							
B15~B4	B3	B2	B1	B0	B5	B4	B3	B2	B1	B0	D15	D14	D13	D12	D11	D10	D9	D8	D7	D6	D5	D4	D3	D2	D1	D0
0	X	0	0	X	0	0	0	0	0	0	0	0	0	0	0	0	0	1	0	0	0	0	0	0	0	0
0	X	0	0	X	0	0	0	0	0	1	0	0	0	0	0	0	0	1	0	0	0	0	0	1	0	0
0	X	0	0	X	0	0	0	0	1	0	0	0	0	0	0	0	0	1	0	0	0	1	0	0	0	0
0	X	0	0	X	0	0	0	0	1	1	0	1	1	1	1	1	1	1	1	1	1	1	1	1	1	0
0	X	0	0	X	0	0	0	1	0	0	0	0	0	0	0	0	0	1	0	0	0	1	0	0	0	0
0	X	0	0	X	0	0	0	1	0	1	0	0	0	1	0	0	0	1	0	0	0	1	0	0	0	0
0	X	0	0	X	0	0	0	1	1	0	0	1	1	1	1	1	1	1	1	1	1	1	1	1	1	0
0	X	0	0	X	0	0	0	1	1	1	0	0	0	1	0	0	0	1	0	0	0	1	0	0	0	0
0	X	0	0	X	0	0	1	0	0	0	0	0	0	1	0	0	0	1	0	0	0	1	0	0	0	0
0	X	0	0	X	0	0	1	0	0	1	0	1	1	1	1	1	1	1	1	1	1	1	1	1	1	0
0	X	0	0	X	0	0	1	0	1	0	0	0	0	1	0	0	0	1	0	0	0	1	0	0	0	0
0	X	0	0	X	0	0	1	0	1	1	0	0	0	0	0	0	0	1	0	0	0	1	0	0	1	0
0	X	0	0	X	0	0	1	1	0	0	0	0	0	0	0	0	0	1	0	0	0	0	0	0	1	0
0	X	0	0	X	0	0	1	1	0	1	0	0	0	0	0	0	0	0	1	1	1	1	1	1	1	0
0	X	0	0	X	0	0	1	1	1	0	0	0	0	0	0	0	0	0	0	0	0	0	0	0	0	0
0	X	0	0	X	0	0	1	1	1	1	0	0	0	0	0	0	0	0	0	0	0	0	0	0	0	0
0	X	0	1	X	0	1	0	0	0	0	0	0	0	0	0	0	0	0	0	0	0	0	0	0	0	0
0	X	0	1	X	0	1	0	0	0	1	0	1	1	1	1	1	1	1	1	1	1	1	1	0	0	0
0	X	0	1	X	0	1	0	0	1	0	0	0	0	0	0	0	0	0	0	0	0	0	1	0	0	0
0	X	0	1	X	0	1	0	0	1	1	0	0	0	0	0	0	0	0	0	0	1	0	0	0	0	0
0	X	0	1	X	0	1	0	1	0	0	0	0	0	0	0	0	0	0	0	1	0	0	0	0	0	0
0	X	0	1	X	0	1	0	1	0	1	0	0	0	0	0	0	0	0	1	1	0	0	0	0	0	0
0	X	0	1	X	0	1	0	1	1	0	0	0	0	0	0	0	0	0	1	0	0	0	0	0	1	0
0	X	0	1	X	0	1	0	1	1	1	1	1	1	1	1	1	1	1	1	1	1	1	1	1	1	1
0	X	0	1	X	0	1	1	0	0	0	0	0	0	0	0	0	0	0	0	0	1	0	0	0	0	0
0	X	0	1	X	0	1	1	0	0	1	0	0	0	0	0	0	0	0	0	0	1	0	0	0	0	0
0	X	0	1	X	0	1	1	0	1	0	0	0	0	0	0	0	0	0	0	0	1	0	0	0	0	0
0	X	0	1	X	0	1	1	0	1	1	0	0	0	0	0	0	0	0	0	0	1	0	0	0	0	0
0	X	0	1	X	0	1	1	1	0	0	0	0	0	0	0	0	0	0	0	0	1	0	0	0	0	0
0	X	0	1	X	0	1	1	1	0	1	0	0	0	0	0	0	0	0	0	0	1	0	0	0	0	0
0	X	0	1	X	0	1	1	1	1	0	0	0	0	0	0	0	0	1	0	0	1	0	0	0	0	0
0	X	0	1	X	0	1	1	1	1	1	0	0	0	0	0	0	0	1	0	0	0	0	0	0	0	0

图 30.9　CGRAM 自定义字模

可以看到，每个自定义字模占用 16 个 CGRAM 地址，所以 CGRAM 地址的有效范围为 0x00 ~ 0x3F（共 64 个）。在往 CGRAM 地址中写入字模数据时，同样每次需要**写入高低两个字节**。由于字模地址的最低位 B_0 是忽略的，所以字模地址都是偶数。

ST7920 的基本指令集见表 30.1。

ST7920 的基本指令集与 HD44780 高度相似，所以使用起来也并无太大不同，但是前者没有点阵字体与显示行数选择位，取而代之的是指令集选择位"RE"，我们暂且搁置一旁，先从 VisualCom 软件平台调出"基于 ST7920 的 LCM12864 模组"器件实际应用一下基本指令集，相应的仿真效果如图 30.10 所示。

表 30.1　基本指令集

指令名称	代码（Code）										描述	执行时间
	RS	R/$\overline{W}$	D_7	D_6	D_5	D_4	D_3	D_2	D_1	D_0		
清屏	0	0	0	0	0	0	0	0	0	1	所有 DDRAM 写入 20H，I/D = 1，AC = 0，S 不变	1.6ms
归位	0	0	0	0	0	0	0	0	1	—	AC = 0，清除屏移量	72μs
输入模式设置	0	0	0	0	0	0	0	1	I/D	S	光标与屏移方向	72μs
显示开关控制	0	0	0	0	0	0	1	D	C	B	屏显、光标、闪烁开关	72μs
光标或移屏	0	0	0	0	0	1	S/C	R/L	—	—	不修改 DDRAM 数据时控制光标或屏移	72μs
功能设置	0	0	0	0	1	DL	—	RE	—	—	总线宽度、指令集选择	72μs
设置 CGRAM 地址	0	0	0	1	A_5	A_4	A_3	A_2	A_1	A_0	低 6 位有效	72μs
设置 DDRAM 地址	0	0	1	0	A_5	A_4	A_3	A_2	A_1	A_0	低 7 位有效	72μs
读忙标记或地址	0	1	BF	A_6	A_5	A_4	A_3	A_2	A_1	A_0	读 BF、AC 值	0μs
写数据	1	0	D_7	D_6	D_5	D_4	D_3	D_2	D_1	D_0	往（从）DD/CG/GD-RAM 写（读）数据	72μs
读数据	1	1	D_7	D_6	D_5	D_4	D_3	D_2	D_1	D_0		72μs

I/D = 1：加 1　　　　R/L = 1：右移　　　　　　　　　　S = 1：屏移跟随
I/D = 0：减 1　　　　R/L = 0：左移　　RE = 1：扩展指令　BF = 1：忙（内部正在解析）
S/C = 1：屏移　　　DL = 1：8 位总线　RE = 0：基本指令　BF = 0：空闲（已经准备好接收数据）
S/C = 1：移动光标 DL = 0：4 位总线　　　　　　　　　执行时间条件：f_{osc} = 540kHz

初始状态：输入模式设置（I/D = 1，S = 0）→显示开关控制（D = 0，C = 0，B = 0）→输入模式设置（DL = 1，RE = 0）

图 30.10　仿真效果

相应的预置数据如图 30.11 所示。

序号	类型	附加	十进制	十六进制	自定义备注
1	命令	0	48	30	功能设置：8位总线，基本指令集
2	命令	0	1	1	清屏
3	命令	0	12	C	开启显示，不显示光标
4	命令	0	145	91	设置DDRAM首地址
5	数据	0	181	B5	汉字"电"的GB2312编码高字节
6	数据	0	231	E7	汉字"电"的GB2312编码低字节
7	数据	0	215	D7	子
8	数据	0	211	D3	
9	数据	0	214	D6	制
10	数据	0	198	C6	
11	数据	0	215	D7	作
12	数据	0	247	F7	
13	数据	0	213	D5	站
14	数据	0	190	BE	
15	命令	0	153	99	设置DDRAM首地址

插入数据　插入命令　批量插入...　导入...　进度：　确定　取消

图 30.11 预置数据

虽然预置数据并没有完整显示，但是汉字的显示控制过程却非常明了，ASCII 码字符也是以两个字节为单位写入，我们特意将图 30.11 所示"内存窗口"定位到第四行 DDRAM 地址。例如，我们往 DDRAM 地址 0x99 依次写入"0x64"与"0x20"就可以显示出小字字母"d"，空白就是"0x20"对应的 ASCII 码。

以上一直都是将 ST7920 当作字符型点阵 LCD 驱动芯片来使用的，当需要显示字符时，将相应的字模地址写入到 DDRAM 地址即可，但是也可以将其作为图形点阵 LCD 驱动芯片来使用，为此需要先将"RE"位先置"1"，之后就可以使用表 30.2 所示扩展指令集访问 GDRAM。

表 30.2 扩展指令集

指令名称	代码（Code）										描述	执行时间
	RS	R/$\overline{W}$	D_7	D_6	D_5	D_4	D_3	D_2	D_1	D_0		
待机模式	0	0	0	0	0	0	0	0	0	1	进入待机模式，任意指令可退出待机模式	72μs
卷屏或 RAM 地址选择	0	0	0	0	0	0	0	0	1	SR	使能卷屏或 CGRAM 地址（基本指令集）	72μs
反白显示选择	0	0	0	0	0	0	0	1	R1	R0	选择一行 DDRAM 地址进行反白显示	72μs
扩展功能设置	0	0	0	0	1	DL	—	RE	G	—	总线宽度、指令集选择	72μs
设置卷屏地址	0	0	0	1	A_5	A_4	A_3	A_2	A_1	A_0	低 6 位有效	72μs
设置 GDRAM 地址	0	0	1	0	0	0	A_3	A_2	A_1	A_0	双字节指令	72μs
	0	0	1	0	A_5	A_4	A_3	A_2	A_1	A_0		

SR = 1：卷屏位置　R1R0 = 1：第二行　　　RE = 1：扩展指令　　G = 1：打开图形显示
SR = 0：RAM 地址　R1R0 = 2：第三行　　　RE = 0：基本指令　　G = 0：关闭图形显示
R1R0 = 0：第一行　R1R0 = 3：第四行　　　　　　　　　　　　　执行时间条件：f_{osc} = 540kHz

初始状态：卷屏或 RAM 地址选择（SR = 0）→反白显示（R1R0 = 0，正常显示）→扩展功能设置（G = 0）

先来看看 GDRAM 的组织结构，如图 30.12 所示。

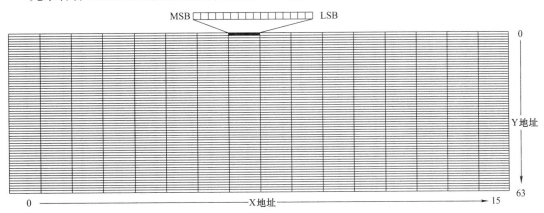

图 30.12　GDRAM 组织结构

ST7920 将 GDRAM 划分为 16 列（X 地址）64 行（Y 地址），由 X 与 Y 地址确定的每个 GDRAM 地址可以保存 16 位字模数据，由于 COM 输出引脚最多只有 32 个，所以任意时刻可以最多对应屏幕上的 256×32 个像素点，与两行 DDRAM 地址空间对应的屏幕空间完全一致。我们前面已经提过，LCM12864 仅使用了两行 DDRAM 地址，且将这两行地址作为上下屏结构使用，对应 GDRAM 地址空间自然也同样如此，所以实际 GDRAM 地址与屏幕位置的对应关系如图 30.13 所示。

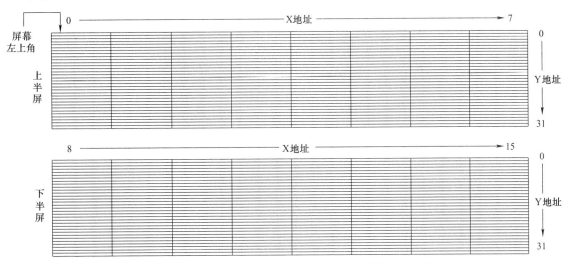

图 30.13　LCM12864 的 GDRAM 地址与屏幕位置的对应关系

也就是说，对于 LCM12864 模组，屏幕对应的 Y 地址最大为 31。虽然仍然可以对 Y 地址范围在 32 ~ 63 之间的 GDRAM 空间进行读写操作，只不过默认情况下不会显示而已，但我们可以使用"设置卷屏地址"指令来控制显示与否（必须保证 SR = 1，因为这条指令与基本指令集中的"设置 CGRAM 地址"指令是一样的，SR 位可以避免这两条指令发生冲突）。"设置卷屏地址"指令中设置的 Y 地址对应的行将显示在**屏幕最上方**（默认 Y 地址为 0），这与 SED1520/SED1565/KS0108B 中"设置显示起始行"指令的意义完全一样，但

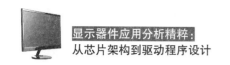

是由于上下屏结构的特殊性，下（上）半屏的内容不会卷到上（下）半屏。换句话说，这里所谓的"**屏幕最上方**"指的是某半屏最上方，所以直接使用卷屏指令呈现的效果很有可能并不是我们所需要的，图30.14可以帮助理解LCM12864的卷屏效果。

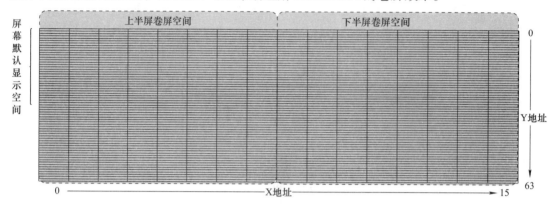

图 30.14　卷屏时 GDRAM 空间的屏幕的对应关系

回过头来，具体怎么样访问 GDRAM 呢？很明显，与访问 DDRAM 或 CGRAM 一样，我们也需要先设置 GDRAM 地址，但是基本指令集中并没有这条指令，所以我们必须先设置"RE=1"以选择**扩展指令集**，其中就有针对 GDRAM 的一些指令。在往 GDRAM 写入字模数据时需要特别注意：**扩展指令集中并没有"写 GDRAM 数据"指令**！所以必须先进入**扩展指令模式**依次设置好 Y（行）与 X（列）地址后，再使用"扩展功能设置"指令回到**基本指令模式**，此时访问区域已经切换到 GDRAM 了，只需要使用"写 DDRAM/CGRAM/GDRAM 数据"指令**每次**写入两个字节的字模数据即可，同样是**先写高 8 位再写低 8 位**。当然，向 GDRAM 中写入的数据默认并不会显示，除非在**扩展指令模式**中使用"扩展功能设置"指令打开图形显示开关（设置 G=1），读者可尝试分析图 30.15 所示的预置数据。

序号	类型		附加	十进制	十六进制	自定义备注
1	命令	▼	0	48	30	功能设置：8位总线，基本指令集
2	命令	▼	0	1	1	清屏
3	命令	▼	0	12	C	开启显示，不显示光标
4	命令	▼	0	54	36	进入扩展指令集模式，打开图形显示开关
5	命令	▼	0	136	88	设置GDRAM的Y地址为8
6	命令	▼	0	128	80	设置GDRAM的X地址0
7	命令	▼	0	50	32	回到基本指令集模式
8	数据	▼	0	255	FF	往GDRAM中写入数据（一次写入两个字节）
9	数据	▼	0	238	EE	
10	数据	▼	0	221	DD	
11	数据	▼	0	204	CC	
12	数据	▼	0	187	BB	
13	数据	▼	0	170	AA	
14	数据	▼	0	153	99	
15	数据	▼	0	136	88	

插入数据　插入命令　批量插入...　导入...　进度：　　　　　确定　取消

图 30.15　预置数据

相应的仿真效果如图 30.16 所示。

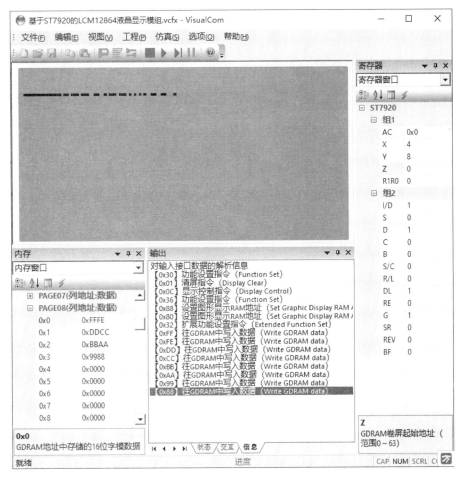

图 30.16　仿真效果

需要注意的是：**当连续往（从）GDRAM 中读（写）数据时，变化的只有 X 地址（Y 地址是不会变化的）**。换句话说，数据只会往（从）一页（行）写入（读出），读写完一个字（两个字节）后 X 地址自加或自减，到达页末（首）则返回页首（末）地址（地址循环）。另外，在每次设置**新地址**进行数据**读**操作时，需要先进行一次**假读**操作（后续再次连续进行数据读取操作则不需要）。

最后谈一下 ST7920 的"反白显示选择"指令，它允许选择某一行进行反白显示。注意：这里的"某一行"不是指 GDRAM 的 Y 地址，而是 DDRAM 行地址。由于 LCM12864 采用上下屏结构设计，屏幕上会有 32 行像素点处于反白状态。例如，屏幕第一与三行或第二与四行（DDRAM 地址），如图 30.17 所示。

相应的，如果选择第三或四行处于反白显示状态，默认情况下是看不到效果的。在设置反白显示状态时，只需要在扩展指令集模式下发送"反白显示选择"指令即可，相同的行设置一次即可进入反白显示状态，再设置一次则回到正常显示状态。

a) 第一行处于反白显示状态

b) 第二行处于反白显示状态

图 30.17　反白显示状态

第 31 章

基于 T6963C 的液晶显示
模组设计

从前述各种图形点阵液晶显示模组的驱动设计过程中可以看到，尽管不同厂家的驱动芯片的时序接口或具体控制指令方面会有些差异，但基本的显示原理还是大体一致，它们都是先确定显存的行（页）与列地址再写入数据，驱动源代码并没有实质性的差别，所以我们也就没有对 Proteus 软件平台中驱动芯片相似的液晶显示模组做过多的讨论。

然而，凡事都有例外，有一款点阵**LCD 控制芯片**在显示控制方面却有很大的不同，也就是本章要讨论的 T6963C，其内部框图如图 31.1 所示。

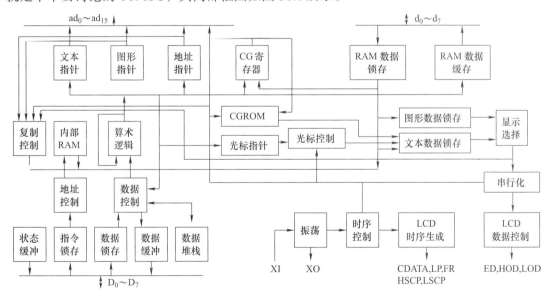

图 31.1　T6963C 内部框图

首先应该注意到刚才的措辞：上文提到的是"**控制芯片**"，而不是"驱动芯片"。通常把能够直接驱动 LCD（或其他显示器件）的芯片称为驱动芯片（Driver），而控制芯片（Controller）并不能直接驱动显示器件，它主要实现指令集解析或统筹其他驱动芯片的控制时序。当然，如果驱动芯片本身已经实现了一些指令集（例如 HT1632、HT1621、HD44780、SED1520、SED1565、KS0108B），那么也可以称为控制驱动（Driver with Controller）芯片。

从图 31.1 可以看到，T6963C 并没有 COM 或 SEG 输出，它必须额外使用配套的 COM 或 SEG 扩展芯片才能完成 LCD 的驱动，数据手册给出的典型应用电路如图 31.2 所示。

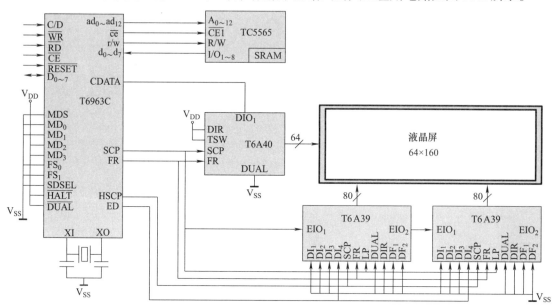

图 31.2　典型应用电路示意

$\overline{\text{RESET}}$ 是低电平有效的复位信号（内部集成上拉电阻），$\overline{\text{HALT}}$ 引脚也有复位功能，但同时也会将内部时钟振荡器挂起。由于 T6963C 内部并没有作为显存的 RAM，必须外挂单独的 RAM 芯片，相关的控制引脚为 $ad_0 \sim ad_{12}$、$d_0 \sim d_7$、r/w、$\overline{ce}$。由于地址线共有 16 条，T6963C 可以最多管理 64KB（字节）的 RAM（TC5565 是一颗 65536 位大小的 RAM 芯片）。与以往液晶驱动芯片有所不同的是，这 64KB 地址空间并不是默认与屏幕对应的，**它需要用户使用指令对其进行文本、图形、CGRAM 区域的划分**，我们很快就会知道。

T6963C 支持单屏或双屏驱动，当作为单屏驱动时（这也是最广泛的应用模式），文本、图形及 CGRAM 区域可以在 64KB 范围内自由指定。当作为双屏驱动时，上下半屏各占 32KB，三个区域可以在各自地址范围内自由指定，如图 31.3 所示。

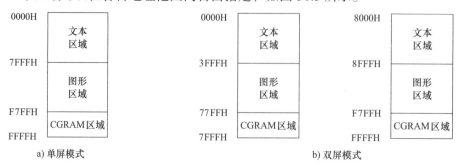

图 31.3　DDRAM 的区域划分

$\overline{\text{DUAL}}$引脚可以设置 T6963C 处于单屏（$\overline{\text{DUAL}}$ = 1）还是双屏（$\overline{\text{DUAL}}$ = 0）驱动模式，SDSEL引脚用于选择发给 RAM 芯片的数据传输方式。需要指出的是，如果处于双屏驱动模式，需要外挂两颗 RAM 芯片，数据手册中也给出了相应的典型应用电路，此处不再赘述。

图 31.2 中 T6A40 与 T6A39 分别为行（COM）与列（SEG）驱动芯片，驱动时序则由控制芯片 T6963C 来主导，具体的驱动列数取决于硬件层面对 MD_2、MD_3 的电平配置，见表 31.1。

表 31.1　列驱动数量

MD_2	1	0	1	0
MD_3	1	1	0	0
列数量	32	40	64	80

MDS、MD_0、MD_1 引脚则决定了行驱动数量，见表 31.2。

表 31.2　行驱动数量

	单屏结构								双屏结构							
$\overline{\text{DUAL}}$	1	1	1	1	1	1	1	1	0	0	0	0	0	0	0	0
MDS	0	0	0	0	1	1	1	1	0	0	0	0	1	1	1	1
MD_1	1	1	0	0	1	1	0	0	1	1	0	0	1	1	0	0
MD_0	1	0	1	0	1	0	1	0	1	0	1	0	1	0	1	0
字符行	2	4	6	8	10	12	14	16	4	8	12	16	20	24	28	32
行数	16	32	48	64	80	96	112	128	32	64	96	128	160	192	224	256

注意其中有一个字符行（乘上 8 就是对应的行数），这与显示的字模字体有关，可以通过 FS_1、FS_0 引脚设置，见表 31.3。

表 31.3　字模字体

FS_0	H	L	H	L
FS_1	H	H	L	L
字体	5×8	6×8	7×8	8×8

可以看到，字体的行高总是 8，而列宽范围为 5～8，表 31.1 所示列数量也是指字符的数量。换句话说，T6963C 最大可以管理驱动 640（列）×128（行）点阵的单屏结构 LCD（或 640×256 点阵的双屏结构 LCD）。

那具体怎么样进行文本、图形、CGRAM 区域的划分呢？区域的划分需要用户指定首地址及列数，它们都有对应的指令，首先来看看文本区域的设置。假设需要驱动的 LCD 分辨率为 240 列 ×128 行，我们把外部 RAM 的 0x0000 作为文本区域的首地址，而其列数为 32，那么屏幕显示位置与文本区域的对应关系如图 31.4 所示。

需要注意的是：文本区域的地址与 HD44780 中 DDRAM 地址的意义是相同的，也就是说，我们写入到文本区域地址的数据应该是**字模地址**，而字模字体参见表 31.3（假设字体点阵为 8×8）。由于我们定义的列数为 32，而屏幕的宽度为 30 列（即 240/8 = 30），所以文本区域最右侧两列数据不会显示在屏幕上。换句话说，通过指令设置的文本（或图形）区域的列数，只是对 RAM 区域进行的"软"分配，获得正常显示还需要硬件的支持，否

显示器件应用分析精粹：
从芯片架构到驱动程序设计

则输出可能不是想要的。也可以使用指令定义列数为 30（与屏幕列数相同），但那样 RAM 地址的规律就不会那么简单明了，不方便我们快速对屏幕进行定位（当然，这并不影响实际的显示，只要你具备把简单的问题复杂化的"大无畏"精神）。

0000H	0001H		001DH	←	
0020H	0021H		003DH	003EH	003FH
0040H	0041H		005DH	005EH	005FH
0060H	0061H		007DH	007EH	007FH
0080H	0081H		009DH	009EH	009FH
00A0H	00A1H		00BDH	00BEH	00BFH
00C0H	00C1H		00DDH	00DEH	00DFH
00E0H	00E1H		00FDH	00FEH	00FFH
0100H	0101H		011DH	011EH	011FH
0120H	0121H		013DH	013EH	013FH
0140H	0141H		015DH	015EH	015FH
0160H	0161H		017DH	017EH	017FH
0180H	0181H		019DH	019EH	019FH
01A0H	01A1H		01BDH	01BEH	01BFH
01C0H	01C1H		01DDH	01DEH	01DFH
01E0H	01E1H		01FDH	←	
0200H	0201H		021DH	021EH	021FH
0220H	0221H		023DH	023EH	023FH

屏幕左上角（第一行左侧）　屏幕右上角（第二行右侧）
屏幕左下角（01C0H 行左侧）　屏幕右下角（01E0H 行右侧）
屏幕以外（0200H、0220H 两行左侧）

图 31.4　文本区域的划分

可以看到，如果想在屏幕左下角写字符，就应该将字模地址写到 0x01E0。如果将首地址更改为 0x0001（列数保持不变），那么左下角的地址就是 0x01E1，其他依此类推。如果将首地址保持不变，而将列数改为 15，这意味着右半屏没有对应的文本区域（但这并不意味着右半屏不能显示内容，因为还可以定义屏幕对应图形区域，很快就会讲到）。

当然，以上只是针对 8×8 点阵字体，如果字符的宽度不一样，屏幕对应的文本区域地址也会不一样。例如，硬件层面设置的显示字体为 5×8 点阵，则每个文本区域地址对应 5 列，如果仍然使用前述相同的文本区域设置，32 列文本区域对应的屏幕像素点列数为 32×5 = 160，那么 240×128 分辨率的 LCD 右侧 80/5 = 16 列将没有对应的文本区域。

图形区域的首地址与列数定义也是类似的。假设我们将首地址设置为 0x0200，列数仍然设置为 32，则屏幕显示位置与图形区域的对应关系如图 31.5 所示。

0200H	0201H		021DH	←	
0220H	0221H		023DH	023EH	023FH
0240H	0241H		025DH	025EH	025FH
0260H	0261H		027DH	027EH	027FH
1180H	1181H		119DH	119EH	119FH
11A0H	11A1H		11BDH	11BEH	11BFH
11C0H	11C1H		11DDH	11DEH	11DFH
11E0H	11E1H		11FDH	←	
1200H	1201H		121DH	121EH	121FH
1220H	1221H		123DH	123EH	123FH

屏幕左上角（第一行左侧）　屏幕右上角（第二行右侧）
屏幕左下角（11C0H 行左侧）　屏幕右下角（11E0H 行右侧）
屏幕以外（1200H、1220H 两行左侧）

图 31.5　图形区域

这里特别需要注意：与文本区域不同的是，往图形区域地址中写入的是**字模数据**（而不是字模地址）。图形区域每个地址可以保存一个字节的字模数据，相应的 8 位分别表示像素点的亮灭状态（1 为亮 0 为灭），并且**左高位右低位**。

假设我们要在右下角写字符串 "dzzzzcn"，相应的字模如图 31.6 所示。

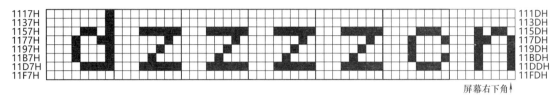

图 31.6　图形区域写入的字模数据

最后再设置 CGRAM 区域，它不像文本与图形区域那样直接指定 RAM 地址，只需要指定偏移地址即可，见表 31.4。

表 31.4　偏移地址与 CGRAM 地址对应关系

偏移寄存器数据	CGRAM 地址范围（十六进制）
00000	0000 ~ 07FFH
00001	0800 ~ 0FFFH
00010	1000 ~ 17FFH
00011	1800 ~ 1FFFH
⋮	⋮
11101	E800 ~ EFFFH
11110	F000 ~ F7FFH
11111	F800 ~ FFFFH

例如，我们指定偏移地址为 0000，则表示设置的 CGRAM 起始地址范围则为 0x0000 ~ 0x07FF。CGRAM 区域的指定要注意避开已经定义的文本与图形区域。我们刚刚已经把文本区域首地址设置为 0x0000，该区域应该保证屏幕每个像素点都有对应的字模地址，相应所需要的 RAM 大小至少为 240 × 128/8/8 = 480 = 0x01E0（对于 8 × 8 点阵字体），所以图形区域可以设置为 0x0200 以避开文本区域，可以设置为更大（例如，有卷屏的需求，只需要在卷屏时更改文本区域首地址即可），但不应该更小。同样的道理，CGRAM 首地址的设置应该避开定义的图形区域，由于屏幕所有像素点对应的图形区域地址空间为 240 × 128/8 = 3840 = 0x0F00，所以 CGRAM 首地址应该至少为 0x0F00+0x0200 = 0x1100（可以设置更大，但不可以更小）。例如，我们可以把 CGRAM 的首地址设置为 0x1800，相应偏移地址为 0x03，这已经满足了 "给图形区域预留了远大于所需最小空间" 的需求。

指定完 CGRAM 区域后，如果需要自定义字模，先通过 "设置地址指针（Set Address Pointer）" 指令预先指定 CGRAM 地址，再把相应的字模数据写入即可，然后把对应的字模地址写入到文本区域即可完成自定义字模数据的显示。特别需要注意的是：**T6963C 可以设置是否使用内置 CGROM**（见后文表 31.5）。T6963C 内部 CGROM 预定义了 128 个字模，对应的字模地址为 0x00 ~ 0x7F，如图 31.7 所示。

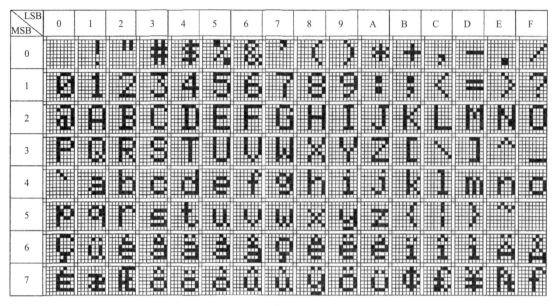

图 31.7　预定义 CGROM

如果使用内部 CGROM，则字模地址 0x00 ~ 0x7F 表示 CGROM 中的字模，而 0x80 ~ 0xFF 表示刚才定义的 CGRAM 区域中的字模。如果不使用内部 CGROM，则 256 个字模地址全部来自外挂 CGRAM，并且对应的字模地址为 0x00 ~ 0xFF。换句话说，它影响可定义的 CGRAM 字模数量及相应的字模地址。

假设决定使用 CGROM，则用户自定义字模的 CGRAM **字模地址**则为 0x80 ~ 0xFF，每一个字模包含 8 个字节（即行高为 8 的点阵字体）。如果设置的偏移地址为 0x03（CGRAM 首地址为 0x1800），并且在 CGRAM 中定义了如图 31.8 所示的字模数据 "T"，为了在文本区域显示它，我们需要写入的字模地址为 0x80（如果不使用 CGROM，则写入的字模地址应该为 0x00）。

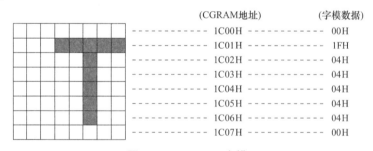

图 31.8　CGRAM 字模

有些读者可能会想：为什么 CGRAM 首地址是 0x1C00 呢？不应该是 0x1800 吗？我们先来看看 CGRAM 地址与偏移地址之间的关系，如图 31.9 所示。

图 31.9　CGRAM 地址与偏移地址之间的关系

我们之前设置的偏移地址为 0x03，如果 CGRAM 字模地址为 0x00，则该字模对应的 CGRAM 地址为 **0x1800**（**0b00011_00000000_000**），这就是表 31.4 所示地址关系的来源。而之所以设置 CGRAM 首地址为 0x1C00，是因为我们已经设置"使用内部 CGROM"，这意味着字模地址 0x00 ~ 0x7F 代表的字模来自 CGROM，而 0x80 ~ 0xFF 代表的字模才来自 CGRAM。现在，假设把字模往字模地址 0x80 对应的 CGRAM 地址开始写起，则相应的 CGRAM 地址应该为 **0x1C00**（**0b00011_10000000_000**），明白了吧？如果设置"不使用内部 CGROM"，则字模地址 0x00 ~ 0xFF 代表的字模均来自 CGRAM，这样一来将 CGRAM 首地址设置 0x1800 才是正确的。

当在定义好的文本或图形区域中写入数据后，可以控制区域中的数据是否在屏幕上显示。例如，屏幕上所有显示的数据都在文本区域，那么就可以只开启文本区域显示而关闭图形区域。反之，如果显示的数据都是图形区域，则可以只开启图形区域而关闭文本区域。当然，也可以两块区域一起显示（ST7920 同一时间只能显示 DDRAM 或 GDRAM 中的数据），但是两块区域的数据如何同时显示在屏幕上呢？这就要涉及显示模式（Display Mode），见表 31.5。

表 31.5 显示模式设置

代码	功　能
1000X000	或模式（OR Mode）
1000X001	异或模式（EXOR Mode）
1000X011	与模式（AND Mode）
1000X100	文本特征模式（TEXT ATRRIBUTE Mode）
10000XXX	使用内部 CGROM（Internal Character Generator Mode）
10001XXX	使用外部 CGRAM（External Character Generator Mode）

假设图形与文本区域的数据如图 31.10 所示。

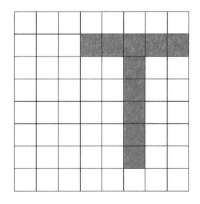

a) 图形区域　　　　　　　　　　　　　b) 文本区域

图 31.10　图形与文本区域中的数据

当分别设置显示模式为或、与、异或模式时，屏幕的显示效果如图 31.11 所示。

黑色像素点对应数据位为 1，白色像素点对应数据位为 0。"或"显示模式对文本与图形区域相对应的各个点全部进行或运算，由于"有 1 为 1，全 0 为 0"，所以最终的运算结

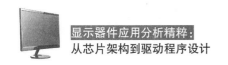

果全是 1（黑色）。如果处于"异或"显示模式，由于"同入为 0，异入为 1"，文本与图形区域中都为 1（或 0）则运算结果为 0（白色），其他则运算结果为 1（黑色）。

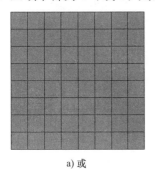

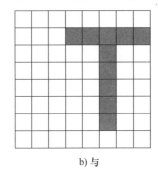

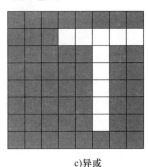

a) 或　　　　　　　　　　b) 与　　　　　　　　　　c)异或

图 31.11　各种模式下的显示效果

还有一种"文本特征模式（Text Attribute Mode）"的显示模式也很特殊，可以设置为正常显示（闪烁）、反白显示（闪烁）、禁止显示（闪烁），见表 31.6。

表 31.6　文本特性模式

代码	功　能
XXXX0000	正常显示（Normal display）
XXXX1001	反白显示（Reverse display）
XXXX0011	禁止显示（Inhibit display）
XXXX1000	（闪烁）正常显示（Blink of normal display）
XXXX1101	（闪烁）反白显示（Blink of reverse display）
XXXX1011	（闪烁）禁止显示（Blink of inhibit display）

当决定使用"文本特性模式"时，**必须把文本与图形区域显示全部打开**，但是此时**图形区域中的数据并不作为显示来使用**，而是将其解析为表 31.6 所示的各种"文本特征模式"，文本区域的每个字符都对应图形区域的相同地址。换句话说，我们只要把想要的**文本特征模式**写入到文本区域字符对应的图形区域地址即可。很明显，对于同时需要显示文本与图形的应用来说，文本特征模式会破坏图形区域中的数据，所以我们可以另外划分一块图形区域作为专用的文本特征区，只要我们使用指令修改图形区域的首地址即可完成两块图形区域的切换。

与 HD44780 一样，文本区域也可以打开光标或闪烁，而且光标可以设置为 1 ~ 8 行的显示风格，如图 31.12 所示。

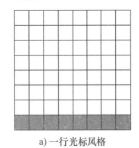

a) 一行光标风格　　　　　　b) 两行光标风格　　　　　　c) 八行光标风格

图 31.12　光标风格

但是与 HD44780 不同的是，光标的位置仅可以通过设置光标地址来改变，读写文本区域对光标位置无任何影响，它通过 X 与 Y 地址两个参数来指定，其范围如图 31.13 所示。

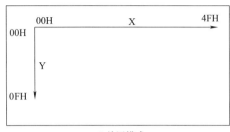

a) 单屏模式

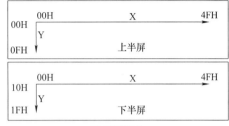

b) 双屏模式

图 31.13　光标位置的 X 与 Y 地址

对于图形区域，还可以使用"位清零或置位（Bit Set/Reset）"指令，也就是说，可以把图形区域的某个地址中指定某一位设置为 1 或 0。

最后来看一下 T6963C 的指令集，见表 31.7。

表 31.7　T6963C 指令集

指令	代码	数据 1	数据 2	功　　能
寄存器设置	00100001	X 地址	Y 地址	设置光标指针
	00100010	数据	00H	设置偏移寄存器
	00100100	低地址	高地址	设置地址指针
设置控制字	01000000	低地址	高地址	设置文本首地址
	01000001	列	00H	设置文本区域
	01000010	低地址	高地址	设置图形首地址
	01000011	列	00H	设置图形区域
模式设置	1000X000	—	—	或模式
	1000X001	—	—	异或模式
	1000X011	—	—	与模式
	1000X100	—	—	文本特征模式
	10000XXX	—	—	内部 CGROM 模式
	10001XXX	—	—	外部 CGRAM 模式
显示控制	10010000	—	—	关闭显示
	1001XX10	—	—	开启光标，关闭闪烁
	1001XX11	—	—	开启光标与闪烁
	100101XX	—	—	开启文本区域，关闭图形区域
	100110XX	—	—	关闭文本区域，开启图形区域
	100111XX	—	—	开启文本区域，开启图形区域
光标风格	10100ABC	—	—	ABC：（0 ~ 7）+1 行光标
数据自动读 / 写	10110000	—	—	设置数据自动写
	10110001	—	—	设置数据自动读
	10110010	—	—	退出数所自动读 / 写

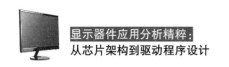

（续）

指令	代码	数据 1	数据 2	功　能
数据读 / 写	11000000	数据	—	写数据，同时增加地址指针
	11000001	—	—	读数据，同时增加地址指针
	11000010	数据	—	写数据，同时减小地址指针
	11000011	—	—	读数据，同时减小地址指针
	11000100	数据	—	写数据，地址指针不变
	11000101	—	—	读数据，地址指针不变
屏读	11100000	—	—	屏读（Screen Peek）
屏拷贝	11101000	—	—	屏拷贝（Screen Copy）
位清零或置位	11110XXX	—	—	位清零
	11111XXX	—	—	位置 1
	1111X000	—	—	第 0 位（最低位）
	1111X001	—	—	第 1 位
	1111X010	—	—	第 2 位
	1111X011	—	—	第 3 位
	1111X100	—	—	第 4 位
	1111X101	—	—	第 5 位
	1111X110	—	—	第 6 位
	1111X111	—	—	第 7 位（最高位）

　　发送控制指令时需要注意：**如果指令后面跟随了数据参数，必须先写数据再写指令**，这一点与以往讨论的驱动芯片是不同的。如果写入的数据多于需要的个数，只有最后的数据是有用的。例如，"寄存器设置"指令要求 2 个数据作为地址，但是写了 4 个数据再写指令，那么最后两个数据将作为有效地址。

第 32 章

LCM240128 显示驱动设计

前文已经对 T6963C 的控制原理做了详尽的描述，是时候编写驱动程序实际演示一番了，我们使用 Proteus 软件平台中基于 T6963C 的液晶显示模组（型号为 LM3229），相应的仿真电路与效果如图 32.1 所示。

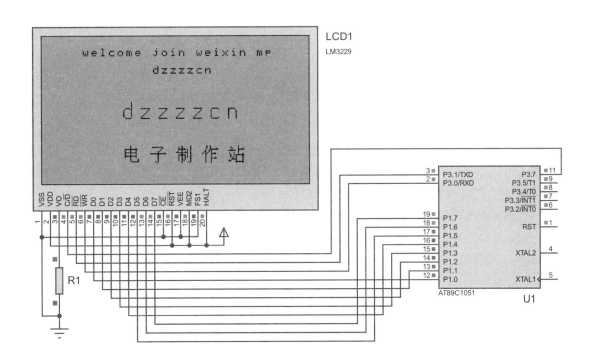

图 32.1　仿真电路与效果

在通信接口方面，T6963C 使用第 27 章中初步了解过的 8080 接口，相应的时序如图 27.6 所示（A_0 对应 $C/\overline{D}$），我们的驱动源代码如清单 32.1 所示。

```c
#include <reg51.h>
#include <intrins.h>

#define TYPE_DAT 0
#define TYPE_COM 1
#define TXHOME   0x40              //设置文本区域首地址
#define TXAREA   0x41              //设置文本区域列宽
#define GRHOME   0x42              //设置图形区域首地址
#define GRAREA   0x43              //设置图形区域列宽
#define OFFSET   0x22        //设置偏移地址（CGRAM区域首地址）
#define ADPSET   0x24              //设置地址计数器
#define AWRON    0xB0              //进入自动写模式
#define AWROFF   0xB2              //退出自动写模式
#define LCD_DATA_BUS P1            //数据总线

typedef unsigned char uchar;                          //定义类型别名
typedef unsigned int  uint;

sbit LCD_WR_N = P3^0;
sbit LCD_RD_N = P3^1;
sbit LCD_C_D  = P3^7;

uchar code txt_welcome[] = {              //第一行文本区域的字模地址，来自CGROM
  0x57, 0x45, 0x04c, 0x43, 0x4f, 0x4d, 0x45, 0x00, 0x4a, 0x4f, 0x49, 0x4e, 0x00,
  0x57, 0x45, 0x49, 0x58, 0x49, 0x4e, 0x00, 0x4d, 0x50};
uchar code txt_dzzzzcn[] = {              //第二行文本区域的字模地址，来自CGROM
  0x44, 0x5a, 0x5a, 0x5a, 0x5a, 0x43, 0x4e};

uchar code dot_dzzzzcn[] = {                      //第三行图形区域"dzzzzcn"字模
  0x00, 0x01, 0x00, 0x00, 0x00, 0x00, 0x00, 0x00, 0x00, 0x00, 0x00, 0x00, 0x00, 0x00,
  0x00, 0x01, 0x00, 0x00, 0x00, 0x00, 0x00, 0x00, 0x00, 0x00, 0x00, 0x00, 0x00, 0x00,
  0x00, 0x01, 0x00, 0x00, 0x00, 0x00, 0x00, 0x00, 0x00, 0x00, 0x00, 0x00, 0x00, 0x00,
  0x00, 0x01, 0x00, 0x00, 0x00, 0x00, 0x00, 0x00, 0x00, 0x00, 0x00, 0x00, 0x00, 0x00,
  0x00, 0x01, 0x00, 0x00, 0x00, 0x00, 0x00, 0x00, 0x00, 0x00, 0x00, 0x00, 0x00, 0x00,
  0x00, 0x01, 0x00, 0x00, 0x00, 0x00, 0x00, 0x00, 0x00, 0x00, 0x00, 0x00, 0x00, 0x00,
  0x00, 0x3D, 0x00, 0xFF, 0x00, 0xFF, 0x00, 0xFF, 0x00, 0xFF, 0x00, 0x7E, 0x00, 0xBC,
  0x00, 0x43, 0x00, 0x01, 0x00, 0x01, 0x00, 0x01, 0x00, 0x01, 0x00, 0x81, 0x00, 0xC2,
  0x00, 0x81, 0x00, 0x02, 0x00, 0x02, 0x00, 0x02, 0x00, 0x02, 0x00, 0x80, 0x00, 0x81,
  0x00, 0x81, 0x00, 0x04, 0x00, 0x04, 0x00, 0x04, 0x00, 0x04, 0x00, 0x80, 0x00, 0x81,
  0x00, 0x81, 0x00, 0x08, 0x00, 0x08, 0x00, 0x08, 0x00, 0x08, 0x00, 0x80, 0x00, 0x81,
  0x00, 0x81, 0x00, 0x10, 0x00, 0x10, 0x00, 0x10, 0x00, 0x10, 0x00, 0x80, 0x00, 0x81,
  0x00, 0x81, 0x00, 0x20, 0x00, 0x20, 0x00, 0x20, 0x00, 0x20, 0x00, 0x80, 0x00, 0x81,
  0x00, 0x81, 0x00, 0x40, 0x00, 0x40, 0x00, 0x40, 0x00, 0x40, 0x00, 0x80, 0x00, 0x81,
  0x00, 0x41, 0x00, 0x80, 0x00, 0x80, 0x00, 0x80, 0x00, 0x80, 0x00, 0x81, 0x00, 0x81,
  0x00, 0x3E, 0x00, 0xFF, 0x00, 0xFF, 0x00, 0xFF, 0x00, 0xFF, 0x00, 0x7E, 0x00, 0x81
};

uchar code dot_dzzzzcn_cgram[]={                          //CGRAM区域自定义字模
  0x02, 0x02, 0x02, 0x7F, 0x42, 0x42, 0x7F, 0x42, 0x42, 0x7F, 0x42, 0x02, 0x02, 0x02, 0x01, 0x00,
  0x00, 0x00, 0x10, 0xF8, 0x10, 0x10, 0xF0, 0x10, 0x10, 0xF0, 0x10, 0x00, 0x04, 0x04, 0xFC, 0x00, //电
  0x00, 0x3F, 0x00, 0x00, 0x00, 0x01, 0x01, 0xFF, 0x01, 0x01, 0x01, 0x01, 0x01, 0x01, 0x05, 0x02,
  0x00, 0xF0, 0x10, 0x20, 0x40, 0x80, 0x04, 0xFE, 0x00, 0x00, 0x00, 0x00, 0x00, 0x00, 0x00, 0x00, //子
  0x04, 0x24, 0x25, 0x3F, 0x24, 0x44, 0xFF, 0x04, 0x3F, 0x24, 0x24, 0x24, 0x26, 0x25, 0x04, 0x04,
  0x04, 0x04, 0x04, 0xA4, 0x24, 0xA4, 0xE4, 0x24, 0xA4, 0xA4, 0xA4, 0x84, 0x84, 0x04, 0x14, 0x08, //制
  0x09, 0x09, 0x09, 0x11, 0x12, 0x32, 0x54, 0x98, 0x10, 0x10, 0x10, 0x10, 0x10, 0x10, 0x10, 0x10,
  0x00, 0x00, 0x04, 0xFE, 0x80, 0x80, 0x90, 0xF8, 0x80, 0x80, 0x88, 0xFC, 0x80, 0x80, 0x80, 0x80, //作
  0x00, 0x20, 0x10, 0x10, 0xFE, 0x00, 0x44, 0x44, 0x25, 0x25, 0x29, 0x09, 0x1F, 0xE1, 0x41, 0x01,
  0x40, 0x40, 0x44, 0x7E, 0x40, 0x40, 0x40, 0x44, 0xFE, 0x04, 0x04, 0x04, 0x04, 0x04, 0xFC, 0x04  //站
};
```

清单 32.1 驱动源代码

```
uchar code txt_dzzzzcn_cn_top[]={                    //"电子制作站"上半部分对应的CGRAM字模地址
    0x80,0x82,0x00,0x84,0x86,0x00,0x88,0x8A,0x00,0x8C,0x8E,0x00,0x90,0x92};
uchar code txt_dzzzzcn_cn_bot[]={                    //"电子制作站"下半部分对应的CGRAM字模地址
    0x81,0x83,0x00,0x85,0x87,0x00,0x89,0x8B,0x00,0x8D,0x8F,0x00,0x91,0x93};

void delay_us(uint count){while(count-->0);}                        //延时函数
void delay_ms(uchar count){while(count-->0)delay_us(60);}

void check_busy(void)            //读取T6963C状态, 确保处于可接受数据与指令状态函数
{
    uint w_time = 0;

    do {
        LCD_DATA_BUS = 0xFF;                                //设置P1口为输入状态
        LCD_RD_N = 1;
        LCD_C_D = 1;
        LCD_RD_N = 0;                                       //读状态
        _nop_();
    } while((0x03 != (LCD_DATA_BUS&0x03)) && ((w_time++) < 500));
    LCD_RD_N = 1;                          //状态读取完成后设置读控制引脚为空闲
}

void write_t6963(uchar dat, uchar flag)             //往T6963C写数据函数
{
    check_busy();

    (TYPE_COM == flag)?(LCD_C_D = 1):(LCD_C_D = 0);
    LCD_DATA_BUS = dat;
    LCD_WR_N = 0;                                          //写控制信号有效
    _nop_();
    LCD_WR_N = 1;                                          //写控制信号无效
    _nop_();
}

void write_one_cmd(uchar dat)                         //包装写一个命令函数
{
    write_t6963(dat, TYPE_COM);
}

void write_one_data_cmd(uchar dat, uchar cmd)          //包装写一个命令与一个数据
{
    write_t6963(dat, TYPE_DAT);
    write_t6963(cmd, TYPE_COM);
}

void write_two_data_cmd(uchar dat1, uchar dat2, uchar cmd)   //包装写一个命令与两个数据
{
    write_t6963(dat1, TYPE_DAT);
    write_t6963(dat2, TYPE_DAT);
    write_t6963(cmd, TYPE_COM);
}

void main(void)
{
    uint i=0;
    LCD_RD_N = 1;                                      //初始化读写引脚为无效状态
    LCD_WR_N = 1;
    delay_ms(200);                          //上电延时一段时间, 使液晶显示模组供电稳定

    write_two_data_cmd(0x00, 0x00, TXHOME);           //设置文本区域首地址为0x0000
    write_two_data_cmd(0x00, 0x02, GRHOME);           //设置图形区域首地址0x0200
    write_two_data_cmd(0x20, 0x00, TXAREA);           //设置文本区域列数32
    write_two_data_cmd(0x20, 0x00, GRAREA);           //设置图形区域列数32
    write_one_cmd(0x9C);                      //打开文本与图形区域, 并且关闭光标与闪烁
    write_one_cmd(0x80);                      //设置"或"显示模式, 使用内部CGROM
    write_two_data_cmd(0x03, 0x00, OFFSET);   //设置CGRAM首地址, 发送偏移地址
```

清单 32.1　驱动源代码（续）

```
write_two_data_cmd(0x24, 0x00, ADPSET); //设置文本区域首地址，开始写第一行字模地址
for(i=0; i<sizeof(txt_welcome); i++) {
    write_one_data_cmd(txt_welcome[i], 0xC0);
}
write_two_data_cmd(0x6C, 0x00, ADPSET); //设置文本区域首地址，开始写第二行字模地址
for(i=0; i<sizeof(txt_dzzzzcn); i++) {
    write_one_data_cmd(txt_dzzzzcn[i], 0xC0);
}

for(i=0; i<sizeof(dot_dzzzzcn); i++) {          //往图形区域写自定义的"dzzzzcn"字模
    if (0 == i%14) {                            //每行字模设置一下首地址，共写入16行
        uint addr_base = 0x0908 + ((i/14)*32);
        write_two_data_cmd(addr_base&0xFF,addr_base>>8,ADPSET);//设置图形区域首地址
    }
    write_one_data_cmd(dot_dzzzzcn[i], 0xC0);
}

write_two_data_cmd(0x00,0x1C,ADPSET);                 //定位CGRAM到0x1C00写入所有字模
for(i=0; i<sizeof(dot_dzzzzcn_cgram); i++) {
    write_one_data_cmd(dot_dzzzzcn_cgram[i], 0xC0);
}

write_two_data_cmd(0x89,0x01,ADPSET);            //设置文本区域首地址并开始写字模地址
for (i=0; i<sizeof(txt_dzzzzcn_cn_top); i++) {
    write_one_data_cmd(txt_dzzzzcn_cn_top[i], 0xC0);//写入汉字串"电子制作站"上半部
}

write_two_data_cmd(0xA9,0x01,ADPSET);            //设置文本区域首地址并开始写字模地址
for (i=0; i<sizeof(txt_dzzzzcn_cn_bot); i++) {
    write_one_data_cmd(txt_dzzzzcn_cn_bot[i], 0xC0);//写入汉字串"电子制作站"下半部
}

while(1) {}
}
```

清单 32.1 驱动源代码（续）

使用 8080 通信接口发送数据或指令的 write_t6963 函数无需赘述，值得一提的是，每次写数据或指令前都需要先调用 check_busy 函数确保 T6963C 处于空闲状态。从 T6963C 读出的状态数据格式如图 32.2 所示。

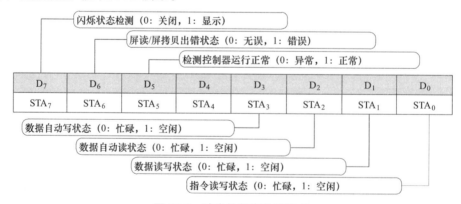

图 32.2 读出的状态数据格式

在进行数据或指令发送前，数据手册建议我们**同时**检测 STA_0、STA_1 是否处空闲状态，所以 check_busy 函数中我们将读到的状态与 0x03 进行了比较。需要注意的是：当用户使用自动读写模式时，应该检测 STA_2、STA_3 的状态（后述）。

由于有些指令执行时需要跟随一些数据，所以我们还包装了 write_one_cmd、write_one_data_cmd、write_two_data_cmd 三个函数分别用于往 T6963C 写一个指令、写一个数据与一个指令、写两个数据与一个指令，形参 dat1 与 dat2 分别对应表 31.7 中的数据 1 与数据 2 列，顺序切不可弄反。虽然 write_one_cmd 函数中只有一条语句，似乎将其单独拿出来使用也完全可以，因为横竖只是一条语句，但是为了统一编码风格，我们不愿意看到同一个函数中出现不同层级的读写函数。也就是说，main 函数中总是不会（也不应该）直接调用 write_t6963 函数。

在 main 函数中，我们首先将读写控制信号初始化为空闲状态，并且延时了一段时间确保液晶显示模组供电稳定。紧接着定义文本与图形区域首地址分别为 0x0000 与 0x0200（注意对照表 31.7，数据 1 为低 8 位地址，数据 2 为高 8 位数据地址），并将两个区域列数都定义为 32（0x0020，数据 1 是具体列数，数据 2 固定为 0x00）。

由于我们显示的内容同时存在于文本与图形区域，所以接下来开启了文本与图形区域（**0x9C**），并且关闭了光标与闪烁。虽然表 31.7 所示指令集中好像并没有同时关闭光标与闪烁的指令，但实际上它们（包括文本与图形区域）的显示开关控制都取决于指令中某位的状态，如图 32.3 所示。

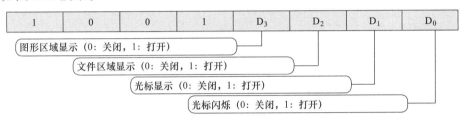

图 32.3　显示控制位

既然同时开启了文本与图形区域，显示模式的设置是非常有必要的。我们选择"或"模式，并且决定使用内部 CGROM（**0x80**），这使得第一行与第二行的英文字符显示将会非常方便，因为它们都是一些常用字符。最后，我们还设置 CGRAM 首地址为 0x1800，只需要发送偏移地址 0x03 即可，至此，T6963C 的初始化过程已经全部完成，后续只需要设置区域地址并且写入想要的数据即可。

第一行与第二行英文字符串都来自 CGROM，在进行写数据操作时使用"写数据同时地址增加"（**0xC0**）指令，这样每写入一个数据，相应的地址计数器会进行累加，而 txt_welcome 与 txt_dzzzzcn 数组分别保存着 CGROM 中对应的字模地址，我们只需要确定两行字符串在文本区域的首地址，再分两次连续写入即可。

第三行的英文字符串"dzzzzcn"是自定义的 16×16 点阵字模，7 个字符对应共 16×16×7 = 1792 位。dot_dzzzzcn 数组中保存了 1792 位 /8 = 244 个字节数据，取模方向为从左至右、从上至下（按整体字符串取模，而不是单独字符取模）。以字母"dz"为例，相应的字模如图 32.4 所示。

为了往图形区域写入字模，需要确定每行（共 16 行）的首地址。第一行的首地址为 0x0908，每写入 14 个字节需要进入下一行首地址的重新设置，所以将数组的索引值 i 对每行写入的字节数（14）**求模**并判断是否为 0。每一个新行的开始，我们都先通过（i/14）求出应该相应的行坐标（以首地址为参考），将其乘上列宽 32 就是行坐标首地址与第一行首地址的偏移量。

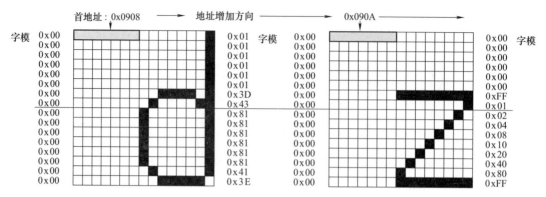

图 32.4　字模提取

最后显示"电子制作站"5 个汉字，其实我们也能够以刚刚"往图形区域写入字模"的方式来实现，此处不再赘述。这里决定把它们的字模都写到 CGRAM 中，然后以"往文本区域写入相应的字模地址"的形式来显示"电子制作站"。

首先需要将定义好的字模全部一次性写入到 CGRAM 区域，为此，首先定位 CGRAM 地址为 **0x1C00**。这里要特别注意字模的写入顺序，以汉子"电子"为例，相应的 CGRAM 地址与字模地址如图 32.5 所示。

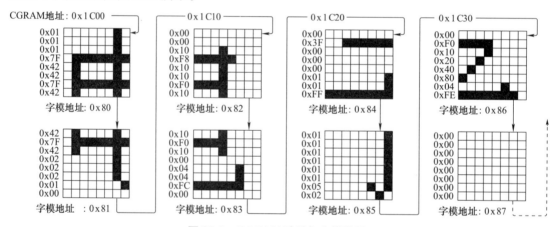

图 32.5　CGRAM 地址与字模地址

对汉字进行 16×16 点阵取模，每个汉字被拆成四个部分，而写入的顺序为（每个字符）从上至下、从左到右，所以对于汉字"电"而言，左上角、左下角、右上角、右下角部分字模地址依次为 0x80、0x81、0x82、0x83。由于我们一般都是按往文本区域中**连续写入**字模地址，所以汉字"电子制作站"需要分两行来写（每个文本区域地址对应 8×8 点阵），为此我们定义了数组 txt_dzzzzcn_cn_top、txt_dzzzzcn_cn_bot 分别用于保存上下两半对应的字模地址，但是请注意其中的字模地址并不是连续的（如果以从左至右、从上到下的顺序往 CGRAM 中写入这些字模，数组中保存的字模地址就是连续的）。也就是说，写入的第一行字模地址依次代表"电"左上角、"电"右上角、"子"左上角、"子"右上角，而第二行字模地址依次代表"电"左下角、"电"右下角、"子"左下角、"子"右下角，其他依此类推。

明确了写入的字模与相应的字模地址，后面我们只需要确定文本区域首地址再写入两行字模地址即可，此处不再赘述。但是从前面写入数据的方式可以看到，每往 RAM 写入一个字节，都需要先**写指令再写数据**，而指令中包含了地址计数器的变化方式（自加、自减或不变），但是对于很多需要连续写入数据的场合（例如前面往图形或 CGRAM 区域中写入字模），每次都要额外写一条指令还是浪费了大量的资源，能否像 HD44780 那样连续写入数据就可以同时将地址计数器累加呢？答案当然是肯定的！T6963C 的自动读写模式就是为此而准备，以将字模连续写入 CGRAM 为例，相应的关键源代码如清单 32.2 所示。

```
void check_auto_write_busy(void)                    //读取T6963C状态，确保处于自动写数据允许函数
{
    uchar w_time = 0;

    do {
        LCD_DATA_BUS = 0xFF;                        //设置P1口为输入状态
        LCD_RD_N = 1;
        LCD_C_D = 1;
        LCD_RD_N = 0;                               //读状态
        _nop_();
    } while((0x08 != (LCD_DATA_BUS&0x08)) && ((w_time++) < 500));
    LCD_RD_N = 1;                                   //状态读取完成后设置读控制引脚为空闲
}

void main(void)
{
    //...

    write_two_data_cmd(0x00, 0x1C, ADPSET);        //定位CGRAM到0x1C00写入所有字模
    write_one_cmd(AWRON);                          //进入自动写模式
    for(i=0; i<sizeof(dot_dzzzzcn_cgram); i++) {
        check_auto_write_busy();                   //确定自动写数据允许
        write_one_data_cmd(dot_dzzzzcn_cgram[i], 0xC0);
    }
    write_one_cmd(AWROFF);                         //退出自动写模式

    //...
}
```

清单 32.2 自动写数据

在设置 CGRAM 首地址后，首先发送了"进入自动写模式"指令，之后每写一条数据，地址计数器都会自动累加，自动写数据完毕后需要发送"退出自动写模式"指令，因为 T6963C 在自动写模式下不接收其他指令。需要注意的是，在每次写入数据之前，我们都额外调用了 check_auto_write_busy 函数来确定 T6963C 处于"自动写数据允许"状态。

T6963C 还有两个不太常用的指令：屏读与屏拷贝。屏读，顾名意义，就是读取 LCD 屏幕显示的信息。只要把地址计数器设置在图形区域内，执行该指令后就能通过读操作获取**一个字节**的数据，这个数据不是直接来自图形区域，而是文本与图形区域经过显示模式处理过的最终数据（也就是屏幕上显示的信息）。屏拷贝指令也是类似的，只不过它把 LCD 屏幕上显示的某一行读出来再写入到图形区域内，具体细节可参考数据手册，此处亦不再赘述。

VisualCom 软件平台也有基于 T6963C 的 LCM240128 液晶显示模组，相应的仿真效果如图 32.6 所示。

图 32.6　仿真效果

由于该仿真器件的 RAM 大小为 64KB，通常不需要一次性在"内存"窗口中全部加载，可以在"属性"窗口中设置具体加载的数据量。**DDRAM、GDRAM、CGRAM 起始与数量**分别表示文本、图形、CGRAM 区域加载到"内存"窗口的 RAM 起始地址与数量。由于我们已经通过预置数据的方式将字符串"dzzzzcn"的 CGROM 字模地址写入到了文本区域，所以设置 DDRAM 首地址为 236（0xEC），并且加载从该首地址开始的 7 个 DDRAM 地址对应的数据。

另外，由于 T6963C 驱动的屏幕显示内容有点多，如果仍然按照以往**预置数据**的方式写入数据到 GDRAM，仿真的效率会非常低下，"图片"项允许指定一个图片文件（BMP格式）对 GDRAM 进行初始化，当运行仿真之后，VisualCom 软件平台会首先使用指定的图片初始化 GDRAM 区域，这样就没有必要自己逐个输入预置数据了，但是需要注意的是：由于 T6963C 的 GDRAM 区域需要使用指令进行分配，所以得在"图片起始"项中设置图片初始化到 GDRAM 的首地址，它应该与在预置数据中（实际仿真时）设置的 GDRAM 首地址相同。

我们来看看相应的预置数据，如图 32.7 所示。

图 32.7　预置数据

为方便用户使用，该器件默认已经按清单 32.1 进行了文本、图形、CGRAM 区域的划分，我们直接使用该划分方案，所以不需要相关的指令（当然，也可以使用指令进行重新划分）。图 32.6 中第一行与第三行字符来自指定的初始化图片，而第二行小写字母"dzzzzcn"则对应往文本区域写入的 CGROM 字模地址。

第 33 章

基于 PCD8544 的液晶显示模组设计

智能手机流行之前，大多数手机都使用"黑白"点阵液晶屏，诺基亚手机就是其中的典型，而驱动芯片应用比较广泛的则是 PCD8544，它能够驱动分辨率为 84×48 点阵图形 LCD。Proteus 软件平台中有几块仿真模组就是基于它，接下来以 LPH7779 为例详细讨论，相应的仿真电路及效果如图 33.1 所示。

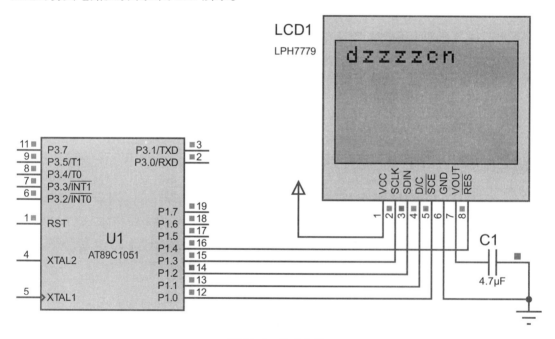

图 33.1 仿真电路

可以看到，LPH7779 采用串行控制接口，其引脚定义可以参考 PCD8544 数据手册，见表 33.1。

PCD8544 内部也集成了电荷泵升压电路，相应的输出电压引脚为 V_{LCD1}（对应 LPH7779 的 VOUT 引脚），而 V_{LCD2} 则是偏压电路的供电输入，在电路设计时应该将这两个引脚连接在一起，并外挂滤波电容以降低电荷泵的输出电压纹波。

表 33.1　引脚定义

引　脚	描　述	引　脚	描　述
$R_0 \sim R_{47}$	LCD 行驱动输出	SDIN	串行数据输入
$C_0 \sim C_{83}$	LCD 列驱动输出	SCLK	串行时钟输入
V_{SS1}，V_{SS2}	公共地	D/$\overline{C}$	数据或指令选择
V_{DD1}，V_{DD2}	供电电源	$\overline{SCE}$	片选
V_{LCD1}，V_{LCD2}	LCD 供电电源	$\overline{RES}$	复位
$T_1 \sim T_4$	测试引脚	OSC	振荡器

与 MAX7219 一样，PCD8544 的控制引脚包含串行数据（SDIN）、串行时钟（SCLK）及片选（$\overline{SCE}$），另外还有一个 D/$\overline{C}$ 引脚用来标记当前写入的是数据（D/$\overline{C}=1$）还是指令（D/$\overline{C}=0$），相应的写操作（没有读操作）时序如图 33.2 所示。

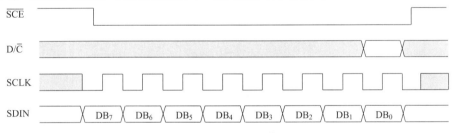

图 33.2　写入单个字节时序

读者对这个串行接口时序应该不会陌生，只有当 $\overline{SCE}$ 为低电平时，串行数据 SDIN 才会在每个 SCLK 的上升沿移入到芯片，而最后一个（第 8 个）时钟上升沿采集到的 D/$\overline{C}$ 信号电平决定传输的数据还是指令。

不过需要注意的是：与 MAX7219 不一样，$\overline{SCE}$ 信号的上升沿没有锁存数据功能（只有片选功能），它是由第 8 个 SCLK 上升沿同时完成的，所以在连续传输多个数据时不需要给 $\overline{SCE}$ 发送上升沿，相应的时序如图 33.3 所示。

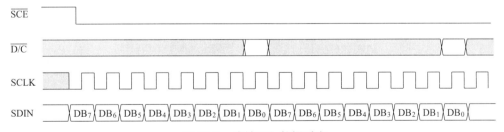

图 33.3　连续写入数据时序

我们再来看看 PCD8544 芯片中 DDRAM 地址空间是如何组织的，如图 33.4 所示。

与以往讨论的图形点阵 LCD 驱动芯片一样，DDRAM 地址与屏幕位置是一一对应的，并且分成为 6 行（Y 地址）84 列（X 地址），只要我们确定这两个参数就可以往 DDRAM 地址中写入一个字节的显示数据（下高位）。在连续写入数据时，还可以设置使用水平还是垂直寻址模式，用来确定下一个 DDRAM 地址的增加方向，它们区别如图 33.5 所示。

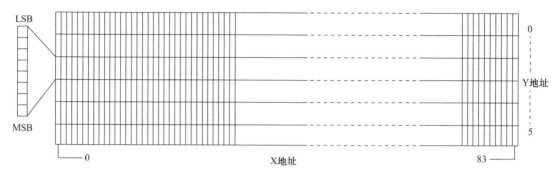

图33.4　DDRAM 组织结构

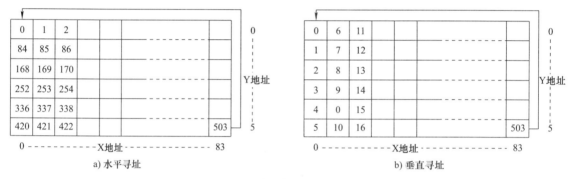

a) 水平寻址　　　　　　　　　　　　b) 垂直寻址

图33.5　水平与垂直寻址模式

水平寻址模式以从左到右、从上到下的方向进行地址增加，跟我们现代书字的顺序一样。当 X = 83，Y = 5 时，地址再增加后就变成 X = 0，Y = 0（地址循环）。垂直寻址模式是类似，只不过以从上至下、从左至右的方向进行地址增加。地址循环的特点与以往驱动芯片是不同的，也就是说，如果一直往 DDRAM 中写入某个数据，LPH7779 的屏幕总会写满（仿真模型没有实现），而以往的驱动芯片最多只能在一页中重复写。

PCD8544 可以设置 4 种显示模式，如图 33.6 所示。

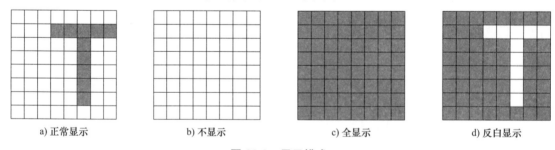

a) 正常显示　　　　b) 不显示　　　　c) 全显示　　　　d) 反白显示

图33.6　显示模式

其中，全显示模式下所有液晶像素都是打开的（屏幕是全黑的，类似于 SED1520 的静态驱动效果），无论是否对 DDRAM 写入了数据。反向显示则只有当 DDRAM 数据位为 1 时才是白色（像素点关闭）。

为了使液晶显示模组能够正常显示 DDRAM 中的数据，我们还需要预先对 PCD8544 进行必要的初始化，相应的指令集见表 33.2。

表 33.2　PCD8544 指令集

指令	D/$\overline{\text{C}}$	DB$_7$	DB$_6$	DB$_5$	DB$_4$	DB$_3$	DB$_2$	DB$_1$	DB$_0$	描　　述
				（H = 0 或 1）						
空操作	0	0	0	0	0	0	0	0	0	无操作
功能设置	0	0	0	1	0	0	PD	V	H	设置模式与指令集
写数据	1	D$_7$	D$_6$	D$_5$	D$_4$	D$_3$	D$_2$	D$_1$	D$_0$	写数据到 DDRAM
				（H = 0）						
显示控制	0	0	0	0	0	1	D	0	E	设置显示配置
设置 Y 地址	0	0	1	0	0	0	Y$_2$	Y$_1$	Y$_0$	0≤Y≤5
设置 X 地址	0	1	X$_6$	X$_5$	X$_4$	X$_3$	X$_2$	X$_1$	X$_0$	0≤X≤83
				（H = 1）						
温度控制	0	0	0	0	0	0	1	TC$_1$	TC$_0$	设置温度系数（TC$_X$）
偏压系统	0	0	0	0	1	0	BS$_2$	BS$_1$	BS$_0$	设置偏压系统（BS$_X$）
设置 V$_{OP}$	0	1	V$_{OP6}$	V$_{OP5}$	V$_{OP4}$	V$_{OP3}$	V$_{OP2}$	V$_{OP1}$	V$_{OP0}$	写 V$_{OP}$ 到寄存器（00～7FH）
位定义备注	PD = 0：正常工作 PD = 1：掉电模式 V = 0：水平寻址			H = 0：基本指令集 H = 1：扩展指令集 V = 1：垂直寻址			DE = 00：不显示 DE = 10：正常显示 DE = 01：全显示 DE = 11：反白显示			TC$_1$TC$_0$ = 00：温度系数 0 TC$_1$TC$_0$ = 10：温度系数 1 TC$_1$TC$_0$ = 01：温度系数 2 TC$_1$TC$_0$ = 11：温度系数 3	

　　PCD8544 的指令集分为基本与扩展两类，在写入指令前，必须先使用"功能设置（Function set）"指令确定相应的指令集。对芯片的初始化操作是通过扩展指令集（H = 1）来实现的，其中的"偏压系统"指令用来调整偏压电路的电阻比（n），它们相应都有推荐的驱动行扫描占空比，见表 33.3 所示。

表 33.3　偏压系统设置

BS$_2$	BS$_1$	BS$_0$	n	推荐占空比
0	0	0	7	1:100
0	0	1	6	1:80
0	1	0	5	1:65/1:65
0	1	1	4	1:48
1	0	0	3	1:40/1:34
1	0	1	2	1:24
1	1	0	1	1:18/1:16
1	1	1	0	1:10/1:9/1:8

　　PCD8544 内部分压电路形如图 20.11c 所示，只不过中间那个电阻的阻值是可以调节的。例如，当 n = 2 时，表示该电阻是其他电阻的 2 倍，对应图 20.11d 所示 1/6 偏压电路，而偏压比则定义为 $a = n+4$。也就是说，如果要将 PCB8544 设置为 1/6 偏压驱动，应该将 n 设置为 2，而具体应该将 n 设置为多少，则可以根据式（20.1）计算。例如，LPH7779 的扫描行数为 48，则最佳偏压值 $a = \sqrt{48}+1 \approx 8$，所以应该将 n 设置为 4。

　　PCD8544 内部集成了电荷泵电路，可以通过设置 V_{OP}（Operation Voltage）值来调节施加在偏压电路的 V_{LCD} 值，两者的关系如式（33.1）所示。

$$V_{LCD} = a + (V_{OP0} \sim V_{OP6}) \times b \tag{33.1}$$

　　在室温下，$a = 3.06$，$b = 0.06$，我们调节 $V_{OP6} \sim V_{OP0}$ 即可控制相应的 V_{LCD}，如图 33.7 所示。

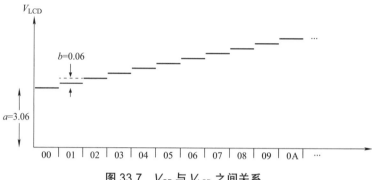

图 33.7　V_{OP} 与 V_{LCD} 之间关系

调节 V_{LCD} 可以控制 LCD 显示对比度，具体设置为多少可根据式（33.2）计算。

$$V_{LCD} = \frac{1+\sqrt{N}}{\sqrt{2\times\left(1-1/\sqrt{N}\right)}} \cdot V_{th} \tag{33.2}$$

其中，V_{th} 为液晶分子的阈值电压。例如，当 $N = 48$ 时，V_{LCD} 约为 $6.06V_{th}$。需要特别注意的是，LCD 的使用温度范围比较窄，容易受到温度的影响。根据使用环境温度的不同，LCD 可分为普通型与宽温型两种，前者工作温度约为 0～40℃，后者约为 15～70℃。环境温度过高时，液晶态会消失而导致不能显示，而温度过低时可能会导致结晶而使 LCD 损坏（即便没有损坏，液晶的电光特性会受到很大的影响）。

液晶分子的阈值电压随环境温度之间的变化关系有负温系数的特性。环境温度越低时，液晶分子的阈值电压会越高，原来能够使液晶像素显示的地方反而不清晰了（对比度下降）。环境温度的升高会使阈值电压下降，对比度会相应提升。为了在温度变化时维持同样的显示对比度，我们需要适当调节 V_{LCD} 值。PCD8544 允许我们设置不同的温度系数来补偿环境温度带来的影响，这可以通过设置 TC_1 与 TC_0 来实现，在宽温度场合下使用时，能够使 V_{LCD} 自适应阈值电压的变化（温度越低则需要的 V_{LCD} 越高），具体设置为多少则根据液晶分子的材料来决定，见表 33.4。

表 33.4　V_{LCD} 温度系数

符号	参数	条件	最小值	典型值	最大值	单位
V_{LCD}	内部生成 V_{LCD} 允许偏差	$V_{DD} = 2.85V$； $V_{LCD} = 7.0V$； $f_{SCLK} = 0$； 负载电流 = 10μA	—	0	300	mV
TC_0	V_{LCD} 温度系数 0		—	1	—	mV/K
TC_1	V_{LCD} 温度系数 1		—	9	—	mV/K
TC_2	V_{LCD} 温度系数 2		—	17	—	mV/K
TC_3	V_{LCD} 温度系数 3		—	24	—	mV/K

"mV/K" 是电压温度系数的单位，"K" 为开尔文温度单位，与摄氏度（℃）的换算关系为 "K = ℃ +273.15"。电压温度系数用来衡量温度变化条件下维持预定电压的能力，其值越小表示电压随温度变化越小。换句话说，在温度比较低的条件下，我们应该选择设置较大的温度系数来补偿。

数据手册中还特别强调：当温度为 −25℃时，注意不要将 PCD8544 的 V_{LCD} 设置超过 8.5V（原文：Caution，as V_{op} increases with lower temperatures，care must be taken not to set a V_{op} that will exceed the maximum of 8.5V when operating at $-25℃$)。

洋洋洒洒数千字已基本将 PCD8544 的显示及控制原理讨论完毕，接下来我们来编写图 31.1 所示仿真电路的驱动程序，如清单 33.1 所示。

```c
#include <reg51.h>
#define WRITE_COM  0
#define WRITE_DAT  1
typedef unsigned char uchar;                        //定义类型别名
typedef unsigned int  uint;

void delay_us(uint count){while(count-->0);}        //延时函数
void delay_ms(uchar count){while(count-->0)delay_us(60);}

uchar code dots_dzzzzcn[] = {    // "dzzzzcn" 字符串字模，从左至右下高位取模
  0x00,0x00,0x00,0x38,0x44,0x44,0x48,0x7F,            //字母 "d"
  0x00,0x00,0x00,0x44,0x64,0x54,0x4C,0x44,            //字母 "z"
  0x00,0x00,0x00,0x44,0x64,0x54,0x4C,0x44,            //字母 "z"
  0x00,0x00,0x00,0x44,0x64,0x54,0x4C,0x44,            //字母 "z"
  0x00,0x00,0x00,0x44,0x64,0x54,0x4C,0x44,            //字母 "z"
  0x00,0x00,0x00,0x38,0x44,0x44,0x44,0x28,            //字母 "c"
  0x00,0x00,0x00,0x7C,0x08,0x04,0x04,0x78,            //字母 "n"
};

sbit LCD_SCE   = P1^0;                                //片选
sbit LCD_DC    = P1^1;                                //数据或指令选择
sbit LCD_SDIN  = P1^2;                                //串行数据输入
sbit LCD_SCLK  = P1^3;                                //串行时钟输入
sbit LCD_RST_N = P1^4;                                //外部复位输入

void write_pcd8544(uchar byte_data, uchar flag)
{
  uchar i;
  LCD_SCE = 0;
  (WRITE_COM == flag)?(LCD_DC = 0):(LCD_DC = 1);

  for (i=0; i<8; i++) {
    LCD_SCLK = 0;                      //时钟置为低电平，准备数据移位
    LCD_SDIN = (bit)(0x80&byte_data)?1:0;          //高位先移入
    byte_data <<= 1;                               //左移1位
    LCD_SCLK = 1;             //时钟置为高电平，上升沿引起数据移位
  }

  LCD_SCE = 1;
}

void main(void)
{
  int i = 0;
  LCD_SCE = 1;
  LCD_RST_N = 0;
  delay_ms(200);                //上电延时一段时间，使液晶显示模组供电稳定
  LCD_RST_N = 1;

  write_pcd8544(0x21, WRITE_COM);  //退出掉电模式，选择扩展指令集开始初始化
  write_pcd8544(0x90, WRITE_COM);                     //设置VOP
  write_pcd8544(0x13, WRITE_COM);                     //1/6偏压
  write_pcd8544(0x20, WRITE_COM);            //回到基本指令集开始写入数据
  write_pcd8544(0x0C, WRITE_COM);              //显示控制：正常显示
  write_pcd8544(0x40, WRITE_COM);                     //设置Y地址
  write_pcd8544(0x80, WRITE_COM);                     //设置X地址

  for (i=0; i<sizeof(dots_dzzzzcn); i++) {            //连续写入字模
      write_pcd8544(dots_dzzzzcn[i], WRITE_DAT);
  }

  while(1){}
}
```

清单 33.1　驱动源代码

在 main 函数中，首先对 PCD8544 进行了复位，**这一步骤是必需的**，数据手册中对此进行了强调：**不正确复位可能会损坏设备**（A $\overline{\text{RES}}$ pulse must be applied. Attention should be paid to the possibility that the device may be damaged if not properly reset）。数据手册要求的复位时序如图 33.8 所示。

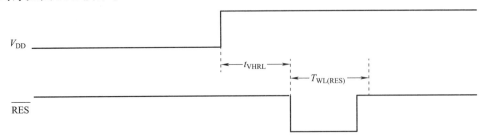

图 33.8　复位时序

数据手册标记的 $T_{\text{WL(RES)}}$ 与 t_{VHRL} 参数见表 33.5。

表 33.5　电气参数（部分）

符号	参数	最小值	典型值	最大值	单位
t_{VHRL}	V_{DD} 到 $\overline{\text{RES}}$ 低电平时间	0	—	30	ms
$T_{\text{WL(RES)}}$	$\overline{\text{RES}}$ 低电平脉宽	100	—	—	ns

也就是说，当 V_{DD} 达到高电平后，$\overline{\text{RES}}$ 引脚电平必须在 30ms 内拉低。当然，也可以在 V_{DD} 没有到达高电平前一直保持低电平（0ms），清单 33.1 就是这么做的，数据手册给出了 PCD8544 在复位后的状态，见表 33.6。

表 33.6　复位后的状态

序号	项目	状态
1	掉电模式	开启（PD = 1）
2	寻址模式	水平（V = 0）
3	指令集选择	基本（H = 0）
4	显示模式	不显示（E = D = 0）
5	地址计数器 $X_6 \sim X_0$、$Y_2 \sim Y_0$	均为 0
6	温度控制模式	$TC_1 TC_0 = 0$
7	偏压系统	$BS_2 \sim BS_0 = 0$
8	高压生成电路	关闭（$V_{\text{OP6}} \sim V_{\text{OP0}} = 0$，即 $V_{\text{LCD}} = 0$）
9	RAM 数据	未定义（随机）

可以看到，复位后的 PCD8544 处于掉电模式，所以我们在选择扩展指令集的同时退出了该模式，在设置工作电压（开启高压生成电路）与偏压后又退回到基本指令集。由于 PCD8544 复位后处于不显示状态，我们开启了正常显示模式，之后确定 X 与 Y 地址往 DDRAM 连续写入字模即可。

VisualCom 软件平台中对应的仿真效果如图 33.9 所示。

相应的预置数据如图 33.10 所示，读者可自行分析，此处不再赘述。

图 33.9 仿真效果

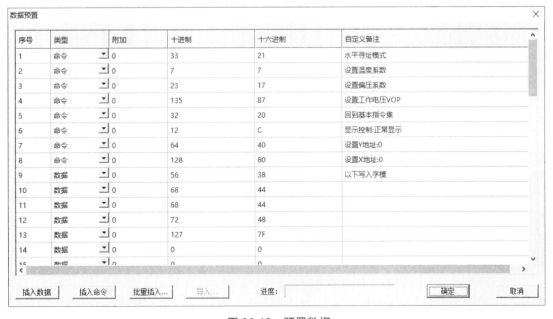

图 33.10 预置数据

第 34 章
伪彩屏的奋斗史

到目前为止，一个比较重要的知识点还没有提到：那些仅有"黑白"两种状态的**点阵**型 LCD 通常不是 TN 型，而是 STN（Super Twisted Nematic）型，它们主要区别在于液晶分子的扭曲角度不同。前面已经提过，TN 型 LCD 的液晶分子扭曲角度是 90°，而 STN 型 LCD 的液晶分子扭曲角度范围在 180°～270° 之间，如图 34.1 所示。

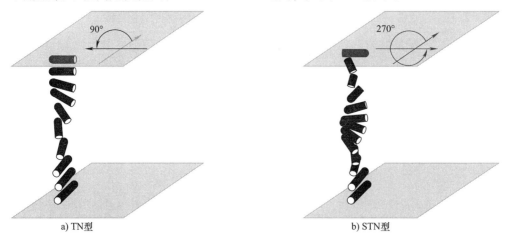

a) TN型   b) STN型

图 34.1　TN 型与 STN 型分子扭曲角度

虽然看似仅仅扭曲角度有所不同，但是它们的显示原理却已然大相径庭。TN 型 LCD 是通过控制液晶分子的扭曲度来调整透光度，从而获得一定显示对比度，而 STN 型 LCD 却是利用液晶分子双折射（birefraction）特性而产生的光干涉现象。

先来了解一下什么是光的干涉，假设点光源通过一块开了两条缝的隔板投射到一块屏幕上，那屏幕上会出现什么现象呢？可能有人会认为是两道与隔板缝隙形状大致相同的亮点，因为其他角度的光线都被隔板遮住了，然而实际上，屏幕上会留下斑马线一样的光纹，这就是量子力学中著名的杨氏双缝干涉实验，如图 34.2 所示。

杨氏双缝干涉实验证明了光具有波动性，因为干涉是波才具有的特性。光的干涉是两列**频率相同**的光波在空中相遇时发生叠加，在某些区域总会加强，而在另外一些区域总会减弱，继而出现明暗相间的条纹或彩色条纹的现象。例如，红光入射会在屏幕上会出现明暗相间的条纹，白光入射会在屏幕上会出现一定颜色的条纹（白色光源由于光的干涉在视觉上产生了颜色）。

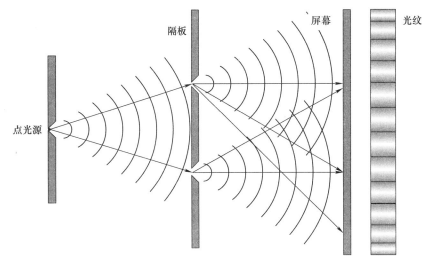

图 34.2　杨氏双缝干涉实验

需要注意的是，**只有两列光波频率相同、相位差恒定且振动方向一致的相干光源才能产生光的稳定干涉**。例如，两个普通独立光源发出的光不可能具有相同的频率，更不可能存在固定的相位差，也就无法产生稳定的干涉现象。

从液晶显示原理可以知道，偏光膜仅允许某一个振动方向的光线穿过，所以通过偏光膜进入液晶分子的偏振光的振动方向是一致的，所以问题的关键在于：**如何产生两列频率相同且相位差恒定的光波呢？** 光的双折射就可以做到！举个简单的例子，在白纸上画一个黑点，将方解晶体放在黑点上，我们透过晶体就可以看到两个黑点，旋转晶体时一个黑点的位置不会变化，而另一个黑点会随之旋转，这就是一束自然光穿过**各向异性**的晶体产生的双折射现象，如图 34.3 所示。

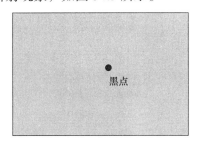

图 34.3　双折射现象

我们都知道，当光束从空气进入水中时就会产生折射现象，如图 34.4 所示。

之所以出现折射现象，是因为光在不同介质材料中的传播速度不一样，当光从光速大的介质进入光速小的介质中时，折射角（β）小于入射角（α），反之折射角大于入射角（**折射定律**）。我们把光在材料中传播速度变慢的值称为折射率，其定义为光在真空与介质中的传播速度之比，它衡量材料对光传播的阻碍作用。材料的折射率越高，使入射光发生折射的能力也就越强。

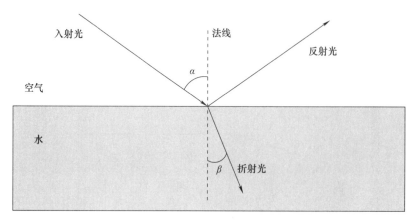

图 34.4 光的折射

材料的折射率与频率有关，三棱镜分解单色光就是体现折射率的一个最好例子，它对自然光线中不同频率的光的折射率是不同的，紫光的折射率最大，红光最小，也就可以把不同频率的光分开，如图 34.5 所示。

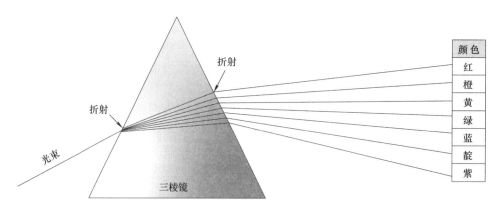

图 34.5 三棱镜分解自然光

尽管从空气进入水中的入射光产生了折射现象，但是进入水中的光束仍然只有一条，但是如果入射到液晶分子就可能会产生双折射现象，这得益于液晶分子的**光学各向异性**，它是指由于液晶分子大体上趋于平行状态，所以对平行或垂直于分子振动的光的折射率会有所不同。更通俗地说，在一个方向上振动的光比另一个方向振动的光更容易通过液晶分子。

前面已经提过，在 TN 型 LCD 的液晶盒中，其中一片偏光膜的偏光轴与相邻表面液晶分子长轴**平行**，而另一片偏光膜的偏光轴也与相邻表面液晶分子长轴**平行**，但是为了产生双折射现象，在 STN 型 LCD 的液晶盒中，两片偏光膜与相邻液晶分子的长轴都不是互相平行的，而是呈一定角度（例如30°）。当透过偏光膜的偏振光以一定的角度进入液晶分子后，就会被分解为正常光束（Ordinary Rays，O 光）与异常光束（Extraordinary Rays，E 光），前者是一条服从折射定律的折射光，沿各方向的光的传播速度相同，各向折射率相同，且在入射面内传播，后者则是一条不服从折射定律的折射光，沿各方向的光的传播速度不相同，各向折射率不相同，并且不一定在入射面内传播。由于折射率的不同，两束折射光会产生一定的相位差，如图 34.6 所示。

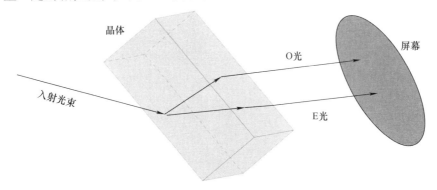

图 34.6　光的双折射

　　穿过液晶分子再通过另一片偏光膜的偏振光就是两束同频率不同相位的光束，它们之间会产生干涉现象，由于入射光通常是自然光或白光，根据折射率的不同就会显示出一定的颜色，所以 STN 液晶屏即使在不加电的时候也会呈现出一定的底色，比较常见的是黄绿色（黑字）与蓝色（白字）。

　　然而，大多数"黑白"手机使用的 LCD 并没有底色，对不对？因为它们使用了一定的方法进行了补偿。例如，我们可以利用完全相同但旋向相反的两个 STN 型液晶盒叠加在一起，使得互相干涉的两束光线又互相补偿回来而实现黑白显示，这就是双层 STN（Double STN，DSTN）的基本显示原理。但是 DSTN 的成本很高，所以人们想到用一层碘分子的定向扭曲来模拟一个液晶盒，利用一层位相差薄膜（Retardation Film）替代液晶盒来实现黑白显示，我们称为 FSTN（Film STN）。也就是说，大多数"黑白"手机使用的 LCD 都是 FSTN 型。

　　"伪彩屏"是在 FSTN 屏基础上增加一层彩色滤光膜（Color Filter Film，CF），也就是我们所说的 CSTN（Color STN），相应的透射型 LCD 基本结构如图 34.7 所示。

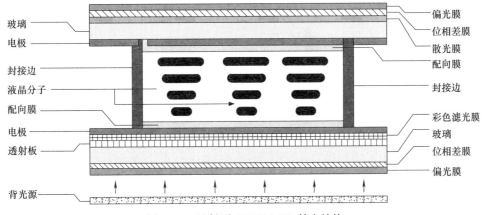

图 34.7　透射型 CSTN LCD 基本结构

　　可以看到，它与 TN 型 LCD 结构有两个主要区别，其一是前后玻璃板上多增加了一片位相差膜，用来补偿 STN 型 LCD 原有的底色；其二是多了一片彩色滤光膜，我们可以放大看看它的结构，如图 34.8 所示。

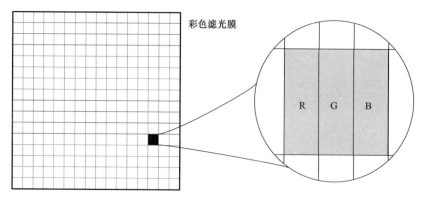

图 34.8　彩色滤光膜

　　彩色滤光膜的原理与全彩 LED 点阵产生多种颜色的原理是完全一样的。彩屏的每一个像素对应三个红、绿、蓝子像素，只要我们控制每个子像素液晶分子两端的电压，就可以调整透光度，当自然光或白光透过彩色滤光膜时，除红、绿、蓝颜色外的其他光线会被滤除掉，也就可以控制子像素的灰阶（亮度），红、绿、蓝三个子像素合在一起就可以达到显示内容彩色化的目的。

　　彩屏显示分辨率也是以每列像素乘每行像素数量来表示，只不过每个像素包含若干个子像素点，例如，分辨率为 240×320 的 LCD 面板可以显示 240 列 320 行，总共可显示 76800 个像素点。由于每个像素点由三个子像素构成，所以共有 230400 个子像素。在屏幕的物理尺寸（长与宽）相同的条件下，更高的显示分辨率意味着可显示的像素就越多，从一个像素点（包含若干个像素）的中心到相邻像素点中心的距离（像素点距）就会越小，显示图像也就越细腻清晰。

　　那为什么把 CSTN 型 LCD 称为"伪彩屏"呢？因为相对于色深可达 16.7M 的"真彩屏"，"伪彩屏"能达到 65k 色深已经是非常不错了。STN 型 LCD 的液晶分子扭曲角度比 TN 型要大得多，但它的电光曲线陡峭程度也要大得多（参见图 20.10 曲线 A），这非常有利于与偏压驱动时序配套使用，因为它只需要显示"黑白"两种状态。但是反过来，使用 STN 型 LCD 显示彩色却并不是它的强项。当透光率从 90% 变化到 10% 时，STN 型 LCD 所需要的压差 V_{stn}（其值为 $V_{90}-V_{10}$）比 TN 型 LCD 要小很多，而我们控制颜色的基本原理就是控制液晶分子两端的压差，所以各种灰阶的压差就从 V_{stn} 中分出来，由于 V_{stn} 相对而言更小，在相同色深的条件下，每个灰阶变化对应的压差也会更小，但是过小的压差变化是不容易准确控制灰阶的，更何况，偏压驱动方式并没有完全消除交叉效应，过小的压差变化会受到半选择点电压的影响，也就更加不可能准确显示更多灰阶了。TN 型 LCD 的电光曲线不够陡峭，这对于偏压驱动应用的确不是一件好事，但是也正因为如此，在相同的色深条件下，每个灰阶变化对应的压差也会更大一些，相对而言颜色可以更好地控制，所以 TN 型 LCD 在"真彩屏"中反而应用得更多。

第 35 章

SSD1773 驱动原理

SSD1773 是一款具有 80 个 COM（$ROW_0 \sim ROW_{79}$）与 312 个 SEG 输出（$COL_0 \sim COL_{311}$）的 CSTN 型 LCD 驱动芯片，由于每个显示像素包含 R、G、B 三个子像素（即三个 SEG 输出引脚对应一个彩色液晶显示像素点），所以单颗 SSD1773 最大可以驱动的 CSTN 型 LCD 分辨率为 104×80，其功能框如图 35.1 所示。

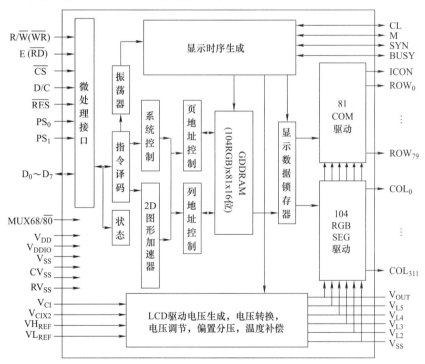

图 35.1　功能框图

其中，MUX68/$\overline{80}$ 引脚用来调节扫描的行数为 68（MUX68/$\overline{80}$ = V_{DD}）还是 80（MUX68/$\overline{80}$ = V_{SS}），配合"COM 输出扫描方向设置"指令可以调整 ROW（行）与 COM 引脚的扫描对应关系，这可以提升模组设计时电路布线的灵活性（例如，更改后可以减少走线过孔），见表 35.1（注：POR 为"Power On Reset"简写，表示上电复位后的状态）。

表 35.1　COM 输出扫描方向设置

MUX68/$\overline{80}$	X_2	X_1	X_0	$ROW_0 \sim ROW_{33}$	$ROW_{34} \sim ROW_{39}$	$ROW_{40} \sim ROW_{45}$	$ROW_{46} \sim ROW_{79}$
V_{SS}	0	0	0	$COM_0 \rightarrow COM_{33}$	$COM_{34} \rightarrow COM_{39}$	$COM_{40} \rightarrow COM_{45}$	$COM_{46} \rightarrow COM_{79}$（POR）
	0	0	1	$COM_0 \rightarrow COM_{33}$	$COM_{34} \rightarrow COM_{39}$	$COM_{79} \leftarrow COM_{64}$	$COM_{63} \leftarrow COM_{40}$
	0	1	0	$COM_{39} \rightarrow COM_6$	$COM_5 \leftarrow COM_0$	$COM_{40} \rightarrow COM_{45}$	$COM_{46} \leftarrow COM_{79}$
	0	1	1	$COM_{39} \leftarrow COM_6$	$COM_5 \leftarrow COM_0$	$COM_{79} \leftarrow COM_{64}$	$COM_{63} \leftarrow COM_{40}$
V_{DD}	0	0	0	$COM_0 \rightarrow COM_{33}$	无选择输出		$COM_{34} \rightarrow COM_{67}$（POR）
	0	0	1	$COM_0 \rightarrow COM_{33}$			$COM_{67} \leftarrow COM_{34}$
	0	1	0	$COM_{33} \leftarrow COM_0$			$COM_{34} \rightarrow COM_{67}$
	0	1	1	$COM_{33} \leftarrow COM_0$			$COM_{67} \leftarrow COM_{34}$

表 35.1 中的"X_2、X_1、X_0"表示控制指令中对应的位，数据手册把指令中可供调整的数据位使用"字母＋下标数字"的方式进行了标记，具体可参考附录 A SSD1773 指令集，而符号"→"则表示 COM 输出的扫描方向（默认 COM_0 对应 ROW_0，COM_{79} 对应 ROW_{79}）。例如，当MUX68/$\overline{80}$ = V_{SS} 且"$X_2 X_1 X_0$"为"011"时，COM 输出扫描次序为 $ROW_{39} \sim ROW_0$（$COM_0 \sim COM_{39}$）、$ROW_{79} \sim ROW_{40}$（$COM_{40} \sim COM_{79}$）。

SSD1773 集成了电压（升压）转换（3×、4×、5×、6×）、电压调节、电压跟随（偏压）电路，需要使用相应的指令将其打开并进行设置，它们的工作原理与 SED1565 一样，都是从调整输出电压 V_{OUT} 的角度控制液晶显示对比度，数据手册中可以找到如下公式：

$$V_{OUT} = \left(1 + \frac{R_2}{R_1}\right) \cdot \left(1 - \frac{63 - \alpha}{210}\right) \cdot V_{REF}, \quad (V_{REF} = 1.7V) \qquad (35.1)$$

是不是觉得很熟悉？与式（28.1）的结构高度相似！根据数据手册的描述，式（35.1）中的 V_{OUT} 是经过升压并进行电压调节后（而不是升压后）的输出电压，也是驱动 LCD 的最高（正向）偏压，电压跟随器中的运放供电电压也由此处获取。（63-α）意味着 α 值越大，则相应的 V_{OUT} 也越大，液晶显示对比度就会越高，与 SED1565 中对比度随 α 值变化趋势相同，因为式（28.1）中的 V_5 为负电压，而式（35.1）中的 V_{OUT} 为正压。表 35.2 给出了电压调节增益（$1 + R_b/R_a$）、偏压比、电荷泵升压系数设置信息。

表 35.2　电压增益、偏压比与电荷泵升压系数设置

Y_2	Y_1	Y_0	电压增益	B_2	B_1	B_0	偏压比	X_3	X_2	升压系数
0	0	0	2.84（POR）	0	0	0	1/4	0	0	3X（POR）
0	0	1	3.71	0	0	1	1/5	0	1	4X
0	1	0	4.57	0	1	0	1/6	1	0	5X
0	1	1	5.44	0	1	1	1/7（POR，MUX68/$\overline{68}$ = V_{DD}）	1	1	6X
1	0	0	6.30	1	0	0	1/8（POR，MUX68/$\overline{68}$ = V_{SS}）			
1	0	1	7.16	1	0	1	1/9			
1	1	0	8.03	1	1	0	1/10			
1	1	1	8.89	1	1	1				

为了进一步优化电源管理，SSD1773 把内部电源系统划分成了多个供电端（而不像 SED1565 那样只有一个 V_{DD} 供电电源引脚），相应的引脚分别为 V_{DDIO}、V_{DD}、V_{CI}、V_{CIX2}、

V_{HREF}。我们来看看数据手册标注的电气参数，见表 35.3。

表 35.3　电气参数（部分）

符号	参数	测试条件	最小值	典型值	最大值	单位
V_{DD}	逻辑供电电压	推荐工作电压	2.4	2.7	3.6	V
V_{DDIO}	IO 引脚供电电压	推荐工作电压	2.4	V_{DD}	V_{DD}	V
V_{CI}	电荷泵参考电压	推荐工作电压	V_{DD}	V_{DD}	3.6	V
V_{OUT}	LCD 驱动电压	显示开启，电压生成 / 电荷泵 / 电压调节 / 偏压电路使能，典型振荡频率、	5	—	13.5	V
V_{REF}	内部参考电压（ $T = 25℃$ ）	$TC_0 = -0.10\%/℃$	1.63	1.68	1.73	V
		$TC_1 = -0.150\%/℃$	1.64	1.69	1.74	V
		$TC_2 = -0.20\%/℃$（POR）	1.65	1.70	1.75	V
		$TC_3 = -0.25\%/℃$	1.66	1.71	1.76	V
	内部参考电压（ $T = 25℃$ ）	TC_2	1.65	1.70	1.75	V
	内部参考电压（ $T = -20℃$ ）	TC_2	1.80	1.85	1.91	V
	内部参考电压（ $T = 70℃$ ）	TC_2	1.50	1.55	1.59	V
TC_0	温度系数 0	电压调节使能	0	−0.10	−0.12	%/℃
TC_1	温度系数 1		−0.12	−0.15	−0.17	%/℃
TC_2	温度系数 2		−0.17	−0.20	−0.22	%/℃
TC_3	温度系数 3		−0.22	−0.25	−0.27	%/℃

SSD1773 把直接与外部处理器打交道的 IO 缓冲单元的供电电源独立出来交给 V_{DDIO}，现如今复杂的芯片都是这样做的。假设某控制单片机的供电电压为 2.4V，我们就将 2.4V 的低电压供给 V_{DDIO}，这样可以保证接口电平相同，而其他供电电源并不需要相同（例如 2.7V、3.3V）。V_{DD} 是芯片逻辑控制电路的供电电源，V_{CI} 是内置电压转换电路输入参考电压，一般情况下两者取自同一电源（即连接在一起）。V_{CIX2} 是内部参考电压引脚，它必须与 V_{CI} 连接。

V_{HREF} 是电压跟随器电路中的运放供电电源，所以它总是与 V_{OUT} 连接。V_{LREF} 引脚在处于正常与低功耗电源模式时的连接方式略有不同，如图 35.2 所示（其中，C_1 与 C_2 的推荐容值范围分别为 $1 \sim 2.2\mu F$ 与 $2.2 \sim 4.7\mu F$）。

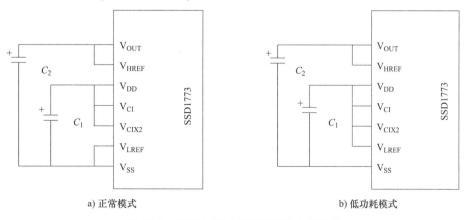

图 35.2　正常与低功耗模式下的电源连接

可以看到，两种模式中唯一的区别就是 V_{LREF} 的连接。我们知道，芯片内部集成的偏压电路包含多个运放组成的电压跟随器，在正常模式下，这些运放的供电端就是 V_{HREF}，它总是与 V_{OUT} 连接，而运放的参考电平引脚则是 V_{LREF}，通常与 V_{SS} 连接。换句话说，给运放的供电压差为 $V_{HREF} - V_{LREF} = V_{OUT} - V_{SS}$。而在低功耗模式下，$V_{LREF}$ 是与 V_{DD} 连接的，给运放的供电压差为 $V_{OUT} - V_{DD}$，如图 35.3 所示。

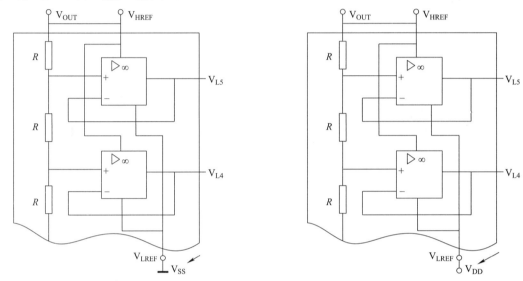

图 35.3　V_{LREF} 的连接方式

在运放输出电平相同的条件下，供电压差越小自然耗电也越小一些。当然，此时必须保持 V_{L4} 大于 4V，因为运放的最低电平为 V_{DD}（见表 35.2，最大值为 3.6V），即便理想情况下，V_{L4} 也不可能小于 V_{DD}，更何况，实际运放电路总会有一些电压损耗，为了保证电路能够正常工作，必须保留一定的电压裕量。

总体来看，SSD1773 的内置电源电路的结构如图 35.4 所示。

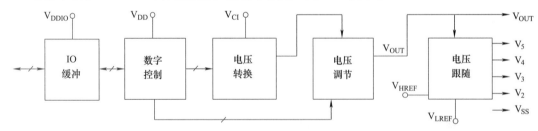

图 35.4　内置电源电路的结构

SSD1773 还集成了温度补偿电路，它与 PCD8544 的温度补偿工作原理是类似的，此处不再赘述。注意到芯片内部那个 2D 图形加速器（Graphic Accelerator）吗？它专门用于提高图形处理性能，因为 SSD1773 有专门的画直线、画矩形、填充等指令，这样就不用自己琢磨那些绘图算法了，本书为了节省篇幅，不涉及这些指令的具体使用，有兴趣的读者可参考数据手册。

再来看看 GDDRAM 的组织结构，如图 35.5 所示。

			8位灰阶模式下的RGB对齐方式																		
			列																			
	P$_{11}$=0		0			1			2			4						102			103		
LCD 读方向 ↓	P$_{11}$=1		103			102			101			100						1			0		
	颜色		R	G	B	R	G	B	R	G	B	R	G	B				R	G	B	R	G	B
	数据		D$_7$	D$_4$	D$_1$	D$_7$	D$_4$	D$_1$	D$_7$	D$_4$	D$_1$	D$_7$	D$_4$	D$_1$				D$_7$	D$_4$	D$_1$	D$_7$	D$_4$	D$_1$
	页		D$_6$	D$_3$	D$_0$	D$_6$	D$_3$	D$_0$	D$_6$	D$_3$	D$_0$	D$_6$	D$_3$	D$_0$				D$_6$	D$_3$	D$_0$	D$_6$	D$_3$	D$_0$
块	P$_{10}$=0	P$_{10}$=1	D$_5$	D$_2$		D$_5$	D$_2$		D$_5$	D$_2$		D$_5$	D$_2$					D$_5$	D$_2$		D$_5$	D$_2$	
0	0	79																					
	1	78																					
	2	77																					
	3	76																					
1	4	75																					
	5	74																					
	6	73																					
	7	72																					
⋮	⋮	⋮																					
17	68	11																					
	69	10																					
	70	9																					
	71	8																					
18	72	7																					
	73	6																					
	74	5																					
	75	4																					
19	76	3																					
	77	2																					
	78	1																					
	79	0																					
20	ICON	ICON																					

COM输出:COM$_0$、COM$_1$、COM$_2$、COM$_3$、COM$_4$、COM$_5$、COM$_6$、COM$_7$ …… COM$_{68}$、COM$_{69}$、COM$_{70}$、COM$_{71}$、COM$_{72}$、COM$_{73}$、COM$_{74}$、COM$_{75}$、COM$_{76}$、COM$_{77}$、COM$_{78}$、COM$_{79}$、ICON

SEG输出:COL$_0$、COL$_1$、COL$_2$、COL$_3$、COL$_4$、COL$_5$、COL$_6$、COL$_7$、COL$_8$、COL$_9$、COL$_{10}$、COL$_{11}$ … COL$_{306}$、COL$_{307}$、COL$_{308}$、COL$_{309}$、COL$_{310}$、COL$_{311}$

图 35.5　8 位灰阶模式的 GDDRAM 分布

可以看到，GDDRAM 共划分为 80 页，每页包含 312 个列驱动，而每 3 列对应一个完整的像素点。另外，每 4 页还被划分为 1 个块（Block），因为有些指令是按块来调整的。与以往讨论的 LCD 驱动芯片不同，由页与列确定的 GDDRAM 地址中保存的多位（而不是 1 位）显示数据对应屏幕上的一个像素点，因为像素显示的灰阶不再只有 2 种。另外，由于每页对应屏幕上每行像素点，所以 SSD1773 中页与行的意义是相同的。

注意到图 35.5 给出的是 **8 位灰阶模式**下的 GDDRAM 空间分布，此时每个液晶像素的灰阶变化最多为 $2^8 = 256$。当然，也可以选择使用 12 位（$2^{12} = 4096$）或 16 位（$2^{16} = 65536$）灰阶模式，只要在执行"设置数据输出扫描方向（Set Data Output Scan Direction）"指令时确定 P$_{31}$、P$_{30}$ 的值即可，见表 35.4。

表 35.4　灰阶模式的选择

P_{31}, P_{30}	灰阶选项	总线接口模式	数据（$D_7 \sim D_0$）写入顺序	备注
00	16 位 / 像素	8 位	RRRRRGGG（字节 1） GGGBBBBB（字节 2）	2 字节 /1 像素
01	8 位 / 像素	8 位	RRRGGGBB	1 字节 /1 像素
10（POR）	12 位 / 像素	8 位	RRRRGGGG（字节 1） BBBBRRRR（字节 2） GGGGBBBB（字节 3）	3 字节 /2 像素

选择的灰阶模式不同，往 GDDRAM 中写入的显示数据与子像素灰阶的对应关系也会不一样，这一点非常重要，因为它决定屏幕上能否准确显示想要的颜色。例如，在 8 位灰阶模式下，我们只需要往 GDDRAM 中写入一个字节就可以代表一个像素（三个子像素）的灰阶，该字节中高 3 位表示红色，低 2 位表示蓝色，中间 3 位表示绿色（RGB332 模式）。如果选择 16 位灰阶模式，往 GDDRAM 中连续写入两个字节才对应一个像素的灰阶（RGB565 模式）。12 位灰阶模式就更有趣了，它需要将两个像素（包含六个子像素）的灰阶一起写入的，每次应该往 GDDRAM 中连续写入 3 个字节（RGB444 模式）。

当往 GDDRAM 空间连续写入数据时，可以选择水平或垂直寻址模式，这一点与 PCD8544 相同，使用的仍然是"设置数据输出扫描方向"指令。当然，SSD1773 在寻址方面更灵活一些，它还可以设置正向或反向页与列寻址模式。图 35.6 所示为水平寻址模式下 GDDRAM 地址变化信息。

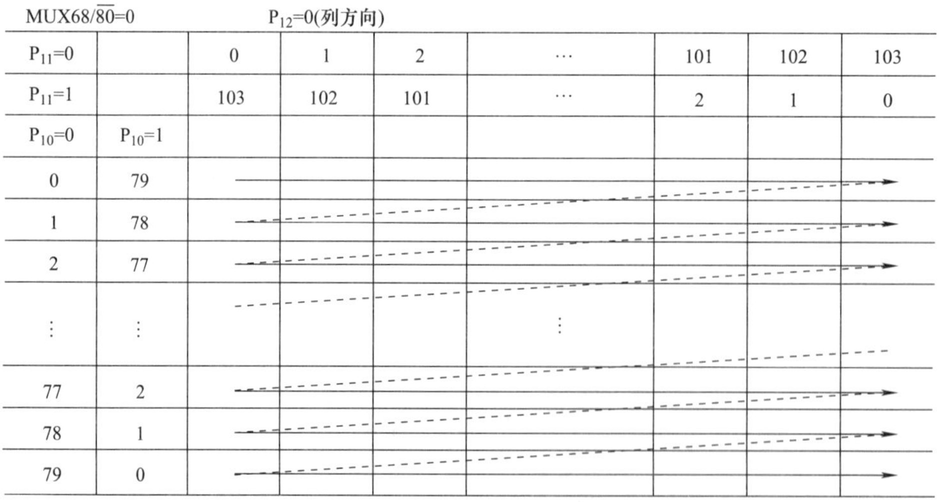

图 35.6　水平寻址模式

P_{12} 用来设置水平（$P_{12} = 0$）或垂直（$P_{12} = 1$）寻址模式，P_{10} 可以改变 GDDRAM 空间列地址增加方向，为 0 时从上至下，为 1 时从下到上。同样，P_{11} 可以改变 GDDRAM 空间的页地址增加方向。换句话说，连续往 GDDRAM 空间写入数据时，页与列地址可以自动增加，也可以自动减小。

图 35.7 所示为垂直寻址模式下 GDDRAM 地址变化信息，同样也可以利用 P_{10}、P_{11} 改变页与列地址的变化方向。

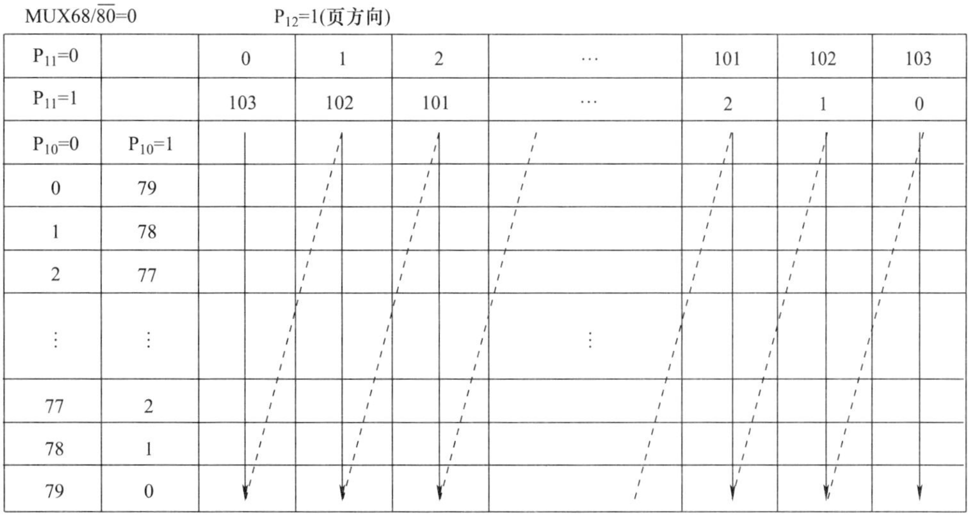

MUX68/$\overline{80}$=0　　　　　　　P$_{12}$=1(页方向)

P$_{11}$=0		0	1	2	...	101	102	103
P$_{11}$=1		103	102	101	...	2	1	0
P$_{10}$=0	P$_{10}$=1							
0	79							
1	78							
2	77							
⋮	⋮				⋮			
77	2							
78	1							
79	0							

图 35.7　垂直寻址模式

将寻址模式设计得如此灵活的目的何在呢？假设想把屏幕显示的内容进行旋转或镜像等操作，应该怎么办呢？还得先研究一下相应的算法吗？不需要！只要预先修改好寻址模式，连续写入的相同显示数据却能够以不同的顺序保存到 GDDRAM 地址，也就可以获得不同的显示效果，具体的寻址模式与屏幕的对应关系见表 35.5。

表 35.5　不同寻址模式与相应屏幕显示效果（写入相同数据时）

显示数据方向	P$_{12}$	P$_{10}$	P$_{11}$	GDDRAM 数据与屏幕显示内容
正常	0	0	0	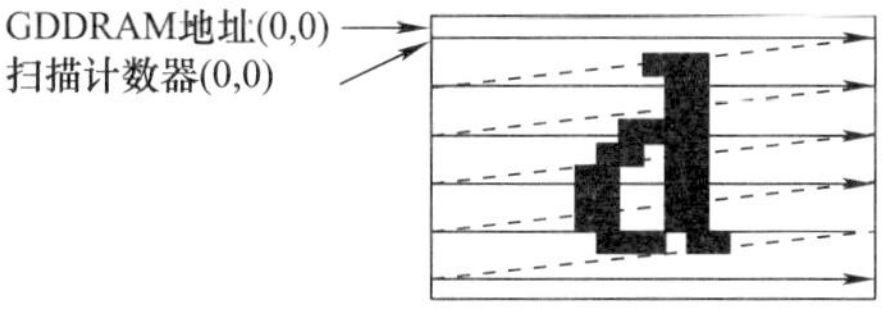
垂直镜像	0	0	1	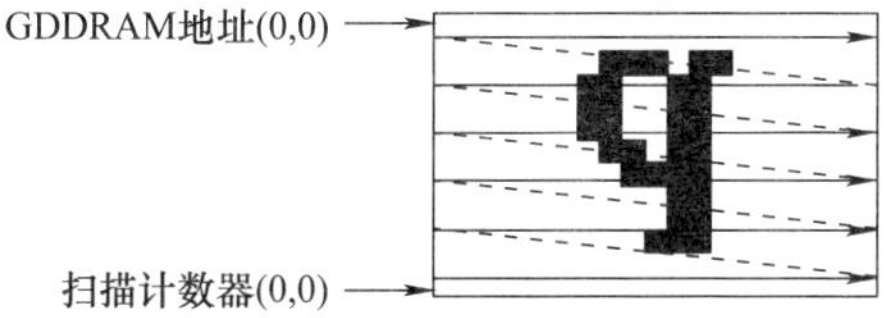
水平镜像	0	1	0	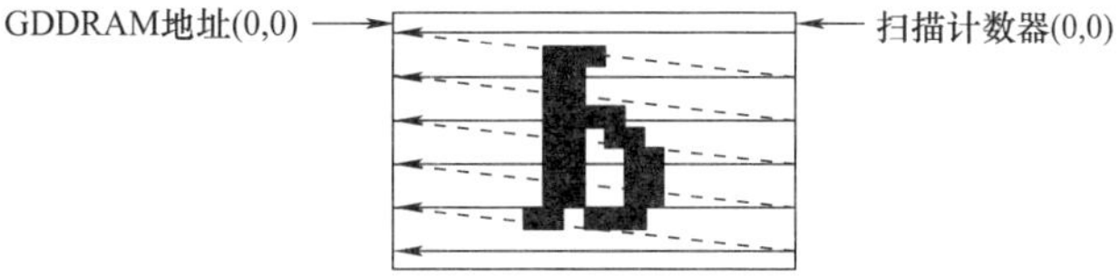
垂直镜像 水平镜像	0	1	1	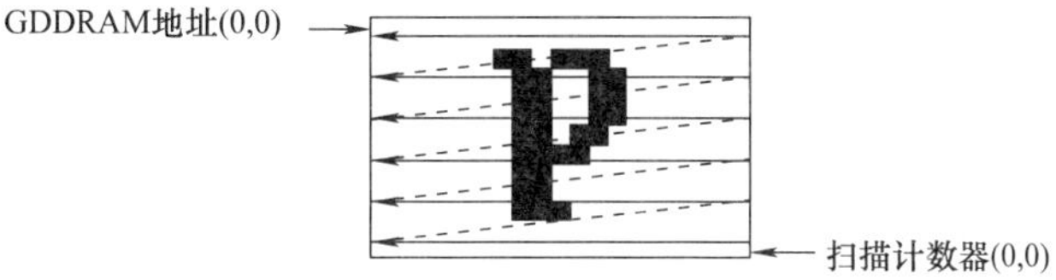

（续）

显示数据方向	P_{12}	P_{10}	P_{11}	GDDRAM 数据与屏幕显示内容
行列交换	1	0	0	
行列交换 垂直镜像	1	0	1	
行列交换 水平镜像	1	1	0	
行列交换 水平镜像 垂直镜像	1	1	1	

与以往讨论的点阵图形 LCD 驱动芯片有所不同，在往 GDDRAM 写入显示数据前，我们并非从一开始就指定页与列地址，而是得先使用指令确定 GDDRAM **访问区域**，它由起始列（Start Column，SC）、结束列（End Column，EC）、起始页（Start Page，SP）、结束页（End Page，EP）四个参数界定，如图 35.8 所示。

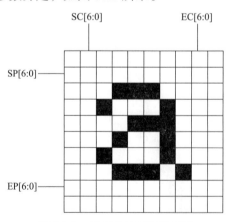

图 35.8　GDDRAM 访问区域

假设我们确定起始页与列分别为 1 与 1，而结束页与列分别为 8 与 8，这样尽管整个 GDDRAM 空间可以对应最大分辨率为 104×80 的屏幕，但是当我们（在正常寻址模式下）往 GDDRAM 连续写入数据的过程中，列地址最多增加到 8，而页地址最多也只会增加到 8。

当 GDDRAM 地址到达第 8 页第 8 列再写入数据后，地址就会返回到第 1 页第 1 列（不是第 0 页第 0 页）覆盖原来的数据重新写，而不会跳到已定义区域之外。这种机制的好处在于可以刷新必要的区域（不需要整屏刷新），有利于提升传输数据的效率。换句话说，如果想要改写的 GDDRAM 地址不在已定义的访问区域之内，必须重新指定访问区域，它应该包含将要改写的 GDDRAM 地址。

确定访问区域后还不能直接写入显示数据，必须使用"写显示数据（Write Display data）"指令**初始化当前页与列计数器**，具体值根据选择的寻址模式而有所不同（例如，在正常寻址模式下，当前页与列计数值设置为**访问区域的左上角**，而当使用垂直镜像模式时，当前页与列计数值设置为**访问区域的左下角**），然后再（连续）写入显示数据即可。一般情况下，图像的刷新都是一次性往 GDDRAM 中传输整屏数据，如果 SSD1773 驱动分辨率为 104×80 的 CSTN 型 LCD，我们应该将起始页与列均设置为 0，而将结束页置为 79（0x4F），结束列设置为 103（0x67）。

"设置数据输出扫描方向"指令还可以调整 RGB 排列模式，见表 35.6。

表 35.6　RGB 排列模式

P_{22}, P_{21}, P_{20}	行	COL									
		0	1	2	3	4	5	6	7	...	311
000	偶数页	R	G	B	R	G	B	R	G		B
	奇数页	R	G	B	R	G	B	R	G		B
001	1	B	G	R	B	G	R	B	G		R
	2	B	G	R	B	G	R	B	G		R
010	1	R	G	B	B	G	R	R	G		R
	2	R	G	B	B	G	R	R	G		R
011	1	B	G	R	R	G	B	B	G		B
	2	B	G	R	R	G	B	B	G		B
100	1	R	G	B	R	G	B	R	G		B
	2	B	G	R	B	G	R	B	G		R
101	1	B	G	R	R	G	B	B	G		B
	2	R	G	B	B	G	R	R	G		R
110	1	R	G	B	B	G	R	R	G		R
	2	B	G	R	R	G	B	B	G		B
111	1	B	G	R	R	G	B	B	G		B
	2	R	G	B	B	G	R	R	G		R

我们刚刚已经讨论过 RGB 显示数据写入到 GDDRAM 的顺序，为什么还有一个 RGB 排列模式呢？虽然 CSTN 型 LCD 的每一个像素由 3 个 R、G、B 子像素构成，但是实际上彩色滤光膜的排列模式也有很多种，常用的如图 35.9 所示。

使用哪种排列模式的彩色滤光膜主要取决于应用场合，例如，与电脑配套的液晶显示器通常使用条状排列模式，因为大多数应用软件都是方方正正的窗口，使用条状排列的彩色滤光膜能够使边框更加平直，但是液晶电视就不一样了，因为它往往显示的是人物、风景等轮廓并不太规则的曲线，所以使用其他排列模式的彩色滤光膜更多一些。需要注意的是，其中一种正方形排列的彩色滤光膜还包含了能够提升像素亮度的白色滤光膜单元（W）。

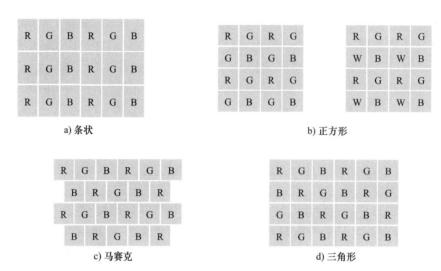

a) 条状   b) 正方形

c) 马赛克   d) 三角形

图 35.9　彩色滤光膜的排列

　　SSD1773 需要根据所驱动彩屏的彩色滤光膜的排列模式进行相应的设置，换句话说，RGB 排列模式的具体配置得由硬件连接方式来决定，如图 35.10 所示。

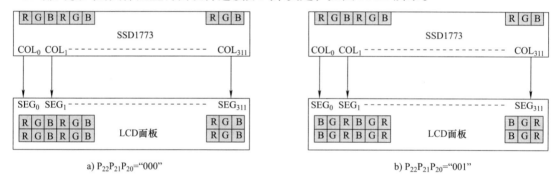

a) $P_{22}P_{21}P_{20}=$"000"   b) $P_{22}P_{21}P_{20}=$"001"

图 35.10　RGB 排列模式设置

　　SSD1773 的卷屏功能比较强大，它可以对指定某个区域（连续数行）的内容进行卷屏，而除此之外的行可以固定不动（当然，也可以进行整屏卷动），具体可分为四种模式，如图 35.11 所示。

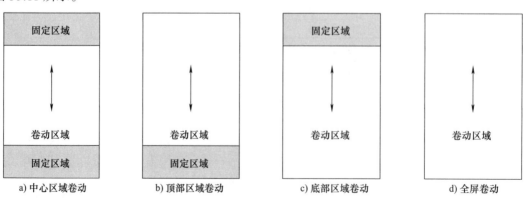

a) 中心区域卷动   b) 顶部区域卷动   c) 底部区域卷动   d) 全屏卷动

图 35.11　四种卷屏模式

在中心移屏模式下，顶部或底部允许有些块固定不动（仅卷动除此以外的中心区域），而顶部与底部卷屏模式是指仅有顶部或底部是固定不动。卷动区域（Scroll Area）上面的固定块称为顶部固定区域（Top Fix Area，TFA），下面的固定块称为底部固定区域（Bottom Fix Area，BFA）。

这里重点讨论一下中心移屏功能，假设要实现图 35.12 所示的卷屏效果，应该怎么做呢？

a) 默认效果

b) 开始卷屏

c) 继续卷屏

图 35.12　卷屏效果

在手机产品中，字符串"dzzzzcn"所在的顶部固定区域通常有网络连接状态、电池量、信号量、时间等信息，而底部固定区域可以是电话簿、通讯录、返回、编辑等功能，这是中心卷屏模式的一种典型应用。

SSD1773 把所有 80 页被划分成了为 20 块，我们把 0 ~ 1 块作为固定内容显示在屏幕顶部，18 ~ 19 块作为固定块显示在屏幕底部，中间再分为卷动区域（Scroll Area）与背景区域（Background Area），前者默认显示在屏幕上的内容对应的 GDDRAM，后者默认在屏幕上是不显示的，只有卷屏后才会显示出来，如图 35.13 所示。

图 35.13　104RGB×64 线 GDDRAM 数据

假设驱动的 LCD 共有 64 行（如果 LCD 有 80 行，那么 GDDRAM 中所有数据都将显示在屏幕上，也就无法实现把隐藏信息卷出来的效果），这可以通过"设置显示控制（Set Display Control）"指令来调整驱动占空比（范围 8 ~ 64，调整步长为 4 行，即 1 个块）来实现，则整个屏幕将占用 GDDRAM 中 16 个块，剩下 4 个块作为背景区域。

首先需要设置顶部与底部固定块地址。屏幕顶部有 8 页（2 个块）是固定的，所以以顶

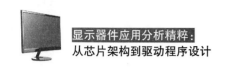

部设置的块地址应为 8/4 = 2。屏幕底部同样有 8 页是固定，相应的块地址为 18 与 19，所以应该设置的块地址为 17。GDDRAM 中间 64 页（块 2 ~ 17）对应屏幕中间可以滚动的区域，因为屏幕中间只有 12 块大小（GDDRAM 对应则有 16 块），所以需要指定块 13 表示 GDDRAM 块 2 ~ 13 对应在屏幕中间位置（卷屏区域），而块 14 ~ 17 对应的 GDDRAM 数据在屏幕上默认是不显示的（背景区域）。

完成以上操作后，再设置中心卷屏模式即可，然后使用"设置卷动起始"指令即可实现卷屏功能，相应的效果如图 35.14 所示。

图 35.14　设置卷动起始的效果

需要注意的是："设置卷动起始"是以块（而不是页）为最小单位，也就是说，一次最少卷动 4 行。

第 36 章

LCM9664 显示驱动设计

Proteus 软件平台有一块基于 SSD1773 的 CSTN 型 LCD 显示模组（型号为 CSTN20G-G0906N7CUN6），相应的仿真电路及效果如图 36.1 所示。

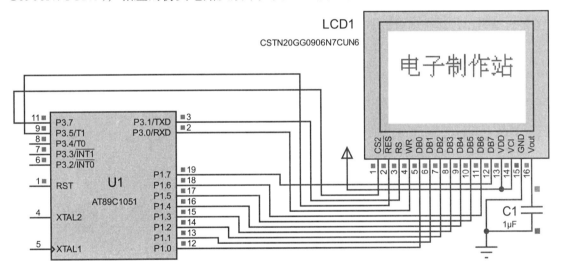

图 36.1　仿真电路

SSD1773 支持 8080 与 6800 并行接口以及 3 线或 4 线 SPI 串行控制接口，可以通过设置 PS_0、PS_1 引脚电平来选择，见表 36.1。

表 36.1　接口选择

PS_1	PS_0	MCU 接口
0	1	8 位 8080 并行接口
1	1	8 位 6800 并行接口
1	0	3 线 9 位串行外设接口（Serial Peripheral Interface，SPI）
0	0	4 线 8 位串行外设接口

4 线 8 位 SPI 接口的通信时序与 PCD8544 是一样的，它与 3 线 9 位 SPI 接口唯一不同之处在于：后者没有标记传输数据或指令类型的 D/$\overline{C}$ 引脚。所以 3 线 SPI 接口需要在发送的串行数据中多增加了一位 D/$\overline{C}$，相应的时序如图 36.2 所示。

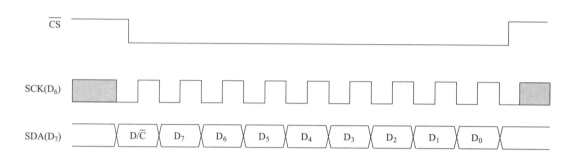

图 36.2　3 线 SPI 接口时序

使用串行控制接口时，引脚 D_7 作为串行数据（SDA），引脚 D_6 作为串行时钟（SCK），此时应将其他控制引脚（$D_0 \sim D_5$、WR、RD）与电源 V_{DD} 连接。需要指出的是：串行接口模式不支持**读操作**。

我们决定使用 8080 通信接口（按照原来的图书撰写计划，本应该使用 3 线 9 位 SPI 通信接口，毕竟其他三种接口已经详细讨论过了，但 Proteus 软件平台的这个仿真模型并不完善，使用该接口时无法正常仿真，但是不要紧，后续还有驱动芯片支持这种接口），相应的源代码如清单 36.1 所示。

```
#include <reg51.h>
#include <intrins.h>

#define WRITE_COM   0
#define WRITE_DAT   1
#define LCD_PIXEL_WIDTH 96              //LCD屏幕每行像素点数量
#define LCD_PIXEL_HEIGHT 64            //LCD屏幕每列像素点数量
#define LCD_DATA_BUS P1                //LCD数据总线

#define RED    0xF800                  //颜色常量宏定义
#define GREEN 0x07E0
#define BLUE   0x001F
#define WHITE 0xFFFF
#define BLACK 0x0000

typedef unsigned char uchar;          //定义类型别名
typedef unsigned int uint;

void delay_us(uint count){while(count-->0);}          //延时函数
void delay_ms(uint count){while(count-->0)delay_us(60);}

sbit LCD_RST_N = P3^5;
sbit LCD_CS_N  = P3^7;
sbit LCD_RS    = P3^1;
sbit LCD_WR_N  = P3^0;
```

清单 36.1　驱动源代码

```
uchar code dzzzzcn_dots[] = {
    0x02, 0x00, 0x00, 0x00, 0x04, 0x04, 0x09, 0x00, 0x00, 0x40,    //"电子制作站"上半部分
    0x02, 0x00, 0x3F, 0xF0, 0x24, 0x04, 0x09, 0x00, 0x20, 0x40,
    0x02, 0x10, 0x00, 0x10, 0x25, 0x04, 0x09, 0x04, 0x10, 0x44,
    0x7F, 0xF8, 0x00, 0x20, 0x3F, 0xA4, 0x11, 0xFE, 0x10, 0x7E,
    0x42, 0x10, 0x00, 0x40, 0x24, 0x24, 0x12, 0x80, 0xFE, 0x40,
    0x42, 0x10, 0x01, 0x80, 0x44, 0xA4, 0x32, 0x80, 0x00, 0x40,
    0x7F, 0xF0, 0x01, 0x04, 0xFF, 0xE4, 0x54, 0x90, 0x44, 0x40,
    0x42, 0x10, 0xFF, 0xFE, 0x04, 0x24, 0x98, 0xF8, 0x44, 0x44,    //"电子制作站"下半部分
    0x42, 0x10, 0x01, 0x00, 0x3F, 0xA4, 0x10, 0x80, 0x25, 0xFE,
    0x7F, 0xF0, 0x01, 0x00, 0x24, 0xA4, 0x10, 0x80, 0x25, 0x04,
    0x42, 0x10, 0x01, 0x00, 0x24, 0xA4, 0x10, 0x88, 0x29, 0x04,
    0x02, 0x00, 0x01, 0x00, 0x24, 0x84, 0x10, 0xFC, 0x09, 0x04,
    0x02, 0x04, 0x01, 0x00, 0x26, 0x84, 0x10, 0x80, 0x1F, 0x04,
    0x02, 0x04, 0x01, 0x00, 0x25, 0x04, 0x10, 0x80, 0xE1, 0x04,
    0x01, 0xFC, 0x05, 0x00, 0x04, 0x14, 0x10, 0x80, 0x41, 0xFC,
    0x00, 0x00, 0x02, 0x00, 0x04, 0x08, 0x10, 0x80, 0x01, 0x04};

void write_ssd1773(uchar byte_data, uchar flag)                      //写函数
{
    LCD_CS_N = 0;
    (WRITE_DAT == flag)?(LCD_RS = 1):(LCD_RS = 0);
    LCD_WR_N =0;
    LCD_DATA_BUS = byte_data;
    _nop_();
    LCD_WR_N =1;
    _nop_();
    LCD_CS_N =1;
}

void set_gddram_area(uchar sc, uchar width, uchar sp, uchar height)
{
    write_ssd1773(0x15, WRITE_COM);               //设置列地址多字节指令
    write_ssd1773(sc, WRITE_DAT);                    //列起始地址
    write_ssd1773(sc+width-1, WRITE_DAT);          //列结束地址
    write_ssd1773(0x75, WRITE_COM);               //设置页地址多字节指令
    write_ssd1773(sp, WRITE_DAT);                   //页起始地址
    write_ssd1773(sp+height-1, WRITE_DAT);          //页结束地址
    write_ssd1773(0x5C, WRITE_COM);           //开始写显示数据到GDDRAM
}

void main(void)
{
    int i = 0, j;
    uchar data_tmp;

    LCD_CS_N = 1;
    LCD_WR_N = 1;
    LCD_RST_N = 0;
    delay_ms(100);                         //上电延时一段时间,使供电稳定
    LCD_RST_N = 1;
    delay_ms(10);
    write_ssd1773(0xD1, WRITE_COM);                     //使能振荡器
    write_ssd1773(0x94, WRITE_COM);                   //退出睡眠模式
    write_ssd1773(0x20, WRITE_COM);                 //设置电源控制寄存器
    write_ssd1773(0x0B, WRITE_DAT);      //打开内置电源模块,设置倍压系数为5X

    write_ssd1773(0xCA, WRITE_COM);                    //设置驱动占空比
    write_ssd1773(0x00, WRITE_DAT);                      //发送假数据
    write_ssd1773(0x10, WRITE_DAT);                  //设置占空比为1/64
    write_ssd1773(0x00, WRITE_DAT);                      //发送假数据
```

清单 36.1　驱动源代码（续）

```
write_ssd1773(0xF7, WRITE_COM);                         //选择PWM/FRC
write_ssd1773(0x28, WRITE_DAT);
write_ssd1773(0x2C, WRITE_DAT);
write_ssd1773(0x05, WRITE_DAT);

write_ssd1773(0xFB, WRITE_COM);                         //设置偏压比
write_ssd1773(0x03, WRITE_DAT);                         //1/7
write_ssd1773(0x81, WRITE_COM);                         //设置对比度与内部调压增益
write_ssd1773(0x14, WRITE_DAT);                         //对比度为20
write_ssd1773(0x05, WRITE_DAT);                         //电压增益为7.16

write_ssd1773(0xBC, WRITE_COM);                         //设置数据输出扫描方向
write_ssd1773(0x00, WRITE_DAT);                         //正常水平寻址模式
write_ssd1773(0x00, WRITE_DAT);                         //RGB排列模式
write_ssd1773(0x00, WRITE_DAT);                         //65K色深模式，关闭伽马校正
write_ssd1773(0xAF, WRITE_COM);                         //打开显示
                                        //设置全屏区域，开始将整屏初始化为白色
set_gddram_area(0x00, LCD_PIXEL_WIDTH, 0x00, LCD_PIXEL_HEIGHT);
for(i=0; i<LCD_PIXEL_HEIGHT; i++) {                     //共64行
    for (j=0;j <LCD_PIXEL_WIDTH; j++) {                 //共96列
        write_ssd1773(WHITE>>8, WRITE_DAT);            //白色高字节
        write_ssd1773(WHITE, WRITE_DAT);               //白色低字节
    }
}

set_gddram_area(0x08, 0x50, 0x10, 0x10);    //设置"电子制作站"写入区域
for (i=0; i<sizeof(dzzzzcn_dots); i++) {
    data_tmp = dzzzzcn_dots[i];//取出一个字节显示数据，每位对应一个像素点
    for (j=0; j<8; j++) {
        if (data_tmp & 0x80) {
            write_ssd1773(RED>>8, WRITE_DAT);          //红色高字节
            write_ssd1773(RED, WRITE_DAT);             //红色低字节
        } else {
            write_ssd1773(WHITE>>8, WRITE_DAT);        //白色高字节
            write_ssd1773(WHITE, WRITE_DAT);           //白色低字节
        }
        data_tmp <<= 1;
    }
}

while(1){}
}
```

清单 36.1 驱动源代码（续）

为了节省篇幅，源代码仅以显示汉字"电子制作站"为例。与其他液晶显示模组一样，在正式往 GDDRAM 写入显示数据前需要对驱动芯片进行初始化操作，源代码的初始化流程来自数据手册，实际应用时并不需要严格一致。

我们从一开始就进行了复位操作，复位后的状态见表 36.2。

可以看到，复位后显示、振荡器以及内置电源都处于关闭状态，所以在初始化时需要将它们都打开，不然屏幕将不会显示任何信息。虽然表 36.2 并没有标注复位后的工作模式，但实际上 SSD1773 此时处于睡眠模式，所以我们需要发送指令退出该模式，其他大多数初始化指令基本已经详细过，读者可参考附录 A 所示指令集自行分析即可。

表 36.2　复位后状态

序号	总项目	分项目	状态
1	显示开 / 关		关闭
2	正常 / 反白显示		正常
3	COM 扫描方向		$ROW_0 \sim ROW_{79} = COM_0 \sim COM_{79}$
4	内部振荡器		关闭
5	参考电压生成电路		关闭
6	电压调节与电压跟随器		关闭
7	电荷泵升压电路		关闭
8	偏压比		1/7（MUX68/$\overline{80}$ = 1） 1/8（MUX68/$\overline{80}$ = 0）
9	扫描行数		68（MUX68/$\overline{80}$ = 1） 80（MUX68/$\overline{80}$ = 0）
10	对比度		00H
11	内部调节增益（$1+R_b/R_a$）		0H（增益为 2.84）
12	平均温度梯度		TC_2（−0.20%/℃）
13	局部显示	模式开 / 关	关闭
		起始 COM 地址	0
		结束 COM 地址	0
14	区域卷动设置	顶部区域地址	0
		底部区域地址	0
		指定的块数量	0
		区域卷动模式	全屏卷动模式
15	卷动起始块地址		0
16	数据扫描方向	正常或逆向页地址显示	正常
		正常或逆向列地址显示	正常
		地址扫描方向	水平寻址
		RGB 排列模式	RGB
		灰阶模式设置	4K 色深，关闭伽马校正
17	地址设置	起始页地址设置	0
18		结束页地址设置	0
19		起始列地址设置	0
20		结束列地址设置	0
21	选择 PWM/FRC		5 位 PWM+1 位 FRC 模式

　　注意到表 36.2 中有一个"选择 PWM/FRC"，它用来做什么的呢？我们前面提过，CSTN 型 LCD 显示彩色的原理是通过调整 R、G、B 子像素的灰阶来实现的，而不同灰阶对应施加在液晶分子两端的不同电压差。从理论上来讲，SSD1773 内部应该会有数模转换器（Digital to Analog Converter，DAC）单元，它可以根据数字电平输入产生相应的模拟电压。例如，在 16 位模式下，代表红色子像素的灰阶位数为 5，那么它应该对应有一个 5 位 DAC，只要我们把 5 位数据输入到 DAC，它就能产生 2^5 = 32 种变化的模拟电压（灰阶），对不对？

　　但是，从前一章的详细阐述就可以很清楚地知道，SSD1773 的输出驱动与以往讨论的所有点阵型 LCD 驱动芯片并无不同，也是偏压驱动方式（见表 35.2），也就是说，SSD1773 直接驱动 LCD 的电平最多只有 6 种（含 V_{SS} 与 V_{OUT}），而点亮像素点的电平只有两种（即 V_{SS} 与 V_{OUT}），那它又是如何让 CSTN 型 LCD 产生那么多的灰阶变化呢？想一想全彩 LED 点阵是如何产生彩色的原理吧！尽管直接驱动 LED 的电平也只有两种，但却仍然可以让全彩 LED 点阵产生丰富的颜色，对了，答案就是 PWM。

为了使每个子像素产生不同的灰阶，SSD1773 把扫描**每行**的时间分割成若干个时间片，通过控制驱动电压的供给时间长度来控制灰阶。例如，某 CSTN 型 LCD 的子像素可显示 8 级灰阶（3 位），于是就把选通时间分为 8 个时间片，如果想让某一个子像素点显示 2/8 灰阶，则只需要控制驱动电压的时间长度维持 2 个时间片即可，也就相当于在子像素点两端施加全亮时对应有效电压的 2/8，简单吧！

帧速率控制（Frame Rate Control，FRC）是另一种灰阶控制方案，与 PWM 有异曲同工之妙，只不过它把扫描的**每帧**分割为多个子帧。例如，同样的 3 位灰阶显示，就分割为 8 个子帧，某一子像素的灰阶显示原理如图 36.3 所示。

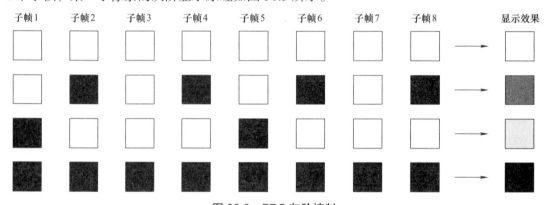

图 36.3　FRC 灰阶控制

也就是说，FRC 以多帧画面为一个时间单元，通过控制显示像素点的选通帧数来实现灰度控制，但是这种方法会引起灰阶的闪烁，虽然理论上可以通过提升刷新帧率来解决，但液晶分子的响应速度是有限的，所以它更适合于灰阶数量不多且偏向于静态图像显示场合。

PWM 灰阶控制方式虽然不容易引起灰阶闪烁，但也有自身的缺点，因为要产生越高的灰阶，相应的 PWM 占空比级数也就越多，直接驱动液晶分子的电压脉冲也就越窄。但是液晶分子无法响应过窄的脉冲，这使得 PWM 灰阶控制方式一般不能用来产生较高的灰阶，更何况刷新频率越高，功耗也会相应增大，所以对于灰阶数量比较高的应用，一般采用 PWM+FRC 结合的方式，"5 位 PWM+1 位 FRC"就表示把一帧分为 2 个子帧，而每个子帧分割为 32 个时间片。

另外，应当注意到有一条初始化语句的注释中包含了**伽马校正（Gamma Correction）**，它是在"设置数据输出扫描方向"多字节指令中设置的，伽马校正是什么呢？我们知道，彩屏中每个子像素点的颜色是由不同灰阶（亮度）经滤光膜后产生的，而灰阶与施加在液晶分子两端的交流电压有效值有关。根据刚刚讨论过的灰阶实现原理，**理论上**，多个**相邻**灰阶对应电压之差是相等的。例如，对于 6 位灰阶模式中的显示数据 000010b、000011b、

000100b、000101b，相邻显示数据对应的**电压之差**是固定相等的。**理想情况下，**我们**认为**固定的电压差变化而产生的透光率变化也应该是相同的，但是实际上，液晶分子的电光特性曲线并不是直线，所以当我们在不同的灰阶对应电压的基础上增加相等的固定电压值，对应的灰阶变化量却并不相同，这就会在色彩显示上引起一些偏差，我们称为灰阶变化的非线性。

那是不是所有显示应用场合都要求将电压与灰阶之间的变化关系调整为线性呢？答案是否定的！因为人的眼睛对色彩的敏感度并不是线性的（对暗色更敏感一些）。举个最简单的例子，我们使用绘图软件（例如 Photoshop）建立一张从黑到白渐变的图形，如图 36.4 所示（尺寸 1000×180，分辨率 72 像素/英寸，RGB 8 位模式）。

图 36.4　RGB 8 位渐变图形

嗯，确实是黑白渐变图形，一眼就看得出来，我们使用相同的方法再建立一张 32 位模式下从黑到白渐变图形（尺寸 1000×180，分辨率 72 像素/英寸，RGB 32 位模式），如图 36.5 所示。

图 36.5　RGB 32 位渐变图形

是不是觉得 32 位渐变图中白色部分偏多，而黑色部分偏少呢？这样会觉得渐变不自然，但是这只是肉眼感觉到的，自然界真实的渐变正如图 36.5 所示。因为人的肉眼对暗部的变化更为敏感。当我们使用 8 位模式时，256 个灰阶中大约有一半用来表示暗部，而在 32 位模式中，大约只有 1/5 用来表示暗部变化，其余 4/5 用来表示肉眼感觉变化不明显的亮度部分。

但是，不管我怎么摆事实讲道理你都听不进去，你对我提出要求："我花了钱只要渐变图形，不管它是 8 位、32 位还是无数位，你得给我整出一张看上去是黑白渐变的图形"。所以我只好采用一个变通的方法：把 RGB 32 位模式图形的灰阶按**一定的方式**进行整体调节，这个调节过程就是伽马校正。

在彩色液晶显示中，液晶分子两端的电压与灰阶的不同关系就构成了不同的伽马值（γ），它们可以描述自然数值与主观心理感知的对应关系，通常可以使用幂函数来表示，即

$$L = V^{\gamma}$$

（36.1）

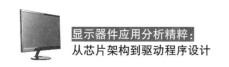
其中 V 表示输入电压（显示数据）；L 表示对应的灰阶；而 γ 就代表灰阶的渐变方式。我们来观察一下不同 γ 值对应的幂函数曲线，如图 36.6 所示（0 代表黑，100% 代表白）。

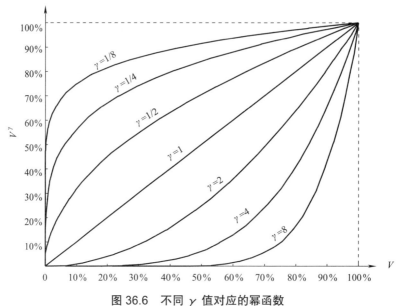

图 36.6　不同 γ 值对应的幂函数

当 $\gamma = 1$ 时，输入电压与灰阶的变化是线性的，就像图 36.5 所示那样不进行伽马校正，当然，人的肉眼看上去可能并不自然。当 $\gamma > 1$ 时，更多的输入电压用来对应暗色部分的灰阶，相应的图像对比度就会增强，而亮部区域的对比度则会降低。由于人眼对暗部更敏感，所以会感觉图像会比原图更"刺眼"一些（其实是暗部区域的对比度增强了）。换句话说，图像的高亮部分被压缩而暗调部分被扩展，整体颜色更深了。相反，当 $\gamma < 1$ 时，更多的输入电压用来表示亮部区域，图像的高亮部分被扩展而暗调部分被压缩，但是人眼对高亮部分并不是很敏感，所以我们整体感觉图像变得"柔和"一些。换句话说，原图中的部分颜色经过 $\gamma < 1$ 校正后，我们可能就感觉不到了。

那 γ 值是越高越好，还是越低越好呢？主要还是看应用需求，并没有绝对的好坏之分。γ 值越高，我们肉眼能够感觉到的色彩层次会越丰富。一般对于普通用途，γ 值可设置为 1.4，对于印刷场合，可以设为 1.8，网页上的照片可设为 2.2。

伽马校正的具体方式有很多，前面讨论过的 PWM 与 FRC 也可以实现，以 5 位 PWM 灰阶控制方式为例，默认情况下 32 个灰阶中的每一个都对应 PWM 一级占空比，我们将这个对应关系整体调整一下，也就可以调整相应的 γ 值。简单地说，伽马校正就是**调整** GDDRAM 空间保存的显示数据与屏幕具体颜色的对应关系，而 γ 值就是**调整**的方向与程度。

好的，言归正传！芯片初始化完成后，往 GDDRAM 写入的数据就可以在屏幕上显示出来。首先将全屏写入白色显示数据（不然屏幕呈全黑色），以方便后续显示具体的颜色。第一次调用 set_gddram_area 函数设置了屏幕对应的 GDDRAM 空间作为访问区域，它的形参依次为起始列起址、列宽度、起始页地址、页高度。紧接着发送"写显示数据（**0x5C**）"指令后，使用两个 for 语句往 GDDRAM 中连续写入显示数据，这样从左上角开始以**从左**

到右、从上至下的顺序往 GDDRAM 空间依次写入白色代表的灰阶数据。

由于已经设置为 65k 色深模式，所以屏幕上每个像素点（包含三个子像素）对应两个字节的显示数据，所以每次需要写入两个字节。颜色常量的定义也需要特别注意，源代码所定义的颜色常量仅适用于 65k 色深模式。根据表 35.4 所示信息，白色应该为 0b11111111_11111111（0xFFFF），红色应该为 0b11111000_00000000（0xF800），其他依此类推。如果使用 256 色深模式，则白色应该为 0b1111_1111（0xFF）、红色应该为 0b1110_0000（0xE0），也就意味着每次写入的一个字节代表一个像素点（包含三个子像素）的颜色。另外，由于 write_ssd1773 函数的形参为 uchar 类型（8 位无符号），当把 16 位的数据传给该类型时，它会自动把除低 8 位外的位数屏蔽掉。

第二次调用 set_gddram_area 函数设置了"电子制作站"字模数据对应的 GDDRAM 写入区域。dzzzzcn_dots 数组中保存的字模与屏幕位置一一对应，即 16（0x10）行 80（0x50）列，每个字模数据（8 位）中的每一位对应一个像素点的颜色，如果为 1，则使用我们指定的颜色写入（为简单起见，我们仅指定了一种颜色），否则使用白色写入。

VisualCom 软件平台中相应的模组仿真效果如图 36.7 所示。

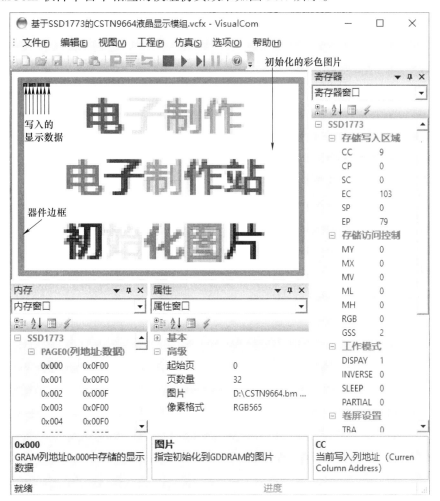

图 36.7　仿真效果

303

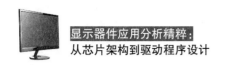

首先注意"属性"窗口的"高级"组合框中有三个选项，"起始页"与"页数量"用来控制"内存"窗口中能够显示的数据量，以避免全部一次性而导致加载时间过长，这对于显存空间非常大的仿真器件是非常有意义的。我们指定"起始页"为 0，"页数量"为 32，这意味着"内存"窗口中会显示第 0 ~ 31 页的内存数据。

"图片"项允许指定一个图片文件（BMP 格式）对 GDDRAM 进行初始化，由于 SSD1773 的 GDDRAM 地址是固定的，所以不需要像 T6963C 那样指定初始化首地址，图 36.7 所示三行汉字就是来自图片。而"像素格式"用来设置图片初始化到 GDDRAM 使用的格式，需要注意的是：它只是用来控制图片以何种格式初始化到 GDDRAM，而不是用来设置 SSD1773 的灰阶模式（**需要指令**）。

另外，我们还在图 36.7 中左上角循环三次写入的红、绿、蓝三个像素点显示数据，相应的预置数据如图 36.8 所示。

序号	类型	附加	十进制	十六进制	自定义备注
1	命令	0	209	D1	打开系统振荡器
2	命令	0	32	20	打开内部电源
3	数据	0	15	F	开启内部参考电压生成器与调压跟随器
4	命令	0	148	94	退出睡眠模式
5	命令	0	175	AF	打开显示
6	命令	0	92	5C	往GDDRAM写入显示数据
7	数据	0	3840	F00	以下连续写入红色（RGB444）
8	数据	0	240	F0	绿色
9	数据	0	15	F	蓝色
10	数据	0	3840	F00	
11	数据	0	240	F0	
12	数据	0	15	F	
13	数据	0	3840	F00	
14	数据	0	240	F0	
15	数据	0	15	F	

插入数据　插入命令　批量插入…　导入…　进度：　　　确定　取消

图 36.8　预置数据

由于 SSD1773 默认的像素格式为 RGB444，所以我们写入的 0xF00、0xF0、0xF 分别代表红、绿、蓝，又由于默认的存储访问区域为整个 GDDRAM 空间，且处于水平寻址模式，所以从左上角由左到右写入了 9 个像素点。

第 37 章

TFT-LCD 基本结构与工作原理

CSTN-LCD 虽然可以实现显示内容的彩色化，但是阈值陡度小的电光特性以及无源驱动方式固有的缺陷（交叉效应）而导致的色深短板，使得它越来越不适应对颜色要求较高的场合，而且相对于 TN-LCD，STN-LCD 的反应时间要长得多（前者约 30ms 左右，后者一般在 100ms 以上），这使得显示图像变化比较快时容易产生拖影现象。另外，CSTN-LCD 的尺寸也不能够做得太大，否则中心部分的电极反应时间会比较长，这会严重影响大尺寸 LCD 的显示效果，也就进一步限制了它的应用，导致其逐渐退出历史舞台。

那有些人就会想：能否充分利用 TN-LCD 的优点（阈值陡度大，反应时间短），同时还能避免无源驱动方式带来的交叉效应呢？这样不就能够获得更佳的显示色深了！为此我们想了一个办法，给每个液晶像素盒配一个薄膜晶体开关管（Thin-Film Transistor，TFT），这样可以对液晶盒单独施加电压，是一种新型的有源（Active）驱动技术，相应的 LCD 面板称为 TFT-LCD 或 AM-LCD，而以往使用无源（Passive）矩阵驱动的 LCD 面板则称为 PM-LCD。

我们先来看看 TFT-LCD 中单个液晶盒的基本结构，如图 37.1 所示。

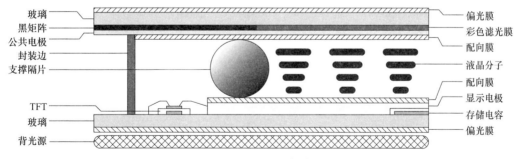

图 37.1　TFT-LCD 基本结构

可以看到，TFT-LCD 与 CSTN-LCD 的基本结构并没有太大的区别，它们产生色彩的基本原理都是使用彩色滤光膜。有所不同的是，上下玻璃基板上不再分布电极，而在每个液晶像素盒里都有一个 TFT 单元，以一对一的方式控制液晶分子的偏转方向（从而控制灰阶）。

TFT 是一种利用电场效应来控制电流的器件（与场效应管一样），其内部结构与原理图符号如图 37.2 所示。

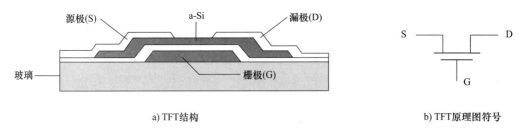

a) TFT结构   b) TFT原理图符号

图 37.2　TFT 元器件

图 37.2 中标注的"a-Si"是一种制作 TFT 的非晶硅（Amorphous Silicon）材料，其他还有多晶硅（Poly Crystalline Silicon）、单晶硅（Single Crystalline Silicon）等，大家了解一下即可。TFT 器件的开关原理非常简单，当栅极（G）与源极（S）施加的电压 V_{GS} 小于阈值电压 V_{th} 时，TFT 器件处于截止状态，此时源极与漏极（D）之间没有连通而呈现高阻状态。当 V_{GS} 大于 V_{th} 时，TFT 器件处于导通状态，此时源极与漏极之间相当于是短接的，如图 37.3 所示。

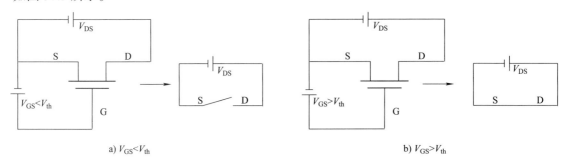

a) $V_{GS} < V_{th}$ b) $V_{GS} > V_{th}$

图 37.3　TFT 器件的开关原理

我们来看 TFT 液晶盒单元的基本结构及相应的等效电路，如图 37.4 所示。

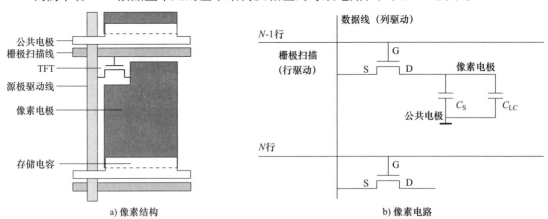

a) 像素结构   b) 像素电路

图 37.4　单个液晶像素盒的结构

在结构上，每个 TFT 器件的漏极连接背玻璃上一定面积的导电区作为像素电极，而前玻璃则分布着像素的另一个电极，所有前电极全部连接在一起而形成公共（Common）电极，像素电极与公共电极之间就是液晶分子，它们之间的电压差决定了液晶分子的转向

（对应像素的显示灰阶）。

很明显，TFT 器件会占用液晶盒部分窗口面积，也就会影响光线的透射度。我们把光线能透过的有效区域比例称为开口率（Aperture Ratio），它是决定亮度最重要的因素。开口率越大（TFT 占用的面积越小），LCD 的显示亮度自然也会越大。

注意到图 37.1 所示结构中有一个黑矩阵（Black Matrix，BM），它用来遮住不打算透光的部分（例如 TFT 或 ITO 走线），如果使用放大镜去观察 TFT-LCD，会发现每一个液晶子像素的某个角上都有一个黑点，它就是 TFT 器件所在的位置，如图 37.5 所示。

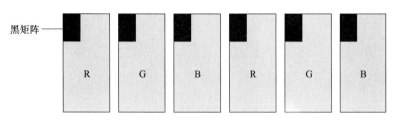

图 37.5　滤光膜中的黑矩阵

从图 37.4b 还可以看到，TFT 的 D 极连接了 C_{LC} 与 C_S 两个电容。我们前面早就提过，液晶盒的整体结构相当于一个平板电容，其容量大小约为 0.1pF，通常使用符号 C_{LC}（Capacitor of Liquid Crystal）来表示，而 C_S 是存储电容（Storage Capacitor），为什么需要它呢？我们先来看看 TFT-LCD 的工作原理。

与前述"黑白"点阵型 LCD 一样，TFT-LCD 也使用动态扫描的方式驱动。我们将同一行像素上的 TFT 器件 G 极连接形成行电极，而把同一列像素上的 TFT 器件 S 极连接起来形成列电极，相应的有源矩阵驱动电路结构如图 37.6 所示。

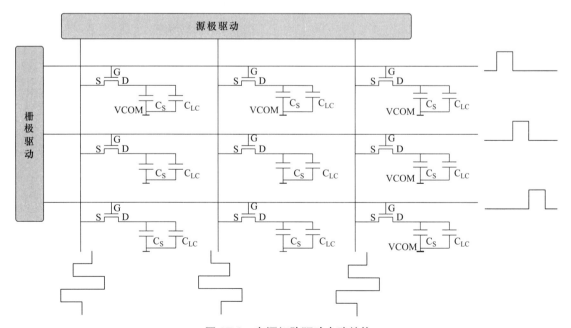

图 37.6　有源矩阵驱动电路结构

其中，源极驱动（Source Driver）负责给一行显示像素点充电到各自所需要的电压，从而显示出不同的灰阶，栅极驱动（Gate Driver）用来发出打开或关闭每一行 TFT 器件的波形，它决定源极电压充入到哪行液晶像素点对应的电容。由于源极电压与显存（也称为帧存储器）中的显示数据是对应的，所以也称为数据驱动（Data Driver）。

当第一行充好电时，栅极驱动便将相应行的 TFT 器件关闭，然后打开下一行，同样再由源极驱动对选中行的显示像素点进行充电操作。当最后一行像素点充好电时，便又回过来从第一行再开始充电，驱动原理**似乎**与无源驱动方式并没有什么差别，相应的波形如图 37.7 所示。

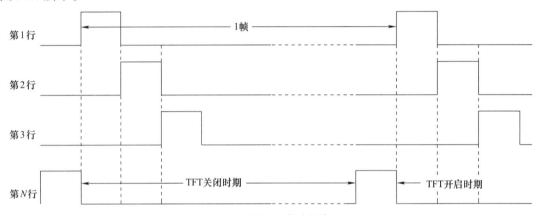

图 37.7　栅极驱动时序波形

我们可以计算一下每帧扫描的时间间隔以及每行花费的时间，以 1024×768 分辨率的 LCD 为例，总共有 768 行栅极走线，而源极走线需要 1024×3 = 3072 条（每个像素包含 R、G、B 三个子像素，它们都对应一条源极驱动走线）。假设 LCD 的刷新频率为 60Hz，则每一帧画面的显示时长约为 1/60s = 16.67ms。由于每一帧图像包含 768 行，所以分配给每一条栅极走线的开关时间约为 16.67ms/768 = 21.7μs。也就是说，栅极驱动波形就是一个接着一个的宽度约为 21.7μs 的脉冲波，它们依次打开每一行的 TFT 器件，源极驱动则在 21.7μs 时间内将像素电极充电到所需电压，从而显示出对应的灰阶。

理论储备已然足够，现在回过头讨论存储电容的意义。当某一行充电完成后，栅极驱动开始依次选通其他行，那么在下一次相同行被选通之前，**该行**的 TFT 器件将一直处于截止状态，所以理想情况下，C_{LC} 两端的电压也将（应该）会一直保持到下次被选通之前，对不对？具体来说，如果 LCD 的分辨率为 1024×768，C_{LC} 必须在 16.67ms 时间内保证其两端的电压基本不变，不然电压下降到一定程度（灰阶位数越多，相邻灰阶的电压差越小，数毫伏也是很常见的）势必会导致灰阶的变化，这肯定不是我们希望看到的。

但是处于截止状态下的 TFT 器件的漏 - 源电阻并不是无穷大的，所以在栅极驱动扫描其他行的过程中，C_{LC} 会以一定的时间常数进行放电操作。换句话说，虽然 TFT 器件的漏 - 源电阻并不小，但 C_{LC} 的容量实在是太小了，它仍然无法将已经充好的电压保持到下一次再次充电（更新画面数据）的时候，所以在进行 TFT-LCD 面板设计时，会额外增加一个与 C_{LC} 并联的储存电容 C_S，其容值约为 0.5pF。由于 C_S 是利用公共电极与像素电极形成的，所以也称为**公共走线储存电容架构**（C_S on Common）。

由于 TFT-LCD 面板上的液晶像素数量非常多，且对生产工艺的要求比以往讨论的 PM-LCD 面板要高得多，所以不能保证所有批次的面板不存在工作异常的像素点。通常我们将有缺陷的像素点分为亮点、暗点两种，它们也被统称为坏点。亮点是在屏幕处于全黑状态下却呈现红、绿、蓝颜色的像素点，暗点则是在白屏状态下出现非单纯红、绿、蓝颜色的像素点。厂家根据坏点的类别与个数将 LCD 面板分为不同的级别（例如超 A 级、AA 级、A 级、B 级等），不同厂家的判定标准会不一样，大家了解一下即可。

最后，我们来看一下 TFT-LCD 模组的电路结构，如图 37.8 所示。

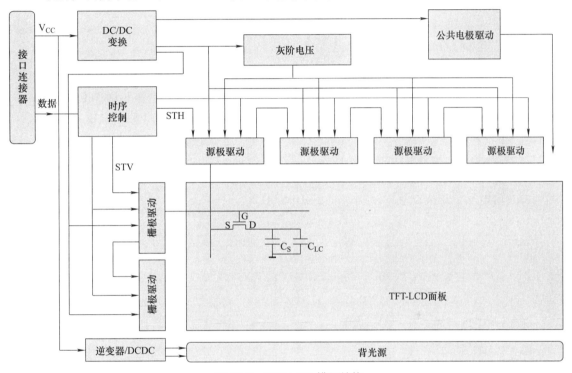

图 37.8 TFT-LCD 模组结构

可以看到，整个 TFT-LCD 模组大致分成电源、时序控制、灰阶电压、公用电极驱动、源极驱动、栅极驱动以及背光电路几部分。时序控制（Timing Controller，TCON）在每一款液晶屏驱动芯片都有，主要为液晶显示提供时序控制及相应的显示数据，此处不再赘述。TFT-LCD 面板常用的背光源是 CCFL 或 LED，它们的驱动电源分别为逆变器（高压板）与 DC-DC 变换器，前者在尺寸较大的显示屏应用较多（例如液晶电视），后者在便携式产品中用得较多（例如手机），因为它的体积可以做得很小，而且也更安全（低压供电，而 CCFL 需要逆变器升压）。

我们重要关注一下栅极与源极驱动模块。栅极驱动的原理比较简单，为了达到顺序扫描各行的目的，我们需要一个移位寄存器，其位数与驱动显示屏的行数相同。由于 TFT 器件进入开启或关闭状态有一定的电压要求，所以还需要一个电平转换器（Level Shifter），它能够根据移位寄存器中的数据产生开启与关闭 TFT 器件的驱动电压，数据手册通常使用符号 V_{GH}（V_{gon}）与 V_{GL}（V_{goff}）表示，如图 37.9 所示。

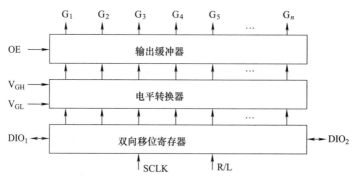

图 37.9　栅极驱动器

可以看到，与以往介绍的 COM 扩展芯片的基本结构高度相似，只不过"黑白"点阵型 LCD 需要的行（COM）驱动电平需要四种（选择电平为 V_0 与 V_5，非选择电平为 V_1 与 V_4），而 TFT-LCD 需要的行（栅极）驱动电平为 V_{GH} 与 V_{GL}。当 LCD 的尺寸较大（行数较多时），我们通常会使用多颗芯片串联的方式扩展栅极驱动。

源极驱动电路要更复杂一些，它接收时序控制器发送过来的显示数据，再将其通过 DAC 单元转换为模拟电压（而不是以 PWM/FRC 方式调节灰阶），它也是施加在液晶分子两端的灰阶电压，相应的基本结构如图 37.10 所示。

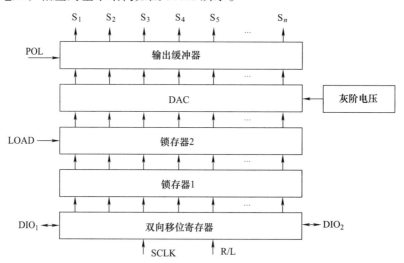

图 37.10　源极驱动的基本结构

源极驱动的数据量比栅极要大得多，为了保证每一行的显示数据能够及时驱动 LCD，源极驱动内部存在两个锁存器（双缓冲），当锁存器 2 保存第 $N-1$ 行（上一行）显示数据时，锁存器 1 则用于保存第 N 行（当前行）显示数据。也就是说，当第 $N-1$ 行数据通过 DAC 单元转换成模拟电压对液晶像素充电**期间**，双向移位寄存器同时也在移入第 N 行显示数据并加载到锁存器 1，只要第 $N-1$ 行显示期间结束，就可以马上加载到锁存器 2。另外，POL 为极性反转控制信号，因为液晶分子只能使用交流电压驱动，这一点我们早就已经提过。

第 38 章

ILI9341 驱动原理：电源架构与面板驱动方案

前面讨论的 TFT-LCD 模组基本结构是由很多分立芯片构成的，这是大屏幕 LCD 的典型应用，但是不少中小尺寸 TFT-LCD 驱动芯片已经集成了大多数功能，这使得应用起来非常方便，今天我们就来介绍一款应用广泛的 TFT-LCD 驱动芯片 ILI9341，它具有 720 个源极驱动与 320 个栅极驱动输出（最大可驱动分辨率为 240×320 的 TFT-LCD 面板），相应的功能框图如图 38.1 所示。

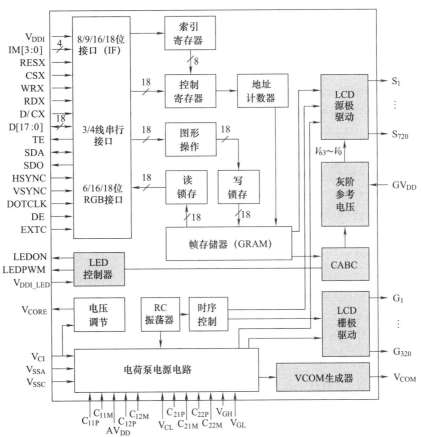

图 38.1 功能框图

ILI9341 的电源系统也包含了电荷泵升压与调压电路，它们产生种类众多的电压用于各个模块的供电，具体信息可以从数据手册中观察到，见表 38.1 所示。

表 38.1　供电电源参数

参数		描　　述
TFT 源极驱动		720 个引脚（240 × RGB）
TFT 栅极驱动		320 个引脚
TFT 显示电容架构		公共电极存储电容（C_s on Common）
液晶驱动输出	$S_1 \sim S_{720}$	$V_0 \sim V_{63}$ 灰阶
	$G_1 \sim G_{320}$	$V_{GH} \sim V_{GL}$
	V_{COM}	V_{COMH}–V_{COML}
输入电压	V_{DDI}	1.65 ~ 3.3V
	V_{CI}	2.5 ~ 3.3V
液晶驱动电压	DDV$_{DH}$	4.5 ~ 5.8V
	V_{GH}	10.0 ~ 20.0V
	V_{GL}	−15.0 ~ −5.0V
	V_{CL}	−3.3 ~ −2.5V
	V_{GH}–V_{GL}	32V（最大值）
输入升压电路	DDV$_{DH}$	$V_{CI} \times 2$
	V_{GH}	$V_{CI} \times 6/7$
	V_{GL}	$V_{CI} \times -3/-4$
	V_{CL}	$V_{CI} \times -1$

ILI9341 内置电荷泵升压电路采用两级升压方式，其输入电压为 V_{CI}（2.5 ~ 3.3V），输出电压则是 V_{CI} 的整数倍（可以为正电压或负电压）。V_{CI} 经两倍升压后获得的 DDV$_{DH}$（4.5 ~ 5.8V）是源极驱动模块的供电电压，也就是说，给 TFT-LCD 面板的像素电极的充电电压最大值不会超过 DDV$_{DH}$。另外，升压电路还产生用于开启与关闭 TFT 器件的栅极驱动电压 V_{GH}（10 ~ 20V）与 V_{GL}（−15 ~ −5V），可以在允许范围内通过指令（参考附录 B ILI9341 指令集）控制倍压系数来调节（V_{GH} 为 6× 或 7×，V_{GL} 为 −3× 或 −4×），但是要注意限制条件：（V_{GH}–V_{GL}）不应该大于 32V。在实际应用时，较小的栅极驱动电压可以降低功耗。

V_{CI} 还生成一个（−1）倍压 V_{CL}（−3.3 ~ −2.5V），它作为 VCOM 生成器的供电电压（其正压供电为 DDV$_{DH}$）。VCOM 生成器的输出引脚与 TFT-LCD 面板的公共电极连接，该引脚的电压**总是变动的**，分别为高电平 V_{COMH}（2.5 ~ 5V）与低电平 V_{COML}（−2.5 ~ 0V）。由于 DDV$_{DH}$、V_{GH}、V_{GL}、V_{CL} 都是电荷泵升压输出，驱动的负载并不小，所以需要给它们添加降低纹波的稳压电容器（Stabilizing Capacitor）。

与 SED1773 类似，ILI9341 的 IO 接口模块由 V_{DDI}（1.65 ~ 3.3V）单独供电，V_{CORE} 则是通过内部电压调节器从 V_{CI} 输出降额后的稳定电压 1.5V，它用于数字逻辑部分的内核供电，为确保芯片工作稳定，一般需要添加旁路电容。切记：**不要从外部给 V_{CORE} 施加电压，因为它本身就是输出的**。表 38.2 给出了可以通过指令调整的部分电压（其他见后述），读者可参考附录 B 理解，这里仅提醒一下：DDV$_{DH}$ 似乎能够使用多个指令进行调整，这是因为 VBC[2:0]、Ratio[1:0]（以及 REG_VD[2:0]）属于扩展寄存器指令中的参数，默认情况下 Ratio[1:0] = 10b，所以在基本指令集中才会看到 DDV$_{DH}$ 固定为 $V_{CI} \times 2$，VBC[2:0] 则用来细调 DDV$_{DH}$ 电压。

表 38.2 指令可以调整的部分电压

BT[2:0]			DDV$_{DH}$	V_{GH}	V_{GL}	REG_VD[2:0]	V_{CORE}	VBC[2:0]	DDV$_{DH}$
0	0	0	$V_{CI}\times2$	$V_{CI}\times7$	$-V_{CI}\times4$	000	1.55V	000	5.8V
0	0	1			$-V_{CI}\times3$	001	1.4V	001	5.7V
0	1	0		$V_{CI}\times6$	$-V_{CI}\times4$	010	1.5V	010	5.6V
0	1	1			$-V_{CI}\times3$	011	1.65V	011	5.5V
Ratio[1:0]			DDV$_{DH}$			100	1.6V	100	5.4V
1	0		$V_{CI}\times2$			101	1.7V	101	5.3V
1	1		$V_{CI}\times3$			—	—	110	5.2V

综上所述，我们可以得到 ILI9341 的电源系统结构，如图 38.2 所示（GV$_{DD}$ 为灰阶电路供电电压）。

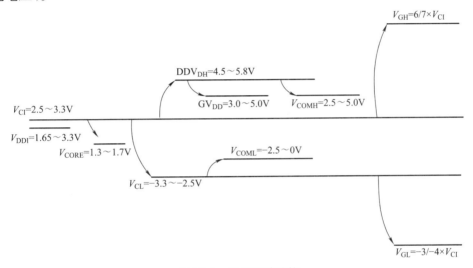

图 38.2 电源系统结构

前面提过：V_{COM} 引脚的电压总是变动的，为什么呢？这还得从头开始谈起。液晶分子两端必须施加交流电场，否则会因为极化效应而损坏，如果公共电极电压是保持不变的，那么源极驱动电压的极性应该有正有负，相应的驱动波形如图 38.3 所示。

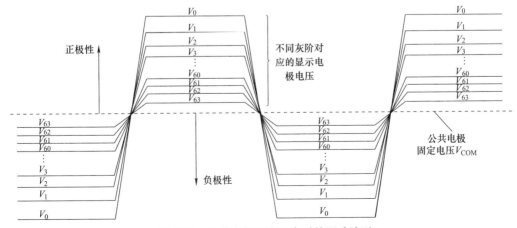

图 38.3 公共电极固定不变时的驱动波形

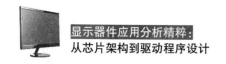

当然，这只是实现方式之一，也可以采用公共电极电压不停变动的方案，这样即使源极电压的极性总是不变的，施加在液晶分子两端的仍然是交流电压（与第18章所述静态驱动的基本原理相同），如图38.4所示。

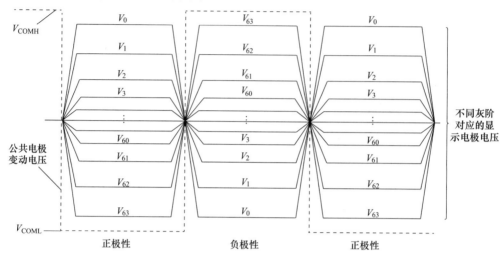

图 38.4　公共电极电压变动的驱动方案

ILI9341 采用的就是**公共电极电压变动的驱动方案**，V_{COMH} 与 V_{COML} 可以由"VCOM 控制 1"指令调整，指令后跟随的第一个参数中 VMH [6:0] 可设置 V_{COMH} 的范围为 2.700 ~ 5.875V（0x00 ~ 0x7F），跟随的第二个参数中 VML[6:0] 可设置 V_{COML} 的范围为 −2.5 ~ 0V（0x00 ~ 0x64），调整步长均为 0.025V，分别见表 38.3 与表 38.4（为节省篇幅使用简图方式作表）。

可能有人会想：这两种方式各有什么优缺点呢？**公共电极电压变动方案**带来的好处是：在给液晶分子施加相同交流电场的条件下，需要的源极电压比**公共电极电压固定方案**要小很多，而从源极驱动的设计制造角度来讲，需要的电压越高，则制造工艺与电路的复杂度相对会更高一些。换句话说，**公共电极电压变动方案**在成本方面是有优势的。

假设公共电极电压固定为 5V，如果需要获得 10V 峰峰值的交流驱动电压，则源极驱动电压至少需要 10V，而如果采用**公共电极电压变动方案**，则源极驱动电压只需要 5V 即可，如图 38.5 所示。

表 38.3　V_{COMH} 设置

VMH[6:0]	V_{COMH}	VMH[6:0]	V_{COMH}	VMH[6:0]	V_{COMH}	VMH[6:0]	V_{COMH}
0000000	2.700V	0100000	3.500V	1000000	4.300V	1100000	5.100V
0000001	2.725V	0100001	3.525V	1000001	4.325V	1100001	5.125V
0000010	2.750V	0100010	3.550V	1000010	4.350V	1100010	5.150V
0000011	2.800V	0100011	3.600V	0000011	4.400V	1100011	5.100V
0000100	2.825V	0100100	3.625V	1000100	4.425V	1100100	5.225V
0000101	2.805V	0100101	3.605V	1000101	4.405V	1100101	5.205V
⋮	⋮	⋮	⋮	⋮	⋮	⋮	⋮
0011110	3.450V	0111110	4.250V	1011110	5.050V	1111110	5.850V
0011111	3.475V	0111111	4.275V	1011111	5.075V	1111111	5.875V

表 38.4 V_{COML} 设置

VML[6:0]	V_{COML}	VML[6:0]	V_{COML}	VML[6:0]	V_{COML}	VML[6:0]	V_{COML}
0000000	−2.500V	0100000	−1.700V	1000000	−0.900V	1100000	−0.100V
0000001	−2.475V	0100001	−1.675V	1000001	−0.875V	1100001	−0.075V
0000010	−2.450V	0100010	−1.650V	1000010	−0.850V	1100010	−0.050V
0000011	−2.425V	0100011	−1.625V	0000011	−0.825V	1100011	−0.025V
0000100	−2.400V	0100100	−1.600V	1000100	−0.800V	1100100	0V
0000101	−2.375V	0100101	−1.575V	1000101	−0.775V	1100101	保留
⋮	⋮	⋮	⋮	⋮	⋮	⋮	⋮
0011110	−1.750V	0111110	−0.950V	1011110	−0.150V	1111110	保留
0011111	−1.725V	0111111	−0.925V	1011111	−0.125V	1111111	保留

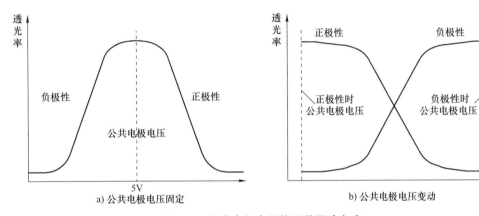

图 38.5　公共电极电压的两种驱动方式

还可以通过"VCOM 控制 2"指令跟随参数中的 VMF[6:0] 来调整 V_{COMH} 与 V_{COML} 的整体偏移量，见表 38.5。

表 38.5 V_{COMH} 与 V_{COML} 整体偏移量设置

VMF[6:0]	V_{COMH}	V_{COML}	VMF[6:0]	V_{COMH}	V_{COML}
0000000	VMH	VML	1000000	VMH	VML
0000001	VMH−63	VMH−63	1000001	VMH+1	VMH+1
0000010	VMH−62	VMH−62	1000010	VMH+2	VMH+2
0000011	VMH−61	VMH−61	1000011	VMH+3	VMH+3
0000100	VMH−60	VMH−60	1000100	VMH+4	VMH+4
⋮	⋮	⋮	⋮	⋮	⋮
0111110	VMH−2	VMH−2	1111110	VMH+62	VMH+62
0111111	VMH−1	VMH−1	1111111	VMH+63	VMH+63

这里我想问一下大家："VCOM 控制 2"指令到底用来干什么的呢？可能不少读者会想：太简单了，不就是调整 V_{COMH} 与 V_{COML} 电压嘛！但其实我真正想问的是：为什么要调整呢？根据什么调整呢？恐怕很少有人能回答上来，不用着急，咱们先看看**公共电极电压固定方案**对应的驱动波形，如图 38.6 所示。

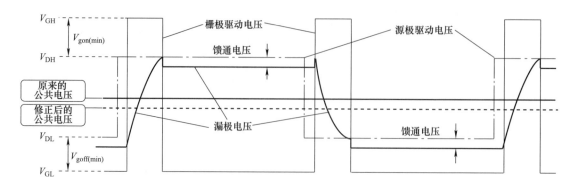

图 38.6　公共电极电压固定时的驱动波形

当栅极驱动电压为高电平（V_{GH}）时，相应行的 TFT 器件被打开，源极电压（V_{DH} 或 V_{DL}）开始往像素电极充电，充电完毕后栅极驱动为低（负）电平（V_{GL}），液晶盒两端的电压将保持到下一次打开为止。

这里有两点需要特别注意，首先，栅极驱动电平总是会比源极驱动电平的最大值还要高。因为我们前面已经提过，当施加在 TFT 器件的 $V_{GS}<V_{th}$ 时，TFT 器件处于截止状态。这里的 V_{GS} 是指栅极与源极之间的电压差（以源极电位为参考），由于源极电压有正有负、有大有小，为保证栅极驱动电平总能使 TFT 器件导通（而不受变化的源极电压影响），我们必须保证 V_{GH} 与源极最大电平之间的差值至少大于 V_{th}。同样，V_{GL} 与 V_{DL} 也是如此。

其次，TFT 器件各电极之间存在寄生电容，它们会实实在在地影响从源极往像素电极充入的电压，我们主要关注栅极与漏极之间的寄存电容 C_{GD}，如图 38.7 所示。

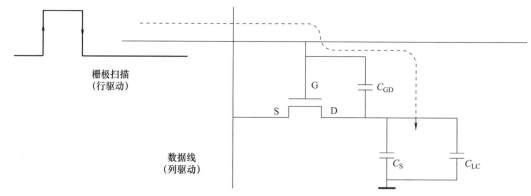

图 38.7　TFT 器件的寄存电容

当栅极电压刚刚开启 TFT 器件时，电压的变化是最激烈的（30～40V 是比较普遍的，ILI9341 中不大于 32V，见表 38.1）。由于 C_{GD} 两端的电压不能突变，比源极电压还高的栅极电压将会注入电流到像素电极，当然，这并不会对像素电极的最终充入电压有所影响，因为源极本来就是要对像素电极开始充电，更高的栅极电压只不过让充电速度变得更快一些而已，像素电极最终仍然会被充到预定的电压，相应的灰阶也正是我们想要的。

然而当栅极电压关闭时，激烈变化的栅极电压同样会经 C_{GD} 往像素电极进行充电，此时 TFT 器件已经处于关闭状态，像素电极也本应该维持之前已经充好的电压直到下一次选通，但是此时的栅极电压对像素电极相当于反向充电（放电），也就在像素液晶盒两端引起一定的电压降，我们称为馈通（Feed Through）电压，它会影响灰阶显示的正确性，人的眼睛是可以感觉得到的，而且它会一直影响像素电极的电压，直到下一次栅极驱动再次打开后。

同样的情况也会发生在负极性驱动时。刚开始当栅极驱动打开 TFT 器件的一瞬间，也会对像素电极产生馈通电压，不过由于 TFT 器件已经打开且源极驱动开始对像素电极充电的缘故，所以对显示灰阶并没有太大的影响。但是当栅极驱动再度关闭时，负向馈通电压会让处于负极性的像素电极电压再进一步往下降，受影响的像素电极电压同样也会一直维持到下一次栅极驱动再次打开为此。

综上所述，像素电极上的有效电压**整体**上会比源极驱动的实际输出电压要低一些，而减少的电压大小刚好为栅极电压经寄生电容 C_{GD} 产生的馈通电压，这个馈通电压有多大呢？我们看看图 38.8 所示计算模型。

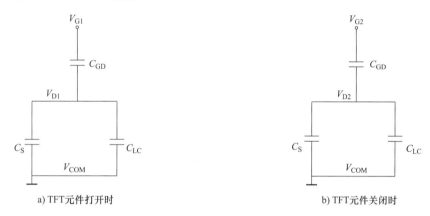

a) TFT元件打开时　　　　　　　　　　　　b) TFT元件关闭时

图 38.8　公共电极电压固定时的馈通电压计算模型

可以根据电荷守恒定律（电荷既不能被创造，也不能被消灭，只能从一个物体转移到另一个物体，或者从物体的一部分转移到另一部分。在转移的过程中，电荷的总量保持不变）分别求出两种状态下的总电荷量。当栅极电压打开 TFT 器件时，栅极与漏极的电平分为 V_{G1} 与 V_{D1}，此时的电荷量为

$$Q_{ON} = \left(V_{D1} - V_{G1}\right) \times C_{GD} + \left(V_{D1} - V_{COM}\right) \times \left(C_{LC} + C_S\right) \tag{38.1}$$

当栅极电压关闭 TFT 器件时，栅极与漏极的电平分为 V_{G2} 与 V_{D2}，此时的电荷量为

$$Q_{OFF} = \left(V_{D2} - V_{G2}\right) \times C_{GD} + \left(V_{D2} - V_{COM}\right) \times \left(C_{LC} + C_S\right) \tag{38.2}$$

由电荷守恒定律可得，式（38.1）与式（38.2）是相等的，继而推导出相应的馈通电压为

$$V_{FT} = V_{D2} - V_{D1} = \left(V_{G2} - V_{G1}\right) \times \frac{C_{GD}}{C_{GD} + C_{LC} + C_S} \tag{38.3}$$

假设 $C_{GD} = 0.05\text{pF}$，$C_{LC} = 0.1\text{pF}$，$C_S = 0.5\text{pF}$，栅极驱动的电压变化（$V_{GH} - V_{GL}$）为 30V，则相应的馈通电压约为 2.3V。那相邻灰阶的电压差又是多少呢？假设 DDV$_{DH}$ 为 5.8V（最大值），每个子像素的灰阶位数为 6（灰阶变化数量为 64 级），则相邻灰阶的电压差约

为 5.8V/64≈90mV（如果灰阶位数为 8 位，则电压差约为 23mV），这个值远小于 2.3V，所以馈通电压对灰阶的影响是非常严重的。不过幸运的是，由于馈通电压的变化方向是一致的，我们只要将公共电极电压向下进行整体修正即可。在采用**公共电极电压固定方案**的驱动芯片（例如 ILI9488）中会有相应的控制指令，其电压值一般是负的（也就是向下偏移，而不是理想中的 0V）。

ILI9341 采用**公共电极电压变动方案**，相应的驱动波形也存在馈通电压方面的问题，如图 38.9 所示。

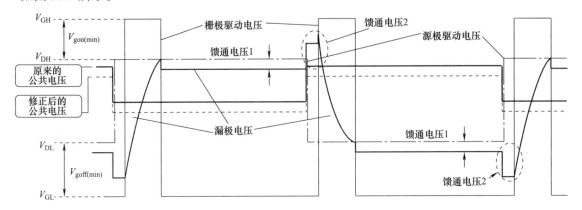

图 38.9 公共电极电压变动时的驱动波形

由于公共电极电压在每一帧切换时都会进行**极性反转**，所以除栅极电压外，公共电极的变化电压也会产生馈通电压，由于整个 LCD 面板上所有显示像素都直接与公共电极相连，公共电极电压的变化会影响到面板所有像素点（而栅极电压变化影响的只是某一行的显示像素）。尽管如此，公共电极电压变动对于灰阶的影响却并没有栅极电压那么大，我们同样可以根据电荷守恒定律获得馈通电压的计算公式，相应的模型如图 38.10 所示。

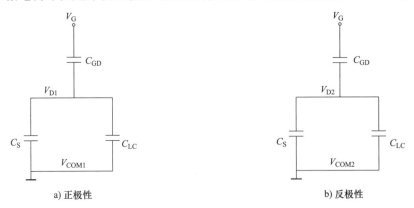

图 38.10 公共电极电压变动时的馈通电压计算模型

当栅极电压打开 TFT 器件时，漏极与公共极的电平分为 V_{D1} 与 V_{COM1}，相应的电荷量为

$$Q_{ON} = (V_{D1} - V_G) \times C_{GD} + (V_{D1} - V_{COM1}) \times (C_{LC} + C_S) \tag{38.4}$$

当栅极电压关闭 TFT 器件时，栅极与漏极的电平分为 V_G 与 V_{D2}，相应的电荷量为

$$Q_{OFF} = (V_{D2} - V_G) \times C_{GD} + (V_{D2} - V_{COM2}) \times (C_{LC} + C_S) \tag{38.5}$$

式（38.4）与式（38.5）相等即可推导出相应的馈通电压为

$$V_{FT} = V_{D2} - V_{D1} = (V_{COM2} - V_{COM1}) \times \frac{C_{LC} + C_S}{C_{GD} + C_{LC} + C_S} \tag{38.6}$$

假设公共电极电压从 0V 变化到 5V，则产生的馈通电压约为 4.62V，它也是像素电极增加的电压量，但是由于公共电极电压也同时增加了 5V，所以实际上液晶像素盒两端的电压变化量只有 5V-4.62V = 0.38V，比前述栅极驱动电压所产生的馈通电压（2.3V）要小得多，所以对灰阶的影响也并不大，而且由于它所产生的馈通电压方向恰好相反（有对称性），不像栅极驱动产生的馈通电压是整体往下，所以就同一个显示点而言，在视觉上对灰阶表现的影响会比较小。

也就是说，ILI9341 的 "VCOM 控制 2" 指令也是将 V_{COMH} 与 V_{COML} 电压进行整体修正（理论上它们应该是以 0V 为参考的对称正负电压），用来抵消栅极驱动产生的馈通电压，这与**公共电极电压固定方案**中调整公共电极电压（V_{COM}）的意义是完全一样的。

以上讨论的是单个液晶像素的驱动方式，从整个 LCD 面板的角度来看，常用的极性变换方式有逐帧反转、逐行反转、逐列反转与逐点反转四种方式，如图 38.11 所示。

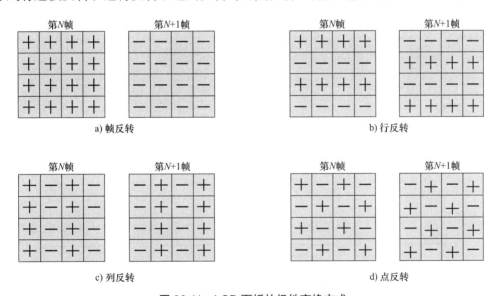

图 38.11　LCD 面板的极性变换方式

在逐帧反转方式中，整个画面所有相邻点的驱动电压极性在同一帧中是相同，而显示灰阶在每次极性变换后都不可能绝对相同，假设使用**公共电极电压固定方案**，而公共电极电压又有了一点误差，即使差异比较微小，在不停切换画面的情况下，由于正负极性画面交替出现，还是会感觉到闪烁（Flicker）的存在。

闪烁在逐列或逐行反转方式中也并不能幸免，但是由于只有一列或一行在变换极性，不如逐帧反转方式那样闪烁范围过大，人的肉眼不太容易感觉到相同的灰阶变化，而逐点

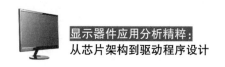

反转方式则是闪烁最不明显的一种，也是在与电脑配套的液晶显示器中应用比较广泛的方式，因为它的显示效果相对其他反转方式要好很多，而且相邻点的极性不一样可以进一步削弱串扰现象。

值得一提的是，在采用**公共电极电压固定方案**的情况下，所有面板极性反转方式都可以实现，但是在**公共电极电压变动**的情况下，只能配合逐帧或逐行反转方式，因为变化的公共电极电压总会至少影响一整行显示像素的电压极性。

ILI9341可以使用"显示反转控制"指令跟随参数中的NLA（正常模式下的反转设置）、NLB（空闲模式下的反转设置）、NLC（局部显示模式下的反转设置）控制位调整面板极性反转方式，它们的意义是完全一样的，只不过对应不同的工作模式，见表38.6。

表38.6　显示反转模式设置

NLA/NLB/NLC	反转模式
0	行反转
1	帧反转

第 39 章

ILI9341 驱动原理：伽马校正与自适应背光控制

前文讲过，源极驱动模块通过输出（与灰阶对应的）多个不同电压对像素电极进行充电，继而达到显示不同颜色的目的，它的核心本质上就是一个数模转换器（DAC）。DAC的具体实现结构有很多（例如加权电阻型、加权电容型、R-2R 梯型等），此处仅介绍最简单的电阻串（Resistor-String）结构的 DAC，如图 39.1 所示。

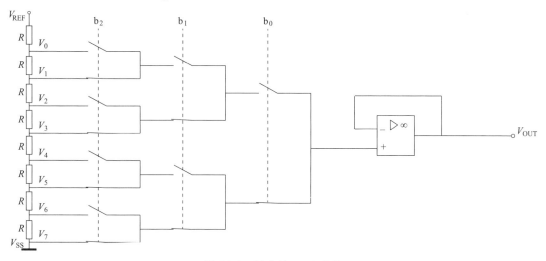

图 39.1　基本的 DAC 结构

电阻串 DAC 利用 2^n（此处 $n=3$）个等值电阻将参考电平 V_{REF} 划分为相等的 2^n 段，这样就可以在 V_{REF} 与 V_{SS} 之间获得 2^n 个等分的电压，DAC 输出电压具体为多少则取决于输入的数字选择信号（此处为 b_2、b_1、b_0），它们会选通相应的开关来完成所需电平的传递。

为什么需要在输出添加一个以运算放大器为核心的电压跟随器呢？因为集成芯片内部通常使用由场效应管实现的电子模拟开关（而不是日常生活中使用的机械开关）。典型的模拟开关是由一对互补 NMOS 与 PMOS 管构成的传输栅（Transmission Gate），其基本结构如图 39.2 所示。

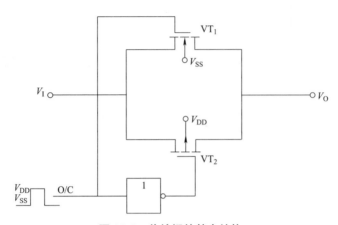

图 39.2　传输栅的基本结构

传输栅的 O/C（Open/Close）引脚为高有效的使能控制端，当 O/C 为低电平时，VT_1 与 VT_2 都是不导通的。而当 O/C 为高电平时，VT_1（NMOS）的栅极为高电平，而 VT_2（PMOS）的栅极为低电平，只要输入信号 V_I 能够使任意一个场效应管的栅 - 源电压 V_{GS} 大于 V_{th}，VT_1 或 VT_2 就会进入导通状态（PMOS 的 V_{th} 为负电压），也就可以将 V_I 传递到输出 V_O。之所以使用两个互补 MOS 管并联的方式，是因为它们的导通电阻 $R_{DS(ON)}$ 随 V_I 变化的趋势恰好相反。假设 O/C 为高电平，如果 V_I 过大就可能会导致 VT_1 的 $V_{GS} < V_{th}$，此时 VT_1 漏极与源极之间电阻是非常大的，肯定不适合用来传递 V_I，但过大的 V_I 却可以让 VT_2 更加充分地导通。也就是说，NMOS 管在 V_I 较小的范围内提供较低的导通电阻，而 PMOS 管则在 V_I 较大时提供较低的导通电阻，所以当它们并联之后，可以在整个有效输入电压范围内都提供较低的导通电阻，如图 39.3 所示。

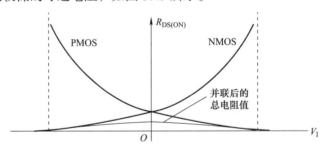

图 39.3　传输栅的导通电阻与输入电压的关系

然而，尽管使用互补 MOS 管并联的方式，它们仍然呈现一定的导通电阻（通常在几十至几百欧左右），如果 V_I 经过传输栅直接驱动负载，很容易因为（模拟开关与分压电阻等效的）内阻过大而损失部分电压（也就是所谓的**负载效应**，因为内阻与负载会对 V_I 分压），所以我们总会在输出连接运算放大器以便对选择后的 V_I 进行缓冲（也可以理解为阻抗匹配）。由于运算放大器的输入阻抗非常高，V_I 呈现的内阻可以忽略，也就可以把输入信号几乎无损地传递到运算放大器的输出，而运算放大器的输出阻抗非常低，也就更加适合直接驱动负载。

基本 DAC 结构的缺点在于使用的开关和电阻较多，电路规模（占用硅片面积）过于庞大，所以当位数（n）比较大时，通常使用如图 39.4 所示改进结构。

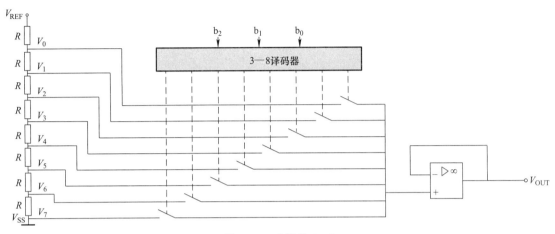

图 39.4　改进的 DAC

ILI9341 的源极驱动模块本身并不包含 DAC，它们被做在一个称为**灰阶参考电压**的模块中，源极驱动模块只不过利用模拟开关阵列（根据显示数据）选择不同的电压（$V_0 \sim V_{63}$）输出而已，与偏压驱动方式非常相似（偏压与每个 SEG 之间都存在模拟开关，而偏压电路就相当于这里的灰阶参考电压模块），所以 ILI9341 的灰阶参考电压模块的基本结构与图 20.12 非常相似，只不过我们需要更多的串联电阻与电压跟随器得到更多的驱动偏压而已。

灰阶参考电压模块的另一个作用就是集成了伽马校正电路，它本质上也是由一个（或多个）DAC 单元构成的，可以在一定的范围内调整 DAC 的输入选择信息，也就能够在原来默认的电阻分压输出电平的基础上调整 $V_0 \sim V_{63}$ 对应的实际电平。我们来看看 ILI9341 中灰阶电压生成模块的结构，如图 39.5 所示（图中的 "1R" 代表一个单位的阻值）。

灰阶电压生成电路的基本结构就是图 39.4 所示的 DAC，左侧是多个串联的电阻（以缩略方式绘图），它们对 GV_{DD} 与 V_{GS} 之间的电压进行分压，可以使用 "电源控制 1" 指令（参考附录 B）中的参数 VRH[5 : 0] 在 3.00V ~ 6.00V 之间对 GV_{DD} 进行调整，见表 39.1。

分压电阻串分出 129 个电压采样抽头，它们首先通过 DAC 选择 VP_0、VP_1、VP_2、VP_{20}、VP_{43}、VP_{61}、VP_{62}、VP_{63} 共 8 个电压，经运放缓冲后再对中间四个电平进一步使用电阻串细分，直到分出 64 个灰阶，但是直接与左侧电阻串连接的 DAC 输入数量远远压大于 129 个，所以多个 DAC 的输入采样抽头是重叠的，也就允许我们在一定范围内调整相应的输出灰阶，这与前面讨论的伽马校正的意义是相同的。ILI9341 中正伽马校正的计算公式见表 39.2。

以 VP_3 为例，它是通过两个 35R 的电阻串从 VP_2 与 VP_4 之间获得的，相应的电平为（$VP_2 - VP_4$）×35R/（35R×2）+VP_4。再以 VP_{14} 为例，它是从 VP_{13} 与 VP_{20} 分压出来，同时还分出了 VP_{15}、VP_{16}、VP_{17}、VP_{18}、VP_{19}，所以中间有 7 个串联分压电阻，相应的计算公式为（$VP_{13} - VP_{20}$）×（14R + 12R×3 + 10R×2）/（14R×2 + 12R×3 + 10R×2）+VP_{20}。

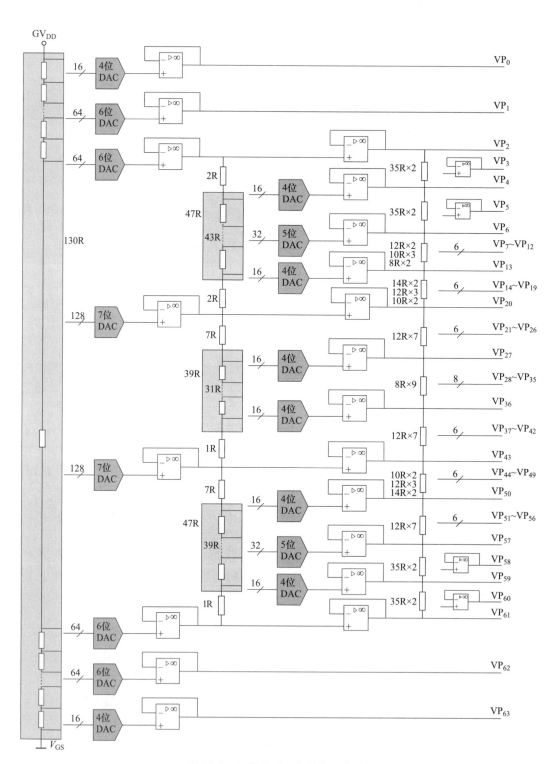

图 39.5　灰阶生成与伽马校正电路

表 39.1 GV_{DD} 参数设置

VRH[5 : 0]	GV_{DD}	VRH[5 : 0]	GV_{DD}	VRH[5 : 0]	GV_{DD}	VRH[5 : 0]	GV_{DD}
000000	不允许	010000	3.65V	100000	4.45V	110000	5.25V
000001	不允许	010001	3.70V	100001	4.50V	110001	5.30V
000010	不允许	010010	3.75V	100010	4.55V	110010	5.35V
000011	3.00V	010011	3.80V	100011	4.60V	110011	5.40V
000100	3.05V	010100	3.85V	100100	4.65V	110100	5.45V
000101	3.10V	010101	3.90V	100101	4.70V	110101	5.50V
⋮	⋮	⋮	⋮	⋮	⋮	⋮	⋮
001110	3.55V	011110	4.35V	101110	5.15V	111110	5.95V
001111	3.60V	011111	4.40V	101111	5.20V	111111	6.00V

表 39.2 正伽马校正计算公式

灰阶电平	X（公式中）	计算公式	
VP_0	VP0[3 : 0]	$(GV_{DD} - V_{GS}) \times (130R - X \times R)/130R$	
VP_1	VP1[5 : 0]	$(GV_{DD} - V_{GS}) \times (130R - X \times R)/130R$	
VP_2	VP2[5 : 0]	$(GV_{DD} - V_{GS}) \times (130R - X \times R)/130R$	
VP_3	—	$(VP_2 - VP_4) \times 35R/(35R \times 2) + VP_4$	
VP_4	VP4[3 : 0]	$(VP_2 - VP_{20}) \times (47R - X \times R - 7R)/47R + VP_{20}$	
VP_5	—	$(VP_4 - VP_6) \times 35R/(35R \times 2) + VP_6$	
VP_6	VP6[4 : 0]	$(VP_2 - VP_{20}) \times (47R - X \times R - 2R)/47R + VP_{20}$	
VP_7	—	$(VP_6 - VP_{13}) \times (12R + 10R \times 3 + 8R \times 2)/(12R \times 2 + 10R \times 3 + 8R \times 2) + VP_{13}$	
⋮	⋮	⋮	
VP_{13}	VP13[3 : 0]	$(VP_2 - VP_{20}) \times (47R - X \times R - 30R)/47R + VP_{20}$	
VP_{14}	—	$(VP_{13} - VP_{20}) \times (14R + 12R \times 3 + 10R \times 2)/(14R \times 2 + 12R \times 3 + 10R \times 2) + VP_{20}$	
⋮	⋮	⋮	
VP_{20}	VP20[6 : 0]	< 64	$(GV_{DD} - V_{GS}) \times (130R - X \times R)/130R$
		⩾ 64	$(GV_{DD} - V_{GS}) \times (130R - X \times R - 1R)/130R$
⋮	⋮	⋮	
VP_{27}	VP27[3 : 0]	$(VP_{20} - VP_{43}) \times (39R - X \times R - 7R)/39R + VP_{43}$	
VP_{28}	—	$(VP_{27} - VP_{36}) \times (8R \times 8)/(8R \times 9)/39R + VP_{36}$	
⋮	⋮	⋮	
VP_{36}	VP36[3 : 0]	$(VP_{20} - VP_{43}) \times (39R - X \times R - 23R)/39R + VP_{43}$	
⋮	⋮	⋮	
VP_{43}	VP43[6 : 0]	<64	$(GV_{DD} - V_{GS}) \times (130R - X \times R)/130R$
		⩾ 64	$(GV_{DD} - V_{GS}) \times (130R - X \times R - 1R)/130R$
⋮	⋮	⋮	
VP_{50}	VP50[3 : 0]	$(VP_{43} - VP_{61}) \times (47R - X \times R - 7R)/47R + VP_{61}$	
⋮	⋮	⋮	
VP_{57}	VP57[4 : 0]	$(VP_{43} - VP_{61}) \times (47R - X \times R - 16R)/47R + VP_{61}$	
VP_{58}	—	$(VP_{57} - VP_{59}) \times 35R/(35R \times 2) + VP_{59}$	
VP_{59}	VP59[3 : 0]	$(VP_{43} - VP_{61}) \times (47R - X \times R - 26R)/47R + VP_{61}$	
VP_{60}	—	$(VP_{59} - VP_{61}) \times 35R/(35R \times 2) + VP_{61}$	
VP_{61}	VP61[5 : 0]	$(GV_{DD} - V_{GS}) \times (65R - X \times R)/130R$	
VP_{62}	VP62[5 : 0]	$(GV_{DD} - V_{GS}) \times (65R - X \times R)/130R$	
VP_{63}	VP63[3 : 0]	$(GV_{DD} - V_{GS}) \times (23R - X \times R)/130R$	

计算公式中的 X 都对应一些寄存器，可以通过"正伽马校正"指令跟随的 15 个参数进行设置，需要注意的是，还有一个"负伽马校正"指令，它的设置参数与"正伽马校正"相同，因为我们已经提过，在公共电极电压变动方案中，每一次面板极性切换都对应一次公共电极电压的变换，而且经过 V_{COMH} 与 V_{COML} 整体修正后，极性切换前后施加在液晶盒两端的电压肯定不会是对称的，也就是说，相同显示灰阶对应的电平在不同面板极性中是不一样的，所以才需要正负两个伽马校正指令。

ILI9341 支持 4 条伽马曲线，每条伽马曲线对应一组寄存器用于保存想要设置的 X 值。在使用前述两个伽马校正指令前，应该先使用"伽马设置"指令选择想要设置的伽马曲线，见表 39.3。

表 39.3　选择伽马曲线

GC[7：0]	选择的曲线
0x01	伽马曲线 1（G2.2）
0x02	…
0x04	…
0x08	…

ILI9341 内部有一个 LED 控制器，它本质上就是一个占空比可以由用户指令控制的可编程 PWM 生成器，利用输出的 PWM 信号可以用控制外部的背光源驱动电路。在第 17 章曾经提到过，大多数 LED 背光驱动芯片都会有一个 PWM 控制引脚，实际上，很多芯片还额外有一个使能引脚，它可以完全关闭背光驱动电路以节省功耗。在硬件设计层面，如果打算使用 LED 控制器，那么应该把 LEDPWM 与 LEDON 引脚分别与背光驱动芯片的 PWM 控制及使能引脚连接，典型应用电路如图 39.6 所示。

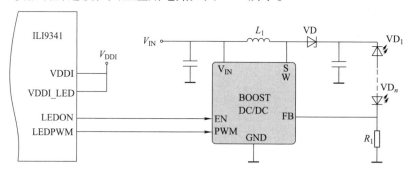

图 39.6　ILI9341 与背光驱动芯片的硬件连接电路

值得一提的是，BOOST 变换器由于本身架构原因，无法完全关闭输出电压，也就是说，即便把图 39.6 中的背光驱动芯片去掉，输入电压还是会经过电感、肖特基二极管到达 LED 的阴极，如果使用这种电压给普通电路模块供电，必须得额外添加开关管才能完全关断输出电压。然而在背光驱动电路中，多个串联的 LED 本身具有一定的导通电压，即使肖特基二极管的阴极仍然有一定的电压，LED 仍然是不导通的。

硬件电路准备绪后，就可以使用"写显示亮度"指令跟随参数中 DBV[7：0] 调整 LEDPWM 引脚的输出信号占空比。数据手册并没有明确 DBV[7：0] 与占空比之间的具体关系，只是指出为 0x00 时对应亮度（占空比）最小，0xFF 时亮度最大（默认条件下）。

另外还有一个"写 CTRL 显示"指令，它跟随的参数包含 BCTRL（Brightness Control）、DD（Display Dimming）、BL（Backlight Control）三个可控位，其意义见表 39.4 所示。

表 39.4　LED 控制器引脚相关的控制位

位	状态	描述
BCTRL	0	关闭 LED 控制模块
	1	打开 LED 控制模块
DD	0	关闭显示调暗
	1	打开显示调暗
BL	0	关闭背光控制（控制线必须为低电平）
	1	打开背光控制

BCTRL 位决定是否打开 **LED 控制模块**。当 BCTRL=0 时，DVB[7 : 0] 为全 0，这意味着此时控制的外部背光电路的亮度是最低的，当 BCTRL=1 时，相应的 DVB[7 : 0] 就是设置的值。值得一提的是，数据手册中标记的是**亮度控制模块**，其实它就是 **LED 控制模块**。（话说这个厂家的数据手册有不少地方对同一个概念会有不同的表述，而且多个数据手册还会交叉引用，应该是数据手册版本更新没有到位所致，很容易对阅读者造成不少困扰）

DD 位可以控制在用户调节亮度时是否以渐变方式进行。例如，将占空比由 90% 调到 30%，如果没有打开此位，占空比会一下子跳到 30%，背光亮度的变化会很明显。如果打开此位，占空比会以一定以步长慢慢降到 30%。BL 位对应控制背光的 LEDON 与 LED-PWM 引脚，当 BL=0 时，LEDON 引脚为低电平，它将完全关闭背光电路。即便此时 DD 位为 1，背光的关闭也是一瞬间的（而不是逐渐暗下来最后再熄灭）。

当然，前面我们假定外接背光驱动芯片的使能引脚为**高有效**，并且 PWM 占空比定义为**高电平脉宽与周期的比值**，这只是一般的情况，为了适应更多不同芯片的控制，ILI9341 允许使用"背光控制 8"指令调整使能控制与 PWM 输出信号的极性，它跟随的参数中 LE-DONR、LEDONPOL、LEDPWMPOL 位意义见表 39.5。

表 39.5　PWM 输出信号极性控制位

BL	LEDPWMPOL	LEDPWM 引脚	BL	LEDONPOL	LEDON 引脚	LEDONR	描述
0	0	0	0	0	0	0	低
0	1	1	0	1	1	1	高
1	0	PWM 原始极性	1	0	LEDONR		
1	1	PWM 反相极性	1	1	LEDONR 反相极性		

LEDPWMPOL 位可以调整 PWM 的输出信号极性，前面我们提过，当设置的 DVB 值越大时，占空比也就越大，如果把它作为原始的 PWM 占空比定义，那么也可以反过来，当 DVB 值越大时，相应的占空比越小。LEDONR 位对应控制 LEDON 引脚的数据（0 或 1，但并不是最终输出的引脚电平），然而 LEDON 引脚最终输出是高电平还是低电平，则取决于 LEDONPOL 与 BL 位。当 BL = 0 时，LEDPWM 与 LEDON 引脚电平分别取决于 LEDP-WMPOL 与 LEDONPOL 位，在表 39.4 中，关闭背光控制要求"控制线必须为低电平"就表示 LEDPWMPOL 得设置为 0（这也是 ILI9341 复位后的状态），这样 LEDPWM 引脚输

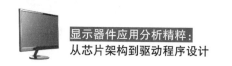

出才都为低电平。当 BL = 1 时，外部背光电路处于打开状态，LEDPWM 与 LEDON 引脚的状态取决于用户设置，而输出极性则取决于 LEDPWMPOL 与 LEDONPOL 位。

PWM 信号的频率可以使用"背光控制 7"指令调整，其公式如下：

$$f_{\text{PWM\_OUT}} = \frac{16\text{MHz}}{\left(\text{PWM\_DIV}[7:0]+1\right)\times 255} \quad\quad (39.1)$$

数据手册列出了一些设置值与对应的 PWM 信号输出频率，见表 39.6。

表 39.6 寄存器设置与相应的 PWM 频率

PWM_DIV[7:0]	$f_{\text{PWM\_OUT}}$	PWM_DIV[7:0]	$f_{\text{PWM\_OUT}}$
8'h0	62.74kHz	…	…
8'h1	31.38kHz	8'hFB	249Hz
8'h2	20.915kHz	8'hFC	248Hz
8'h3	15.686kHz	8'hFD	247Hz
8'h4	12.549kHz	8'hFE	246Hz
…	…	8'hFF	245Hz

与 LED 控制器相关的还有一个图像内容自适应动态背光控制（Content Adaptive Brightness Control，CABC）模块，顾名思义，它根据显示图像的内容来控制背光亮度，那么它存在的意义是什么呢？工作原理又是怎么样呢？

首先需要知道的是，在使用 TFT-LCD 作为信息显示的产品中，背光源消耗的电量占比非常大，尤其对于手机之类使用电池供电的便携式产品来说，降低背光源耗能对提升电池续航能力有着非常积极的意义。传统模式下的**背光源亮度是恒定的**，我们将此时背光源消耗的电量定义为100%。如果需要在 TFT-LCD 面板上显示灰阶为 50% 的图像，应该将 TFT-LCD 面板的灰阶设置为 50%，对不对？也就是说，背光源首先应该提供一个至少比需要显示亮度更高的亮度，然后通过调节液晶分子屏蔽一定的光线（此处为 50%）来达到合适的显示灰阶。

背光源亮度恒定方式存在一些问题，首先它会导致不必要的耗电量，即便显示图像比较暗，背光源的亮度仍然与显示亮度比较高的图像是相同的。另外，由于液晶分子并不能完全阻挡光线的通过（存在漏光现象），当需要显示图像的部分或所有区域较暗时将无法获到很好的对比度，细节部分就会显示不完全，相反，在显示亮度过大图像时却可能会导致观察者出现视觉疲劳。

ABC 模式的实现思路是这样：反正我最终要实现的图像显示灰阶为 50%，那么我可以把背光亮度减小到原来的 50%，而把所有像素灰阶扩展调整到原来的 100%，观察者得到的效果却是一样的，如图 39.7 所示。

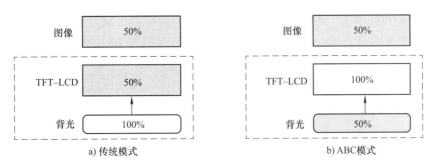

图 39.7　传统模式与 ABC 模式

　　由于背光亮度下降了一半，相同暗部区域的漏光也会有所下降，也就能够提升暗部的细节显示对比度，同时可以把背光源的耗电量下降到原来的一半。简单地说，当显示图像的整体灰阶相对较低时，CABC 模块会适当降低背光源的亮度，同时提升 LCD 面板的透光度。

　　ILI9341 允许使用"写 CABC 控制"指令跟随的参数中 C[1:0] 位设置对用户接口图像、静态图片、动态图片进行自适应调节，见表 39.7。

表 39.7　CABC 控制选项

C[1:0]	默认值
2′b00	关闭
2′b01	用户界面图像（User Interface Image）
2′b10	静态图片（Still Picture）
2′b11	动态图像（Moving Image）

　　有人可能会想：难道 CABC 模块能够自行判断 GDRAM 中的显示数据是静态图片还是动态的图像？并不能！这需要我们在应用层做相应的设置。例如，现在使用手机看电影，那我们就可以设置为"动态图像"选项。

　　对于不同的选项，还可以分别设置灰阶数据累积直方图（accumulate histogram）值的百分比，见表 39.8。

表 39.8　直方图值百分比（针对动态图像）

TH_MV[3:0]	值	TH_MV[3:0]	值	TH_MV[3:0]	值	TH_MV[3:0]	值
4′h0	99%	4′h4	92%	4′h8	84%	4′hC	76%
4′h1	98%	4′h5	90%	4′h9	82%	4′hD	74%
4′h2	96%	4′h6	88%	4′hA	80%	4′hE	72%
4′h3	94%	4′h7	86%	4′hB	78%	4′hF	70%

　　表 39.8 中的百分比代表使图像显示为白色（灰阶为 255）像素点的最大数量与所有像素数量的比值，到底是什么意思呢？首先了解一下什么是直方图，它是一种用于数据统计的图形表示方法。前面我们提过，显示图像的具体亮度与背光源及面板灰阶是紧密关联的，那 CABC 模块根据什么来调整背光亮度与面板灰阶呢？答案是**每帧显示数据的灰阶阈值**（D_{th}）！

　　为了得到灰阶阈值，CABC 模块首先对每帧显示数据进行灰阶统计，而每帧数据的灰

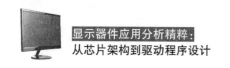

阶阈值需要**灰阶有效峰值**才能求解，而直方图的目的就是求出**灰阶有效峰值**，它可以通过粗直方图与细直方图结合的方式确定。

粗直方图将每一帧数据的像素灰阶按照由小到大分为几个部分（此处为4），然后将出现在每个部分的灰阶次数统计出来，找到统计结果中比（预先设置好的）次数阈值（**不是灰阶阈值**）要大的灰阶，再从中取最大值就是粗直方图统计出来的峰值，如图39.8所示。

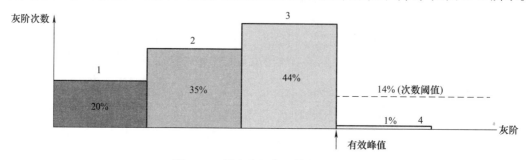

图 39.8　粗直方图获取的有效阈值

图39.8中四个区域的灰阶对应的像素点数量分别占总数的20%、35%、44%、1%，假设次数阈值设置为14%，则区域1、2、3都比该次数阈值要大，再取其中最大值（区域3）就是灰阶有效峰值。

细直方图也是同样的原理，只不过细分了更多的直方图（此处为16），如图39.9所示。

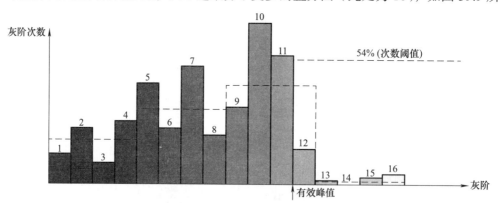

图 39.9　细直方图获得有效阈值

图39.9中只有区域10与11的统计结果比设置的次数阈值（54%）要大，而区域11对应的灰阶更大一些，所以它就是细直方图提供的峰值。

粗直方与细直方图统计结果中的较小值就是所谓的**灰阶有效峰值**，之后就可以求解出**灰阶阈值**。CABC模块对显示数据进行运算，将**灰阶阈值**以下的显示数据的灰阶整体按比例扩展提升至最大。也就是说，原来的**灰阶阈值**经过调整之后对应的是最高灰阶。

细心的读心可能会想：CABC模块根据每帧显示数据中的**灰阶阈值**来调整面板灰阶，那高于**灰阶阈值**的像素点不就变成最大值（白色）了？没错！当根据**灰阶阈值**将所有显示数据的灰阶整体扩展提升后，高于**灰阶阈值**的显示数据对应的灰阶都是一样的，我们称为色饱和（对于常黑型LCD就是白色），如图39.10所示。

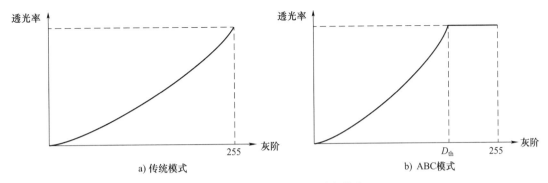

a) 传统模式　　　　　　　　b) ABC模式

图 39.10　CABC 调整后的色饱和

很明显，如果利用直方图统计出来的**灰阶阈值过低**，那么更多的像素点将会面临色饱和的命运，带来的后果是：从屏幕上看到的图像会显得"太白（白色灰阶过多）"，显示效果很可能无法令人接受，所以我们还得针对色饱和的像素数量进行一些限制。换句话说，我们不应该让计算出来的灰阶阈值过低。为此，ILI9341 可以通过"背光控制 3/4"指令控制表 39.7 各选项下的最小灰阶阈值，见表 39.9。

表 39.9　最小灰阶阈值设置（针对动态图像）

DTH_MV[3:0]	值	DTH_MV[3:0]	值	DTH_MV[3:0]	值	DTH_MV[3:0]	值
4′h0	224	4′h4	208	4′h8	192	4′hC	176
4′h1	220	4′h5	204	4′h9	188	4′hD	172
4′h2	216	4′h6	200	4′hA	184	4′hE	168
4′h3	212	4′h7	196	4′hB	180	4′hF	164

但是仅仅限制**灰阶阈值**仍然还不够，不同的图像、伽马曲线也会影响白色像素的数量。换句话说，即使对于相同的**灰阶阈值**，也有很多因素导致色饱和程度的不确定性，在直方图中统计出来的白色灰阶数量就会不一样，下面来看看图 39.11 所示两帧图像对应的直方图统计曲线：

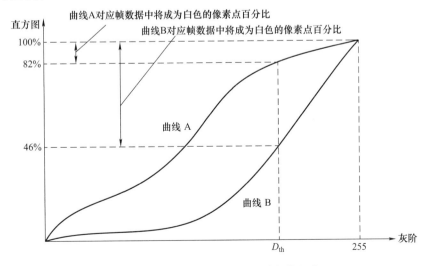

图 39.11　不同曲线导致不同的色饱和点

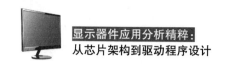

图 39.11 中纵轴为直方图中的按对应**灰阶阈值**统计出来的百分比，经过 CABC 模块调整后，原来**灰阶阈值**对应的直方图百分比与 100% 之间的像素点都将成为白色。很明显，虽然我们设置的**灰阶阈值**是一样的，但是两条曲线对应直方图中将要成为白色的数量有很大的不同（曲线 B 超过一半的像素点都将成为白色，而曲线 A 却要少得多）。也就是说，我们不能让最终成为白色的像素点过多，而这仅仅通过限制 D_{th} 是远远不够的，所以才有表 39.8 所示直方图值百分比的设置，百分比设置得越大，则进入色饱和状态的像素点也就会越少。当然，设置得越大，同时也意味着对显示数据的灰阶调整也会更少，相应的背光源亮度调整力度也会小一些（功耗大一些），所以需要折中考量。

当选择表 39.7 中某一项（除"关闭"外）后，**LED 控制器的 PWM 信号占空比调整将由 CABC 模块自动接管**（手动设置的参数无效），此时可以设置 CABC 模块能够控制的最小背光亮度，这是通过"写 CABC 最小亮度"指令跟随的 CMB[7 : 0] 参数指定的，它用于限定 PWM 最小占空比。也就是说，当 CABC 模块动态进行背光调节时，背光亮度不能低于指定的值，这可以防止亮度过低时影响显示质量，具体的设置需要根据产品测试结果来定。

实际上，ABC 技术离我们并不远，现在很多智能手机的"背光调节"会有一个"自动"选项，它是一种能够根据环境光自适应动态进行背光调节（Light Adaptive Brightness Control，LABC）的技术。

第 40 章

LCM240320 显示驱动设计

前文已经对 ILI9341 的驱动原理进行了比较详尽的讨论，激动人心的时刻终于到来了，接下来开始进行基于 ILI9341 的 TFT-LCD 模组显示驱动的设计，先来看看 Proteus 软件平台仿真电路及相应的效果，如图 40.1 所示。

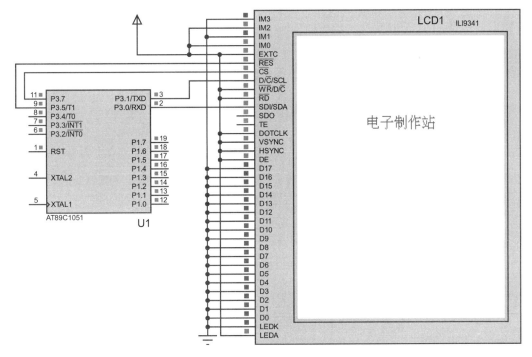

图 40.1　仿真电路

ILI9341 指令集分为基础与扩展两大类，EXTC（Extended Command Set Enable，扩展指令集使能）引脚用来设置是否接收扩展指令（EXTC=0 表示忽略，EXTC=1 表示接收）。如果需要访问扩展寄存器（相应的指令范围为 0xB0 ~ 0xCF，0xE0 ~ 0xFF），则需要将其设置为高电平，我们就是这么做的。

ILI9341 支持 8080 并行与（3 线或 4 线）串行两大类控制接口，可以通过设置四个接口模式（Interface Mode，IM）引脚的电平选择，见表 40.1 所示。

表 40.1 接口模式选择设置

IM3	IM2	IM1	IM0	微处理器接口模式	使用的引脚	
					寄存器 / 内容	GRAM
0	0	0	0	I 类 8 位 8080 总线	D[7:0]	D[7:0], WRX, RDX, CSX, D/CX
0	0	0	1	I 类 16 位 8080 总线	D[7:0]	D[15:0], WRX, RDX, CSX, D/CX
0	0	1	0	I 类 9 位 8080 总线	D[7:0]	D[8:0], WRX, RDX, CSX, D/CX
0	0	1	1	I 类 18 位 8080 总线	D[7:0]	D[17:0], WRX, RDX, CSX, D/CX
0	1	0	1	I 类 9 位 3 线串行	SCL, SDA, CSX	
0	1	1	0	I 类 8 位 4 线串行	SCL, SDA, D/CX, CSX	
1	0	0	0	II 类 16 位 8080 总线	D[8:1]	D[17:10], D[8:1]WRX, RDX, CSX, D/CX
1	0	0	1	II 类 8 位 8080 总线	D[17:10]	D[17:10] WRX, RDX, CSX, D/CX
1	0	1	0	II 类 18 位 8080 总线	D[8:1]	D[17:0] WRX, RDX, CSX, D/CX
1	0	1	1	II 类 9 位 8080 总线	D[17:10]	D[17:9] WRX, RDX, CSX, D/CX
1	1	0	1	II 类 9 位 3 线串行	SCL, SDI, SDO, CSX	
1	1	1	0	II 类 8 位 4 线串行	SCL, SDI, D/CX, SDO, CSX	

8080 并行接口可分为 8、9、16、18 位，并且还分为了 I 与 II 类，两者的区别只是数据线对应的引脚不同而已。例如，8 位 I 类 8080 接口使用 D[7:0] 作为数据总线，而 II 类则使用 D[17:10]，但它们的控制时序并没有区别。

这么多种接口都各自对应一个问题：**怎么样把控制指令（包含跟随的数据）正确写入到 ILI9341 呢？** 当使用"I 类 8 位 8080 总线"接口时，很容易知道控制指令都是 8 位（对应的数据线引脚为 D[7:0]），并且通过数据手册也明白"先写指令、后写数据"，即使换成"II 类 8 位 8080 总线"接口，也懂得把数据线换成 D[17:10] 即可，但是如果使用 9、16、18 位接口时，**控制**指令又对应哪几条数据线呢？表 40.1 中的"寄存器 / 内容"列信息就解答了这个问题！例如，当使用"I 类 16 位 8080 总线"接口时，虽然硬件上需要的数据引脚为 D[15:0]，但是**写控制指令时**仅使用 D[7:0]。又例如，当使用"II 类 18 位 8080 总线"时，虽然硬件上需要的数据引脚为 D[17:0]，但是**写控制指令时**仅使用 D[8:1]。在图 40.1 所示仿真电路中，我们选择了"I 类 9 位 3 线串行"接口，它的时序与图 36.2 完全一致，顺便弥补前述未能介绍该接口的遗憾。

行文至此，有些读者可能就要问：没有使用到数据线可以用来干什么呢？往 GDRAM 中写显示数据的呀！在 ILI9341 中，"写控制指令"与"写显示数据"使用的**数据线**可以是**不同的**，而**显示**数据的写入格式又与 ILI9341 的像素格式（Pixel Format，与 SSD1773 的灰阶模式一样，它决定每个像素对应多少位显示数据）有关。

ILI9341 支持 16 位与 18 位像素格式，我们可以通过指令"像素格式设置"指令来调整，见表 40.2 所示。

表 40.2 像素格式设置

DPI[2:0]			RGB 接口格式	DBI[2:0]			MCU 接口格式
0	0	0	预留	0	0	0	预留
0	0	1	预留	0	0	1	预留
0	1	0	预留	0	1	0	预留
0	1	1	预留	0	1	1	预留
1	0	0	预留	1	0	0	预留
1	0	1	16 位 / 像素	1	0	1	16 位 / 像素
1	1	0	18 位 / 像素	1	1	0	18 位 / 像素
1	1	1	预留	1	1	1	预留

寄存器 DPI[2：0] 针对 RGB 接口（DPI 是 Display Pixel Interface 的简称，即显示像素接口，也称为 RGB 接口，将在下章介绍），寄存器 DBI[2：0] 针对 MCU 接口（DBI 是 Display Bus Interface 的简称，也就是表 40.1 中涉及的并行或串行接口），**上电复位后默认值均为"0b110"**。

16 位像素格式也称为 RGB565 模式，即红色与蓝色灰阶为 5 位，绿色灰阶为 6 位，相应的色深为 65k。18 位像素格式也称为 RGB666 模式，即红、绿、蓝子像素的灰阶均为 6 位，相应的色深为 262k。当设置为不同像素模式时，写入显示数据的具体格式会不一样，这一点与 SSD1773 是一样的，数据手册给出了不同接口及不同像素模式下的显示数据写入顺序。

例如，当我们选择"I 类 8 位 8080 总线"接口时，16 位像素格式下的显示数据写入格式见表 40.3（与"I 类 9 位 3 线串行接口"相同）。

表 40.3　I 类 8 位 8080 总线接口时的显示数据写入格式

次数	0	1	2	3	4	…	477	478	479	480
D/CX	0	1	1	1	1	…	1	1	1	1
D_7	C7	0R4	0G2	1R4	1G2	…	238R4	238G2	239R4	239G2
D_6	C6	0R3	0G1	1R3	1G1	…	238R3	238G1	239R3	239G1
D_5	C5	0R2	0G0	1R2	1G0	…	238R2	238G0	239R2	239G0
D_4	C4	0R1	0B4	1R1	1B4	…	238R1	238B4	239R1	239B4
D_3	C3	0R0	0B3	1R0	1B3	…	238R0	238B3	239R0	239B3
D_2	C2	0G5	0B2	1G5	1B2	…	238G5	238B2	239G5	239B2
D_1	C1	0G4	0B1	1G4	1B1	…	238G4	238B1	239G4	239B1
D_0	C0	0G3	0B0	1G3	1B0	…	238G3	238B0	239G3	239B0

表 40.3 告诉我们两个信息，其一，当选择某种控制接口后，**控制指令**对应哪几条数据线？表格中的 C0 ~ C7 就表示指令（所有接口都是 8 位），不同的接口会对应不同的数据线，它其实就对应表 40.1 中的"寄存器 / 内容"列；其二，当使用选择的控制接口往 GDRAM 中写显示数据时，每一个像素对应的 R、G、B 的显示数据是按怎么样的顺序写入的呢？表 40.3 说明：每个像素对应两个字节的显示数据，每一个字节的高 5 位为红色灰阶，而低 3 位及第二个字节的高 3 位为绿色灰阶，第二个字节的低 5 位为蓝色灰阶。

对于同样的"I 类 8 位 8080 总线"接口，18 位像素格式对应的显示数据写入格式如表 40.4 所示，很明显，每个像素对应三个字节（最低 2 位忽略）的显示数据，我们以 R、G、B 的次序写入即可。

表 40.4　I 类 8 位 8080 总线接口时的显示数据写入格式

次数	0	1	2	3	…	718	719	720
D/CX	0	1	1	1	…	1	1	1
D_7	C7	0R5	0G5	0B5	…	239R5	239G5	239B5
D_6	C6	0R4	0G4	0B4	…	239R4	239G4	239B4
D_5	C5	0R3	0G3	0B3	…	239R3	239G3	239B3
D_4	C4	0R1	0G2	0B2	…	239R1	239G2	239B2
D_3	C3	0R1	0G1	0B1	…	239R1	239G1	239B1
D_2	C2	0R0	0G0	0B0	…	239R0	239G0	239B0
D_1	C1				…			
D_0	C0				…			

有关显示驱动方面的疑难至此已经基本肃清，我们来看看相应的驱动源代码，如清单40.1所示。

```c
#include <reg51.h>
#include <intrins.h>

#define WRITE_COM              0                    //写数据
#define WRITE_DAT              1                    //写指令

#define SLEEP_OUT              0x11        //以下为命令常量宏定义：退出睡眠模式
#define GAMMA_SET              0x26                  //选择伽马曲线
#define DISPLAY_ON             0x29                    //打开显示
#define COLUMN_ADDRESS_SET     0x2A                  //列地址设置
#define PAGE_ADDRESS_SET       0x2B                  //页地址设置
#define MEMORY_WRITE           0x2C            //往GRAM写入显示数据
#define MEMORY_ACCESS_CTRL     0x36                //GRAM访问控制
#define PIXEL_FORMAT_SET       0x3A                //像素格式设置
#define NORMAL_FRAME_CTRL      0xB1            //正常模式下的帧速率控制
#define DISPLAY_FUNC_CTRL      0xB6                //显示功能控制
#define POWER_CTRL_1           0xC0                //电源控制1
#define POWER_CTRL_2           0xC1                //电源控制2
#define VCOM_CTRL_1            0xC5          //设置VCOMH与VCOML电压
#define VCOM_CTRL_2            0xC7      //设置VCOMH与VCOML整体偏移电压
#define POWER_CTRL_A           0xCB                //电源控制A
#define POWER_CTRL_B           0xCF                //电源控制B
#define POSITIVE_GAMMA_CTRL    0xE0                //正极伽马控制
#define NEGATIVE_GAMMA_CTRL    0xE1                //负极伽马控制
#define DVR_TIMING_CTRL_A      0xE8                //驱动时序控制A
#define DVR_TIMING_CTRL_B      0xEA                //驱动时序控制B
#define POWER_ON_SEQ_CTRL      0xED            //电源启动序列控制
#define ENABLE_3GAMMA          0xF2                //使能3伽马
#define PUMP_RATIO_CTRL        0xF7                //电荷泵比率控制

#define RED                    0xF800                //颜色常量宏定义
#define GREEN                  0x07E0
#define BLUE                   0x001F
#define WHITE                  0xFFFF
#define BLACK                  0x0000

sbit LCD_SDA               = P3^0;                    //串行数据
sbit LCD_SCL               = P3^1;                    //串行时钟
sbit LCD_CS_N              = P3^7;                //片选（低有效）
sbit LCD_RST_N             = P3^5;                //复位（低有效）

typedef unsigned char uchar;                        //定义类型别名
typedef unsigned int uint;

void delay_us(uint count){while(count-->0)_nop_();}          //延时函数
void delay_ms(uint count){while(count-->0)delay_us(50);}

uchar code power_ctrl_a[]= {0x39, 0x2C, 0x00, 0x34, 0x02};      //VCORE、DDVDH控制
uchar code power_ctrl_b[] = {0x00, 0xC1, 0x30};              //VGH、VGL控制
uchar code dvr_timing_ctrl_a[] =
      {0x85, 0x00, 0x78};              //栅极驱动非重叠时序控制、EQ时序控制、预充电时间控制
uchar code dvr_timing_ctrl_b[] = {0x00, 0x00};              //栅极驱动时序控制
uchar code power_on_seq_ctrl[] = {0x64, 0x03, 0x12, 0x81};
uchar code positive_gamma[] =                          //正极伽马校准数据
      {0x0F, 0x3A, 0x36, 0x0B, 0x0d, 0x06, 0x4C, 0x91, 0x31, 0x08, 0x10, 0x04, 0x11, 0x0C, 0x00};
uchar code negtive_gamma[] =                          //负极伽马校准数据
      {0x00, 0x06, 0x0A, 0x05, 0x12, 0x09, 0x2C, 0x92, 0x3F, 0x08, 0x0E, 0x0B, 0x2E, 0x33, 0x0F};
```

清单 40.1　ILI9341 驱动程序

```
uchar code dzzzzcn_dots[] = {                              //"电子制作站"上半部分
  0x02, 0x00, 0x00, 0x00, 0x04, 0x04, 0x09, 0x00, 0x00, 0x40,
  0x02, 0x00, 0x3F, 0xF0, 0x24, 0x04, 0x09, 0x00, 0x20, 0x40,
  0x02, 0x10, 0x00, 0x10, 0x25, 0x04, 0x09, 0x04, 0x10, 0x44,
  0x7F, 0xF8, 0x00, 0x20, 0x3F, 0xA4, 0x11, 0xFE, 0x10, 0x7E,
  0x42, 0x10, 0x00, 0x40, 0x24, 0x24, 0x12, 0x80, 0xFE, 0x40,
  0x42, 0x10, 0x01, 0x80, 0x44, 0xA4, 0x32, 0x80, 0x00, 0x40,
  0x7F, 0xF0, 0x01, 0x04, 0xFF, 0xE4, 0x54, 0x90, 0x44, 0x40,
  0x42, 0x10, 0xFF, 0xFE, 0x04, 0x24, 0x98, 0xF8, 0x44, 0x44,   //"电子制作站"下半部分
  0x42, 0x10, 0x01, 0x00, 0x3F, 0xA4, 0x10, 0x80, 0x25, 0xFE,
  0x7F, 0xF0, 0x01, 0x00, 0x24, 0xA4, 0x10, 0x80, 0x25, 0x04,
  0x42, 0x10, 0x01, 0x00, 0x24, 0xA4, 0x10, 0x88, 0x29, 0x04,
  0x02, 0x00, 0x01, 0x00, 0x24, 0x84, 0x10, 0xFC, 0x09, 0x04,
  0x02, 0x04, 0x01, 0x00, 0x26, 0x84, 0x10, 0x80, 0x1F, 0x04,
  0x02, 0x04, 0x01, 0x00, 0x25, 0x04, 0x10, 0x80, 0xE1, 0x04,
  0x01, 0xFC, 0x05, 0x00, 0x04, 0x14, 0x10, 0x80, 0x41, 0xFC,
  0x00, 0x00, 0x02, 0x00, 0x04, 0x08, 0x10, 0x80, 0x01, 0x04};

void write_ili9341(uchar byte_data, uchar flag)          //往ILI9341发送数据（3线9位串行接口）
{
    uchar i;

    LCD_CS_N = 0;
    LCD_SCL = 0;
    (WRITE_COM == flag)?(LCD_SDA = 0):(LCD_SDA = 1);       //根据写入类型发送C/D位
    _nop_();
    LCD_SCL = 1;
    _nop_();

    for (i=0; i<8; i++) {                                  //发送接下来的8位串行数据
      LCD_SCL = 0;                                         //时钟置为低电平，准备数据移位
      LCD_SDA = (bit)(0x80&byte_data)?1:0;                 //高位先移入
      byte_data <<= 1;                                     //左移1位
      LCD_SCL = 1;                                         //时钟置为高电平，上升沿引起数据移位
    }
    LCD_CS_N = 1;
}

void write_one_cmd(uchar cmd)                              //写一个指令
{
    write_ili9341(cmd,WRITE_COM);
}

void write_one_data(uchar byte_data)                      //写一个数据
{
    write_ili9341(byte_data,WRITE_DAT);
}

void write_cmd_one_data(uchar cmd, uchar byte_data)       //写一个指令与数据
{
    write_ili9341(cmd,WRITE_COM);
    write_ili9341(byte_data,WRITE_DAT);
}

void write_cmd_two_data(uchar cmd, uchar byte_data1,
                        uchar byte_data2)                 //写一个指令与两个数据
{
    write_ili9341(cmd,WRITE_COM);
    write_ili9341(byte_data1,WRITE_DAT);
    write_ili9341(byte_data2,WRITE_DAT);
}
```

清单 40.1　ILI9341 驱动程序（续）

```
void write_cmd_four_data(uchar cmd, uchar byte_data1, uchar byte_data2,
                         uchar byte_data3, uchar byte_data4)      //写一个指令与四个数据
{
    write_ili9341(cmd,WRITE_COM);
    write_ili9341(byte_data1,WRITE_DAT);
    write_ili9341(byte_data2,WRITE_DAT);
    write_ili9341(byte_data3,WRITE_DAT);
    write_ili9341(byte_data4,WRITE_DAT);
}

void write_cmd_bulk_data(uchar cmd, uchar *array_data, uint length)//写一个指令与多个数据
{
    uchar i;

    write_ili9341(cmd,WRITE_COM);
    for (i=0; i<length; i++) {
        write_ili9341(*array_data,WRITE_DAT);
        array_data++;
    }
}
void set_gram_area(uint sc, uint width, uint sp, uint height)
{
    uint ec = sc + width - 1;                                      //结束列
    uint ep = sp + height - 1;                                     //结束页

    write_cmd_four_data(COLUMN_ADDRESS_SET, sc>>8, sc, ec>>8, ec);  //设置起始与结束列地址
    write_cmd_four_data(PAGE_ADDRESS_SET, sp>>8, sp, ep>>8, ep);    //设置起始与结束页地址
    write_one_cmd(MEMORY_WRITE);                                   //开始往GRAM写入显示数据
}

void display_dots(uint sc, uint sp, uchar *dots, uint length, uint color)
{
    uint i,j;
    uchar data_tmp;

    set_gram_area(sc, (length/16)*8, sp, 16);
    for(i=0; i<length; i++) {
        data_tmp = *dots;
        for (j=0; j<8; j++) {
            if(data_tmp & 0x80) {
                write_one_data(color>>8);
                write_one_data(color);
            } else {
                write_one_data(WHITE>>8);
                write_one_data(WHITE);
            }
            data_tmp <<=1;
        }
        dots++;
    }
}

void lcd_init(void)
{
    LCD_CS_N = 1;
    LCD_RST_N = 1;
    delay_ms(100);                                    //上电延时一段时间，等待模组供电稳定
    LCD_RST_N = 0;                                                       //开始复位
    delay_ms(10);
    LCD_RST_N = 1;                                                       //退出复位
    delay_ms(120);
```

清单 40.1 ILI9341 驱动程序（续）

```
    write_cmd_bulk_data(POWER_CTRL_A, power_ctrl_a, sizeof(power_ctrl_a));
    write_cmd_bulk_data(POWER_CTRL_B, power_ctrl_b, sizeof(power_ctrl_b));
    write_cmd_bulk_data(DVR_TIMING_CTRL_A, dvr_timing_ctrl_a, sizeof(dvr_timing_ctrl_a));
    write_cmd_bulk_data(DVR_TIMING_CTRL_B, dvr_timing_ctrl_b, sizeof(dvr_timing_ctrl_b));
    write_cmd_bulk_data(POWER_ON_SEQ_CTRL, power_on_seq_ctrl, sizeof(power_on_seq_ctrl));
    write_cmd_one_data(PUMP_RATIO_CTRL, 0x20);              //设置DDVDH=VCIx2
    write_cmd_one_data(POWER_CTRL_1, 0x1B);                 //设置GVDD=4.2V
    write_cmd_one_data(POWER_CTRL_2, 0x10);        //DDVDH=VCIx2, VGH=VCIx7, VGL=-VCIx4
    write_cmd_two_data(VCOM_CTRL_1, 0x2D, 0x33);        //VCOMH=3.375V, VCOML=-1.225V
    write_cmd_one_data(VCOM_CTRL_2, 0xCF);          //设置VCOMH与VCOML电压整体偏移:+15
    write_cmd_one_data(MEMORY_ACCESS_CTRL, 0x08);          //水平寻址模式,BGR排列模式
    write_cmd_one_data(PIXEL_FORMAT_SET, 0x55);                      //16位像素格式
    write_cmd_two_data(NORMAL_FRAME_CTRL, 0x00, 0x1D);     //内部时钟不分频, 1H(行)时间
    write_cmd_two_data(DISPLAY_FUNC_CTRL, 0x0A, 0x02);             //显示功能控制
    write_cmd_one_data(ENABLE_3GAMMA, 0x00);                       //使能3伽马
    write_cmd_one_data(GAMMA_SET, 0x00);                         //设置伽马校正
    write_cmd_bulk_data(POSITIVE_GAMMA_CTRL, positive_gamma, sizeof(positive_gamma));
    write_cmd_bulk_data(NEGATIVE_GAMMA_CTRL, negtive_gamma, sizeof(negtive_gamma));
    write_one_cmd(SLEEP_OUT);                                     //退出睡眠模式
    delay_ms(120);
    write_one_cmd(DISPLAY_ON);                                     //打开显示
}

void main(void)                                                  //VCI=2.8V
{
    lcd_init();                                                  //初始化ILI9341
    display_dots(80, 90, dzzzzcn_dots, sizeof(dzzzzcn_dots), RED);//显示"电子制作站"字模

    while(1) {}
}
```

清单 40.1   ILI9341 驱动程序（续）

这里先提一下，ILI9341 的指令非常多，英文版数据手册超过 200 页（大部分篇幅是关于指令的），怎么样快速有效地编写模组的驱动程序呢？答案是：**参考官方例程**！清单 40.1 所示源代码中的大部分初始化过程就是如此。建议不要尝试逐条指令去试，到时候抓狂可不要来找我！对于一款控制指令如此之多的驱动芯片，很多时候我们（不要说是初次接触的初学者，即使是有经验的工程师，从零开始写驱动也得费一番功夫）并不知道哪些指令是必须执行的，而官方例程至少可以让我们从一开始花费最少的时间将模组驱动起来。之后可以通过阅读例程源代码或更改指令观察相应显示效果的方式，进一步理解 ILI9341 的显示原理及相应的驱动程序设计（这对于所有新方案的熟悉都是适用的），而且也没有必要从一开始把所有指令都弄明白，因为常用的并不多，如果后续有了新的需求，可以再**精读**数据手册。

言归正传，在控制指令与显示数据的写入方面，ILI9341 与 SSD1773 有很多相似的地方，它们都采用指令后跟随一个或多个数据的方式进行初始化或数据的传输，为此我们包装了 write_cmd_one_data、write_cmd_two_data、write_cmd_four_data、write_cmd_bulk_data 四个函数，它们分别用于跟随 1 个、2 个、4 个及多个数据的指令写入操作，其中 write_cmd_bulk_data 函数需要传递一个包含传输数据的数组指针（地址）与数据长度，这主要还是为了节省代码篇幅。换句话说，函数包装的工作并不是必需的。

main 主函数一开始就调用了 lcd_init 函数开始初始化 ILI9341，首先对 ILI9341 进行了硬件复位，数据手册中已经给出了复位后寄存器的状态，这里仅简要介绍可能导致 LCD 无法显示的两个地方。其一，复位后 ILI9341 处于显示关闭状态（大多数液晶驱动芯片都是

如此），所以初始化完成后必须使用"开启显示"指令让芯片处于显示开启状态；其二是工作模式。ILI9341 有正常、空闲、睡眠三种工作模式，在空闲模式下，LCD 虽然也会显示 GRAM 中的数据（如果处于显示开启状态），但是芯片只会对每个子像素灰阶的最高位进行解析，所以显示的色深只有 8 种，见表 40.5。

表 40.5　空闲模式下的显示色深

显示的颜色	GRAM 显示数据		
	$R_5R_4R_3R_2R_1R_0$	$G_5G_4G_3G_2G_1G_0$	$B_5B_4B_3B_2B_1B_0$
黑（Black）	0××××	0××××	0××××
蓝（Blue）	0××××	0××××	1××××
红（Red）	1××××	0××××	0××××
品红（Magenta）	1××××	0××××	1××××
绿（Green）	0××××	1××××	0××××
青（Cyan）	0××××	1××××	1××××
黄（Yellow）	1××××	1××××	0××××
白（White）	1××××	1××××	1××××

空闲模式下的颜色解析算法很简单，以 RGB 每个子像素为单位，如果最高位为 1，则该子像素全部填充 1，如果为 0，则全部填充 0，所以最终只有 8 种颜色。例如，有一个像素点的 RGB666 显示数据为 0x38694，它是什么颜色我不知道，但是它在空闲模式下是什么颜色我却知道，也就是 0b11_1000_0110_1001_0100（处理前）= 0b11_1111_0000_0000_0000（处理后）=0x3F000，哦，原来是红色。

ILI9341 复位后处于睡眠模式，此时芯片内部振荡器是关闭的，电荷泵升压电路及 LCD 面板扫描时序也是停止的，GRAM 中的显示数据也就不可能出现在屏幕上，所以在初始化完成后还必须使用一条"退出睡眠"指令。

在 lcd_init 函数中，先后设置了 V_{CORE}、DDV_{DH}、V_{GH}、V_{GL}、GV_{DD}、V_{COMH}、V_{COML} 以及栅极驱动、电源启动时序等。对于不同的 TFT-LCD 面板，ILI9341 复位后的内部电源状态通常不可能都是最佳的，需要实物调试才能确定适当的参数，使用仿真手段是看不出区别的，所以现阶段的我们只要了解一下具体的指令意义即可。

紧接着，进行"内存访问控制"设置，相应的控制位见表 40.6。

表 40.6　"内存访问控制"相关寄存器位

位	名称	描述
MY	行地址顺序	MCU 读 / 写 GRAM 的方向
MX	列地址顺序	
MV	行 / 列交换	
ML	垂直刷新顺序	LCD 垂直刷新方向控制
BGR	RGB-BGR 顺序	颜色选择开关控制（0=RGB，1=BGR）
MH	水平刷新顺序	LCD 水平刷新方向控制

其中，MY、MX、MV 位用来控制寻址模式，它们的意义分别与 SSD1773 的"设置数据输出扫描方向"指令中的 P_{10}、P_{11}、P_{12} 是对应的，BGR 位则与 SSD1773 中 RGB 排列模式相同，只不过仅有两种选择。ML、MH 位与 MY、MX、MV 位不同，它们用来控制从GRAM 中读取显示数据（用来刷新 LCD 面板）的方向，但并不影响用户往 GRAM 写入显示数据的寻址模式，在 SSD1773 中不存在对应的控制位（后述）。

然后我们设置 16 位像素格式（对应的颜色宏定义为 RGB565 模式），退出睡眠模式后打开显示，ILI9341 的初始化工作就大功告成（伽马及帧速率设置与否不影响**仿真**显示）。接下来的工作就是往 GRAM 中写入显示数据，其具体操作过程与 SSD1773 完全一样，也是先通过设置起始页、起始列、结束页、结束列四个参数界定可以访问的 GRAM 区域。

我们决定显示红颜色汉字"电子制作站"，由带有 5 个形参的 display_dots 函数完成。形参 sc 与 sp 分别表示显示数据的起始列与起始页，dots 是一个指针，它指向将要写入的一组显示数据的首地址。由于每个汉字字模为 16×16 点阵，所以汉字"电子制作站"需要 $16 \times 16 \times 5 = 1280$ 个点，而每个点对应的颜色（灰阶）都需要有相应的显示数据，为此我们开辟了一个 dzzzzcn_dots 数组，它存储了 160 个字节，每个字节包含的每位数据都对应一个像素点，恰好为 $160 \times 8 = 1280$。

为简便起见，我们仍然仅使用可由用户选择的**一种**颜色（前景色）来显示汉字（背景色为白色）。如果某位为 0 表示不显示（白色），某位为 1 表示显示，具体的显示颜色由形参 color 来决定。如果想要汉字以**多种**颜色在屏幕上显示出来，那么还需要另外开辟一个数组保存每个点对应的灰阶。我们决定不把问题复杂化，只需要明白其中的显示原理即可。

length 表示传入数组（此处为 dzzzzcn_dots）中存储的字节数量（此处为 160），这样我们就可以计算出每一行（共 16 行）包含的像素点为（length/16）$\times$ 8，而起始列 sc 与起始页 sp 是已知的，也就能计算出相应的结束列 ec 与结束行 ep，如图 40.2 所示。

图 40.2　结束列与结束行计算示意

结束列与结束页计算出来后，分别通过"列地址设置"与"页地址设置"指令写入到 ILI9341，再发送"写存储器"指令后，就可以开始往 GRAM 中写入显示数据，之后的代码与 SSD1773 的类似的，此处不再赘述。

VisualCom 软件平台同样也有基于 ILI9341 的液晶显示模组，相应的显示效果如图 40.3 所示。

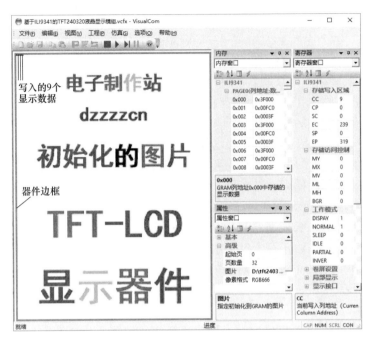

图 40.3　仿真效果

我们同样指定了一张初始化到 GRAM 的图片，然后从左上角开始循环三次写入红、绿、蓝三个像素点显示数据，相应的预置数据如图 40.4 所示。

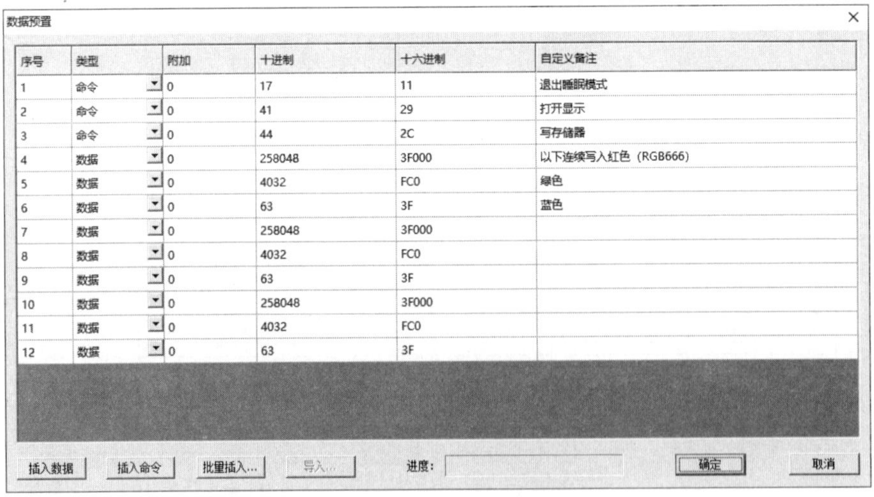

序号	类型	附加	十进制	十六进制	自定义备注
1	命令	0	17	11	退出睡眠模式
2	命令	0	41	29	打开显示
3	命令	0	44	2C	写存储器
4	数据	0	258048	3F000	以下连续写入红色（RGB666）
5	数据	0	4032	FC0	绿色
6	数据	0	63	3F	蓝色
7	数据	0	258048	3F000	
8	数据	0	4032	FC0	
9	数据	0	63	3F	
10	数据	0	258048	3F000	
11	数据	0	4032	FC0	
12	数据	0	63	3F	

插入数据　插入命令　批量插入...　导入...　进度　　　　　　确定　取消

图 40.4　预置数据

我们只是退出睡眠模式并打开了显示，其他初始化项都使用默认状态，这已经足以使 GRAM 中的数据显示出来（其实清单 40.1 也可以仅保留这两条初始化语句，仿真结果是完全一样的）。ILI9341 上电后的存储访问区域为整个 GRAM 空间，且默认的 MX、MY、MV 均为 0（水平寻址模式），所以在发送"写存储器"指令后，当前页与列计数器均被初始化为 0，所以随后写入的显示数据将从左上角开始。而 ILI9341 上电后的像素格式默认为

18 位，所以我们以 RGB666 的像素格式写入显示数据。

最后，请读者思考：ML、MH 位有什么意义呢？有意义，而且意义重大。现在考虑这样一种情况，我们需要往 GRAM 中依次写入如图 40.5 所示两帧显示数据。

a) 第一帧显示数据   b) 第二帧显示数据

图 40.5   两帧不同的数据

假设写显示数据到 GRAM 的顺序为**从下到上**、从左至右，而读 GRAM 显示数据刷新到面板的顺序是从左至右、**从上到下**（这也是默认的方向）。现在第一帧数据已经全部写入到 GRAM，并且也已经刷新到了 LCD 面板，然后开始往 GRAM 中写入第二帧数据，与此同时 LCD 面板也会读 GRAM 显示数据进行刷新，那么就会出现这样一种现象：有一部分（右上角）还是第一帧旧的显示数据，而剩下的部分才是第二帧新的显示数据。我们在屏幕上会看到一条明显的图像不连续的斜向分界（断层），这就是我们所说的 Tearing Effect（中文译为残留、波纹或泪滴效应，本书一律以"TE"表示），相应的显示效果如图 40.6 所示。

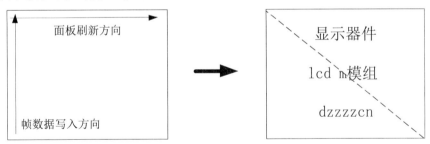

图 40.6   TE 引起的显示效果

很明显，TE 在静态显示图像中是不会存在的，如果相邻两帧数据差别不大，带来的后果还不是很明显，但我们经常会通过使用 TFT-LCD 面板的产品（例如手机、液晶电视）观看图像变化快的信息（例如看电影、玩游戏），TE 影响显示质量的程度将无法令人接受，为此我们应该将 LCD 面板刷新方向与往 GRAM 写入显示数据的方向设置为相同，才有**可能**避免出现 TE。

注意"可能"这个词语，如果对 GRAM 的读写速度不一样的话，也可能会出现同样的问题。例如，**我们已经设置读与写方向都为从左至右、从上到下**，但是当从 GRAM 读显示数据的速度大于写入的速度，就会出现这样的现象：上面部分显示的是新数据，而剩下的则是旧数据，如图 40.7 所示。

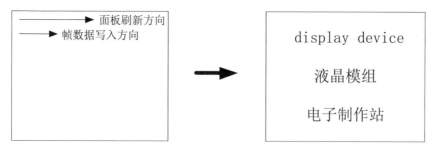

图 40.7　读速度大于写速度

写速度比读速度大也可能会导致 TE，一开始 LCD 面板还在刷新上一帧数据，但是由于写入速度很快，GRAM 很快被写满了，然后又开始重新写下一帧数据，此时 LCD 面板可能还在刷新上一帧数据，那么还没刷完帧数据就会被新的帧数据覆盖的（部分帧数据没有显示），如图 40.8 所示。

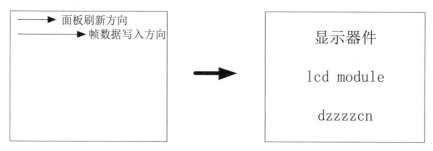

图 40.8　写速度大于读速度

很容易可以看到，TE 出现的根本原因在于：**读写 GRAM 显示数据出现交叉**，而避免 TE 的关键在于：**在 LCD 面板刷新完前一帧显示数据前，不应该由于读写速度不匹配的原因导致新一帧数据被显示**。简单地说，就是读写同步的问题。

目前解决 TE 现象主要两种帧同步技术，其一就是双缓冲（Double Buffer）技术，芯片内部使用两个大小相同的 GRAM，并且使用"乒乓"操作读写两个 GRAM。具体地说，当 LCD 控制器在读取 GRAM1 时，GRAM2 用来写入下一帧显示数据，当 LCD 读取 GRAM1 完毕后，就转而读取 GRAM2，而此时 GRAM1 则用来写入下一帧显示数据，只要往 GRAM 写入的速度大于从 GRAM 读出的速度，就可以完美解决 TE（写速度小于读速度会导致帧率下降，因为刷完屏后还要等 GRAM 写满才开始刷新），如图 40.9 所示。

图 40.9　乒乓操作

双缓冲技术实现起来很容易，但存在的主要问题是成本较高，所以另一种更经济方案是使用 V-SYNC 接口，它的基本思路是：当 LCD 面板完成前一帧显示数据的刷新操作后，通过 TE 信号线反馈到主控，主控只有接收到反馈才开始往 GRAM 写入显示数据，在此之后，**只要往 GRAM 写入的速度大于从 GRAM 读出的速度**，也同样可以解决 TE。当然，这会给帧率带来一定的下降，ILI9341 使用的就是这种方式。

ILI9341 的 TE 信号模式有两种，一种是垂直同步模式，在每一帧数据读完并刷新 LCD 面板期间，TE 反馈信号只包一个垂直同步信号，其时序如图 40.10 所示。

图 40.10　垂直同步模式

当 TE 信号处于低电平时，表示目前正处在读取 GRAM 数据并刷新 LCD 面板过程中，主控往 GRAM 写入显示数据操作不应该在此期间开始，而当 TE 信号处于高电平时，表示 LCD 面板已经刷新一帧数据完毕，主控在收到该信号后可以开始往 GRAM 写入显示数据。

第二种模式是垂直与水平同步模式，TE 信号的每个周期都包含了一个垂直同步与 320 个水平同步信号，如图 40.11 所示。

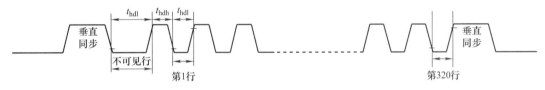

图 40.11　垂直与水平同步模式

要使用 V-SYNC 接口，首先应该在硬件上将 ILI9341 的 TE 引脚与主控连接（通常是可以作为中断输入的引脚），在软件层面，我们首先应该使用"打开 TE 行"指令开启 TE 功能，它跟随的参数可以设置垂直同步（M = 0）或垂直与水平同步模式（M = 1）。当然，还可以使用"设置 TE 扫描行"指令设置当 LCD 面板刷新到某行时（而不是全新刷新完成后）就产生 TE 信号，也就可以灵活控制开始往 GRAM 写入显示数据的时间。

那么图 40.11 中的不可见行（Invisible Line）是什么呢，下一章将告诉你答案。

第 41 章

RGB 接口

前面我们提过，往 ILI9341 发送"**控制**指令"与"**显示**数据"时使用的**数据线**可以是**不同的**，而 RGB 接口就是**专门**用来传输**显示**数据的接口，它是液晶显示器中一种非常重要的数据传输接口。

在进一步讨论 RGB 接口时序前，我们先来了解一下阴极射线显像管（Cathode Ray Tube，CRT）显示原理，它采用电子枪从左到右、从上到下发出电子束轰击屏幕内壁的荧光粉而显示图像。为了控制电子束的扫描位置，电视信号中总会有场（垂直）同步（Field/Vertical Synchronizing）与行（水平）同步（Line/Horizontal Synchronizing）信号，它们能够使电视机（接收终端）重现的图像与摄像机（发射源端）拍摄的图像方位一致，即扫描的速度与起始位置必须完全同步。简单地说，场同步信号意味着新的一帧开始，也就相当于告诉电子枪：**咱们得马上控制电子束从屏幕左上角的位置开始轰击荧光粉**。而行同步信号则意味着新行扫描的开始。

行与场同步信号的存在可以避免数据之间的累积误差而导致显示画面的失真。如果行不同步，则一帧图像中每一行的水平扫描起点会有所偏移，此时显示的图像将会整体倾斜。如果场不同步，则每一帧画面的垂直扫描起点不一样，整个图像会向上或向下偏移（这种情况在黑白电视机中更为常见，所以机箱背后都会有一个调节旋钮），相应的现象如图 41.1 所示。

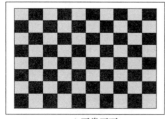 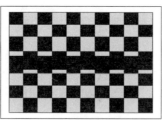 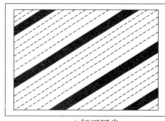

a) 正常画面　　　　　　　　　　b) 场不同步　　　　　　　　　　c) 行不同步

图 41.1　行与场不同步

行与场扫描动作都是周期性的，一旦扫描停止，荧光屏上的图像也就消失了。我们把电子束从左到右的行扫描称为正程，当扫描至行尾时，电子光束在行同步信号的控制下应该返回到下一行的起点。我们把电子束从右到左的行扫描称为逆程。场扫描也是相似的，从上到下是正程，自下而上为逆程。

很明显，逆程的存在只是为了将电子束调整到新的扫描位置，在这期间不应该存在有效的视频信号，不然电子束轰击在荧光屏上会影响正常图像的显示。也就是说，应该在电子束的逆程扫描期间关掉电子束，为此在电视信号中加入了行消隐（Blanking）与场消隐信号，请留意一下消隐前后肩的定义，如图 41.2 所示：

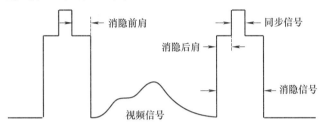

图 41.2　同步信号与消隐信号

图 41.1b 所示没有画面的横黑条就是由于场消隐信号造成的，它本应该对应每场结束时回扫到左上角这段没有电子束轰击荧光屏的时间，但是由于场不同步，所以它被显示出来而影响正常画面。图 41.1c 所示图像中的斜黑条是由于行消隐信号造成的，它本应该对应每行结束时回扫到行首这段没有电子束轰击荧光屏的时间，但是由于行不同步，所以它也被显示出来了。如果我们通过把所有逆程转为正程的方式对电视信号（包含视频、同步、消隐信号）进行展开，就可以得到其与显示画面之间的对应关系，如图 41.3 所示。

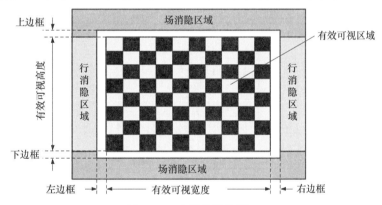

图 41.3　电视信号的展开

图 41.3 中的有效可视区域是我们在 CRT 显示器上可以看到图像的部分，其他区域是看不到的，就相当于电子束的扫描起始点从左上角开始，刚开始几行（对应场消隐信号宽度）没有显示，然后是行首与行尾有一定宽度（对应行消隐信号宽度）没有图像显示的多个行，最后又是几行没有显示。

RGB 接口是一种传输图像显示数据的数字接口，但是它需要解决的行场同步问题与模拟电视信号完全相同，所以有三类信号线是必需的，即行同步（HSYNC）、场同步（VSYNC）、数字化的数据总线（D）。其中，数据总线用来传输 R、G、B 子像素显示数据（相当于模拟视频信号），实际位宽随芯片不同而不同。当然，还有一个像素时钟（DOTCLK）也是必需的，显示数据必须以每个 DOTCLK 边沿为基准同步传输。

ILI9341 支持的 RGB 接口类型见表 41.1。

表 41.1　ILI9341 支持的 RGB 接口类型

RCM[1：0]	RIM	DPI[2：0]			RGB 接口模式	RGB 模式	使用的引脚
1	0	0	1	1	0	18 位（262K 色）		VSYNC, HSYNC, DE, DOTCLK, D[17：0]
1	0	0	1	0	1	16 位（65K 色）	DE	VSYNC, HSYNC, DE, DOTCLK, D[17：13]&D[11：1]
1	0	1	1	1	0	6 位（262K 色）		VSYNC, HSYNC, DE, DOTCLK, D[5：0]
1	0	1	1	0	1	6 位（65K 色）		VSYNC, HSYNC, DE, DOTCLK, D[5：0]
1	1	0	1	1	0	18 位（262K 色）		VSYNC, HSYNC, DOTCLK, D[17：0]
1	1	0	1	0	1	18 位（65K 色）	SYNC	VSYNC, HSYNC, DOTCLK, D[17：13]&D[11：1]
1	1	1	1	1	0	6 位（262K 色）		VSYNC, HSYNC, DOTCLK, D[5：0]
1	1	1	1	0	1	6 位（65K 色）		VSYNC, HSYNC, DOTCLK, D[5：0]

　　DPI[2：0] 用来设置 RGB 接口的像素模式，它只有两种值是有效的（见表 40.2），它配合 RIM 位控制 RGB 接口模式。RCM[1：0] 设置 RGB 接口处于 DE 还是 SYNC 模式，它们有什么区别呢？我们来看看图 41.4 所示 18 位 RGB 接口时序。

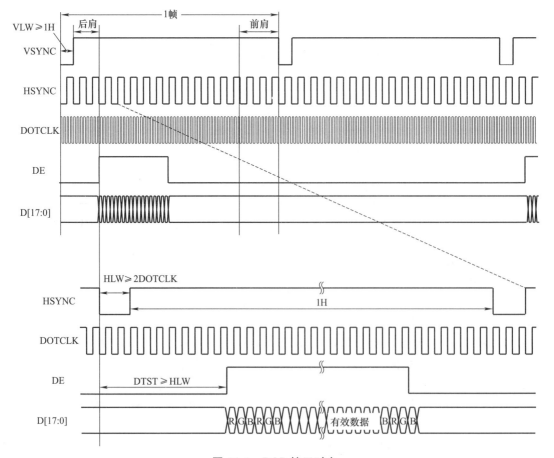

图 41.4　RGB 接口时序

图 41.4 中上半部分宏观展示一场数据传输相关的信号，下半部分则是一行数据传输的细节，VLW、HLW 分别表示场与行同步低电平宽度（Low Width），DTST 表示数据传输启动时间（Data Transfer Startup Time）。需要注意的是，时序图中多了一个数据使能（Data Enable, DE）信号，它是干什么的呢？其实它与模拟电视信号中行场消隐信号的作用是等同的。有些读者可能会想：TFT-LCD 面板的显示原理与 CRT 显示器并不相同，没必要使用消隐信号吧？理论上确实没有必要，但是为了兼容以前的模拟电视信号，**RGB 接口时序仍然保留了与行场消隐信号对应的时间**。

当场同步信号（VSYNC）到来时，意味着一帧数据将要开始传输，然后会像 CRT 显示器逐行扫描荧光屏一样逐行往 GRAM 中写入显示数据，但是正如图 41.3 所示，刚开始几行对应的是场消隐区，此时数据线上不需要传输显示数据。我们把从场同步信号无效时刻至有效显示数据开始传输之间占用的**行数**称为场消隐后肩（Vertical Back Porch，VBP）。同样，在一帧显示数据传输完毕后，也需要经过一定时间才会传输下一帧，我们把有效显示数据传输结束后到场同步信号有效时刻之间占用的**行数**称为场消隐前肩（Vertical Front Porch，VFP）。而行同步信号（HSYNC）标志着新行显示数据传输的开始，同样在行首与行尾也都对应着行消隐后肩（Horizontal Back Porch，HBP）与行消隐前肩（Horizontal Front Porch，HFP），它们的单位是**像素时钟个数**，因为每一行显示数据都是以像素时钟为参考进行同步传输的。

行场消隐前后肩的意义可以与书本来对比，每一页内容四周都会有边距，内容不可能贴着纸的边沿印刷，以避免一点点误差就导致内容丢失的可能。也就是说，不管需不需要 DE 信号线，VBP、VFP、HBP、HFP 这四个参数都是需要定义的（简单地说，它们用来定义有效显示数据传输的开始与结束），而 DE 与 SYNC 模式的区别就在于前后肩的定义方式。在 DE 模式中，消隐前后肩由 DE 信号线**显式**定义，图 41.4 所示时序图中，只有 DE 信号线为高电平时，对应传输的显示数据才是有效的，而 SYNC 模式中则没有 EN 信号线，消隐前后肩宽度由时序**隐式**定义。无论使用哪种模式，消隐前后肩宽度都需要通过"消隐肩控制"指令设置，见表 41.2 所示。

表 41.2　消隐前后肩设置

VFP[6：0]	场同步前后肩的行数	HFP[4：0]	行消隐前后肩的像素时钟个数
VBP[6：0]		HBP[4：0]	
000000	禁止	00000	禁止
000001	禁止	00001	禁止
000010	2	00010	2
000011	3	00011	3
000100	4	00100	4
⋮	⋮	⋮	⋮
1111101	125	11101	29
1111110	126	11110	30
1111111	127	11111	31

数据手册中有一张图详细标注了行场同步及前后肩的意义，如图 41.5 所示。

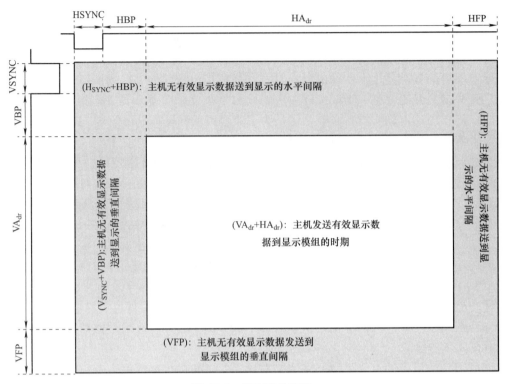

图 41.5　消隐肩的定义

是不是与图 41.3 非常相似？其中，VSYNC 表示场同步信号的宽度（单位为行），HSYNC 表示行同步信号的宽度（单位为像素时钟），HA_{dr} 与 VA_{dr} 分别是屏幕的水平和垂直分辨率。也就是说，一场的总行数应该是 VSYNC + VBP + VA_{dr} + VFP，而一行的总像素时钟数为 HSYNC + HBP + HAdr + HFP，它们的取值范围见表 41.3。

表 41.3　同步信号与前后肩的取值范围

参数	符号	最小值	典型值	最大值	单位
水平同步	HSYNC	2	10	16	像素时钟
水平后肩	HBP	2	20	24	像素时钟
水平地址	HA_{dr}	—	240	—	像素时钟
水平前肩	HFP	2	10	16	像素时钟
垂直同步	VSYNC	1	2	4	行
垂直后肩	VBP	1	2	—	行
垂直地址	VA_{dr}	—	320	—	行
垂直前肩	VFP	3	4	—	行

用了很多篇幅讨论这些参数的意义何在呢？ILI9341 的 RGB 接口传输的显示数据**会循环写入到 GRAM** 中（新帧数据会被旧帧覆盖），相当于 CRT 显示器的电子光束在荧光屏上循环扫描一样。理论上，主控给 ILI9341 施加的 DOTCLK 频率越高，显示数据写入到 GRAM 中的速度也就越快，但是 LCD 面板的刷新基准频率却取决于一个与 DOTCLK 频率无关的内部振荡频率 f_{osc}（ILI9341 约为 615kHz），如果这两个频率相差太大，很可能引起

前述 TE 问题，所以我们得针对 RGB 接口进行合理的初始化，以保证 RGB 接口数据传输与 LCD 刷新速度两方面同步，这就要牵涉 LCD 面板刷新帧率。

下面先来看看 ILI9341 的"帧率控制"指令，从数据手册中可以找到帧率的计算公式如下。

$$\text{Frame Rate} = \frac{f_{osc}}{\text{clocks per line} \times \text{Division ratio} \times (\text{Lines+VBP+VFP})} \quad (41.1)$$

分频比率（Division Rate）表示是否对 f_{osc} 进行分频，分频后的时钟为 LCD 面板刷新的时钟频率，它通过 DIVA[1：0] 设置，见表 41.4。

表 41.4 DIVA[1：0] 寄存器设置表

DIVA[1：0]		分频比率
0	0	f_{osc}
0	1	$f_{osc}/2$
1	0	$f_{osc}/4$
1	1	$f_{osc}/8$

（Lines + VBP + VFP）是包含了垂直消隐肩的总行数，只要我们知道每行的像素时钟数量（Clocks per line）就可以计算出帧率，而它可能通过 RTNA[4：0] 来设置，见表 41.5。

表 41.5 每行时钟数参数设置

RTNA[4：0]					每行时钟数	RTNA[4：0]					每行时钟数
0	0	0	0	0	禁止	1	0	0	0	0	16
0	0	0	0	1	禁止	1	0	0	0	1	17
0	0	0	1	0	禁止	1	0	0	1	0	18
⋮					⋮	⋮					⋮
0	1	1	0	1	禁止	1	1	1	0	1	29
0	1	1	1	0	禁止	1	1	1	1	0	30
0	1	1	1	1	禁止	1	1	1	1	1	31

有些读者可能会纳闷了：怎么一行最多只有 31 个时钟呢？对于分辨率为 240×320 的 TFT-LCD，时钟数量肯定要超过 240 呀，因为还要考虑行消隐前后肩的宽度。这里需要注意：表 41.5 中的每行时钟数不是针对 DOTCLK，而是对 DOTCLK 分频后的时钟 PCLKD，如图 41.6 所示。

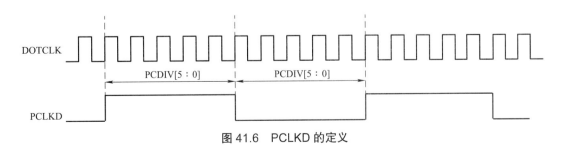

图 41.6 PCLKD 的定义

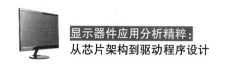
PCDIV[5：0] 是可以通过"显示功能控制"指令调整的 DOTCLK 分频系数。很明显，PCLKD 与 DOTCLK 的频率之间有如下关系：

$$f_{PCLKD} = \frac{f_{DOTCLK}}{2 \times (PCDIV + 1)} \qquad (41.2)$$

现在的问题是：PCLKD（PCDIV[5：0]）应该设置为多少呢？为了使 LCD 面板的刷新速度与（从 RGB 接口传输的）显示数据写入 GRAM 的速度同步，我们在初始化 PCDIV[5：0] 时应该保证 f_{PCLKD} 与 f_{osc} 的差异尽量最小。当 f_{PCLKD} 与 f_{osc} 不能做到完全一致（不是整倍数关系）时，数据手册要求我们遵循下式设置：

Number of PCLK per line ≥ (Number of RTNA clock) × Division ration (DIVA) × PCDIV

也就是说，我们设置的 f_{PCLKD} 应该尽量接近 f_{osc}，在不能做到完全一致的情况下，应该选择使初始化后每行的 PCLKD 数量大于理论计算值。换句话说，如果计算出来的 PCDIV 存在小数，将小数部分舍去即可（因为分频系数比实际小一些，所以 PCLKD 的频率比要求的更高一些）。

RTNA[4：0] 与 LCD 面板的刷新帧率也有固定的关系，见表 41.6。

表 41.6　帧率设置参数表

RTNA[4：0]					帧率（Hz）	RTNA[4：0]					帧率（Hz）
1	0	0	0	0	119	1	1	0	0	0	79
1	0	0	0	1	112	1	1	0	0	1	76
1	0	0	1	0	106	1	1	0	1	0	73
1	0	0	1	1	100	1	1	0	1	1	70（默认）
1	0	1	0	0	95	1	1	1	0	0	68
1	0	1	0	1	90	1	1	1	0	1	65
1	0	1	1	0	86	1	1	1	1	0	63
1	0	1	1	1	83	1	1	1	1	1	61

例如，设置 RTNA 为 0x1B（0b1_1011），则表示 LCD 面板刷新帧率为 70Hz，此时对应的每行 PCLKD 时钟数量为 27（见表 41.5）。需要的刷新帧率越高，则相应每行时钟数量也就越低。也就是说，在其他参数既定的条件下，帧率调整的原理就是控制 HBP 与 HFP，因为 LCD 面板本身的水平像素是不变的，减小 HBP 与 HFP 就相当于降低了每一行需要扫描的总点数，在相同的刷新时钟频率下，扫描帧率自然也就提升了。

举个例子，假设我们需要把帧率设置为 70Hz，相应的 RTNA 为 0x1B（每行 PCLKD 时钟数量为 27），如果我们不对 f_{osc} 时钟分频（DIVA[1：0] = 0b00），且消隐前后肩使用表 41.3 中的典型值，根据式（41.1）可得帧率应该为

$$\frac{615kHz}{27 \times 1 \times (320 + 2 + 4)} \approx 70Hz$$

可以看到，计算结果与表 41.6 设置的帧率是一致的。然后计算出像素时钟频率为 70Hz ×（2 + 320 + 4）lines ×（10 + 20 + 240 + 10）clocks ≈ 6.38MHz，而 f_{osc} 为 615kHz，

所以我们需要设置 PCDIV[5：0] 从 6.38MHz 像素时钟频率中获得接近 f_{OSC} 的 f_{PCLKD}，约为 $6.38\text{MHz}/615\text{kHz} \approx 10.37$，舍去小数部分，则分频系数应为 10，再根据式（41.2）可得 PCDIV 应该设置为 4（即每个 PCLKD 对应 10 个 DOTCLK）。

有些读者可能会想问：每一个 DOTCLK 对应一个像素的数据，还是一个子像素的数据呢？问得好！这取决于选择的 RGB 接口总线宽度（表 41.1 中的 RIM 位），数据手册有如图 41.7 所示信息。

18位总线接口

	D17	D16	D15	D14	D13	D12	D11	D10	D9	D8	D7	D6	D5	D4	D3	D2	D1	D0
像素格式：18位	R[5]	R[4]	R[3]	R[2]	R[1]	R[0]	G[5]	G[4]	G[3]	G[2]	G[1]	G[0]	B[5]	B[4]	B[3]	B[2]	B[1]	B[0]

16位总线接口

	D17	D16	D15	D14	D13	D12	D11	D10	D9	D8	D7	D6	D5	D4	D3	D2	D1	D0
像素格式：16位	R[4]	R[3]	R[2]	R[1]	R[0]		G[5]	G[4]	G[3]	G[2]	G[1]	G[0]	B[4]	B[3]	B[2]	B[1]	B[0]	

红色与蓝色最低位取决于EPF[1：0]

6位总线接口

	D17	D16	D15	D14	D13	D12	D11	D10	D9	D8	D7	D6	D5	D4	D3	D2	D1	D0
像素格式：18位	R[5]	R[4]	R[3]	R[2]	R[1]	R[0]	G[5]	G[4]	G[3]	G[2]	G[1]	G[0]	B[5]	B[4]	B[3]	B[2]	B[1]	B[0]

6位总线接口

	D17	D16	D15	D14	D13	D12	D11	D10	D9	D8	D7	D6	D5	D4	D3	D2	D1	D0
像素格式：16位	R[4]	R[3]	R[2]	R[1]	R[0]		G[5]	G[4]	G[3]	G[2]	G[1]	G[0]	B[4]	B[3]	B[2]	B[1]	B[0]	

红色与蓝色最低位取决于EPF[1：0]

图 41.7　RGB 显示数据传输格式

对于 18 位数据总线宽度，它一次性就可以传输 18 位数据，对应 RGB666 色彩模式。对于 16 位数据总线宽度，它一次性可以传输 16 位数据，对应 RGB565 色彩模式，每个 DOTCLK 对应一个像素（包含三个子像素）显示数据。而对于 6 位数据总线宽度，可以选择 RGB666 或 RGB565 色彩模式，此时每个子像素对应一个像素时钟。

有些读者可能会想：既然 RGB 接口有行场同步信号，那么当我们使用页与列地址设置指令调整 GRAM 访问区域时，会限制 RGB 接口往 GRAM 写入显示数据的地址范围吗？例如，如果定义一个比较小的 GRAM 访问区域，而 RGB 接口按整屏写入数据，那么显示数据写入的区域以哪个为准呢？答案是整屏！因为页与列地址设置指令仅对 MCU 接口才是有效的。

有些读者可能又想到一个问题：RGB 接口不是只能传输显示数据吗？控制指令又是如何传输的？毕竟芯片的初始化还是需要的呀！这个问题提得非常好，ILI9341 数据手册中多次提到一句话 "使用 **RGB 接口必须选择串行接口**（Using RGB interface must select serial interface）"，这个串行接口就是用来传输控制指令的。

另外，还需要特别说明的是：通常可以采购到的常用 TFT-LCD 模组可以根据控制接口分为 MCU 屏与 RGB 屏两类，前者使用并行或串行 MCU 接口，而后者则使用串口与 RGB 接口。MCU 屏的好处就在于，即便作为主控的单片机内部 RAM 比较小，仍然可以控制 MCU 屏显示较多的数据，因为驱动芯片内部已经集成了 GRAM，只需要通过指令来更新显示数据即可。当然，MCU 屏的缺点是显示数据更新比较慢，不适合传输动态图像。

RGB 屏则恰好相反，它适用于系统内存比较大的场合（例如，很多处理器通过外挂 SDRAM/DDR SDRAM 的方式将系统内存扩展到数百兆或数吉），在这种情况下，通常都是直接在系统内存中开辟一片区域作为 GRAM，然后通过处理器的 DMA（Direct Memory

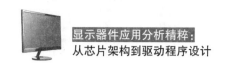
Access，直接存储器访问）将显示数据（通过 RGB 接口）直接传输到（TFT-LCD 模组驱动芯片的）源极驱动器的移位寄存器中（而不是写入到 GRAM 中，因为 RGB 屏中的驱动芯片内部没有 GRAM），也正因为如此，需要持续不断地通过 RGB 接口给 LCD 面板发送数据，就像 CRT 显示器中需要电子光束不断进行扫描一样，换句话说，RGB 屏的刷新帧率取决于 DOTCLK（而不是 f_{osc}）。

MCU 屏与 RGB 屏的架构区别如图 41.8 所示。

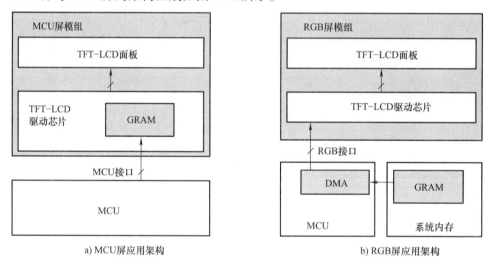

图 41.8　MCU 屏与 RGB 屏应用架构

RGB 屏的数据传输速度比 MCU 屏要快，更适合动态图像数据的传输，而且由于其驱动芯片内部没有 GRAM，所以在 LCD 面板及其他光电参数相同的前提下，RGB 屏的成本会低一些。当然，ILI9341 的 RGB 接口会把数据写入到 GRAM 中，但实际上，**这并不是真正的 RGB 屏结构（以下称为"伪 RGB 屏"）**，它只不过提供一种更易用的方式而已。例如，现在要求使用 AT89C1051 模拟 RGB 接口时序驱动真正的 RGB 屏，要怎么做？这几乎是无法完成的任务，因为像素时钟很高（MHz），单片机处理速度跟不上就会导致 LCD 面板刷新帧率过低。但是如果驱动"伪 RGB 屏"就简单了，咱们慢慢来不用理会什么速度，反正写入的每个显示数据都会进入 TFT 面板驱动芯片的内部 GRAM，芯片会自行从 GRAM 中读取显示数据并刷新 LCD 面板。有些芯片（例如 ILI9488）还允许选择把（RGB 接口传输的）显示数据写入到"GRAM"或"源极驱动移位寄存器"。

第 42 章

TFT-LCD 面板实用驱动技术

前文初步讨论过公共电极电压固定与变动两种 TFT-LCD 面板驱动方案，而且也知道后者在成本方面相对更有优势，但是这种方案也并不是完美的，虽然公共电极电压变化产生的馈通电压是对称的，对显示像素的灰阶影响会比栅极驱动产生的馈通电压要小得多，但是对于整块 TFT-LCD 面板的所有行而言，公共电极电压变化时间点与栅极驱动打开的**时间间隔**不可能做到完全一致，而且 C_{LC} 也并非固定的参数，它们都会影响像素电极的充电时间，所以对整个画面的灰阶影响就会不一样。如此一来，试图"单纯地通过调整公共电极电压来进一步提升画面品质"的"美梦"注定会"破灭"，所以在高品质液晶显示场合中，公共电极电压变动的驱动方案应用已经越来越少了。

我们还是回过头来尝试改进公共电极电压固定的驱动方案，因为它支持**点反转**面板极性变换方式，显示效果相对会更好一些，问题的关键还在于**能否解决 C_{LC} 非线性带来的灰阶影响**，这不得不提到另一种称为栅极存储电容（C_S on Gate）像素架构的面板，如图 42.1所示。

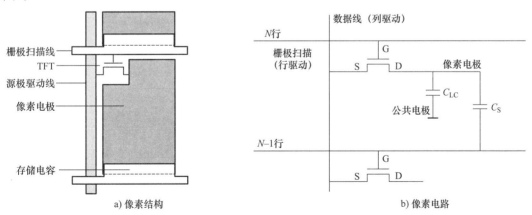

图 42.1　栅极存储电容像素架构

与公共电极存储电容架构不同的是，栅极存储电容架构的储存电容是由上一行（第 $N-1$ 行，本文假设图 42.1 中上一行在当前行下面，扫描方向为从下至上）栅极走线与像素电极形成的，由于它不像图 37.4 所示那样需要增加额外的公共电极走线，所以液晶盒开口率比较大，在面板显示亮度方面更有优势，现如今大多数 TFT-LCD 面板都是基于这种架构。

　　栅极存储电容架构面板也有公共电极电压固定与变动的驱动方案，图 42.2 所示为公共电极电压固定时的驱动波形。

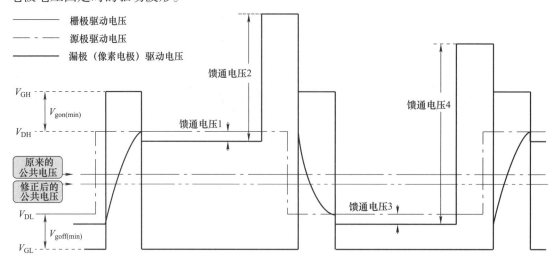

图 42.2　公共电极电压固定时的驱动波形

　　与图 38.6 有所不同的是，影响当前行（第 N 行）像素电极的馈通电压来源有两个，其一是由当前行栅极驱动电压变化时经 C_{GD} 产生的馈通电压（1 与 3），这一点无需赘述；其二是由上一行栅极驱动开启时的电压变化经 C_S 对当前行产生的馈通电压（2 与 4），它是在当前行还没有扫描选通时，上一行栅极驱动的变化电压经 C_S 产生的馈通电压。我们同样可以计算出相应的馈通电压，相应的计算模型如图 42.3 所示。

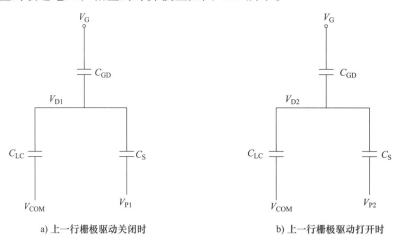

a) 上一行栅极驱动关闭时　　　　　　　　b) 上一行栅极驱动打开时

图 42.3　公共电极电压固定时的馈通电压计算模型

上一行栅极驱动关闭时的总电荷为

$$Q_{OFF} = \left(V_{D1} - V_G\right) \times C_{GD} + \left(V_{D1} - V_{COM}\right) \times C_{LC} + \left(V_{D1} - V_{P1}\right) \times C_S \qquad (42.1)$$

上一行栅极驱动打开时的总电荷为

$$Q_{\mathrm{ON}} = \left(V_{\mathrm{D2}} - V_{\mathrm{G}}\right) \times C_{\mathrm{GD}} + \left(V_{\mathrm{D2}} - V_{\mathrm{COM}}\right) \times C_{\mathrm{LC}} + \left(V_{\mathrm{D2}} - V_{\mathrm{P2}}\right) \times C_{\mathrm{S}} \qquad （42.2）$$

根据电荷守恒定律，则可得相应的馈通电压为

$$V_{\mathrm{FT}} = \left(V_{\mathrm{D2}} - V_{\mathrm{D1}}\right) = \left(V_{\mathrm{P2}} - V_{\mathrm{P1}}\right) \times C_{\mathrm{S}} / \left(C_{\mathrm{GD}} + C_{\mathrm{LC}} + C_{\mathrm{S}}\right) \qquad （42.3）$$

如果仍然使用前面的参数（$C_{\mathrm{GD}} = 0.05\mathrm{pF}$，$C_{\mathrm{LC}} = 0.1\mathrm{pF}$，$C_{\mathrm{S}} = 0.5\mathrm{pF}$，$V_{\mathrm{GH}} - V_{\mathrm{GL}} = 30\mathrm{V}$），则相应的馈通电压约为 23V，这个值大得非常离谱，但是由于一行时间相对于整帧而言比较短，而且**当前行**开启后，源极驱动会再次对像素电极进行重新充电，所以**上一行**栅极驱动的变化电压对像素电极的最终电压几乎没有影响，所以在使用公共电极固定方式驱动栅极存储电容架构面板时，由当前行栅极驱动变化电压产生的馈通电压是我们需要重点关注的。

公共电极电压变动的驱动方案波形如图 42.4 所示。

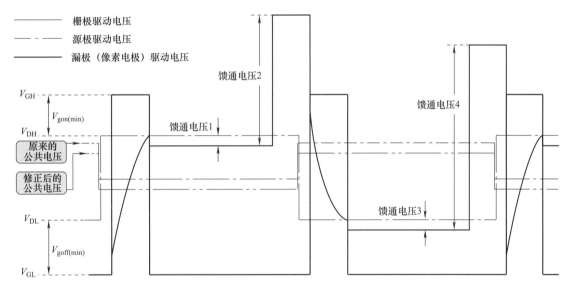

图 42.4　公共电极电压变动的驱动方案波形

公共电极电压变动方案产生馈通电压的来源有三种，即当前行栅极驱动变化电压经 C_{GD}、上一行栅极驱动变化电压经 C_{S} 以及公共电极电压变动时经 C_{LC} 的馈通电压，而且前面也提过，公共电压变动方案只能适配行反转与帧反转两种面板极性变换方式，所以用它来驱动栅极存储电容架构面板时的显示效果是最差的。

现如今，最常用的 TFT-LCD 面板为**公共电极电压固定方案**驱动的**栅极存储电容架构**，因为它可以得到较大的开口率，而且只需要考虑经 C_{GD} 产生的馈通电压，这虽然可以通过调整公共电极电压来补偿，但是本章刚开始提过的"单纯地调整公共电极电压难以改进画面品质"的问题也仍然存在，然而与栅极存储电容架构面板配合的**三阶驱动方案**却可以较好地解决该问题，它是一种在不改变公共电极电压条件下补偿馈通电压的方案。

那什么是三阶驱动呢？我们先来看看它的栅极驱动波形，如图 42.5 所示。

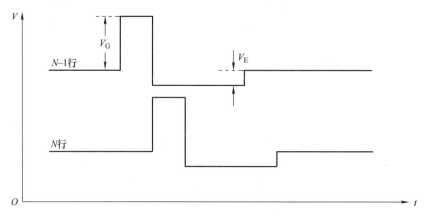

图 42.5 三阶驱动中栅极驱动波形

可以看到，三阶驱动方案的栅极电压波形中有三种不同的电平，也因此而得名，而以前我们讨论的驱动方案中的栅极波形只有两种电平，所以也称为二阶驱动。

在三阶驱动方案中，当需要关闭某一行栅极驱动时，先会将相应的驱动电压下拉到最低点，待下一行栅极驱动也处于关闭状态后再将电压拉回来，为什么要这么做呢？因为在图 42.2 所示公共电极电压固定的二阶驱动方案中，馈通电压主要是由当前行的栅极驱动电压**从高到低转换**（即 TFT 元器件关闭）时通过 C_{GD} 产生的，它会使像素电极的电压下降。而在三阶驱动方案中，当前行（第 N 行）的栅极驱动关闭后，上一行（第 $N-1$ 行）栅极驱动才进行电平拉回动作，这种**由低到高**的变化电压经 C_S 产生了馈通电压，它将（因当前行栅极驱动关闭而导致的）像素电极下降的电压再拉回来，只要回拉电压合适，就可以补偿当前行因馈通电压产生的灰阶失真，如图 42.6 所示。

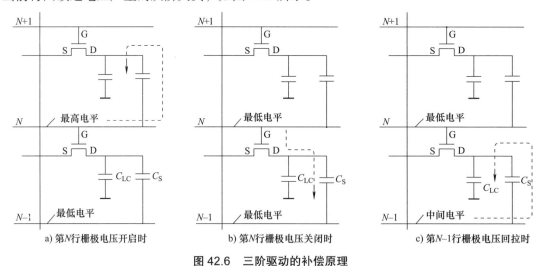

a) 第 N 行栅极电压开启时　　　b) 第 N 行栅极电压关闭时　　　c) 第 $N-1$ 行栅极电压回拉时

图 42.6 三阶驱动的补偿原理

下面来看看（公共电极电压固定）三阶驱动方案的整体电压波形，如图 42.7 所示。

图 42.7 所示栅极驱动波形标记有两种，其一为虚线标记的上一行（第 $N-1$ 行）栅极驱动电压波形；其二为实线标记的当前行（第 N 行）栅极驱动波形。**当前行**栅极驱动关闭时会经过 C_{GD} 产生一个馈通电压，它会使像素电极电压产生向下的偏移量，然而，**上一行**

栅极驱动回拉电压经 C_S 产生的馈通电压相当于对当前行的像素电极进行充电，也就可以让像素电极恢复到原来的电压准位。

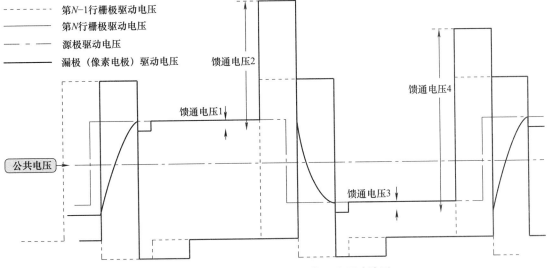

图 42.7　公共电极电压固定的三阶驱动波形

　　当然，上一行（第 $N-1$ 行）栅极驱动电压的回拉动作也会对它所在的像素电极产生馈通电压（相当于充电操作），所以在进行拉回电压量设置时，并不是一次性将由第 N 行栅极驱动关闭时产生的馈通电压全部补偿回来，而是留一点裕量，因为当 $N+1$ 行栅极驱动关闭时，第 N 行栅极驱动的回拉动作将会对所在行再充一点点电，栅极驱动波形的细节如图 42.8 所示。

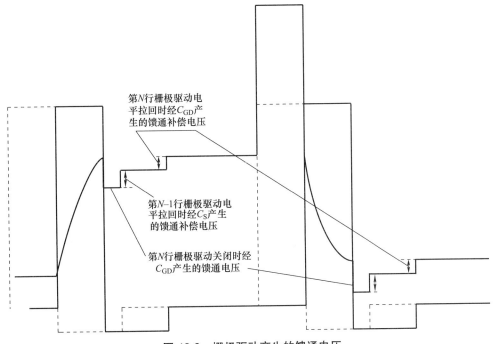

图 42.8　栅极驱动产生的馈通电压

总而言之，在三阶驱动波形中，上一行的回拉电压 V_E 就是用来补偿当前行栅极驱动产生的馈通电压。也就是说，每一条栅极驱动输出关闭时，经由 C_{GD} 产生的馈通电压，是由上一行栅极驱动电压回拉时，经由 C_S 所产生的馈通电压来补偿的。现在问题的关键是：如何确定合适的电压拉回值呢？可以同样利用电荷守恒定律来计算需要的补偿电压，根据式（38.3）可得当前行栅极驱动变化电压产生经 C_{GD} 的馈通电压为

$$V_{FT}=\left(V_{GH}-V_{GL}\right)\times C_{GD} / \left(C_{GD}+C_{LC}+C_S\right) \tag{42.4}$$

根据式（42.3）可得上一行栅驱驱动回拉电压产生经 C_S 的馈通电压为

$$V_{FT}=\left(V_{P2}-V_{P1}\right)\times C_S / \left(C_{GD}+C_{LC}+C_S\right) \tag{42.5}$$

其中，V_{P1} 与 V_{P2} 分别为上一行栅极驱动拉回前后的电压。为了使两个馈通电压抵消，式（42.4）与式（42.5）必须相等，可得相应的拉回电压为

$$V_E=\left(V_{P2}-V_{P1}\right)=\left(V_{GH}-V_{GL}\right)\times C_{GD} / C_S \tag{42.6}$$

而根据图 42.5 可得 $\left(V_{GH}-V_{GL}\right)=\left(V_G+V_E\right)$，将其代入式（42.6）即可求出：

$$V_E=V_G\times C_{GD} / \left[C_S-C_{GD}\right] \tag{42.7}$$

可以看到，虽然 C_{LC} 的非线性确实会影响产生馈通电压的大小，但是如果采用三阶驱动方式，C_{LC} 产生的影响已经不存在，换句话说，在 LCD 面板制程与栅极驱动的开启电压确定之后，就可以精确地计算出所需的拉回电压了，我们也就不再需要调整公共电极电压来克服馈通电压带来的影响。

需要特别注意的是，由于三阶驱动需要利用上一行栅极驱动电压来作补偿，所以只能用于栅极存储架构的面板。当然，使用固定公共电极电压驱动仍然需要源极驱动输出较高的电压（四阶驱动就是为了解决此问题而来，本章暂不涉及），所以成本方面会高一些，但为了达到更高的显示品质是值得的。

以上我们都是讨论如何更准确地让面板显示出相应的灰阶，可以说是改善静态画面的显示品质，但是动态画面的显示效果也是非常重要的一方面，它的主要手段就是缩短液晶像素从一个灰阶变换到另一个灰阶所需要的时间。对于"黑白"型 LCD，响应时间就是从"黑"到"白"（或反之）状态转换所需要的时间，由于两种状态下液晶分子所施加的电压差比较大，所以液晶分子的扭曲速度比较快，响应时间也比较小。但是对于 TFT-LCD 而言，"黑"与"白"两种状态之间转换时间并没有太大意义（这种状态出现的概率也较小），我们更应该关注的是灰阶之间的转换时间，即灰阶响应时间（Gray To Gray，GTG）。但是正如之前提过的，TFT-LCD 面板相邻灰阶之间的电压差通常是比较小的（毫伏级别），所以相对于"黑白"型 LCD，TFT-LCD 的灰阶响应速度要慢得多（大于 100ms），当观看动态图像（例如赛车、高空坠落、快速动作）时就容易造成拖影（画面模糊）。

提升液晶的响应速度主要可以从四个方面入手，即减小液晶材料的黏滞系数（液晶分子更容易转向）、减小液晶盒子的厚度、增大液晶材料的介电系数、提升液晶盒驱动电压。前三种方式属于液晶面板制造工艺方面，作为应用工程师的我们，能做的就是提升驱动电

压，过驱动技术（Over Drive，OD）就是基于该原理而出现的，下面来看看过驱动的基本波形，如图 42.9 所示。

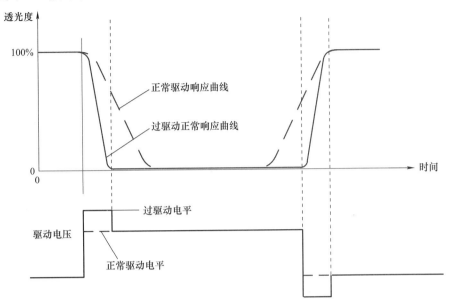

图 42.9　过驱动原理

可以看到，与图 16.20 所示施加在液晶分子两端电压波形不同的是，为了使液晶分子达到更快的响应速度，我们在初始阶段施加了一个比需要的目标变化电压差更大的激励电压（如果灰阶电压要增加，就预先增加较大的量，如果灰阶电压要减小，就预先减小较大的量），这样就可以提升液晶分子的扭转速度。当液晶分子扭向已经达到目标时，激励电压就恢复到目标灰阶电压。在硬件实现层面，我们需要存储器实现的查找表（Look Up Table，LUT）保存所有灰阶亮度变化对应的最佳驱动电压值，然后通过对比两帧数据之间的灰阶差，即可找到相应的最佳驱动电压值。

过驱动技术可以使动态图像的显示质量得到很大的改善（例如液晶电视的灰阶响应时间可达到 8ms），然而由于 LCD 的保持型特性（即没有选通时的液晶像素处于电压保持状态，而选通时施加电压的时间相对于一帧时间却很短），无论多快的响应时间，要做到彻底消除拖影是不可能的。减少保持型驱动的动态模糊关键在于降低保持时间，这可以通过提高帧频来实现（例如 60Hz 提升到 120Hz，我们称为倍帧技术），然而这会增加数据处理量，而且一旦帧频提升了，给每一行数据充电的时间就小了，这在技术上比较难以实现。

插黑技术（Black Insertion）则是一种折中的倍帧方案，它在一帧的某一时段消除整个显示屏各像素的信号而成为一个黑场，如图 42.10 所示。

插黑技术从信号处理角度缩短了液晶分子的保持时间，但是插入黑场时 LCD 会出现漏光现象，对比度会明显下降，所以应该控制插入的黑场小于帧周期的 20%。后来，在插黑技术的基础上又产生了插灰技术，它根据上一帧画面的图像亮度平均值插入一定灰阶的全灰画面。另外，还有一种基于运动估算补偿的运动插值帧频变换算法（Motion Interpolated Frame Rate Conversion，MI-FRC），它是在连续两帧画面中间插入运动补偿帧，但是无论是哪种方式，都是过驱动的一种体现。

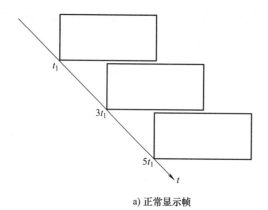

a) 正常显示帧   b) 插黑后的显示帧

图 42.10　插黑技术

第 43 章

VFD 基本结构与工作原理

真空荧光显示屏（Vacuum Fluorescent Display，VFD）是从真空电子管发展而来的显示器件，它是一种利用电子撞击荧光粉而发光（与 CRT 显像管原理非常相似）的自发光显示器件（而前述 LCD 本身并不能发光）。由于 VFD 可以显示多种颜色，亮度高，还可以使用低电压驱动，非常有利于集成芯片直接驱动，所以被广泛应用于家用电器、办公自动化设备、工业仪器仪表、汽车等各种领域。

VFD 按结构可分为 2 个电极管与 3 个电极管两种，后者应用更广泛一些，它有阴极（Cathode）、阳极（Anode）、栅极（Grid）三个电极，基本结构如图 43.1 所示。

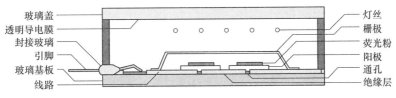

图 43.1   VFD 的基本结构

VFD 的阳极是形成一定显示图案（可以是字符或点阵，与 LED、LCD 相似）的石墨等导体，它本身并不发光，所以需要在阳极表面印刷一层荧光粉。如果我们在阳极施加足够大的正电压（**如无特别说明，本文涉及的正负电压均以灯丝电压为参考**），就能够吸引电子（带负电）撞击荧光粉而使其发光，而发光的颜色则取决于荧光粉的种类。例如，氧化锌（ZnO）荧光粉发出绿光，也是应用比较广泛的荧光粉。

那撞击荧光粉的电子又是从何而来呢？答案是称为阴极的灯丝（filament），它是在极细钨丝蕊线上涂覆上钡（Ba）、锶（Sr）、钙（Ca）的氧化物（三元碳酸盐），再以适当的张力安装在灯丝支架（固定端）与弹簧支架（可动端）之间，只要在两端施加额定灯丝电压，即可使释放出热电子。

为了使热电子最终能够高速撞击在阳极表面的荧光粉上，我们需要对其进行加速与扩散，这是栅极的主要作用，它是将不锈钢等薄板予以光刻蚀后成型的金属网格。在栅极施加的正电压越大，吸引过来的热电子撞击在阳极的速度就会越快，荧光粉的发光亮度也就越大。相反，如果在栅极施加负电压，则能够阻止热电子轰击阳极，荧光粉也就不会发光。

VFD 在结构上如果没有屏蔽，电子束的走向会受外部静电场的干扰，也就会导致发光状态不稳定而降低显示品质。为防止这种现象发生，通常在玻璃盖的内表面涂覆形成一层

透明导电膜（Nesa Coating），一般将其与灯丝电位或正电位连接而形成静电屏蔽层。

实际 VFD 模组的结构如图 43.2 所示。

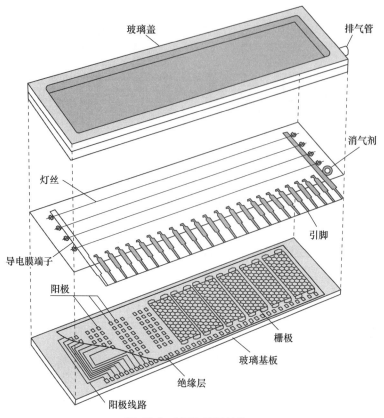

玻璃盖

排气管

消气剂

灯丝

引脚

导电膜端子

阳极

栅极

玻璃基板

绝缘层

阳极线路

图 43.2　VFD 模组结构

消气剂（Getter）是维持真空的重要零件。在排气工程的最后阶段，可利用高频产生的涡流损耗对消气剂加热，在玻璃盖的内表面形成钡的蒸发膜，可用来进一步吸收管内的残留气体。

图 43.3 所示为 VFD 的基本工作原理。

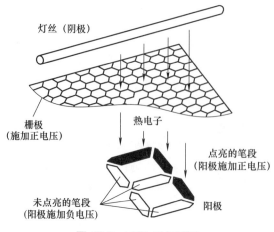

灯丝（阴极）

栅极
（施加正电压）

热电子

点亮的笔段
（阳极施加正电压）

未点亮的笔段
（阳极施加负电压）

阳极

图 43.3　VFD 显示原理

栅极网格通常覆盖多个笔段（此处为一个七段字符），每个笔段都对应一个阳极，其表面都印刷了一层荧光粉。如果我们给栅极施加负电压，则灯丝发出的热电子将无法到达荧光粉，所以整个笔段都是不发光的。如果给栅极施加正电压，那么笔段是否发光则取决于阳极电压（正电压发光，负电压不发光）。换句话说，我们需要通过控制栅极与阳极的电压来控制 VFD 的显示状态，如图 43.4 所示。

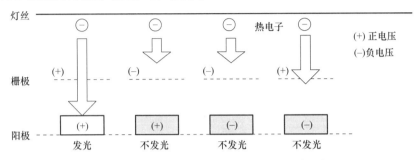

图 43.4　栅极与阳极电压共同决定荧光粉发光与否

与 LED 数码管一样，VFD 也有静态与动态两种驱动方案，静态驱动 VFD 的所有笔段均共用一个栅极（G），它相当于 LED 数码管的公共电极（COM），而所有阳极对应的每个段则分别单独引出，如图 43.5 所示。

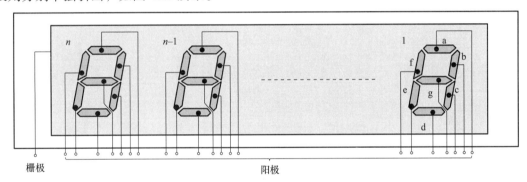

图 43.5　静态驱动 VFD

一般静态驱动 VFD 可以始终在栅极施加直流正电压，我们只需要给阳极施加正或负电压即可控制笔段是否显示。

动态驱动 VFD 中每个栅极对应一个字段，它们分别引出独立的引脚（相当于 LED 多位动态数码管的位选通），而阳极是每个栅极对应的笔段共同连接而引出（与动态驱动的数码管完全一样，所以它们的动态扫描驱动时序也并无不同，本文不再赘述），如图 43.6 所示。

虽然图 43.5 与图 43.6 都没有标出灯丝电极，但它的驱动方式却直接影响 VFD 的寿命与显示品质。灯丝电压过高，电流或亮度并不会随之增加，但灯丝的温度却会相应上升，这会导致钨丝蕊线上氧化物蒸发，同时也会污染荧光粉表面，使发光效率及亮度提早下降而缩短寿命。相反，如果灯丝电压过低，就会因温度下降而无法发射出充分而稳定的热电子，继而使得显示品质劣化或灯丝电压变动导致亮度不稳定，而且灯丝长时间处于低压条件下会影响可靠性。

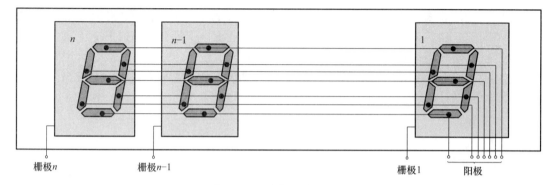

图 43.6　动态驱动 VFD

为了获得良好的热电子释放，灯丝需要施加一定**额定有效值**电压，换句话说，它对具体的驱动波形并不严格，直流、交流甚至脉冲电压都可以。直流驱动灯丝时的连接示意及灯丝、阳极与栅极电位的关系如图 43.7 所示。

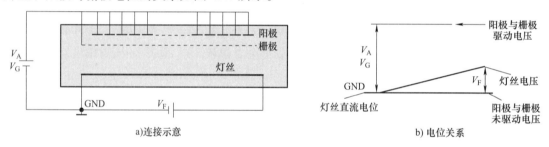

图 43.7　直流驱动灯丝

直流电压施加在灯丝两端时会造成电位分布不均衡，这样灯丝两端与栅极之间的电位差就会不一样（图 43.7 中灯丝左侧的电位差更大），继而导致显示亮度不平衡，因为电位差是热电子加速运动的动力来源。为了获得均匀的亮度，我们必须对 VFD 的栅极与灯丝之间的实际距离进行设计补偿，但这样一来，灯丝电压必须按正负极性连接，不然亮度差异会更大。而且由于设计补偿的范围是有限的，所以总的来说，直流驱动方式仅限于灯丝较短的 VFD。

交流驱动方案一般使用变压器，一种**灯丝单侧接地**的交流驱动方案及相关的电位关系如图 43.8 所示。

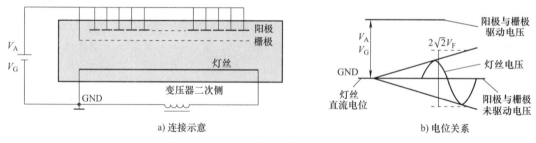

图 43.8　灯丝单侧接地的交流驱动方案

在**灯丝单侧接地**方案中，似乎也存在灯丝电位分布不均衡的问题，但是由于灯丝所有点的平均电压都一样，显示亮度也是均匀的。在另一种**变压器中心抽头接地**方案中，灯丝电压峰值会小一些，可降低对截止电压（Cut-Off Voltage）的要求，也因此而应用更为广泛，相应的驱动方案及相关电位关系如图 43.9 所示。

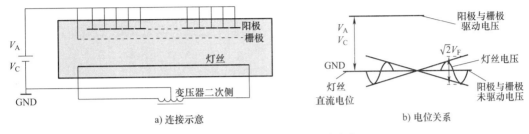

a) 连接示意　　　　　　　　　　b) 电位关系

图 43.9　变压器中心抽头接地方案

什么是截止电压呢？刚刚已经提过，在阳极与栅极施加正电压，相应的笔段就会被点亮，但是反过来，如果要完全消除显示，就必须使阳极或栅极其中之一为零电压或负电压，我们把用来消除显示的电压差（相对于灯丝电压）称为截止电压。为了在消除显示时完全阻止电子到达荧光粉而产生的漏光现象，必须给阳极或栅极施加截止电压。静态驱动 VFD 应用时通常**给阳极施加截止电压**，因为栅极总是一直被施加直流正电压，由于荧光粉存在发光临界值，在灯丝电压不是特别高的情况下，阳极截止电压可以是 0V 或相当小的负电压。动态驱动 VFD 方应用中通常给**栅极施加截止电压**。但是由于灯丝所释放的热电子的最初速度或灯丝的标准电压、灯丝本身的电位倾斜等原因，需要的截止电压比阳极截止电压更大，必须加上比灯丝电位低数伏特左右的电压。对比图 43.8 与图 43.9 可以看到，在变压器两端交流峰值相同的情况下，**变压器中心抽头接地**方案中灯丝上的交流电压峰值要小一倍，所以相对于**灯丝单侧接地**方案，需要施加的截止电压要小一些。

实际应用时，栅极与阳极的截止电压需要远低于灯丝电压，目前大多数 VFD 所需要的负电压约在 $-35 \sim -25\text{V}$ 之间。我们来看看某款 VFD 数据手册的参数，见表 43.1 所示。

表 43.1　VFD 模组电气参数（"ac"表示交流，"dc"表示直流，"pp"表示峰峰值）

参数	符号	最小值	推荐值	最大值	单位
灯丝电压	V_F	2.3	2.6	2.9	V_{ac}
灯丝电流	I_F	65.0	75.0	88.0	mA_{ac}
阳极电压	V_A	—	28.0	32.0	V_p
阳极电流	I_A	—	20.0	40.0	mA_{pp}
栅极电压	V_G	—	28.0	32.0	V_{pp}
栅极电流	I_G	—	5.0	10.0	mA_{pp}
亮度	$L_{(G)}$	350	680	—	cd/m^2
亮度均匀性	L_{min}/L_{max}	—	50	—	%
栅极截止电压	V_{GCO}	−3.5	—	—	V_{dc}
阳极截止电压	V_{ACO}	−3.5	—	—	V_{dc}
占空系数	D_U	—	1/9	—	
脉冲宽度	T_P	—	100	—	μs

表 43.1 中的电压都是以灯丝电位为参考，可以看到，阳极与栅极需要 +30V 左右的高

压，而一般单片机引脚输出的高电平为 +5V（或 +3.3V），无法满足使 VFD 发光的驱动电压需求，所以必须添加**电压转换电路**。实际操作时主要有两种方式，其一是将单片机输出的高电平转换成高压，而低电平仍然是 0V（**正电源型驱动电路**），这样就能够满足阳极与栅极的需求而使 VFD 发光。但是灯丝驱动电路却不能直接按图 43.8 或图 43.9 的处理，因为它们的灯丝直流电平都是 0V，而阳极与栅极的驱动低电平也为 0V，也就可能会因为达不到 $-3.5V$ 的截止电压需求而出现漏光现象，所以我们一般会使用稳压二极管给灯丝提供一个正直流电位，动态驱动 VFD 电路方案如图 43.10 所示。

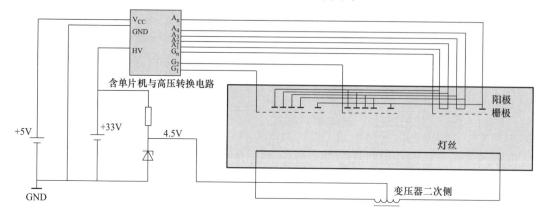

图 43.10　动态驱动 VFD 电路

图 43.10 中的 +5V 是芯片逻辑的供电电压，而 +33V 为外部施加的正高压，它直接驱动阳极与栅极。为了满足截止电压的需求，我们使用稳压二极管从高压获得一个正电压作为灯丝直流电位，它只需要比 0V 高至少 3.5V 即可（例如 4.5V）。既然灯丝直流电位提升了，外部施加的正高压也应该同步提升，即约为 $+28V + 4.5V \approx +33V$，图 43.11 所示为相应驱动波形及参数。

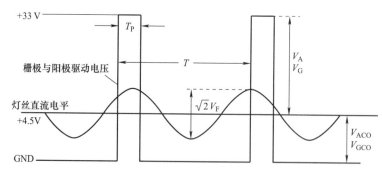

图 43.11　正电源型驱动电路波形

当然，也可以将单片机输出的低电平 0V 转换成负高压，而高电平仍然为 +5V（**负电源型驱动电路**），此时图 43.8 或 43.9 所示电路也不能直接使用，同样需要对灯丝直流电位进行处理。因为 5V 肯定无法满足使 VFD 发光的需求，所以必须设置一个负电压作为灯丝直流电位，例如（$-28V + 5V$）= $-23V$，而转换的负高压则必须比灯丝直流电位还要低才能满足截止电压的需求，例如 $-23V - 4.5V \approx -28V$，图 43.12 也给出了相应驱动波形及参数。

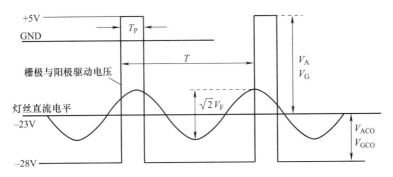

图 43.12　负电源型驱动电路波形

　　灯丝交流电压生成电路的具体形式也有很多，按整个电路系统的输入电压类型主要分为 220V 市电交流与直流，前者的电源电路相对比较简单，只需要通过工频变压器的次级分别获得灯丝、阳极（栅极）以及芯片逻辑供电电压即可，负电源型驱动电路示意如图 43.13 所示。

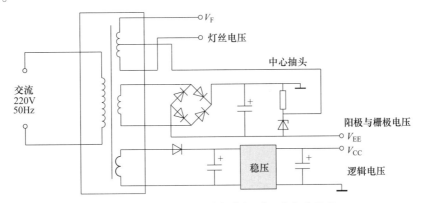

图 43.13　市电供电时的负电源型驱动电路示意

　　自激振荡电源电路在直流供电场合比较常用，例如可以修改图 17.6 所示的罗耶变换器，相应的电路示意如图 43.14 所示。

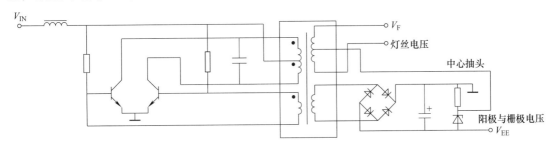

图 43.14　直流供电时的电路示意

　　总之，无论使用何种电源形式，都必须按 VFD 规格书的要求产生额定灯丝、阳极与栅极驱动电压。

第 44 章

基于 PT6312 的 VFD 模组

从前面的讨论可以看到，VFD 一般需要正或负高压驱动栅极与阳极，使用单片机直接驱动是不太可能的，虽然可以利用场效应管之类的开关管进行电压转换，但这将使得电路进一步复杂化，所以我们通常更倾向于使用专用芯片来驱动 VFD，在可靠性方面比分立元件更有保障。现如今常用的 VFD 驱动芯片有 HT16514 与 PT6312，前者用来驱动点阵型 VFD，它的规格书与 HD44780 几乎完全一样，所以驱动方法也并无不同，所以我们决定选择后者作为讨论对象，它可以用来驱动段码型 VFD，其功能框图如图 44.1 所示。

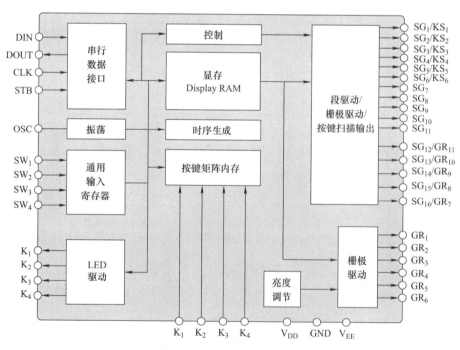

图 44.1　PT6312 功能框图

PT6312 内部有一块大小为 11×16 位的显存（DRAM），相应的地址分配见表 44.1 所示。

表 44.1　显存地址

	$SG_1 \sim SG_4$	$SG_5 \sim SG_8$	$SG_9 \sim SG_{12}$	$SG_{13} \sim SG_{16}$
GR_1	00H		01H	
GR_2	02H		03H	
GR_3	04H		05H	
GR_4	06H		07H	
GR_5	08H		09H	
GR_6	0AH		0BH	
GR_7	0CH		0DH	
GR_8	0EH		0FH	
GR_9	10H		11H	
GR_{10}	12H		13H	
GR_{11}	14H		15H	

表 44.1 中左侧第一列相当于位选通，分别依次与驱动 VFD 栅极的 $GR_1 \sim GR_{11}$ 引脚对应。每一个栅极对应两个显存地址（共有 22 个地址），而每个地址可以存储一个字节的数据，每一位数据都对应驱动 VFD 阳极的一个引脚（$SG_1 \sim SG_{16}$）。你将显存中某个地址的数据位置 1，则对应的笔段就会被点亮，具体哪一段会亮则取决于 VFD 与 PT6312 的实际连接线路。需要特别注意的是：**显存地址中数据位与阳极位（SG）的对应关系是反过来的！**例如，向显存地址 02H 中写入 0x21，则 GR_2 与 SG_3、SG_8（而不是 SG_1、SG_6）对应的笔段会被点亮。

尽管阳极驱动引脚有 11 条，但这并不意味着 PT6312 可以驱动最多 11 位 16 段的 VFD，因为 $GR_7 \sim GR_{11}$ 与 $SG_{16} \sim SG_{12}$ 这 5 个引脚是复用的，你可以设置其中某些或全部引脚作为栅极还是阳极驱动，PT6312 有相应的"显示模式"指令可以设置，如图 44.2 所示。

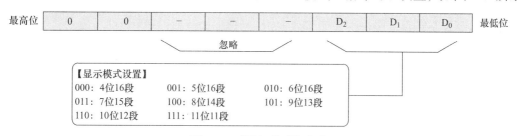

图 44.2　"显示模式"指令

显示模式指令的最高两位（D_6 与 D_7）均为 0，你可以理解为**指令类别代码**，中间三位是无效的，低三位代表具体显示模式选项。例如，当你将低三位设置为"100"时，$SG_{16} \sim SG_{15}$ 为栅极驱动，而 $SG_{14} \sim SG_{12}$ 为阳极驱动，所以它能够驱动 8 位（6 + 2）14 段（11 + 3）的 VFD，此时 $GR_9 \sim GR_{11}$ 对应的显存地址（10H ~ 15H）中的数据是无效的（不会显示出来）。换句话说，显存空间在实际应用时仅仅只是使用一部分，未使用的空间可以作为一般的内存使用。**芯片上电后的默认显示模式为"11 位 11 段"。**

有人可能会想：我可以把 GR_7 与 GR_{11} 作为位选，而把中间的 $GR_8 \sim G_{10}$ 作为段驱动吗？答案是不可以！PT6312 只能使用有限的指令设置连续的引脚功能。

假设现在要往显存地址 06H 中写入数据，应该怎么做呢？我们肯定需要首先确定显存地址再写数据，这是所有显示器件控制芯片的通用方式。PT6312 的"地址设置"指令如图 44.3 所示。

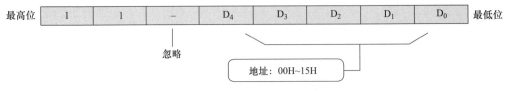

图 44.3 "地址设置"指令

"地址设置"指令的类型代码为"11"，低 5 位代表的地址仅有 00H ~ 15H 是有效的，它们分别对应显存的地址，超出范围的地址将会被忽略。

显存地址确定后就是数据写入的操作了，由于 PT6312 还有按键扫描、开关量输入寄存器及 LED 驱动寄存器（与 HT1621 一样，相当于送给用户几个功能），它们也都有相应寄存器，但是 PT6312 并没有为它们分配地址，数据最终往哪里写（或从哪里读数据）还必须得设置一下，这就是"数据设置"指令存在的意义，如图 44.4 所示。

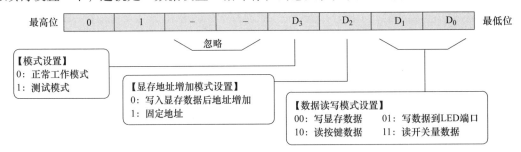

图 44.4 "数据设置"指令

"数据设置"指令的最高两位类别代码为"01"，如果要向显存中写入数据，则最低两位应该设置为"00"，还可以选择当数据写入到显存后，显存地址是自动增加还是固定不变。在正常显示时，还应该将模式位（D_3）设置为"0"。

刚刚已经提过，数据的写入不一定总是针对显存的。当发送"数据设置"指令的最低两位为"01"时，就意味着将要往 LED 驱动寄存器中写数据，它的低 4 位对应 LED_1 ~ LED_4 共 4 个输出引脚，就像给单片机引脚设置电平一样，给它写什么数据，相应的引脚就是什么电平，如图 44.5 所示。

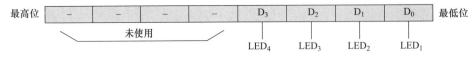

图 44.5　LED 驱动寄存器

也可以读取开关量输入状态或按键数据（**对于处理器而言，开关与按键的行为定义有所不同，开关在闭合与断开时都会引发一定的响应，合计两次操作，而按键的按下与松开只能算一次操作**）。开关量输入与使用单片机读取引脚的状态是完全一样的，当发送的"数据设置"指令最低两位为"11"时，PT6312 就会把相应引脚的状态读取并保存在寄存器中（准备好以便让你读取），它的低四位对应 SW_1 ~ SW_4 共 4 个引脚输入，如图 44.6 所示。

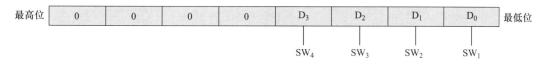

图 44.6　开关量通用输入寄存器

按键数据是指保存按键扫描结果的状态寄存器。什么是按键扫描呢？它与独立按键是相对的。我们在第 3 章就曾经使用单片机驱动过一个独立按键，当我们需要它的状态时，就可以使用查询或中断的方法获得，然而无论如何，一个按键总是对应一个控制引脚，有多少个按键就需要多少个引脚，对不对？当系统中需要的按键比较多时，独立按键占用的单片机引脚会非常多，这是很不经济的，所以就有一种动态扫描获得按键状态的方式，基本原理与显示器件的动态扫描是相似的，只不过一个是用来驱动输出，一个是获得控制输入。

以 4×4（4 列 4 行）扫描按键为例，使用 8 个控制引脚却可以获得（至少）16 个按键的状态，相应的连接示意如图 44.7 所示。

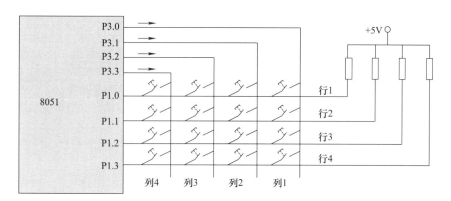

图 44.7　4×4 扫描按键

来看看扫描按键具体是怎么工作的，首先把 P1.0 ～ P1.3 定义为输入类型，P3.0 ～ P3.3 定义为输出类型。输出引脚用于发送扫描序列码，而输入引脚用于接收相应的状态。注意：每一个输入引脚都连接了一个上拉电阻，在所有按键都没有按下的情况下，输入引脚接收到的总是高电平（0xF）。

现在开始进行按键的扫描。首先发送扫描码 "1110"，这可以将 P3.0 下拉为低电平，然后读取 P1.0 ～ P1.3 的状态。如果第 1 列有按键按下，则相应的输入引脚状态为 0，否则为 1。当第 1 列按键的状态读取完毕后，我们再发送 "1101" 扫描第 2 列按键，同样读取相应的状态，直到所有 4 列都扫描完毕，最后结合扫描码与读到的状态就可以分析出哪些按键被按下。

PT6312 最多可以支持 4×6 按键扫描阵列（输入引脚为 4 个，输出引脚为 6 个），所以它应该有 6 个 4 位的按键状态寄存器可供读取，见表 44.2。

表 44.2　按键扫描状态寄存器

读取次序	（引脚）$K_1 \sim K_4$	（引脚）$K_1 \sim K_4$
	$D_0 \sim D_3$	$D_4 \sim D_7$
1	SG_1/KS_1	SG_2/KS_2
2	SG_3/KS_3	SG_4/KS_4
3	SG_5/KS_5	SG_6/KS_6

表 44.2 中描述的信息很简单：每个单元格仅给出发送扫描码的引脚（共 6 个，SG_N 与 KS_N 是同一个引脚），所以每个扫描码可以得到 4 位按键状态数据，PT6312 将两个 4 位合成 8 位，一次性读取到的是两次扫描结果。在编写驱动程序时要注意，按键扫描状态的信息读取次序是固定的。例如，使用了 $SG_3 \sim SG_6$ 作为扫描输出，而没有使用到 $SG_1 \sim SG_2$，但是在读取按键状态时，$SG_1 \sim SG_2$ 的状态也必须读一次，只需要将其丢掉即可，跟以前提到的"假读"操作相似。

在硬件层面需要注意的是：作为按键扫描码的发送引脚 KS_N 与 SG_N 引脚是共用的。有人可能会想：SG 引脚不是用来发送驱动 VFD 阳极的段数据吗？同时作为按键扫描功能会不会影响显示呢？不会的！下面来看看按键扫描是在哪个时间段完成的，如图 44.8 所示。

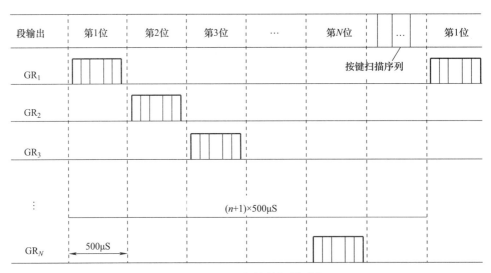

图 44.8　VFD 与按键扫描时序

可以看到，PT6312 把按键扫描动作当成显示扫描插入到完整的一帧扫描中，此时栅极驱动并没有被选通，所以按键扫描动作并不会在 VFD 引起任何有效的显示，最多就会稍微降低 VFD 显示亮度而已。这与数码管扫描一样，你的动态扫描数码管是 4 位的，但是还是按 8 位去扫描（有 4 位是无效的），亮度肯定就要减半了，是不是？也就是说，VFD 有效位选通越多，按键扫描占用的这一段时间对显示亮度的影响越小。更何况，还可以使用"显示控制"指令进一步调节栅极 PWM 输出占空比来调节亮度，这样按键扫描带来的影响可以忽略不计，相应的指令如图 44.9 所示。

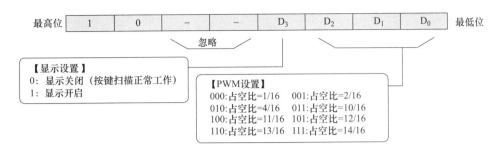

图 44.9 "显示控制"指令

最后来看看 PT6312 的串行控制接口时序，写数据或指令的时序如图 44.10 所示。

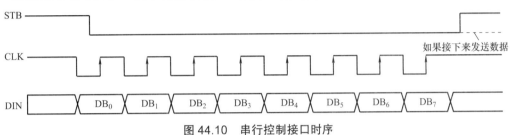

图 44.10 串行控制接口时序

PT6312 使用三线串行接口，时序并不复杂，不过需要注意的是：**写入的数据或指令都是低位先行**，只有当 STB 为低电平且 CLK 为上升沿时才进行数据移入操作。另外有一点很明显：**PT6312 的串行时序并没有对传输数据或指令进行类型的明显区分**。前面提过，指令最高 2 位是指令类别码，4 条指令分别对应 "00b" "01b" "10b" "11b"，但是写入的数据最高 2 位肯定也是其中之一，难道不会发生混乱吗？请注意图 44.10 中 STB 信号时序的右侧那段文字：如果**接下来发送数据**（if data continues）。很多人可能会忽略这个提示（Tip），它其实传达了 PT6312 区分数据与指令类型的方式，即**当 STB 下拉为低电平后发送的第一个字节就是指令，如果在 STB 保持为低电平时再连续发送多个字节，PT6312 认为都是数据，如果要连续发送指令，必须将 STB 拉高后再发送指令**。按照这个思路，可以验证一下 PT6312 是如何往指定显存地址写入数据，相应的时序如图 44.11 所示。

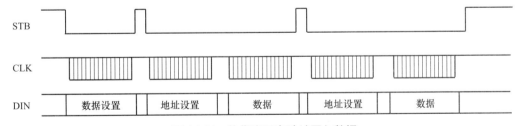

图 44.11 往指定显存地址写入数据

很多产品不会分别指定某个显存地址再写入数据，因为整个显存空间并不大，所以每次要更新数据时就将显存全部刷新一遍，此时可以使用"显存地址自动增加"的方式连续写入最多 22 个字节，多个数据之间的 STB 电平无需拉高（数据手册建议上电后使用该方式初始化显存），如图 44.12 所示。

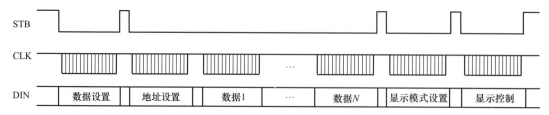

图 44.12　往显存地址连续写入数据

在读取数据时，应该先设置数据读指令，然后再读取相应的状态，需要注意的是，读取数据时应该以时钟的下降沿为基准。另外，在发送"读数据设置"指令的最后一个时钟上升沿与开始读取数据的第一个时钟下降之间的等待时间（t_w）不应小于 1μs，如图 44.13所示。

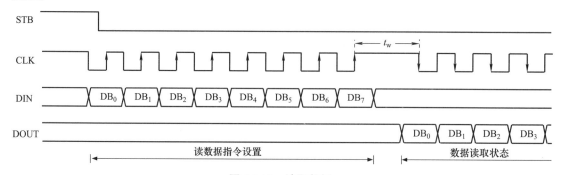

图 44.13　读取数据

最后来看看 PT6312 的典型应用电路，如图 44.14 所示：（灯丝供电电路见图 43.13 或图 43.14）。

应用电路中有几点需要注意，第一，第 27 脚连接了一个 −28V 的高压（所以它属于**负电源供电类型**的驱动电路），当某段不需要点亮时，对应的逻辑低电平通过芯片内部的高压转换电路将其变换为 −28V（通过与 −28V 连接的内部下拉电阻完成），从而使栅极与阳极满足截止电压的需求。当需要使某段显示时，对应的栅极与阳极驱动电压为 5V（或 3.3V）。

第二，第 5 脚是用来读取芯片寄存器数据的 DOUT 信号，但由于它是开漏输出结构，如果你需要从该引脚读数据时，必须连接上拉电阻。

第三，作为按键扫描码的输出引脚都串联了一个二极管，因为当同一行多列按键同时按下时，多个输出引脚就被短接了，这会影响 VFD 正常显示。另外，$K_1 \sim K_4$ 都连接了下拉电阻（与图 44.7 恰好相反，但原理仍然不变），所以空闲状态下所有按键状态寄存器均为零。

第四，第 44 脚 OSC 与 V_{DD} 之间的电阻与芯片内部形成 RC 振荡电路，当 R = 51kΩ 时，振荡频率的典型值为 500kHz 左右。

Protues 软件平台本身没有基于 PT6312 的 VFD 模组，而且时序方面的内容已经讨论得很详尽，没有必要编写具体的源代码占用篇幅，因此决定使用 VisualCom 软件平台进行仿真，相应的效果如图 44.15 所示。

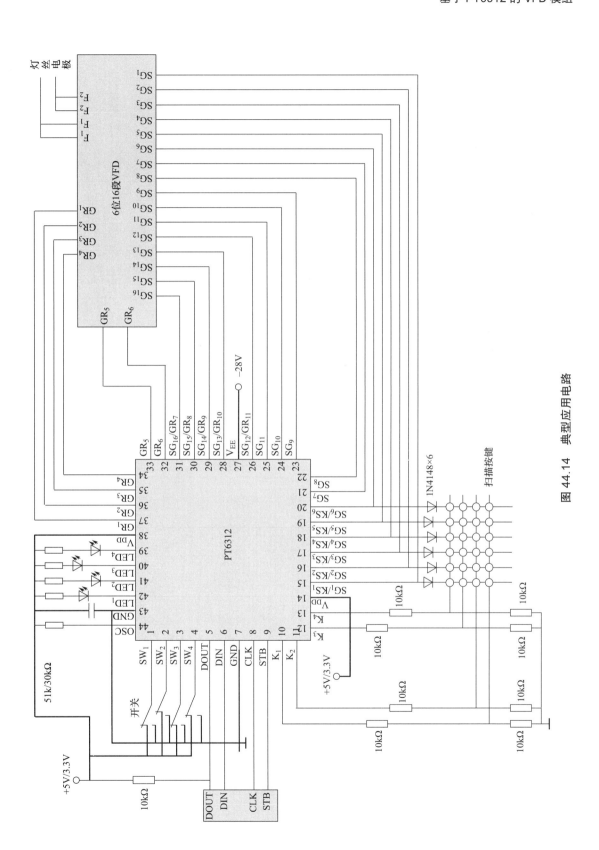

图 44.14 典型应用电路

图 44.15　VFD 模组仿真效果

　　该 VFD 仿真模组的硬件电路连接定义与图 44.14 完全对应，VFD 笔段与 PT6312 引脚对应关系如图 44.16 所示。

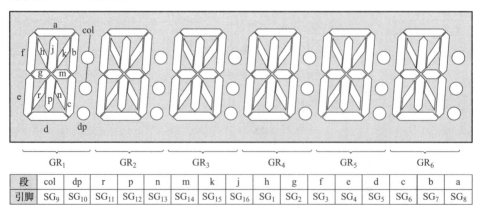

段	col	dp	r	p	n	m	k	j	h	g	f	e	d	c	b	a
引脚	SG_9	SG_{10}	SG_{11}	SG_{12}	SG_{13}	SG_{14}	SG_{15}	SG_{16}	SG_1	SG_2	SG_3	SG_4	SG_5	SG_6	SG_7	SG_8

图 44.16　VFD 笔段与 PT6312 引脚的对应关系

　　假设需要让最左侧第一位显示字符"*"，应该将段 g、h、j、k、m、n、p、r 对应的显存数据位置 1，而其他段对应的数据位应清 0，相应的十六位段数据为

0b0011_1111_1100_0000（0x3FC0），然后再分两次将低高 8 位数据 0xC0 与 0x3F 分别写入显存地址 0x00 与 0x01 即可，相应的预置数据如图 44.17 所示。

序号	类型	附加	十进制	十六进制	自定义备注
1	命令	0	2	2	显示模式指令：6位16段
2	命令	0	64	40	数据设置指令：正常工作模式，地址自加，写数据到显存
3	命令	0	192	C0	设置地址指令：0x00
4	命令	0	143	8F	显示控制指令：打开显示，占空比=14/16
5	数据	0	192	C0	左起第一位显示字符"*"
6	数据	0	63	3F	
7	数据	0	6	6	左起第二位显示数字"1"
8	数据	0	0	0	
9	数据	0	111	6F	左起第三位显示数字"9"
10	数据	0	4	4	
11	数据	0	111	6F	左起第四位显示数字"9"
12	数据	0	4	4	
13	数据	0	7	7	左起第五位显示数字"7"
14	数据	0	0	0	
15	数据	0	193	C0	显右侧第二位字符"*"

插入数据　　插入命令　　批量插入...　　导入...　　进度：　　　　　　　确定　　取消

图 44.17　预置数据

PT6312 的串行接口以字节为传输单位，所以预置数据仅有 8 位是有效的。首先使用"显示模式"指令设置 6 位 16 段显示模式，因为需要全部 6 位都显示。如果设置的位数更少，最右侧对应位将不会显示。如果设置的位数更多，同样由于 VFD 模组显示位数限制而无效。

由于决定将 6 个显示位对应的显存数据全部刷新一次，所以将地址设置为自加模式，并且设置"写数据到显存"，同时还打开了正常工作模式（测试模式下所有段都会点亮），在设置显存首地址为 0x00 后，紧接着连续写入 12 个数据即可。

第 45 章

OLED 基本结构与工作原理

OLED（Organic Light Emitting Diode）的中文名为有机发光二极管（第 1 章讨论的 LED 属于无机发光二极管），它是一种利用有机半导体材料在电流驱动下产生可逆变色来实现显示的技术，具有超轻、超薄（< 1mm）、高亮度与对比度、宽视角（> 160°）、低功耗、快响应（< 1μs）、高清晰度、全固态（抗震）、可弯曲、工艺简单（低成本）及使用温度范围宽（−40 ~ 85℃）等优点，被认为是最有发展前途的新一代显示技术。

OLED 的基本结构如图 45.1 所示。

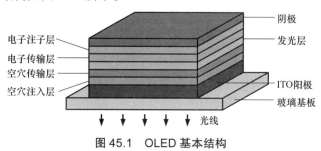

图 45.1　OLED 基本结构

OLED 在很多方面与 LED 非常相似，在结构上也属于夹层式。有机发光层被夹在电子传输层（Electron Transporting Layer，ETL）与空穴传输层（Hole Transporting Layer，HTL）之间，在前者顶部沉积一层 Mg/Ag 合金层作为金属阴极，后者是在氧化铟锡（Indium Tin Oxide，ITO）阳极表面真空蒸镀三芳香胺（Triarylamine）类化合物而形成。ITO 阳极是在玻璃基板上溅射的一种 N 型半导体，在常温下具有良好的导电性能，对可见光具有良好的光透射率。

OLED 的发光原理也是通过空穴与电子在发光层复合而产生光辐射，不必过于深究它与 LED 发光原理之间的细节差别，主要还是关注 OLED 的驱动电路，首先来看看 OLED 像素的等效电路，如图 45.2 所示。

OLED 也是一种电流控制型器件，它可以简化为 LED 与 20 ~ 30pF 寄生电容的并联，其发光亮度与流过电流大小及平均时间成比例，我们只需要通过电流源把电容充到 LED 的发光导通电压 V_{th}（取决于器件制造的材料与厚度，一般约为 4V 左右）即可使其发光。

与 LCD 一样，OLED 驱动电路从制作工艺上可分为无源驱动与有源驱动两种，相应的 OLED 面板分别简称为 PM-OLED（Passive Matrix OLED）与 AM-OLED（Active Matrix OLED）。这里重点讨论前者，这也是目前应用较为广泛的一种，其基本结构如图 45.3 所示。

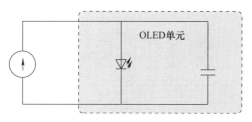

图 45.2　OLED 像素等效电路

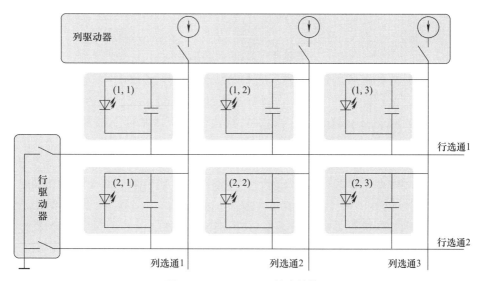

图 45.3　PM-OLED 基本结构

　　PM-OLED 的无源驱动方式使用普通矩阵交叉，并且采用共阴极结构，即行选通与该行所有 OLED 像素的阴极连接，而列选通与 OLED 像素的阳极连接，为什么会这样呢？不能反过来连接吗？因为已经提过，OLED 属于电流型器件，由于行列电极都有一定的电阻率，一旦流过电流就会产生一定电压降，继而产生一定的热量。很明显，当某行选通有效时，流过该行需要发光的 OLED 像素的电流最终都会汇集到行电极，对不对？对于一个 $N \times M$ 矩阵 PM-OLED，如果所有的 N 列都发光，那么流过行电极的电流是流过单个列电极电流的 N 倍。例如，假设电流源为 100μA，而列数量为 128，当某一行所有像素点亮时，行电极电流将达到 12.8mA。由于 PM-OLED 的阴极材料是金属，而阳极材料则使用 ITO，后者的电阻率要大得多，所以共阴极结构将有效降低面板产生的热量。

　　当在 ITO 列电极施加正电压，而在金属行电极施加负电压时，其交叉点（X, Y）像素就可以发光。只要我们对行电极依次选通，再把需要显示的信息送往各列电极，经过 1 个扫描周期即可完成动态扫描显示，这看起来是一件再简单不过的事情，但是当使用动态扫描方式动态驱动多个 OLED 像素时，有些问题就突显出来了。

　　现在试图通过电流源点亮（1，1）位置的 OLED 像素，如图 45.4 所示。

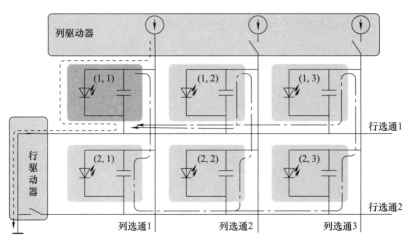

图 45.4　OLED 无源驱动

从 OLED 矩阵等效电路图可以看到，（1，2）（2，2）（2，1）三个位置的 OLED 像素等效电容是先串联在一起再与像素（1，1）并联的，（1，3）（2，3）（2，1）三个位置的 OLED 像素的等效电容也同样如此。当 OLED 面板的像素越多时，与像素（1，1）并联的等效电容量会越大，如此一来，相同的电流源将像素（1，1）的等效电容充电到导通所需要的时间就会越长。当多个列电极同时选通有效时，情况会变得更加复杂，因为将像素的等效电容充满电的时间会不确定，你当然可以通过测试手段选择最长的充电时间，但是这样一来，屏幕尺寸一旦过大就会导致帧率下降，显示品质将无法满足正常的要求。

另外，由于 OLED 像素（选择点）是由施加在行与列电极的选择电压合成来点亮的，而这些驱动信号都是一些脉冲，电极之间的分布电容难免会导致漏电现象的产生，所以与选择点在同一行或同一列的像素（半选择点）也会有电压的施加，如果这些像素点的电场电压处于 OLED 阈值电压附近，屏幕上将出现不应有的半显示现象而使得显示对比度下降，这就是以前我们提过的交叉效应。另外，由于使用恒流源驱动 OLED，而电极总会存在一定的电阻率，也就不可避免地产生一些电压降，屏幕越大则交叉效应的影响越明显。

为了解决 OLED 动态驱动方案中产生的交叉效应，通常使用反向截止驱动法，如图 45.5 所示。

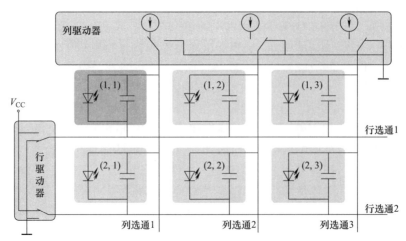

图 45.5　反向截止驱动法

注意行驱动器的电路结构，它是由两个开关组成（可以由 PMOS 与 NMOS 场效应管实现），行电极可以与高电平（未选通）或低电平（选通）连接，而列电极可以与恒流源（选通）或低电平（未选通）连接。当需要显示像素（1，1）时，行驱动器将第 1 行下拉到低电平，列驱动器中的电流源就可以对像素（1，1）进行充电。与此同时，不选通的行电极则上拉到高电平，不选通的列则下拉到低电平，这样非选择点由于被施加反向偏压而处于截止状态，阻止了可能形成发光的弱场，也就能够有效消除交叉效应，提升 OLED 的显示对比度。换句话说，与显示像素（1，1）并联的等效电容路径总会至少通过一个**非选择点**，而反向截止驱动法可以保证**非选择点**的两个电极总是与固定电平连接，也就可以切断像素等效电容串联路径，大大削弱了并接到像素（1，1）的等效电容。

把交叉效应削弱后再回过头来解决充电时间的问题。为了点亮某行所有选通的 OLED 像素，必须给所有选通的 OLED 像素寄生电容充满电。如果所有寄生电容被一个精确的电流源（< 10μA）充电，充电到导通电压的时间比较长，响应时间会变慢，而且像素越多，则充电时间甚至占据了全部的行选通时间。例如，对于一个 100 行的显示屏，如果帧频为 60Hz，OLED 的导通电压为 5V，使用 100μA 的电流源对其充电，则充电时间将占据行扫描时间的 75%。如果充电时间再小一些，OLED 两端的电压将不足以使其导通。

为了克服寄生电容充电时间对 OLED 显示品质产生的影响，通常会使用预充电（Precharge）方案，它在列驱动器中多增加了一路预充电电压源 V_{CP}（也可以是预充电电流源），**它比行驱动器的高电平还要高一些**。在所有 OLED 像素均不被点亮的情况下，所有像素均处于预充电状态，此时 OLED 阴极、阳极分别与 V_{CC}、V_{CP} 连接。由于（$V_{CP} - V_{CC}$）总是小于 OLED 的导通电压，因此所有像素都是不亮的，如图 45.6 所示。

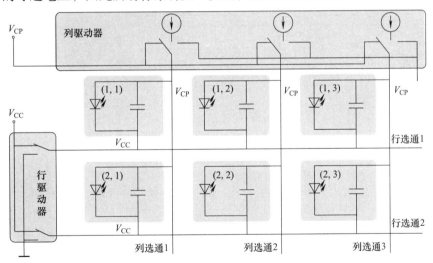

图 45.6　预充电阶段

假设现在需要选通第一行，可以把需要点亮的 OLED 像素的阳极与对应的电流源连接，而阴极则与低电平连接。由于之前 OLED 像素已经充了一定电压（$V_{CP} - V_{CC}$），并且电容两端的电压不能突变，当第一行 OLED 像素的阴极切换到低电平的一瞬间，OLED 像素两端的电压立刻就是（$V_{CP} - V_{CC}$），而不需要从原来的反向截止电压从头开始充电，也就可以大大缩短每行的充电时间，如图 45.7 所示。

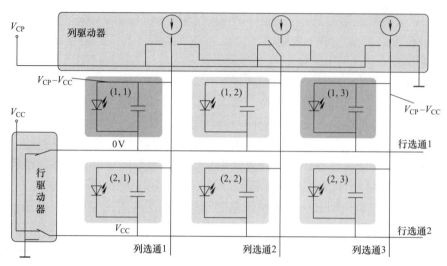

图 45.7　OLED 发光阶段

当第一行 OLED 像素维持一段点亮时间后，我们开始着手点亮第二行，但在此之前，我们还得将第一行**点亮的 OLED 像素**全部放电（如果不进行放电操作，当下一行处于选通状态时，上一行 OLED 像素可能还会被点亮，这将严重影响显示效果），只需要将像素的阴极及阳极均与低电平连接即可，相应的状态如图 45.8 所示。

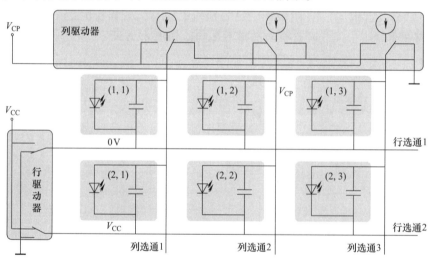

图 45.8　放电阶段

结构简单是 PM-OLED 面板的主要优点，在小尺寸产品上的分辨率与画质的表现还算不错，但是在大尺寸产品上的综合表现却并不佳。由于 OLED 是电流型器件，它的亮度取决于注入到 OLED 的平均电流，但是在动态扫描过程中，注入同样的峰值电流会使 OLED 的亮度会比静态点亮时要暗。例如，在 240 行屏幕中，为了获得与正常图像相同的亮度，那么产生每个光脉冲的峰值电流应该是平均亮度的 240 倍，这将在驱动线路上造成很大的功率损耗，屏幕越大则功耗越大，这不仅降低了像素单元的发光效率，也增加了整个电路的功率损耗，同时也缩短了 OLED 的使用寿命。另外，由于在行列电极上施加的都是脉冲信号，这些过大的峰值脉冲信号会加剧了电极间的漏电，同时也会使交叉效应更加严重。

为了解决 PM-OLED 固有的缺陷，出现了一种类似于 AM-LCD 的制造技术，它给每个 OLED 像素增加一个薄膜晶体管与存储电容，驱动电路则提供驱动 OLED 的受控电流以及在寻址期后继续提供电流（以保证各像素连续发光）。

AM-OLED 的像素单元电路有多种形式，例如双管、四管及多管结构，最基本的两管结构如图 45.9 所示。

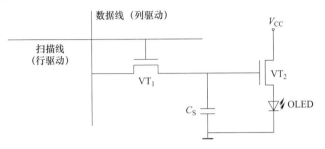

图 45.9　两管结构的 AM-OLED 像素结构

其中，VT_1 与 VT_2 分别作为开关管与驱动管，通过行扫描线的扫描电压开启 VT_1，同时写入的显示信息通过数据线与 VT_1 存储到电容 C_S 上。如果 C_S 两端的电压足以开启 VT_2，V_{CC} 就可以驱动 OLED 发光。当下一行开始选通时，上一行的 C_S 会在一帧周期内维持一定的电压，所以注入到每个 OLED 像素的电流与直流类似。

很明显，与 PM-OLED 有所不同的是，AM-OLED 的所有像素是同时发光的，同样的 N 行 OLED 显示屏，若采用有源驱动方式，则其驱动电流仅是无源驱动时所需电流的 $1/N$，同样其电极寄生电阻上（由峰值驱动电流产生）的电压降也降低到无源驱动时电压降的 $1/N$，这也就意味着对单个像素的发光亮度要求降低了，提高了能量利用效率，所以 AM-OLED 的功耗比 PM-OLED 要低得多，更适合大屏幕显示。

在两管 OLED 像素单元结构中，如果驱动管的阈值电压不一致，会导致显示屏的亮度不均匀，而且 OLED 的电流和驱动数据也不呈线性关系，不利于灰度的实现，也因此产生了其他 OLED 像素结构，限于篇幅本书不再赘述。

第 46 章

基于 SSD1306 的 OLED 模组设计

SSD1306 是目前应用比较广泛的（共阴极）PM-OLED 面板驱动芯片，其列（段）驱动输出引脚数量为 128，行（公共端）驱动输出引脚数量为 64，相应的功能框图如图 46.1 所示。

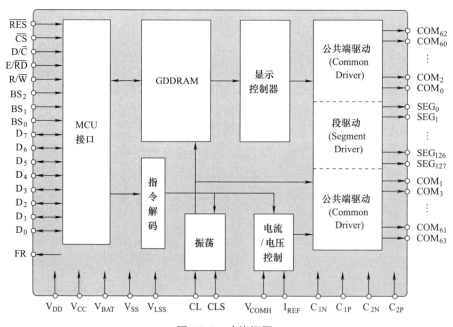

图 46.1　功能框图

可以看到，SSD1306 的供电电源引脚有 V_{DD} 与 V_{CC} 两个，前者为芯片逻辑供电（范围 1.65～3.3V），后者供电于直接驱动 OLED 面板的行列驱动器（范围 7～15V），它也是整个系统中最高正电压供电引脚。当然，V_{CC} 也可以是由内置电荷泵电路升压而来的 7.5V，而电荷泵电路的输入电压则来源于 V_{BAT} 引脚。如果决定使用内置电荷泵电路，可以将其与 V_{DD} 连接，并且应该在 V_{CC} 与 V_{SS} 之间连接一个稳压电容器，这一点应该不会感到陌生。

SSD1306 有一条"电荷泵设置"双字节指令允许我们开启或关闭电荷泵电路，见表 46.1（所有指令集见附录 C）。

表 46.1　电荷泵设置

D/C̄	HEX	D_7	D_6	D_5	D_4	D_3	D_2	D_1	D_0	描述
0	8D	1	0	0	0	1	1	0	1	A[2]=0：关闭电荷泵（POR, Power On Reset） A[2]=1：显示开启期间使能电荷泵
0	A[7:0]	*	*	0	1	0	A_2	0	0	备注：电荷泵必须由以下指令开启： 8Dh：电荷泵设置 14h：使能电荷泵 AFh：开启显示

功能框图中有一个"电压 / 电流控制"模块，相应还有 V_{COMH} 与 I_{REF} 引脚，它们是用来干什么的呢？前面提过，为了抑制 OLED 像素寄存电容产生的交叉串扰效应，通常会使用反向截止电压法来驱动 OLED 面板，V_{COMH} 引脚就是当 OLED 像素处于反向截止状态时，施加在 OLED 阴极的电压来源，SSD1306 允许你使用"设置 V_{COMH} 非选择电平"指令进行调整，也就能够控制预充电阶段 OLED 两端的电压，见表 46.2。

表 46.2　设置 V_{COMH} 非选择电平

D/C#	HEX	D_7	D_6	D_5	D_4	D_3	D_2	D_1	D_0	描述
0	DB	1	1	0	1	1	0	1	1	A[6:4] = 000b：$V_{COMH} = 0.65 \times V_{CC}$
0	A[6:4]	0	A_6	A_5	A_4	0	0	0	0	A[6:4] = 000b：$V_{COMH} = 0.77 \times V_{CC}$（POR） A[6:4] = 000b：$V_{COMH} = 0.83 \times V_{CC}$

本质上，V_{COMH} 是从 V_{CC} 经电压调整单元（运算放大器）电降压过来的，所以在硬件层面，需要在 V_{COMH} 引脚与 V_{SS} 引脚之间连接一个稳压电容器。

I_{REF} 引脚用来设置给 OLED 像素充电的参考电流，数据手册建议将其设置为 12.5μA 左右，如图 46.2 所示。

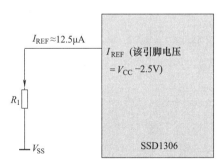

图 46.2　参考电流 I_{REF} 设置

假设 $V_{CC} = 7.5V$，则 $R_1 = (7.5V - 2.5V)/12.5\mu A = 400k\Omega$。需要特别注意的是，此处由电阻 R_1 设置的 I_{REF} 并非直接给 OLED 像素充电的电流源 I_{SEG}，数据手册中给出了它们之间的关系，如式（46.1）所示：

$$I_{SEG} = (Contrast / 256) \times Scale\ Factor \times I_{REF} \qquad (46.1)$$

对比度（Contrast）是一个 0 ~ 255 之间的整数，比例因子（Scale Factor）是什么呢？

我们来看看芯片内部集成的电流源基本结构，如图46.3所示。

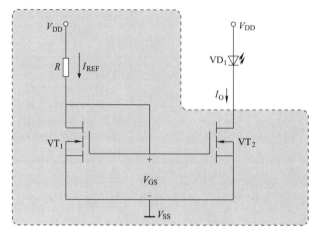

图46.3　电流源基本结构

在图46.3所示电流源中，VT_1与VT_2为N沟道增强型场效应管，前者的漏极（D）与栅极（G）是直接相连的，所以漏极的沟道并没有形成，只要$V_{DD} > V_{GS(th)}$（栅-源开启电压），VT_1就会处于饱和区（也称为恒流区，相当于三极管的放大区），此时I_{REF}几乎不再受漏-源电压V_{DS}的控制（仅受控于V_{GS}），即$I_{REF} = (V_{DD} - V_{SS} - V_{GS})/R$。

假设VT_1与VT_2的特性参数完全匹配，则VT_2同样也工作在饱和区，输出电流I_O将与I_{REF}近似相等。我们把图46.3所示电路称为镜像电流源（Current Mirror），它像一面镜子从参考电流"镜像"出了输出电流。这里要特别注意**参考电流**与**输出电流**的**因果**关系，前者是因，后者是果，使用镜像电流源的目的就是从稳定的参考电流中获得（输出交流电阻大的）用于驱动负载的输出电流。

有人可能会说：SSD1306的I_{REF}引脚需要与V_{SS}（而不是与电源）之间连接一个电阻，图46.3所示的镜像电流源好像不适用吧？的确，事实上，PMOS管也同样可以组成镜像电流源，下面来看一个多路镜像电流源，如图46.4所示。

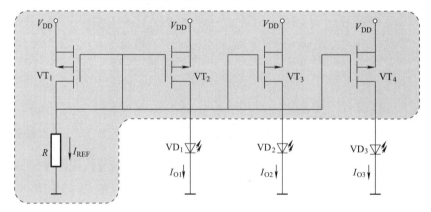

图46.4　多路镜像电流源

多路镜像电流源中的每一路输出电流都驱动一列OLED像素，它们都参考同一个电流I_{REF}，所以每一路输出电流都与参考电流近似相等。

前面假定所有 MOS 管的特性完全相同，所以才有**输出电流**与**参考电流**近似相等的结论，但是也可以通过改变工艺来调整输出电流。具体来说，如果两个场效应管的长宽比不同时，输出电流可如式（46.2）计算：

$$I_O = \frac{W_2 / L_2}{W_1 / L_1} \times I_{REF} \tag{46.2}$$

换句话说，只要在设计制造时改变输出 MOS 管（此处为 VT_2、VT_3、VT_4）与参考 MOS 管（此处为 VT_1）的长宽比，就可以从相同的参考电流获得不同的输出电流，式（46.1）中比例因子指的就是 MOS 管的尺寸比，数据手册已经明确告诉我们该值为 8。也就是说，当我们将 I_{REF} 设置为 12.5μA 时，实际给 OLED 单元充电的电流为 100μA。（关于镜像电流源相关的内容还有很多，这已经超出了本书的范围，有兴趣可以参考系列图书《三极管应用分析精粹》或《场效应管应用分析精粹》）

从式（46.1）还可以看到，I_{SEG} 还与对比度（范围为 0 ~ 255）有关，设置的对比度值越大时，I_{SEG} 也就越大，相应的"对比度控制"指令见表 46.3 所示。

表 46.3　对比度控制

D/C#	HEX	D_7	D_6	D_5	D_4	D_3	D_2	D_1	D_0	描述
0	81	1	0	0	0	0	0	0	1	双字节指令选择对比度 0 ~ 255，设置值越大则
0	A[7:0]	A_7	A_6	A_5	A_4	A_3	A_2	A_1	A_0	对比度越大（POR：7Fh）

SSD1306 的显示时钟（Display Clock，DCLK）用来驱动时序生成模块，它可以来自内置 RC 振荡器，也可以从 CL 引脚外接时钟源，其结构如图 46.5 所示。

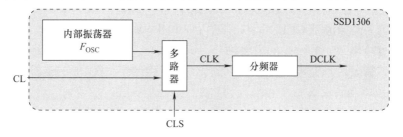

图 46.5　时钟系统

CLS 引脚为高电平时表示使用内置 RC 振荡器，此时 CL 引脚应该悬空，而 CLS 引脚为低电平时表示使用外接时钟源。一般都会使用内置 RC 振荡器，其默认频率约为 370kHz。当然，内部振荡频率还可以使用指令进行调整，见表 46.4。

表 46.4　振荡频率与显示时钟分频比设置

D/C#	HEX	D_7	D_6	D_5	D_4	D_3	D_2	D_1	D_0	描述
0	D5	1	1	0	1	0	1	0	1	A[3:0]：显示时钟的分频比 = A[3:0]+1（POR：0000b，即分频系数 =1）
0	A[7:0]	A_7	A_6	A_5	A_4	A_3	A_2	A_1	A_0	A[7:4]：振荡频率设置（POR：1000b）

指令中 A_7 ~ A_4 用于调整振荡频率 F_{OSC}，其值越大则 F_{OSC} 频率也越大，A_3 ~ A_0 决定是否对 DCLK 进行分频（范围 0 ~ 15，对应分频系数 1 ~ 16）。DCLK 最直接的影响就是

OLED 面板的刷新帧率 F_{FRM}，数据手册给出的计算公式如式（46.3）：

$$F_{FRM} = F_{OSC} / (D \cdot K \cdot \text{Number of Mux})\qquad(46.3)$$

Number of Mux 是驱动器扫描的行数（也称为多路系数），它可以使用"多路比率（Multiplex Ratio）"指令设置（范围 16～64），见表 46.5。

表 46.5　多路比率设置

D/C#	HEX	D_7	D_6	D_5	D_4	D_3	D_2	D_1	D_0	描述
0	A8	1	0	1	0	1	0	0	0	设置多路系数为（$N+1$），其中 N = A[5:0]，多路系数范围 16～64（POR：111111b，即 64）。
0	A[5:0]]	—	—	A_5	A_4	A_3	A_2	A_1	A_0	A[5:0] 范围 0～14 无效

K 是扫描完整一行所需要的 DCLK 时钟数。前面提过，OLED 通常会使用预充电方案，数据手册有如图 46.6 所示的段电压驱动波形。

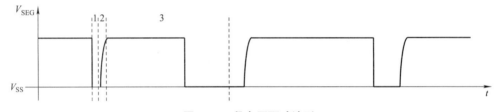

图 46.6　段电压驱动波形

也就是说，SSD1306 扫描一行的时间分为放电（阶段 1）、预充电（阶段 2）、恒流驱动（阶段 3，数据手册也称为"BANK0"）三个阶段。放电与预充电时间可以通过指令设置，具体设置为多长取决于 OLED 面板（即行列电极电阻、等效电容、OLED 内阻等因素）。数据手册并没有给出预充电阶段的更多细节，只是指出：**如果 OLED 面板的 OLED 像素等效电容量越大，需要的预充电时间越长**。预充电阶段结束后，OLED 面板将进入时长为 50 个 DCLK 的恒流驱动阶段，。

SSD1306 默认的放电与预充电时长都是 2 个 DCLK，可以使用"预充电时间"指令来调整，见表 46.6。

表 46.6　预充电时间设置

D/C#	HEX	D_7	D_6	D_5	D_4	D_3	D_2	D_1	D_0	描述
0	D9	1	1	0	1	1	0	0	1	A[3:0]：第 1 阶段时长设置最大 15 DCLK，0 无效（POR：2h）
0	A[7:0]	A_7	A_6	A_5	A_4	A_3	A_2	A_1	A_0	A[7:4]：第 2 阶段时长设置最大 15 DCLK，0 无效（POR：2h）

回过头来，假设一帧总行数为 64，其他参数按默认计算（即扫描每行需要的时长为 2 + 2 + 50 = 54 个 DCLK，分频因子 $D = 1$，振荡频率 $F_{OSC} = 370\text{kHz}$），则相应的帧频约为 370kHz / (1×54×64) ≈ 107Hz。

与 ILI9341 一样，SSD1306 也支持帧同步写入技术，用于防止主控往 GDDRAM 写入显示数据的速度与（读取显示数据）刷新面板速度不同步而引起的 TE 问题，只不过

ILI9341 使用 TE 引脚，而 SSD1306 则使用 FR 引脚，如图 46.7 所示。

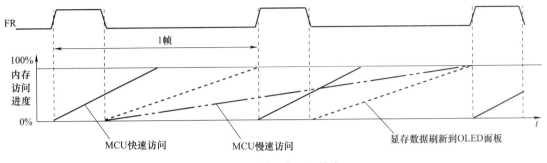

图 46.7 帧同步写入技术

由这个时序图可知：为了避免 TE 问题，应该何时开始往 SSD1306 写入帧数据。具体的写入时间取决于主控的写入速度。如果主控的写入速度比较快（例如，在一帧时间内可以把一帧数据完全写入），那么应该在 FR 上升沿开始写入新的帧数据，且在下一个 FR 上升沿到来前写完。如果主控的写入速度比较慢（例如，1 帧数据完全写完的时间超过 1 帧但不超过 2 帧时间），那么应该在 FR 下升沿开始写入新的帧数据，并且在接下来第三个 FR 的上升沿到来前写完。

最后，来看看驱动分辨率为 128×64 的 OLED 模组硬件电路（使用内置电荷泵升压电路），如图 46.8 所示。

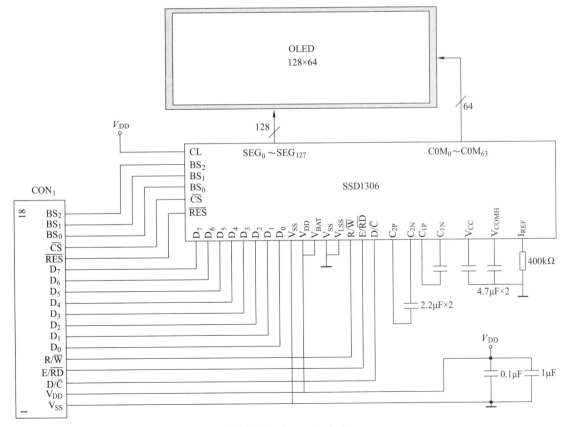

图 46.8 典型应用电路

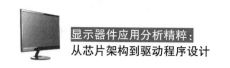

为简化模组的对外控制接口，决定使用 SSD1306 内部电荷泵电路，所以将 V_{BAT} 引脚与 V_{DD} 进行连接，并且在 V_{CC} 与 V_{SS} 之间并联了一个稳压电容器。CL 引脚处于高电平状态，这意味着使用内部振荡源，而 $BS_2 \sim BS_0$ 三个引脚供用户选择通信接口，将在下一章进行介绍。

在实际进行模组设计时，SSD1306 的行列驱动输出与 OLED 面板之间连接是非常灵活的，注意到图 46.1 所示功能框图中的 COM 驱动输出分成了两部分，它们分别承担奇数与偶数行的驱动工作，可以通过"COM 引脚硬件配置"指令设置它们的扫描顺序，见表46.7。

表 46.7　COM 引脚硬件配置

D/C#	HEX	D_7	D_6	D_5	D_4	D_3	D_2	D_1	D_0	描述
0	DA	1	1	0	1	1	0	1	0	A[4]=0b：顺序 COM 引脚配置
0	A[5:4]	0	0	A_5	A_4	0	0	1	0	A[4]=1b：另一种 COM 引脚配置（POR） A[5]=0b：关闭 COM 左 / 右映射（POR） A[5]=1b：使能 COM 左 / 右映射

"顺序 COM 引脚配置"意味着 COM 驱动引脚的扫描次序依次为 0，1，2，3，4，…，而"另一种 COM 引脚配置（Alternative COM pin configuration）"则表示 COM 驱动引脚的扫描次序依次为 0，2，4，6，…，1，3，5，7，…，也就是所谓的隔行扫描，它们的区别如图 46.9 所示（以下假设 COM 输出扫描方向为从 0 ~ 63）。

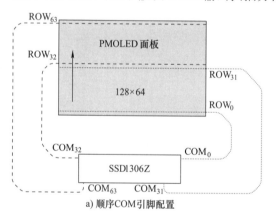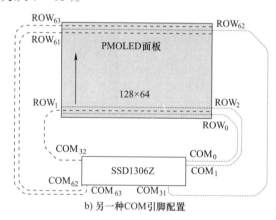

图 46.9　COM 引脚扫描次序

"COM 引脚硬件配置"指令中还有一个"COM 左 / 右重映射（COM Left/Right remap）"选项，如果你使能重映射功能，原来的 COM 驱动引脚 1，3，5，7，…与 0，2，4，6，…两组引脚的功能会进行互换。对于图 46.9a 中的逐行扫描配置，原来的 COM 扫描次序依次为 0，1，2，3，4，…，31，32，33，…，63，重映射后的扫描次序依次为 32，33，…，63，0，1，2，3，4，…，30，31。简单的说，原来需要晚点扫描的 COM 行在重映射后提前扫描。而对于图 46.9b 所示隔行扫描配置而言，原来的 COM 扫描次序依次为 0，32，1，33，2，34，…，31，63，重映射后的扫描次序依次为 32，0，33，1，34，2，…，63，31，相应的效果如图 46.10 所示。

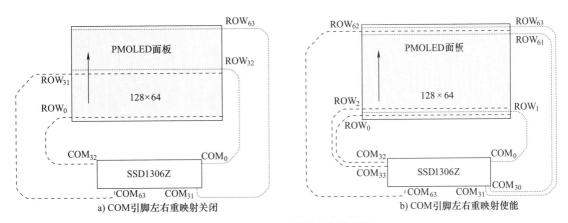

图 46.10　COM 引脚左右重映射

具体使用哪种配置取决于 SSD1306 与 OLED 面板的实际硬件连接，厂家模组的数据手册通常会提拱这些信息，如果使用指令选择的配置与硬件连接不匹配，显示的内容会出现混乱。

第 47 章

OLED12864 显示驱动设计

　　硬件模组设计已经完成，是时候开始进行相应的显示驱动设计了。SSD1306 内部有一块大小为 1024 字节的 GDDRAM（Graphic Display Data RAM），并且将其划分为 8 页，相应的 GDDRAM 组织结构如图 47.1 所示。

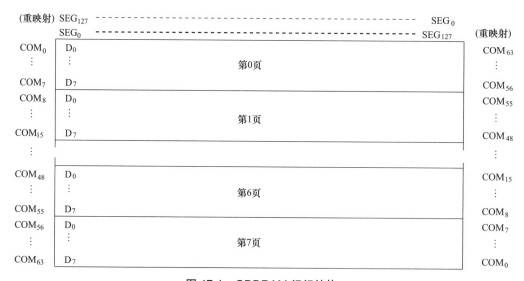

图 47.1　GDDRAM 组织结构

　　可以看到，SSD1306 的 GDDRAM 组织结构与 KS0108B 非常相似（参见图 29.6），只不过前者每页包含 128 列，并且页与 COM、列与 SEG 之间的关系可以分别重新映射（与 SED1565 的 ADC 功能完全一样）。页与列可以确定一个 GDDRAM 地址，它保存一个**纵向下高位**排列的字节数据，每位数据对应屏幕上的一个像素点，所以整个 GDDRAM 空间对应的屏幕分辨率为 128×64。

　　SSD1306 支持页、水平、垂直三种寻址模式来完成对 GDDRAM 地址的定位，可以通过"设置存储寻址模式"指令来选择，见表 47.1。

表 47.1　存储寻址模式

D/$\overline{C}$	HEX	D_7	D_6	D_5	D_4	D_3	D_2	D_1	D_0	描述
0	20	0	0	1	0	0	0	0	0	00b：水平寻址，01b 垂直寻址
0	A[1：0]	*	*	*	*	*	*	A_1	A_0	10b：页寻址（POR），11b：无效

页寻址模式与 KS0108B、SED1520、SED1565 相似，**确定页与列起始地址**就可以往页内连续写入或读取字节，每写入（读取）一个字节，列地址就会自动累加，但有所不同的是，当列地址到达最大值（即 127）时将会置 0（地址循环），但页地址仍然是不变的。如果需要在新页写入数据，必须重新指定页地址。设置页与列地址指令与 SED1565 是相似的，其中列地址设置为双字节指令，分别指定高低 4 位地址，具体可参考附录 C。

水平、垂直寻址模式与 ILI9341 是类似的（地址循环方式），这意味着我们在往 GDDRAM 写入数据前得**先确定可以访问的 GDDRAM 区域**，也就是设置起始页、结束页、起始列、结束列地址，然后直接发送一个或多个显示数据即可，**而不需要额外的"写存储器"指令**，这一点却与 ILI9341 有所不同，因为寻址模式指令同时也意味着当前页与列地址计数器将分别初始化为起始页与列。图 33.5 对寻址模式的定义也适合于 SSD1306，不过需要提醒的是：**页寻址与水平、垂直寻址模式下的页列地址设置指令是完全独立的**。另外，还要特别注意：SSD1306 指令集中**全部**都是指令类型（D/$\overline{C}$ = 0），不像以往驱动芯片那样指令后面还跟随数据参数，换句话说，往 SSD1306 发送数据（D/$\overline{C}$ = 1）就是专门往 GDDRAM 写入显示数据。

SSD1306 还有一条（此前所有驱动芯片）都没有的"设置显示偏移（Display Offset）"双字节指令，它与"设置显示起始行（Display Start Line）"指令有点相似，也能带来卷屏效果，但作用却大不一样，因为"设置显示起始行"指令用来调整 COM 输出引脚与 GDDRAM 数据行之间的对应关系，而"设置显示偏移"则是调整 COM 输出引脚与显示行之间对应关系（卷动 COM 引脚），我们可以通过图 47.2 来理解这两条指令的区别。

多路系数	64		64		64		56		56		56	
显示偏移量	0		8		0		0		8		0	
显示起始行	0		0		8		0		0		8	
COM_0	ROW_0	RAM_0	ROW_8	RAM_8	ROW_0	RAM_8	ROW_0	RAM_0	ROW_8	RAM_8	ROW_0	RAM_8
COM_1	ROW_1	RAM_1	ROW_9	RAM_9	ROW_1	RAM_9	ROW_1	RAM_1	ROW_9	RAM_9	ROW_1	RAM_9
COM_2	ROW_2	RAM_2	ROW_{10}	RAM_{10}	ROW_2	RAM_{10}	ROW_2	RAM_2	ROW_{10}	RAM_{10}	ROW_2	RAM_{10}
COM_3	ROW_3	RAM_3	ROW_{11}	RAM_{11}	ROW_3	RAM_{11}	ROW_3	RAM_3	ROW_{11}	RAM_{11}	ROW_3	RAM_{11}
COM_4	ROW_4	RAM_4	ROW_{12}	RAM_{12}	ROW_4	RAM_{12}	ROW_4	RAM_4	ROW_{12}	RAM_{12}	ROW_4	RAM_{12}
COM_5	ROW_5	RAM_5	:	:	ROW_5	:	ROW_5	RAM_5	:	:	ROW_5	:
COM_6	ROW_6	RAM_6	:	:	ROW_6	:	ROW_6	RAM_6	:	:	ROW_6	:
COM_7	ROW_7	RAM_7	:	:	ROW_7	:	ROW_7	RAM_7	:	:	ROW_7	:
COM_8	ROW_8	RAM_8	:	:	ROW_8	:	ROW_8	RAM_8	:	:	ROW_8	:
COM_9	ROW_9	RAM_9	:	:	ROW_9	:	ROW_9	RAM_9	:	:	ROW_9	:
COM_{10}	ROW_{10}	RAM_{10}	ROW_{52}	RAM_{52}	ROW_{10}	RAM_{52}	ROW_{10}	RAM_{10}	ROW_{52}	RAM_{52}	ROW_{10}	RAM_{52}
COM_{11}	ROW_{11}	RAM_{11}	ROW_{53}	RAM_{53}	ROW_{11}	RAM_{53}	ROW_{11}	RAM_{11}	ROW_{53}	RAM_{53}	ROW_{11}	RAM_{53}
COM_{12}	ROW_{12}	RAM_{12}	ROW_{54}	RAM_{54}	ROW_{12}	RAM_{54}	ROW_{12}	RAM_{12}	ROW_{54}	RAM_{54}	ROW_{12}	RAM_{54}
⋮	⋮	⋮	⋮	⋮	ROW_{55}	RAM_{55}	⋮	⋮	ROW_{55}	RAM_{55}	×	RAM_{55}
					ROW_{56}	RAM_{56}			×	×	×	RAM_{56}
					ROW_{57}	RAM_{57}			×	×	×	RAM_{57}
					ROW_{58}	RAM_{58}			×	×	×	RAM_{58}
					ROW_{59}	RAM_{59}			×	×	×	RAM_{59}
COM_{52}	ROW_{52}	RAM_{52}	ROW_{60}	RAM_{60}	ROW_{52}	RAM_{60}	ROW_{52}	RAM_{52}	×	×	ROW_{52}	RAM_{60}
COM_{53}	ROW_{53}	RAM_{53}	ROW_{61}	RAM_{61}	ROW_{53}	RAM_{61}	ROW_{53}	RAM_{53}	×	×	ROW_{53}	RAM_{61}
COM_{54}	ROW_{54}	RAM_{54}	ROW_{62}	RAM_{62}	ROW_{54}	RAM_{62}	ROW_{54}	RAM_{54}	×	×	ROW_{54}	RAM_{62}
COM_{55}	ROW_{55}	RAM_{55}	ROW_{63}	RAM_{63}	ROW_{55}	RAM_{63}	ROW_{55}	RAM_{55}	×	×	ROW_{55}	RAM_{63}
COM_{56}	ROW_{56}	RAM_{56}	ROW_0	RAM_0	ROW_{56}	RAM_0	×	×	ROW_0	RAM_0	×	×
COM_{57}	ROW_{57}	RAM_{57}	ROW_1	RAM_1	ROW_{57}	RAM_1	×	×	ROW_1	RAM_1	×	×
COM_{58}	ROW_{58}	RAM_{58}	ROW_2	RAM_2	ROW_{58}	RAM_2	×	×	ROW_2	RAM_2	×	×
COM_{59}	ROW_{59}	RAM_{59}	ROW_3	RAM_3	ROW_{59}	RAM_3	×	×	ROW_3	RAM_3	×	×
COM_{60}	ROW_{60}	RAM_{60}	ROW_4	RAM_4	ROW_{60}	RAM_4	×	×	ROW_4	RAM_4	×	×
COM_{61}	ROW_{61}	RAM_{61}	ROW_5	RAM_5	ROW_{61}	RAM_5	×	×	ROW_5	RAM_5	×	×
COM_{62}	ROW_{62}	RAM_{62}	ROW_6	RAM_6	ROW_{62}	RAM_6	×	×	ROW_6	RAM_6	×	×
COM_{63}	ROW_{63}	RAM_{63}	ROW_7	RAM_7	ROW_{63}	RAM_7	×	×	ROW_7	RAM_7	×	×

图 47.2　显示偏移与起始行

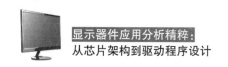
图 47.2 中的 COM 列表示硬件引脚，ROW 列表示 COM 引脚与显示行的映射关系（默认 COM_0 对应 ROW_0），RAM 列则表示 GDDRAM 数据行。第一列是默认扫描 64 行且显示起始行与偏移量均为 0 的情况。第二列设置显示偏移量为 8，相当于显示起始行设置为 8，因为 COM 引脚功能被卷动了，原来对应 ROW_0 的 COM_0 引脚现在却对应 ROW_8，虽然显示起始行仍然没有变化，但 GDDRAM 显示数据行的整体参考位置调整了。第三列设置显示偏移量为 0，但起始行设置为 8，所以从屏幕效果来看与第二列是一样的。

可以借用坐在车（相当于显示行）上的人（相当于显示起始行）来理解第二与三列的区别，第二列对应人未动但车动了，第三列对应车未动人却动了，由于两者的变化量是一样的，所以从车外面来看，人所处的位置并没有差别。

第四列是默认扫描 56 行且显示起始行与偏移量均为 0 的情况，所以最后一页并没有显示。但是第五列设置显示偏移量为 8 时的结果就非常奇怪了：原来没显示的地方却显示了！为什么呢？因为显示偏移量总是以 64 个 COM 调整为基准，是否设置扫描行数或显示起始行都不会影响它的范围，原来没有显示的 ROW_{56} ~ ROW_{63} 往上卷动 8 行仍然没有显示（对应 COM_{48} ~ COM_{55}），原来处于显示状态的 ROW_0 ~ ROW_7 被卷到了最下面（对应 COM_{56} ~ COM_{63}）。需要注意的是，由于设置显示偏移量只是滚动 COM 引脚，总的显示行并没有增加。

仍然可以借用车与人来理解。人在车内无论如何移动都不会影响车子的位置，而且由于受限于车的空间，怎么也不可能到达车外的某个位置（相当于默认不显示的行），但是车的位置并没有限制，只要车被移动了（相当于设置显示偏移量），人也就可以出现在原来不可能出现的位置，但人的活动空间（相当于显示行）总是不可能超出车内的范围（相当于扫描行数）。图 47.3 给出了图 47.2 中各列显示效果。

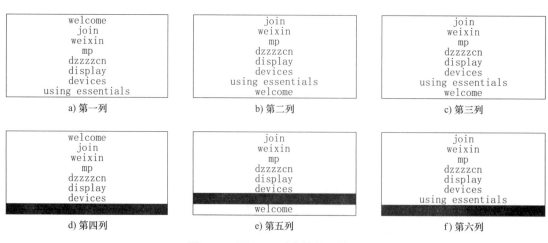

图 47.3　图 47.2 对应的显示效果

SSD1306 的卷屏功能非常独特，除了以往介绍过的上下卷屏，它还可以选择部分页左右卷屏，并且还能够设置每隔多长时间自行卷动，像动画一样（而不需要逐次设置），很奇妙吧！我们先来看看连续水平卷动指令，见表 47.2。

表 47.2　连续水平卷动

D/$\overline{C}$	HEX	D_7	D_6	D_5	D_4	D_3	D_2	D_1	D_0	描述
0	26/27	0	0	1	0	0	1	1	X_0	
0	A[7:0]	0	0	0	0	0	0	0	0	$X_0=0$，水平右卷屏；$X_0=1$，水平左卷屏
0	B[2:0]	*	*	*	*	*	B_2	B_1	B_0	A[7:0]：假数据（00h） B[2:0]：设置起始页地址
0	C[2:0]	*	*	*	*	*	C_2	C_1	C_0	C[2:0]：设置卷动时间间隔
0	D[2:0]	*	*	*	*	*	D_2	D_1	D_0	D[2:0]：设置结束页地址 E[7:0]：假数据（00h）
0	E[7:0]	0	0	0	0	0	0	0	0	F[7:0]：假数据（FFh）
0	F[7:0]	1	1	1	1	1	1	1	1	

卷动时间间隔是什么呢？与以往讨论的上下卷屏不同的是，**连续**水平卷动一旦开启，它就会**一直**卷屏（往左或往右），而**卷动时间间隔**就决定了卷屏速度，它是以 OLED 面板刷新一帧的时间为基础单位，具体见表 47.3。

表 47.3　卷动时间间隔

C[2:0]	间隔	C[2:0]	间隔	C[2:0]	间隔	C[2:0]	间隔
000b	5 帧	001b	64 帧	010b	128 帧	011b	256 帧
100b	3 帧	101b	4 帧	110b	25 帧	111b	2 帧

假设帧频为 107Hz，而设置的**卷动时间间隔**为 128 帧，则连续水平卷动开启后每隔 $128/107\mathrm{Hz} \approx 1.2\mathrm{s}$ 卷屏一次。注意：以上只是设置水平卷动参数，还需要执行"激活卷屏（Activate Scroll）"指令才能开始卷屏，停止卷屏则需要相应的"停止卷屏（Deactivate Scroll）"指令，不然屏幕会一直卷动，图 47.4 所示为某帧图像往右水平卷动的显示效果瞬间（起始页为 5，结束页为 7）。

a) 原始图像　　　　　　　　　　　　b) 还在往右卷动的图像

图 47.4　连续水平卷动效果

还有一种连续垂直与水平卷动方式是类似的，它允许上下与左右同时卷屏，屏幕上的效果就是往左上或右上卷动，相对于"连续水平卷动指令"，它需要多指定一个垂直卷动偏移量（范围 0～63），表示每卷屏一次垂直卷动多少行。如果此值为 0，表示不进行垂直卷动（与前述连续水平卷动的效果相同）。图 47.5 所示为某帧图像连续水平与垂直卷动时的显示效果瞬间（往右上方卷动，起始页为 0，结束页为 7，每次垂直卷动一行）。

```
         welcome                           weixin
          join                              mp
         weixin                           dzzzzcn
          mp                              display
        dzzzzcn                           devices
        display                        using essentials
        devices                          welcome
     using essentials                      join
```

a) 原始图像   b) 还在往右上卷动的图像

图 47.5　连续水平与垂直卷动效果

Proteus 软件平台中有一块基于 SSD1306 的显示模组，其型号为 UG-2864HSWEG01，相应的仿真电路及效果如图 47.6 所示。

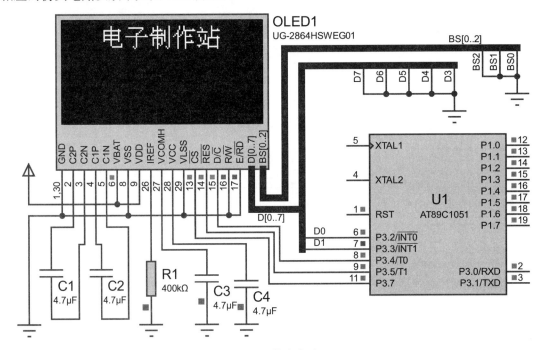

图 47.6　仿真电路

SSD1306 不仅支持以前讨论过的 8080/6800 并行接口、3/4 线 SPI 接口，还支持 I^2C 接口（将在下一章介绍），可以通过配置 BS_0、BS_1、BS_2 三个引脚的电平进行选择，见表 47.4。

表 47.4　通信接口选择

SSD1306 引脚名	I^2C 接口	8 位 6800 接口	8 位 8080 接口	4 线 SPI 接口	3 线 SPI 接口
BS_0	0	0	0	0	1
BS_1	1	0	1	0	0
BS_2	0	1	1	0	0

数据手册给出了各种接口应用时的引脚连接方式（仿真电路即便不处理未使用引脚，也能得到相同的效果），见表 47.5。

表 47.5　接口应用时的引脚连接方式

总线接口	数据线								控制线				
	D_7	D_6	D_5	D_4	D_3	D_2	D_1	D_0	E	R/$\overline{W}$	$\overline{CS}$	D/$\overline{C}$	$\overline{RES}$
8 位 8080	D[7:0]								$\overline{RD}$	$\overline{WR}$	$\overline{CS}$	D/$\overline{C}$	$\overline{RES}$
8 位 6800	D[7:0]								E	R/$\overline{W}$	$\overline{CS}$	D/$\overline{C}$	$\overline{RES}$
3 线 SPI	接低电平					悬空	SDIN	SCLK	接低电平		$\overline{CS}$	接低电平	$\overline{RES}$
4 线 SPI	接低电平					悬空	SDIN	SCLK	接低电平		$\overline{CS}$	D/$\overline{C}$	$\overline{RES}$
I²C	接低电平					SDA_{OUT}	SDA_{IN}	SCL	接低电平			SA_0	$\overline{RES}$

我们决定使用 4 线 SPI 接口，相应的源代码如清单 47.1 所示。

```c
#include <reg51.h>
#include <intrins.h>

#define WRITE_COM   0
#define WRITE_DAT   1

sbit OLED_SPI_SCLK = P3^2;
sbit OLED_SPI_SDIN = P3^3;
sbit OLED_SPI_DC   = P3^4;
sbit OLED_SPI_CS_N = P3^7;
sbit OLED_RST_N    = P3^5;

typedef unsigned char uchar;            //定义类型别名
typedef unsigned int uint;

void delay_us(uint count){while(count-->0);}             //延时函数
void delay_ms(uint count){while(count-->0)delay_us(60);}

uchar code dzzzzcn_dots[] = {            // "电子制作站" 字模数据
    0x00, 0x00, 0x00, 0x00, 0x00, 0x00, 0x00, 0x00, 0x00, 0x00, 0x00, 0x00, 0x00, 0x00, 0x00, 0x00,
    0x00, 0x00, 0x00, 0x00, 0x00, 0x00, 0x00, 0x00, 0x00, 0xF8, 0x48, 0x48, 0x48, 0x48, 0xFF, 0x48,
    0x48, 0x48, 0x48, 0xFC, 0x08, 0x00, 0x00, 0x00, 0x80, 0x80, 0x82, 0x82, 0x82, 0x82, 0x82, 0xE2,
    0xA2, 0x92, 0x8A, 0x86, 0x80, 0xC0, 0x80, 0x00, 0x40, 0x60, 0x5E, 0x48, 0x48, 0xFF, 0x48, 0x4C,
    0x68, 0x40, 0xF8, 0x00, 0x00, 0xFF, 0x00, 0x00, 0x80, 0x40, 0x20, 0xF8, 0x87, 0x40, 0x30, 0x0F,
    0xF8, 0x88, 0x88, 0xC8, 0x88, 0x0C, 0x08, 0x00, 0x10, 0xD0, 0x12, 0x1C, 0x10, 0xD0, 0x10, 0x00,
    0x00, 0xFF, 0x08, 0x08, 0x08, 0x8C, 0x08, 0x00, 0x00, 0x07, 0x02, 0x02, 0x02, 0x02, 0x3F, 0x42,
    0x42, 0x42, 0x42, 0x47, 0x40, 0x70, 0x08, 0x00, 0x00, 0x00, 0x00, 0x40, 0x80, 0x7F,
    0x00, 0x00, 0x00, 0x00, 0x70, 0x00, 0x00, 0x00, 0x00, 0x3F, 0x01, 0x01, 0xFF, 0x11, 0x21,
    0x1F, 0x00, 0x07, 0x40, 0x80, 0x7F, 0x00, 0x00, 0x00, 0x00, 0x00, 0xFF, 0x00, 0x00, 0x00, 0x00,
    0xFF, 0x08, 0x08, 0x08, 0x0C, 0x08, 0x00, 0x00, 0x20, 0x60, 0x27, 0x10, 0x1C, 0x13, 0x10, 0xFF,
    0x41, 0x41, 0x41, 0x41, 0x41, 0xFF, 0x01, 0x00
};

void init()
{
    delay_ms(100);                       //上电延时一段时间，使供电稳定
    OLED_SPI_SCLK = 1;
    OLED_RST_N = 0;                      //复位
    delay_ms(10);
    OLED_RST_N = 1;
    delay_ms(10);
}

void write_ssd1306(uchar byte_data, uchar flag)
{
    uchar i;
```

清单 47.1　驱动源代码

```
    (WRITE_DAT == flag)?(OLED_SPI_DC = WRITE_DAT):(OLED_SPI_DC = WRITE_COM);
    OLED_SPI_CS_N = 0;                                                  //片选使能

    for (i=0; i<8; i++) {
      OLED_SPI_SCLK = 0;                                  //时钟置为低电平，准备数据移入
      delay_us(1);
      OLED_SPI_SDIN = (bit)(0x80&byte_data)?1:0;                          //高位先行
      byte_data <<=1;                                                      //左移1位
      OLED_SPI_SCLK = 1;                             //时钟置为高电平，上升沿引起数据移位
      _nop_();
    }
    OLED_SPI_CS_N = 1;                                                  //片选无效
}

void main(void)
{
    uint i=0;
    init();

    write_ssd1306(0xA8, WRITE_COM);                                //设置多路系数为64
    write_ssd1306(0x3F, WRITE_COM);
    write_ssd1306(0xD3, WRITE_COM);                                 //设置显示偏移为0
    write_ssd1306(0x00, WRITE_COM);
    write_ssd1306(0x40, WRITE_COM);                                //设置显示起始行为0
    write_ssd1306(0xA1, WRITE_COM);                               //SEG驱动输出重映射
    write_ssd1306(0xC8, WRITE_COM);                               //COM驱动输出重映射
    write_ssd1306(0xDA, WRITE_COM);          //顺序COM引脚配置，左右两组COM引脚功能不重映射
    write_ssd1306(0x02, WRITE_COM);
    write_ssd1306(0x81, WRITE_COM);                                    //设置对比度
    write_ssd1306(0x7F, WRITE_COM);
    write_ssd1306(0xA4, WRITE_COM);            //关闭全显示模式（此模式下显示与RAM数据无关）
    write_ssd1306(0xA6, WRITE_COM);                                  //关闭反白显示
    write_ssd1306(0xD5, WRITE_COM);                                  //设置振荡频率
    write_ssd1306(0x80, WRITE_COM);
    write_ssd1306(0x8D, WRITE_COM);                            //使能内部电荷泵升压电路
    write_ssd1306(0x14, WRITE_COM);
    write_ssd1306(0xAF, WRITE_COM);                                    //打开显示

    write_ssd1306(0x20, WRITE_COM);                                //设置水平寻址模式
    write_ssd1306(0x00, WRITE_COM);
    write_ssd1306(0x21, WRITE_COM);                              //设置访问区域列地址
    write_ssd1306(0x18, WRITE_COM);                                   //起始列地址
    write_ssd1306(0x67, WRITE_COM);                                   //结束列地址
    write_ssd1306(0x22, WRITE_COM);                              //设置访问区域页地址
    write_ssd1306(0x00, WRITE_COM);                                   //起始页地址
    write_ssd1306(0x07, WRITE_COM);                                   //结束页地址

    for (i=0; i<sizeof(dzzzzcn_dots); i++) {              //将数组字模数据写入到GDDRAM
      write_ssd1306(dzzzzcn_dots[i],WRITE_DAT);
    }

    while(1) {}
}
```

清单 47.1 驱动源代码（续）

主函数中首先对 SSD1306 进行了复位操作，数据手册要求复位低电平宽度不小于 3μs 即可，我们给的复位时间约为 10ms。复位后的状态见表 47.6。

表 47.6　复位后的状态

序号	项目	状态
1	显示开 / 关	关闭
2	—	128 × 64 显示模式
3	COM 与 SEG 映射关系	正常映射
4	串行接口移位寄存器	清零
5	显示起始行地址	0
6	列地址计数器	0
7	COM 输出扫描方向	正常
8	对比度控制寄存器	7Fh
9	显示模式	正常

随后的初始化操作与数据手册给出的软件配置流程完全一致，尽管很多指令执行的结果看似与复位后状态一定，但是为了产品的稳定性，实际编程时还是得重新使用指令配置一遍。初始化完成后，先设置了 GDDRAM 访问区域与水平寻址模式，再把 dzzzzzcn_dots 数组中的数据全部写入就大功告成了。需要指出的是，Proteus 软件平台的仿真模型并不完善，因为指定的起始列对第一次写入的页是无效的（只能从第 0 列开始写起），所以只好在数组最开始增加了 24 个 0x00，也就把开始显示的位置往右平移（实际的模组是不需要的）。

VisualCom 软件平台也有一块基于 SSD1306 的显示模组，相应的显示效果如图 47.7 所示。

图 47.7　仿真效果

屏幕上第一行与第三行显示的字符串来自指定的初始化图片，第二行"dzzzzcn"则是以预置数据方式写入的字模，相应的预置数据如图 47.8 所示。

序号	类型	附加	十进制	十六进制	自定义备注
1	命令	0	175	AF	打开显示
2	命令	0	141	8D	打开电荷泵
3	命令	0	20	14	
4	命令	0	180	B4	设置页地址为3
5	命令	0	9	9	设置列地址为41（0x29）
6	命令	0	18	12	
7	数据	0	56	38	以下写入dzzzzcn字模
8	数据	0	68	44	
9	数据	0	68	44	
10	数据	0	72	48	
11	数据	0	127	7F	
12	数据	0	0	0	
13	数据	0	0	0	
14	数据	0	68	44	
15	数据	0	100	64	

插入数据　插入命令　批量插入...　导入...　进度：　　　确定　取消

图 47.8　预置数据

打开了显示与电荷泵升压电路即可使 GDDRAM 中的数据显示出来，为了避开初始化的图片，先将页地址设置为 3，列地址设置为 41（使用默认的页寻址模式），再连续写入字模数据即可。

第 48 章

I²C 串行控制接口

SSD1306 还支持一种应用广泛且非常重要的 I²C（InterIntegrated Circuit 的缩写，中间"2"的读音与汉字"方"相同，意思为两个相同字母，有时也简称为 I2C 或 IIC）串行总线接口，它在标准模式下的数据传输速率可达 100kbit/s，在快速模式下可达 400kbit/s，在高速模式下可达 3.4Mbit/s，并且只需要两条控制线即可完成双向通信，其中一条为数据线（SDA），另一条为时钟线（SCL），它们都是双向信号线。

I²C 总线在硬件层面的连接非常简单，只需要将多个器件可以挂在同一总线上即可，由于标准 I²C 总线接口通常是开漏输出结构，我们必须给 SDA 与 SCL 引脚各自添加一个（共用的）上拉电阻，如图 48.1 所示。

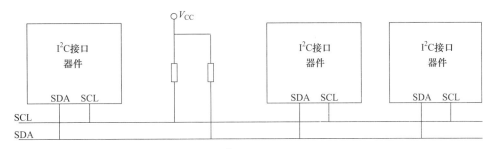

图 48.1   I²C 总线的硬件连接

可以看到，SDA 与 SCL 引脚默认均为高电平，我们称为总线的空闲状态。理论上，一条 I²C 总线可以挂接 127 个器件，但是由于每个器件的引脚都存在一定的分布电容，挂在总线的器件数量越多，并联的总线分布电容 C_{BUS} 也就越大，它们与上拉电阻形成了 RC 充放电电路，如果高低电平切换的速度太快，总线电平将无法及时反应，为了保证数据逻辑传输的正确性，我们只能降低传输速率。当然，我们也可以减小上拉电阻阻值以减小充放电时间常数，有些器件数据手册上会标注上拉电阻与 C_{BUS} 之间的限制关系，如图 48.2 所示。

图 48.2 告诉我们，假设 C_{BUS} 为 400pF，上拉电阻最多只能取 2kΩ 左右才能达到需要的传输速率，上拉电阻过大就无法保证数据手册给出的额定传输速率。如果 C_{BUS} 为 100pF，则上拉电阻则可以最多取 12kΩ 左右。上拉电阻越小则数据传输时消耗的功率越大，因为当总线为低电平时，流过上拉电阻的电流也会越大，所以在满足传输速率的前提下，上拉

电阻应该大一些为好。

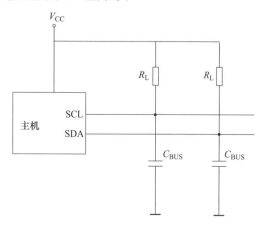

a) 分布电容与电阻构成RC充放电电路

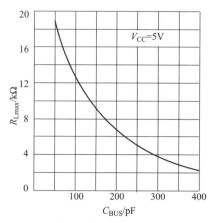

b) 分布电容与上拉电阻最大值取值范围关系

图 48.2　分布电容与上拉电阻的关系

多个 I²C 接口器件挂在同一条总线上，如何实现数据的发送与接收呢？I²C 总线规定：**任意时刻只能有一个发送数据的器件**，我们称其为主机或主（Host）设备，接收数据的一方称为从机或从（Slave）设备。例如，我们使用单片机通过 I²C 总线控制 SSD1306，那么单片机就是主机，SSD1306 芯片就是从机。挂在 I²C 总线上的每一个器件都可以发送或接收数据，但数据传输总是由主机**发起**的，从机只是根据主机的要求发送（响应）相应的数据。换句话说，总线上的主机可以是多个，但任意时刻，**只有一个主机发起数据传输**。

与 UART 串行接口不同，I²C 串行接口是一种同步接口，所以主从双方不需要约定波特率，那么摆在我们面前的问题是：同样**只有一条数据线，从机是怎么知道主机开始向其发送数据？又是如何知道数据传输已经结束了呢？** I²C 总线协议规定：**数据的传输必须以起始（Start，S）信号作为开始条件，而以结束（Stop，P）信号作为停止条件**，它们的定义如图 48.3 所示。

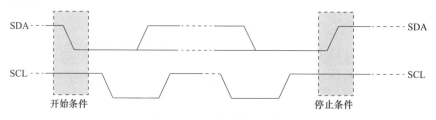

图 48.3　开始与停止条件

开始条件是在 SCL 为高电平期间，SDA 由高至低的电平跳变，它意味着数据传输的开始。停止条件是在 SCL 为高电平期间，SDA 由低至高的电平跳变，它意味着数据传输的结束。

当数据传输开始之后，主机会以字节（8 位）为单位进行高位先行的数据传输。在编程实现时需要特别注意两点，其一，**只有在 SCL 为低电平期间，才允许 SDA 改变电平状态**（因为 SCL 高电平期间的 SDA 变化已经分别被定义为开始信号与停止信号了）。换句话说，串行数据在每个时钟的上升沿移入从机（下降沿移出从机，也就是读数据操作），但是串行数据的准备工作必须在时钟处于低电平期间完成，相应的数据变化条件如图 48.4 所示。

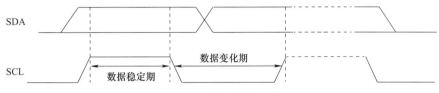

图 48.4　数据变化条件

其二，**主机每发送一个字节，从机必须应答**（Acknowledgement，ACK）。所谓的"应答"就好比从机回复主机：兄弟，你刚发给我的 8 位数据已经收到了！具体可以这么做：第 8 个时钟（即一个字节传输完毕）后，主机保持 SCL 为低电平，然后释放 SDA（也就是高电平），此时主机不再控制（写入）数据线，而是转为读取 SDA 的状态。如果从机正常接收了刚刚主机发送的 8 位数据，它就会主动将 SDA 拉低作为应答，（一直处于读取 SDA 状态的）主机一旦读取 SDA 低电平就知道从机已经正常接收了数据（在此期间占用总线的是从机）。既然主机已经知道从机接收正常了，从机就不能一直占用总线，所以主机在 SDA 为低电平期间，通过先后拉高与拉低 SCL（形成第 9 个时钟，这是主机给从机的应答信号）来通知从机释放 SDA 线，相应的应答条件如图 48.5 所示。

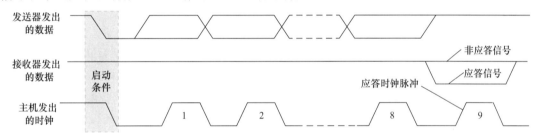

图 48.5　应答条件

如果从机（接收器）接收数据异常，它就不会主动拉低 SDA（非应答信号），主机也就总会读不到应答信号，继而一直处在读取 SDA 数据线的状态，这当然是不允许的，所以大多数工程师在编程时会设置一个最长读取时间，就像以往我们从液晶驱动芯片读取状态时设置的最长等待时间一样。如果需要连续发送多个字节，只需要在从机释放总线后再次发送数据即可，如果不需要发送更多的数据，只需要发送一个停止信号即可完成一次数据的传输。另外，当读取从机数据（此时主机为数据**接收器**）结束后，主机也需要发送非应答信号（高电平）通知从机释放 SDA，也就相当于：兄弟，我刚才要你回传的数据已经接收完成了，你就不要再占用道路（总线），我还要跟随其他兄弟打交道，赶紧的！

图 48.6 所示为 I²C 总线传输两个字节的时序。

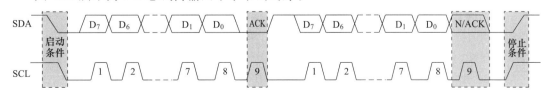

图 48.6　I²C 总线传输两个字节的时序

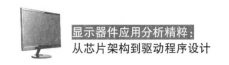

好的，明白了 I²C 总线是如何传输数据之后，我们来看看 SSD1306 的数据传输格式，如图 48.7 所示。

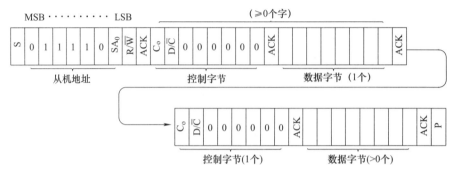

图 48.7 数据传输格式

可以看到，在开始信号（S）与停止信号（P）之间，可以连续传输多个字节，这些字节分为从机地址（Slave Address）、控制字节（Control Byte）与数据字节（Data Byte）三大类。前面我们已经提过，同一条 I²C 总线上允许接多个器件，那主机如何访问指定的从机呢？I²C 总线可没有片选信号呀？答案是**从机地址（也称为设备地址）**！挂在 I²C 总线上的每一个从机都有唯一的地址，主机就是通过它来确定与之通信的器件。也就是说，主机在每次传输数据之前都要先指定 7 位从机地址。

SSD1306 的 SA_0 引脚就是用来设置从机地址，这意味着可以在 I²C 总线上挂两个 SSD1306。由于从机地址的高 6 位是固定的（011110b），如果 SA_0 设置为低电平，则从机地址为 0111100b，如果 SA_0 设置为高电平，从机地址就是 0111101b。另外，在指定从机地址时，还可以指定数据的传输方向，$R/\overline{W} = 0$ 时表示主机往从机写数据，$R/\overline{W} = 1$ 表示主机读取从机发送的数据。例如，我们在开始信号后发送的第一个字节为 01111000b（0x78）时，表示主机要往（SA_0 引脚设置为低电平的）SSD1306 的芯片中写数据。

控制字节与数据字节并不是代表主机给 SSD1306 发送的指令与数据，因为很明显，控制字节只有 6 位是可用的，而 SSD1306 的指令与数据都是 8 位的。实际上，**控制字节**只是用来定义**数据字节**是指令还是数据，其中 $D/\overline{C}$ 位用来表示后面跟随的字节是指令（$D/\overline{C}=0$）还是数据（$D/\overline{C}=1$），C_0 位表示后续还有没有跟随更多的控制字节，如果将其设置为 0，表示后续跟随都是**数据字节**。除了 $D/\overline{C}$ 与 C_0 外，**控制字节**中的其他位都是 0。假设我们传输的控制字节为 10000000b（0x40），表示后续传输的（可以是一个或多个）**字节**都是指令。

接下来开始进行驱动程序的编写，首先来看看相应的仿真电路，如图 48.8 所示。

硬件方面与图 47.6 有两点不同，其一是 BS 引脚的设置，从表 47.4 可以看到，为了选择 I²C 接口，应该将 BS_0、BS_2 拉低，同时将 BS_1 拉高；其二，根据表 47.5，与 I²C 总线相关的引脚有 SA_0（$D/\overline{C}$）、SCL（D_0）、SDA_{IN}（D_1）、SDA_{OUT}（D_2）。SA_0 引脚已经提过了，它用于设置 SSD1306 的从机地址，可以将其拉高或拉低（此例为低电平），只需要往主机发送相应的从机地址（此例为 0x78）即可。SDA_{OUT}、SDA_{IN} 与 I²C 总线协议不太一样，SSD1306 要求将它们连接在一起作为 SDA 信号（用一个输入与一个输出引脚实现双向引脚的功能），我们照做即可。另外，由于 AT89C1051 的 P3 口内部已经集成了上拉电阻，所以我们不需要给 SCL 与 SDA 引脚再添加上拉电阻。

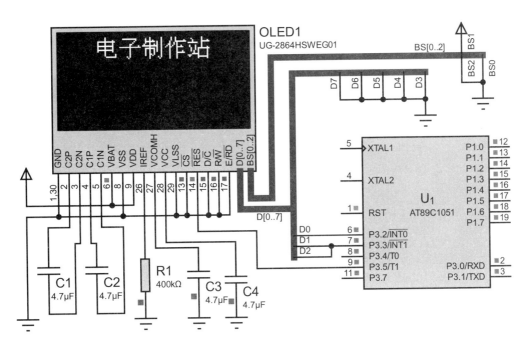

图 48.8　仿真电路

下面来看看相应的代码，如清单 48.1 所示（主函数与清单 47.1 完全相同，为节省篇幅未摘录，只需要将对应部分替换即可）。

```
#define WRITE_COM   0x00                          //写指令时的控制字节
#define WRITE_DAT   0x40                          //写数据时的控制字节

sbit OLED_I2C_SCL = P3^2;
sbit OLED_I2C_SDA = P3^3;
sbit OLED_RST_N   = P3^5;

void init()
{
  delay_ms(100);                                 //上电延时一段时间，使供电稳定
  OLED_I2C_SDA = 1;                              //初始化I²C总线引脚为空闲状态
  OLED_I2C_SCL = 1;
  OLED_RST_N = 0;                                //复位
  delay_ms(10);
  OLED_RST_N = 1;
  delay_ms(10);
}

void i2c_start()                                 //发送起始信号
{
  OLED_I2C_SDA = 1;
  _nop_();
  OLED_I2C_SCL = 1;
  _nop_();
  OLED_I2C_SDA = 0;                              //在SCL高电平期间拉低SDA
  _nop_();
}
```

清单 48.1　驱动代码

```c
void i2c_stop()
{
  OLED_I2C_SDA = 0;
  _nop_();
  OLED_I2C_SCL =1;
  _nop_();
  OLED_I2C_SDA = 1;                                               //在SCL高电平期间拉高SDA
  _nop_();
}

void i2c_ack()
{
  uchar i;
  OLED_I2C_SCL =1;                           //主机先将SCL拉低，然后读取SDA（相当于释放总线）
  _nop_();
  while((1== OLED_I2C_SDA) && (i<300)) {i++;}
  OLED_I2C_SCL =0;                                  //应答后准备形成第9个时钟通知从机释放总线
  _nop_();
}

void i2c_write_byte(uchar byte_data)                                    //I²C总线写一个字节
{
  uchar i;
  for (i=0; i<8; i++) {
    OLED_I2C_SCL = 0;
    _nop_();
    OLED_I2C_SDA = (bit)(0x80&byte_data)?1:0;                            //高位先行
    byte_data <<=1;
    _nop_();
    OLED_I2C_SCL = 1;
  }
  OLED_I2C_SCL = 0;
  _nop_();
  OLED_I2C_SDA = 1;                                        //释放总线准备接收从机应答信号
  _nop_();
}

void write_ssd1306(uchar byte_data, uchar flag)
{
  i2c_start();                                                    //发送起始条件
  i2c_write_byte(0x78);                                           //发送设备地址
  i2c_ack();                                                      //接收从机应答

  (WRITE_DAT == flag)?(i2c_write_byte(WRITE_DAT)):(i2c_write_byte(WRITE_COM));
  i2c_ack();                                                      //接收从机应答
  i2c_write_byte(byte_data);                                      //发送数据
  i2c_ack();                                                      //接收从机应答
  i2c_stop();                                                     //发送停止条件
}
```

清单 48.1　驱动代码（续）

I²C 总线也可以读数据，但是 SSD1306 本身并不支持，所以这里暂不进行讨论。

第 49 章
EPD 基本结构与工作原理

电子墨水屏是一种使用电子墨水的显示器件，它与普通纸张一样具有超薄、柔软、轻便、高对比度、高分辨率、阅读舒适等特点，也被称为电子纸显示屏（Electronic Paper Display，EPD）。需要说明的是，电子纸显示技术只是一种统称（例如，通过改进 LCD 结构也可以实现电子纸），而本书所涉及的电子纸均特指电泳显示技术（Electrophoretic Display，EPD），也是现如今发展最成熟的电子纸显示技术之一。

电泳是指带电颗粒在电场作用下向着与其电性相反的电极迁移行为，而利用带电颗粒在电场中移动速度不同而达到分离的技术称为电泳技术。假设现在有两块充满电泳液的电极基板（下侧基板为像素电极，上侧基板为透明电极，便于从上往下观察），我们把电泳液存在的空间称为电泳室，电泳液中里存在带电荷颜色的颗粒（亚微米级尺寸），如图 49.1 所示。

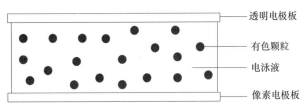

图 49.1　电泳室的基本结构

下面通过给电极基极施加电场来观察电泳颗粒的行为。假设颗粒带负电，当透明电极连接正极，像素电极连接负极时，则有色颗粒将往透明电极方向迁移，最终导致大量带色颗粒聚集到透明电极附近。当从透明电极处观察时，就可以看到带电颗粒的颜色。反之，我们可以看到电泳液的颜色（透明），这就是 EPD 显示的基本原理，如图 49.2 所示。

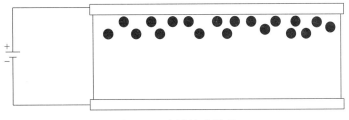

图 49.2　电泳技术原理

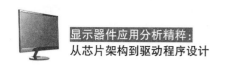
实际 EPD 中通常含有大量的电泳颗粒，但是如果把大量颗粒全部放在同一个电泳室中，它们会自发地出现团聚或沉淀现象，严重影响显示效果与使用寿命，而且如果两电极板之间的距离比较大，带电颗粒在电场中的运行时间相应会变长，就会影响显示响应时间，同时也很难实现柔性显示，所以通常会将电泳室分割为很多小型电泳室的方法来克服这些缺点。

根据小型电泳室具体实现方式的不同，电泳显示技术分为微胶囊型、微杯型、扭转球型等，我们以现如今应用比较广泛的微胶囊型为例进行详细讨论，相应的基本结构如图 49.3 所示。

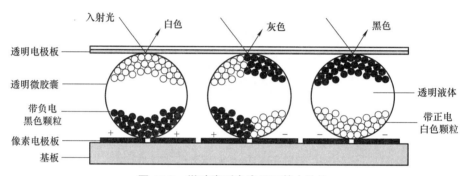

图 49.3　微胶囊型电泳显示基本结构

可以看到，带电颗粒与透明液体被封装在头发丝直径大小（几十微米左右）的独立微胶囊（Microcapsule）中，可减少粒子之间的碰撞与相互作用力，从而有效避免粒子团聚与沉淀。如果把带正电荷的颗粒染成白色，带负电荷的颗粒染成黑色，当在两个电极板施加正负电压时，带有电荷颗粒就会被吸引或排斥而聚集在一起，我们就可以看到白色或者黑色（颗粒也可以染成其他颜色，红色或黄色最常用，虽然理论上 EPD 也可以显示彩色，但受限于成本与技术等因素，现如今尚未成为主流）。

EPD 的响应时间通常小于 300ms，这与响应时间小于 20ms 的 LCD 是无法比拟的，所以 EPD 更适用于内容简单、变化较少的文字显示，因为无论是手机还是电脑，屏幕需要显示的内容都很丰富，同时还要进行弹出菜单、窗口滚动等操作，EPD 极低的刷新率显然无法满足这样的要求，但是 EPD 具有双稳态特性，即使电场被撤离，颗粒原有的位置仍然会保持不变，所以 EPD 相对以往的显示技术具有耗电更小的特点，因为它只有在显示图像刷新的时候才会消耗电能。当然，具备双稳压特性**并不意味**着可以一直让 EPD 固定显示在某个状态，应该每隔一段时间（例如 24h）重新刷一次数据以避免 EPD 出现可能的损坏。

微胶囊型 EPD 的驱动方式与 LCD 非常相似，对于一些简单图形的显示场合，可以使用静态驱动，此时每一个电极控制一个像素单元，而所有像素单元都共用一个公共电极，如图 49.4 所示。

无源矩阵动态驱动方式也可用于 EPD，但由于这种驱动方式一般需要显示材料有一个阈值电压，而微胶囊中的颗粒通常不具备这个特性，所以大屏幕显示基本使用有源矩阵驱动（AM-EPD），它的基本结构与 TFT-LCD 相似，其像素电路与图 37.4b 相似，需要栅极、源极与公共极进行驱动，也包含像素盒电容与存储电容。

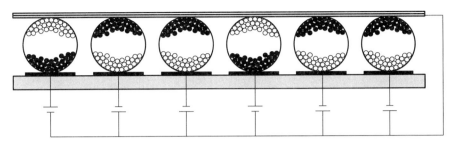

图 49.4　静态驱动方式

在 EPD 扫描驱动方面，虽然前面说明只要给电极板施加电场即可驱动显示，但是微胶囊中的带电颗粒长期处于固定状态时会出现团聚的现象，这会降低粒子对电压的灵敏度，增加 EPD 的反应时间，所以我们在进行像素扫描时，会隔一段时间进行一次短暂的电压反相，只要反相时间小于 EPD 的反应时间就不会影响显示。另外，如果长时间施加一个方向电场或长时间累积一个方向的电场，也会使 EPD 发生不可逆转的损坏，所以 EPD 驱动时必须施加反向电压来避免这种情况（即驱动电压有正向与负向电压）。在驱动脉冲序列中，如果电子纸从灰阶 A 到灰阶 B 所需的脉冲与从灰阶 B 到灰阶 A 所需的脉冲数量相等且方向相反，我们称为直流平衡。

直流不平衡容易引发显示鬼影（Ghosting），也称为残影，我们看图 49.5。

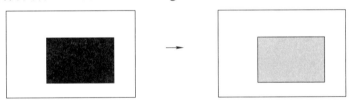

图 49.5　鬼影

当白色区域与黑色区域同时刷新为白色时后，黑色区域却还是灰色（并不是白色），这就是所谓的显示鬼影，它是由原来的旧图像引起的，并且与新图像同时存在。当然，引起显示鬼影的原因有很多，但几乎都是驱动波形而导致的，所以驱动波形是 EPD 应用的核心之一。

EPD 如何显示出各种灰阶呢？研究表明，在驱动电压峰值一定的情况下，通过改变不同像素点的通电时间就可以产生不同的灰阶，这与 PWM 控制的基本原理是相同的，相应的驱动电压波形类似如图 49.6 所示。

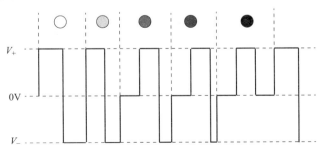

图 49.6　灰阶驱动电压

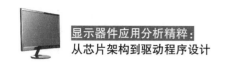

虽然灰阶显示原理看似简单，但是由于每个像素点内电泳颗粒的初始状态并不相同，需要的极板通电时间也会不一样，所以就产生了不同的灰阶刷新方式。最简单的莫过于直接施加目标**脉冲电压**使像素点从一个灰阶直接变换到另一灰阶，我们称为直接刷新，如图49.7所示。

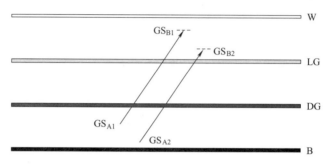

图 49.7　直接刷新方式

图49.7中显示的4种灰阶即黑（Black）、深灰（Dark Grey，DG）、浅灰（Light Grey，LG）与白（White，W）。直接从灰阶GS_{A1}变换到GS_{B1}的路径与时间都是最短的，但是却存在灰阶显示的准确度问题，因为带电黑白颗粒的运动状态在白色或黑色状态下趋于稳定，而在其他灰阶下却并非如此。粒子状态的错误与非一致的分布累积会使当前灰阶产生偏移（例如GS_{A2}），这样一来，使用同样的驱动波形将使目标灰阶也产生相应的偏移（例如GS_{B2}）。灰阶刷新的次数越多，灰阶的偏移会不断累积，显示效果也就会越来越差。为此我们在驱动波形的设计过程中，通常会将白色或黑色作为基准灰阶，原始灰阶通过先驱动到基准灰阶，最后才驱动到目标灰阶，我们称为间接刷新方式，如图49.8所示。

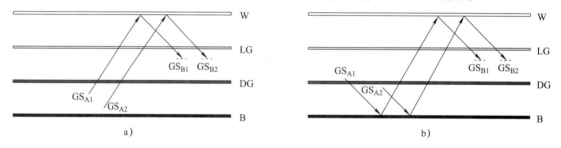

图 49.8　间接刷新方式

图49.8a中原始灰阶为GS_{A1}，目标灰阶为GS_{B1}，但灰阶并不直接从GS_{A1}到GS_{B1}，而是先将当前灰阶驱动到纯白，再从纯白驱动到目标灰阶，由于白色状态下的粒子状态是稳定可预测的，所以即便原始灰阶有所偏差，目标灰阶仍然相同。图49.8b也是相似的，只不过原始灰阶到目标灰阶会经过纯黑与纯白两个基准灰阶，能够使灰阶控制更加准确，它也是目前EPD应用比较广泛的刷新方式，缺点是刷新时间过长，并且会产生画面闪烁。

更多显示灰阶时的刷新方式类似如图49.9所示，其中16级灰阶是由4级基础灰阶调制而成，分别为黑黑（BB）、黑深灰（BDG）、黑浅灰（BLG）、黑白（BW）、深灰黑（DGW）、深灰深灰（DGDG）、深灰浅灰（DGLG）、深灰白（DGW）、浅灰白（LGW）、浅灰黑（LGB）、浅灰深灰（LGDG）、浅灰浅灰（LGLG）、浅灰白（LGW）、白黑（WB）、白深灰（WDG）、白浅灰（WLG）、白白（WW）。

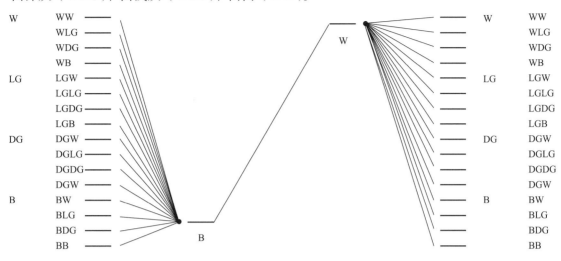

图 49.9　更多显示灰阶的刷新方式

可以看到，更多灰阶刷新方式与图 49.8b 并无不同。当然，有些刷新方案还考虑到黑白颗粒的电泳特性并非完全一致（通常 EPD 从白色转换为黑色的时间会小于相反的灰阶转换），所以在相同的驱动电压下，并非所有颗粒都能达到同样的位置，而且以白色作为基准灰阶会导致目标灰阶丢失，因而使用黑色作为基准灰阶，如图 49.10 所示。

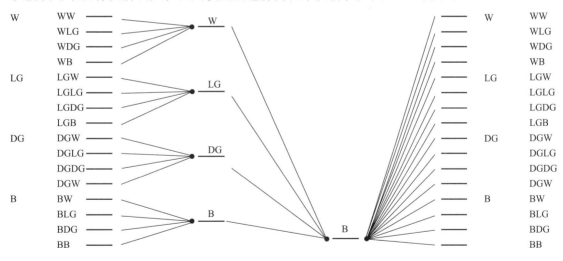

图 49.10　另一种多灰阶刷新方式

总的来说，间接刷新方式可以划分为 3 个阶段，即图像擦除（Erase the Original Image）、粒子激活（Activate Paticles）、写入新图像（Write the New Image），相应的驱动波形如图 49.11 所示。

与以往讨论的显示器件有所不同的是，电子纸的具体驱动波形与**原始灰阶值及目标灰阶值**都有一定的相关性，每个灰阶向另一个灰阶过渡时都必须有自己的驱动波形，它们组合在一起形成波形（Waveform）表。例如，灰阶为 4 的电子纸驱动波形应该有 4×4 = 16

个。假设灰阶分别为 GS_0、GS_1、GS_2、GS_3，则理论上 GS_0 到 GS_0、GS_1、GS_2、GS_3 的驱动波形都需要分别定义（注意，GS_0 到 GS_0 的驱动波形也需要定义），其他灰阶的转换也同样如此。

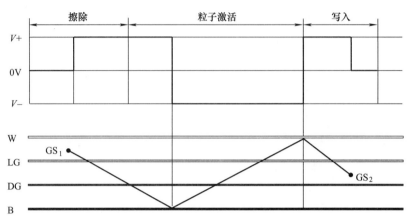

图 49.11　驱动波形与灰阶的关系

　　为了更灵活地控制驱动电压波形，通常会把一个完整的驱动周期划分为多个段或相位（Phase），每段的时间宽度都可以单独调整，然后把所有段施加的电压值与持续时长保存在查找表中，类似如图 49.12 所示。

旧灰阶	新灰阶	第1段	第2段	第3段	第4段	第5段
GS_0	GS_1	$V+$	$V+$	$V-$	$V-$	$V-$
		时长1	时长2	时长3	时长4	时长5

图 49.12　驱动波形与对应的波形表

　　在实际驱动芯片中，驱动波形表中每个段的持续时长是由脉冲数量来控制的，波形表的制作就是先确定每个灰阶的初始有效脉冲，然后再确定每个灰阶到另一个灰阶的波形，得到一个粗调波形表，接着再通过增加或减少正负脉冲进行微调。图 49.13 将整个驱动周期划分成了 20 个时间段，并且定义了三个电平（V_{SH}、V_{SS}、V_{SL}）的四种灰阶转换波形。

　　在图 49.13 中，V_{GH} 与 V_{GL} 分别表示栅极驱动开启与关闭电压，V_{SH}、V_{SS}、V_{SL} 表示源极驱动电压。TP[n] 表示第 n（0 ~ 19）个时间段，它的时长由脉冲数量决定，而每个脉冲代表一帧扫描时间。例如，TP[0] 段包含 8 个脉冲，这意味着可以调节相应源极驱动电平的时长为 0 ~ 8 个帧扫描时间（0 代表该时间段跳过），也就可以调整相应的驱动波形宽度。TP[1] 时间段有 4 个脉冲，可以调节该段为电平时长为 0 ~ 4 个帧扫描时间。划分的时间段越多，调节的脉冲数越多，则波形的控制会越灵活，当然，相应的波形表也需要更多的存储空间。另外，从驱动波形很容易可以看到，电子纸不像 TFT-LCD 那样刷新一帧就可以完整显示，而是需要根据波形表进行多次刷新（多帧叠加）才能达到显示效果，所以电子纸的响应时间会比较长。

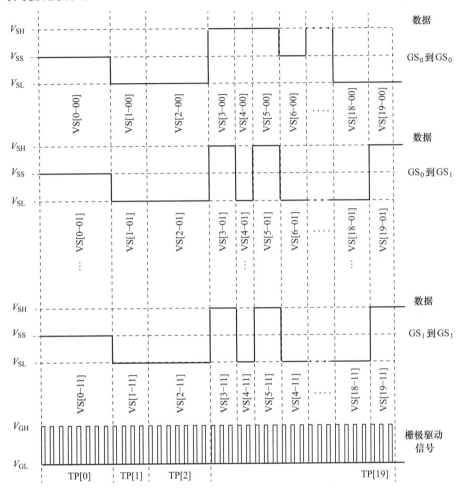

图 49.13　灰阶转换波形

VS[n-XY] 表示在第 n 段从 GS_X 到 GS_Y 的电压值。例如，VS[0-01] 表示在第 0 段从灰阶 GS_0 到 GS_1 的电压，VS[1-01] 表示在第 1 段从灰阶 GS_0 到 GS_1 的电压。所有这些信息能够确定灰阶驱动波形的所有细节，不同批次 EPD 对应的波形通常也会不一样，这些数据被存在查找表中，类似见表 49.1。

图 49.13 所示 EPD 驱动电平有三种，所以 VS[n-XY] 电平信息需要 2 位二进制保存，TP[n] 对应 4 位二进制，所以尽管图 49.13 是缩略图，但是每一个时间段对应的脉冲数量肯定不会超过 15 个。VSH/VSL 表示源极输出电压的设置值。也就是说，如果某些值认为是经过调试后效果比较好的，可以将其保存在存储器中，需要使用时可以读取出来，当然，源极输出电压也可以使用相应的指令直接设置。

表 49.1　查找表中的波形数据

地址	D_7	D_6	D_5	D_4	D_3	D_2	D_1	D_0
0	VS[0-11]		VS[0-10]		VS[0-01]		VS[0-00]	
1	VS[1-11]		VS[1-10]		VS[1-01]		VS[1-00]	
2	VS[2-11]		VS[2-10]		VS[2-01]		VS[2-00]	
3	VS[3-11]		VS[3-10]		VS[3-01]		VS[3-00]	
4	VS[4-11]		VS[4-10]		VS[4-01]		VS[4-00]	
5	VS[5-11]		VS[5-10]		VS[5-01]		VS[5-00]	
6	VS[6-11]		VS[6-10]		VS[6-01]		VS[6-00]	
7	VS[7-11]		VS[7-10]		VS[7-01]		VS[7-00]	
⋮	VS[8-11]		VS[8-10]		VS[8-01]		VS[8-00]	
16	VS[16-11]		VS[16-10]		VS[16-01]		VS[16-00]	
17	VS[17-11]		VS[17-10]		VS[17-01]		VS[17-00]	
18	VS[18-11]		VS[18-10]		VS[18-01]		VS[18-00]	
19	VS[19-11]		VS[19-10]		VS[19-01]		VS[19-00]	
20	TP[1]				TP[0]			
21	TP[3]				TP[2]			
⋮	…				…			
29	TP[19]				TP[18]			
30	VSH/VSL							
31								

另外，EPD 对温度比较敏感，驱动电压也会随温度发生变化，所以每个温度范围都需要定义相应的驱动波形表，表 49.1 说明每个波形表需要 32 个字节存储空间，假设需要定义 6 个温度范围对应的波形表，则需要 192 个字节存储空间，相应的波形表与温度范围的映射关系类似见表 49.2。

表 49.2　波形表与温度范围的映射关系

波形表	温度范围
WS_0	
WS_1	TR_1
WS_2	TR_2
WS_3	TR_3
WS_4	TR_4
WS_5	TR_5
WS_6	TR_6

表 49.2 中的 TR_n 表示定义的温度范围（Temperature Range，TR），它由温度上限与下限定义，当温度在"TR_1"定义的范围内时，会选择"WS_1"作为 EPD 的驱动波形设置（Wavefrom Setting），如果温度不在任何已经定义的温度范围内，"WS_0"就是默认的波形表。当然，也有可能设置的各个温度范围有交叉，驱动芯片一般会有自己的波形表选择策略。例如，把温度从 TR_1 至 TR_6 依次都比较一下，如果都在 TR_3 与 TR_5 范围内，就选择最后一个匹配的（即 TR_5）对应的波形表。

波形表与对应的温度范围定义好了，怎么样根据不同的环境温度来加载对应的波形驱动数据呢？很明显，我们需要一个温度传感器。在进行驱动芯片实际初始化时，得先从温度传感器中获取当前温度，再根据温度范围加载对应的波形表即可。

第 50 章

基于 SSD1608 的 EPD 模组

SSD1608 是一款 AM-EPD 驱动芯片，其栅极驱动输出引脚数量为 320，源极驱动输出引脚数量为 240，单芯片支持的最高分辨率为 240×320，功能框图如图 50.1 所示。

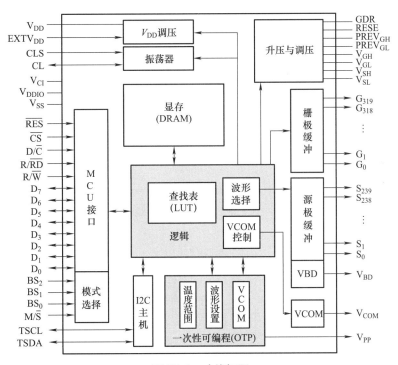

图 50.1　功能框图

与 ILI9341 相似，SSD1608 的电源系统也包含了电荷泵升压与调压电路，它们产生种类众多的电压用于各个模块的供电。V_{CI} 是芯片的主要供电电源（2.4 ~ 3.7V），它通过升压模块电路产生栅极驱动电压 V_{GH}（15 ~ 22V）与 V_{GL}（−20 ~ −15V）、源极驱动电压 V_{SH}（10 ~ 17V）与 V_{SL}（−17 ~ −10V），可以分别使用"栅极驱动电压控制（0x03）"与"源极驱动电压控制（0x04）"指令进行调整（见附录 D），见表 50.1。

表 50.1 V_{GH} 与 V_{GL} 设置

A[7:4]	V_{GH}	A[3:0]	V_{GL}	A[3:0]	V_{SH}/V_{SL}
0000	15V	0000	−15V	0000	10V
0001	15.5V	0001	−15.5V	0001	10.5V
0010	16V	0010	−16V	0010	11V
0011	16.5V	0011	−16.5V	0011	11.5V
…	…	…	…	…	…
1010	20V	1010	−20V（POR）	1010	15.0V（POR）
…	…	…	…	…	…
1101	21.5V	1101	无效	1101	16.5V
1110	22V（POR）	1110	无效	1110	17V
1111	无效	1111	无效	1111	无效

升压电路还产生公共电极驱动电压 V_{COM}（−4～−0.2V），它与 V_{SH}、V_{SL} 共同决定施加在电子纸像素盒两端的电压。V_{DD} 是给芯片逻辑的供电电源（1.7～1.9V），IO 接口供电则由 V_{DDIO} 单独提供，它通常与 V_{CI} 连接。SSD1608 的整个电源架构如图 50.2 所示。

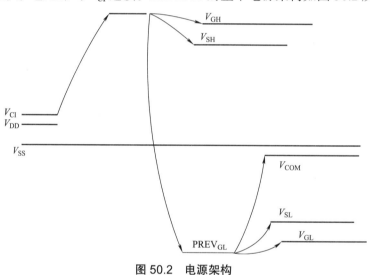

图 50.2 电源架构

图 50.3 给出了 SSD1608 的供电电源相关引脚的典型连接。

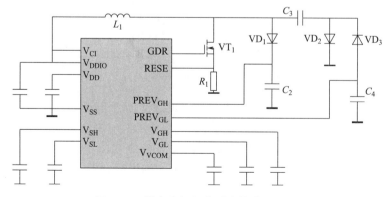

图 50.3 供电电源相关引脚的典型连接

可以看到，SSD1608 集成的并不是电荷泵，而是由电感、电容与二极管构成的非隔离 BOOST 升压电路，其中 L_1、VD_1、C_2、VT_1、R_1 配合 SSD1608 内部控制电路完成从（较低电压）V_{CI} 得到（较高正电压）$PREV_{GH}$ 的任务，它的基本结构与工作原理参见图 17.3。我们这里仅简单讨论一下 C_3、C_4、VD_2、VD_3 产生负高压 $PREV_{GL}$ 的原理，它是把（L_1 右侧）正高压**脉冲**转换成负高压的电路，基本原理如图 50.4 所示。

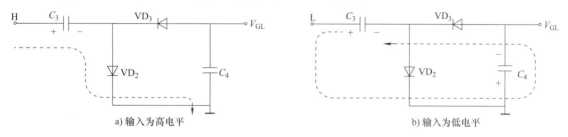

图 50.4　负电压生成原理

当输入为高电平时，二极管 VD_2 导通而 VD_3 截止，此时 C_3 处于充电状态（极性为左正右负）。当输入为低电平时（相当于与公共地连接），VD_2 截止而 VD_3 导通，此时 C_3 对输出供电的同时对 C_4 反向充电，所以输出电压是负性极的，也就是一个（−1）倍压电路，本质上与图 28.9 完全一样。正负高压生成后，再通过电压调节（运放）模块产生 V_{GH}、V_{GL}、V_{SH}、V_{SL}、V_{COM}。

注意到 SSD1608 内部有一个 I^2C 总线接口的主机模块，但它一般不直接与主控打交道，而是与具有 I^2C 总线的温度传感器连接，主控通过指令间接往（从）传感器写入（读取）数据。与温度传感器相关的指令有 4 条，"写温度传感器（0x1C）"指令用于对传感器进行必要的初始化，SSD1306 允许按照不同的格式写入，而"读温度传感器（0x1D）"指令则读取两个字节的温度数据放在温度寄存器（Temperature Register）中，也就是说，这两个控制指令屏蔽了标准的 I^2C 总线时序的细节，从而更加方便使用。现在大多数 EPD 驱动芯片已经集成了温度传感器，但工作原理仍然一样。

我们前面已经提过，EPD 驱动波形表与温度范围是一一对应的，SSD1608 中温度寄存器的值与温度对应关系见表 50.2。

表 50.2　温度寄存器与对应的温度

12 位二进制（补码）	十六进制	十进制	温度 /℃
0111_1111_0000	7F0	2032	127
0111_1110_1110	7EE	2030	126.875
0111_1110_0010	7E2	2018	126.125
0111_1101_0000	7D0	2000	125
0001_1001_0000	190	400	25
0000_0000_0010	002	2	0.125
0000_0000_0000	000	0	0
1111_1111_1110	FFE	−2	−0.125
1110_0111_0000	E70	−400	−25
1100_1001_0010	C92	−878	−54.875
1100_1001_0000	C90	−880	−55

温度寄存器采用 12 位二进制**补码**的形式保存，最高位为 0 表示正温度，相应的温度为（寄存器值 /16），最高位为 1 表示负温度，相应的温度为（寄存值**原码 /16**）。例如，温度寄存器中的值为 0b0111_1110_1110（2030），则相应的温度为 2030/16 = 126.875℃。温度寄存器中的值为 0b1100_1001_0010，将其求补码（**除最高位外**全部取反再加 1）即 0b1011_0110_1110（−878），相应的温度为 −878/16 = −54.875℃。很明显，如果我们要保存波形表对应的温度范围上下限时，需要 24 位的存储空间。

SSD1608 的波形数据被保存在一次性可编程（One Time Programmable，OTP）存储器中（**这种存储器只给用户一次写入数据的机会**），一般 EPD 模组在出厂前会固化好波形数据以及相应的温度范围，无需亲自设置，因为波形数据的合理设置需要具备足够的经验，表 50.3 给出了 OTP 内容与地址的映射关系。

表 50.3　OTP 内容与地址的映射关系

OTP 地址		写 RAM 地址		D_7	D_6	D_5	D_4	D_3	D_2	D_1	D_0
默认	备用	X	Y								
0	256	0	0	VS[0-11]		VS[0-10]		VS[0-01]		VS[0-00]	
1	257	1	0	VS[1-11]		VS[1-10]		VS[1-01]		VS[1-00]	
2	258	2	0	VS[2-11]		VS[2-10]		VS[2-01]		VS[2-00]	
3	259	3	0	VS[3-11]		VS[3-10]		VS[3-01]		VS[3-00]	
4	260	4	0	VS[4-11]		VS[4-10]		VS[4-01]		VS[4-00]	
…	…	…	…	…		…		…		…	
18	274	18	0	VS[18-11]		VS[18-10]		VS[18-01]		VS[18-00]	
19	275	19	0	VS[19-11]		VS[19-10]		VS[19-01]		VS[19-00]	
20	276	20	0	TP[1]				TP[0]			
21	277	21	0	TP[3]				TP[2]			
…	…	…	…	…				…			
29	285	4	1	TP[19]				TP[18]			
30	286	5	1	假数据（Dummy）				VSH/VSL			
31	287	6	1	假数据							
32	288	7	1	WS[1]							
…	…	…	…								
63	319	13	2								
…	…	…	…	…							
…	…	…	…								
192	448	17	7	WS[6]							
…	…	…	…								
223	479	23	8								
224	480	24	8	TMP[1-L][11：0]							
225	481	0	9								
226	482	1	9	TMP[1-H][11：0]							
227	483	2	9	TMP[2-L][11：0]							
228	484	3	9								
229	485	4	9	TMP[2-H][11：0]							

（续）

OTP 地址		写 RAM 地址		D_7	D_6	D_5	D_4	D_3	D_2	D_1	D_0
默认	备用	X	Y								
…	…	…	…				…				
…	…	…	…								
236	492	11	9				TMP[5-L][11：0]				
237	493	12	9								
238	494	13	9				TMP[5-H][11：0]				
239	495	14	9				TMP[6-L][11：0]				
240	496	15	9								
241	497	16	9				TMP[6-H][11：0]				

OTP 存储空间包含默认（Default）与备用（Spare）两块各 242 个字节（B），可以通过指令选择将波形数据写入到哪块空间。每一张波形数据表（含 VSH/VSL、假数据，见表 49.1）占用 32 个字节，SSD1608 允许用户定义 7 张波形表，所以需要占用 224 个字节。剩下 18 个字节分别用于定义第 1～6 张波形表对应的温度范围，12 位的 TMP[m-L] 与 TMP[m-H] 分别表示温度的上下限，它们的对应关系见表 49.2。当需要往 OTP 存储空间写入数据时，需要把数据先写入对应的 RAM（显存）地址，发送编程指令后数据将被写入到 OTP 存储空间。

当然，通过"温度传感器采集的温度值再选择相应波形表"的方式适用于波形表数据已经固化到 OTP 存储空间的情况，这些步骤通常由模组厂家来完成，无需用户亲自设置。在模组正常工作时，SSD1608 会自动检测当前温度并从 OTP 存储空间中加载相应的波形数据。当然，也可以定义自己的波形表数据，SSD1608 允许自定义 30 个字节的查找表波形数据，此时温度传感器并没起到什么作用。

再来看看 GDDRAM 的组织结构。SSD1608 内部有两块大小均为 240×320 位的 GDDRAM 用于双缓冲，它们分别用来存放旧帧与新帧数据，因为前面已经提过，EPD 的灰阶驱动波形与当前及目标灰阶电压都有相关性，所以需要两帧数据进行驱动波形的查找，相应的 RAM 地址映射关系见表 50.4。

表 50.4   RAM 地址映射关系

引脚	源极	S_0	S_1	S_2	S_3	S_4	S_5	S_6	S_7	…	…	S_{232}	S_{233}	S_{234}	S_{235}	S_{236}	S_{237}	S_{238}	S_{239}
栅极	地址	00h								X 地址		1Dh							
G_0	00h	DB_0（8 位，MSB～LSB）								…	…	DB_{27}（8 位，MSB～LSB）							
G_1	01h	DB_{30}（8 位，MSB～LSB）								…	…	DB_{59}（8 位，MSB～LSB）							
…	Y 地址	…	…	…	…	…	…	…	…	…	…	…	…	…	…	…	…	…	…
…		…	…	…	…	…	…	…	…	…	…	…	…	…	…	…	…	…	…
…		…	…	…	…	…	…	…	…	…	…	…	…	…	…	…	…	…	…
G_{318}	13Eh	DB_{9540}（8 位，MSB～LSB）								…	…	DB_{9569}（8 位，MSB～LSB）							
G_{319}	13Fh	DB_{9570}（8 位，MSB～LSB）								…	…	DB_{9599}（8 位，MSB～LSB）							

在以往讨论的显示器件驱动芯片中，SSD1608 的 GDDRAM 地址映射关系与 ST7920 算是最为接近的，它也是以 X 与 Y 地址进行 GDDRAM 定位，并且每个字节以左高位的方式横向排列，每个字节的每位对应一个像素点的状态。SSD1608 的寻址模式与 ILI9341

相同，也支持水平、垂直及行列交换，本文也不再赘述。值得一提的是，有些芯片（例如 SSD1860）使用一块 GDDRAM 存储黑白帧数据，另一块则存储另一种颜色（例如红色或黄色）帧数据，所以能够显示三种颜色。

在控制接口方面，SSD1608 支持以前讨论过的 8080/6800 并行接口、3/4 线 SPI 接口，可以通过配置 BS_0、BS_1 两个引脚的电平进行选择（BS_2 必须固定为低电平），见表 50.5。

表 50.5　通信接口选择

引脚名	4 线 SPI 接口	8 位 8080 接口	3 线 SPI 接口	8 位 6800 接口
BS_0	0	1	0	1
BS_1	0	0	1	1
BS_2	0	0	0	0

数据手册给出了各种接口应用时的引脚连接方式，见表 50.6（与表 47.5 相同）。

表 50.6　接口应用时的引脚连接方式

总线接口	数据线								控制线				
	D_7	D_6	D_5	D_4	D_3	D_2	D_1	D_0	E	$R/\overline{W}$	$\overline{CS}$	$D/\overline{C}$	$\overline{RES}$
8 位 8080	D[7:0]								$\overline{RD}$	$\overline{WR}$	$\overline{CS}$	$D/\overline{C}$	$\overline{RES}$
8 位 6800	D[7:0]								E	$R/\overline{W}$	$\overline{CS}$	$D/\overline{C}$	$\overline{RES}$
3 线 SPI	接低电平				悬空		SDIN	SCLK	接低电平		$\overline{CS}$	接低电平	$\overline{RES}$
4 线 SPI	接低电平				悬空		SDIN	SCLK	接低电平		$\overline{CS}$	$D/\overline{C}$	$\overline{RES}$

下面使用 VisualCom 软件平台中基于 SSD1608 的 EPD240320 显示模组来仿真一下，相应的效果如图 50.5 所示。

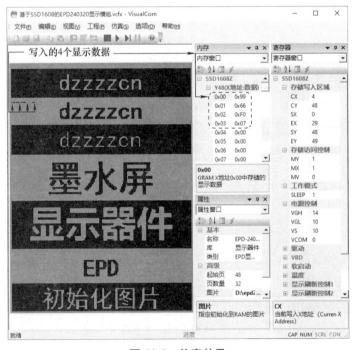

图 50.5　仿真效果

相应的预置数据见表 50.7。

表 50.7　预置数据

序号	类型	十进制	十六进制	自定义备注
1	命令	1	01	设置扫描行数、栅极扫描方向
2	数据	63	3F	扫描行数为 320（0x13F）
3	数据	1	01	
4	数据	0	00	栅极扫描方向从 G0 到 G319
5	命令	3	03	设置 V_{GH}、V_{GL} 电压
6	数据	234	EA	V_{GH} = 22V、V_{GL} = −20V
7	命令	4	04	设置 V_{SH}、V_{SL} 电压
8	数据	10	0A	V_{SH}/V_{SL} = 15V
9	命令	11	0B	栅极与源极驱动非重叠时间
10	数据	5	05	10 个系统振荡周期
11	命令	58	3A	设置空闲行时长（等待时间）
12	数据	2	02	2 行
13	命令	59	3B	设置栅极一行扫描时长
14	数据	8	08	62μs
15	命令	60	3C	选择边界波形
16	数据	113	71	高阻输出
17	命令	17	11	设置数据输入模式（存储访问方式）
18	数据	3	03	水平寻址
22	命令	69	45	设置起始与结束 Y 地址（页地址）
23	数据	48	30	起始 Y 地址为 48
24	数据	0	00	
25	数据	49	31	结束 Y 地址 49
26	数据	0	00	
29	命令	79	4F	设置当前 Y 地址计数器
30	数据	48	30	当前 Y 地址 48
31	数据	0	00	
32	命令	36	24	往 RAM 中写入显示数据
33	数据	153	99	写入数据
34	数据	102	66	
35	数据	240	F0	
36	数据	7	07	
37	命令	34	22	显示刷新控制 2
38	数据	255	FF	
39	命令	32	20	激活主机（开始刷新画面）
40	命令	16	10	进入深度睡眠模式
41	数据	1	01	

一开始先配置扫描行数、栅极驱动扫描方向、V_{GH}、V_{GL}、V_{SH}、V_{SL}，这些初始化工作与 ILI9341 是相似的。虽然还设置了栅极与源极驱动非重叠时间、空闲行时间以及边界波形，但都是复位后的默认值，它们的意义从图 50.6 所示驱动时序中很容易理解。

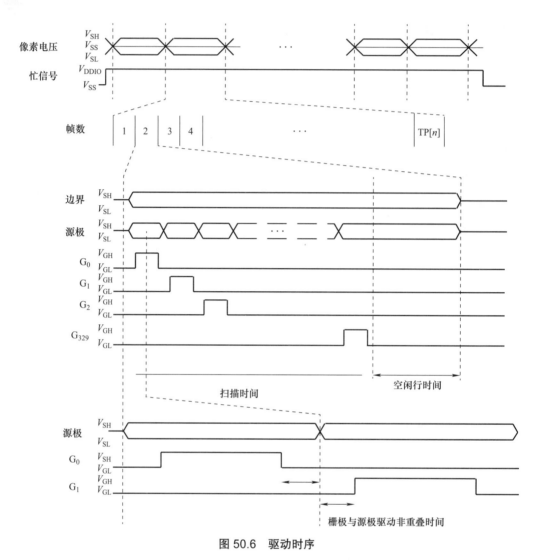

图 50.6 驱动时序

芯片初始化完成后,就应该往 RAM 中写入显示数据。同样,先设置存储访问区域的 Y 地址(X 地址保持不变,即 0～29),再设置当前 Y 地址计数器(X 地址计数器默认为 0),然后把"0x99""0x66""0xF0""0x07"连续写入到 RAM(其他显示内容为指定的初始化图片)。

EPD 显示刷新过程与 LCD 有很大的不同,当调用"显示更新控制 2"指令,它会进行与刷新显示相关的一些设置(例如,是否使能系统时钟、是否加载温度值、是否加载波形文件,是否初始化显示、是否显示图形等等)。当调用"激活主机"指令后,SSD1608 会按照一定的顺序启动刷新画面动作,这包括开启升压与调压电路、从温度传感器中读取温度值、从 OTP 中加载相应的波形数据、按初始刷新选项输出驱动波形、根据 RAM 的显示数据输出驱动波形等。在屏幕成功完成显示之后,SSD1806 又会自动将升压与调压电路关闭并进入空闲模式。前面已经提过,EPD 具有双稳态特性,当屏幕已经刷新画面后,我们不需要通过持续供电的方式维持显示画面,所以最后还添加了一条"进入深度睡眠模式"指令。

附录 A　SSD1773 指令集

指令名称	D/$\overline{\text{C}}$	D_7	D_6	D_5	D_4	D_3	D_2	D_1	D_0	描述
					基本指令集					
设置 列地址	0	0	0	0	1	0	1	0	1	起始列地址 $X_6 \sim X_0$，结束列地址 $Y_6 \sim Y_0$ 列地址范围 0（POR）~ 103（256/65K 色模式），列地址范围 0 ~ 51（4k 色模式） 列地址 = 00000000b（POR）
	1	0	X_6	X_5	X_4	X_3	X_2	X_1	X_0	
	1	0	Y_6	Y_5	Y_4	Y_3	Y_2	Y_1	Y_0	
设置 页地址	0	0	1	1	1	0	1	0	1	起始页地址 $X_6 \sim X_0$，结束页地址 $Y_6 \sim Y_0$ 页地址范围 0 ~ 79 页地址 = 00000000b（POR）
	1	0	X_6	X_5	X_4	X_3	X_2	X_1	X_0	
	1	0	Y_6	Y_5	Y_4	Y_3	Y_2	Y_1	Y_0	
设置 COM 输出扫描 方向	0	1	0	1	1	1	0	1	1	见表 35.1
	1	*	*	*	*	*	X_2	X_1	X_0	
设置 数据 输出 扫描 方向	0	1	0	1	1	1	1	0	0	1）正向或反向页 / 列 / 扫描方向，见图 35.6 与图 35.7 2）RGB 颜色排列模式，见表 35.6 3）灰阶模式选择，见表 35.4 伽马校正禁止（$P_{32} = 0$，POR）或使能（$P_{32} = 1$） 选择伽马曲线 A（$P_{35} = 0$，POR）或 B（$P_{35} = 1$）
	1	*	*	*	*	*	P_{12}	P_{11}	P_{10}	
	1	*	*	*	*	*	P_{22}	P_{21}	P_{20}	
	1	*	*	P_{35}	*	*	P_{32}	P_{31}	P_{30}	
设置 显示 控制	0	1	1	0	0	1	0	1	0	驱动占空比选择（范围 1/80 ~ 1/8） $Y_5 \sim Y_0$ 范围为 0 ~ 19（MUX68/$\overline{80}$ = V_{SS}）或 0 ~ 16（MUX68/$\overline{80}$ = V_{DD}） 与扫描行数 N 之间的关系为：$Y_5 \sim Y_0 = $（$N/4$）−1（最小扫描行数调整单位为 4）
	1	0	0	0	0	0	0	0	0	
	1	*	*	Y_5	Y_4	Y_3	Y_2	Y_1	Y_0	
	1	0	0	0	0	0	0	0	0	
设置区域 卷屏 （Set Area Scroll）	0	1	0	1	0	1	0	1	0	1）顶部块地址 $X_5 \sim X_0$（00000b，POR） 2）底部块地址 $Y_5 \sim Y_0$00000b，POR） 3）指定的块数量 $Z_5 \sim Z_0$（00000b，POR） 4）区域卷屏模式 $P_{41}P_{40}$：中心卷屏（00b）、顶部卷屏（01b）、底部卷屏（10b）、全部卷屏（11b，POR）
	1	*	*	X_5	X_4	X_3	X_2	X_1	X_0	
	1	*	*	Y_5	Y_4	Y_3	Y_2	Y_1	Y_0	
	1	*	*	Z_5	Z_4	Z_3	Z_2	Z_1	Z_0	
	1	*	*	*	*	*	*	P_{41}	P_{40}	

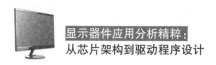
（续）

指令	$D/\bar{C}$	D_7	D_6	D_5	D_4	D_3	D_2	D_1	D_0	描述
基本指令集										
设置卷屏起始块	0	1	0	1	0	1	0	1	1	设置卷屏起始块地址 $X_5 \sim X_0$ 起始块地址 = 00000b（POR）
	1	*	*	X_5	X_4	X_3	X_2	X_1	X_0	
设置电源控制寄存器	0	0	0	1	0	0	0	0	0	X_0 关闭（0b，POR）或（1b）开启参考电压生成；X_1 关闭（0b，POR）或打开（1b）内部调节与电压跟随；X_3X_2 见表 35.2
	1	*	*	*	*	X_3	X_2	X_1	X_0	
设置显示对比度与电压增益	0	1	0	0	0	0	0	0	1	1）选择对比度 $X_5 \sim X_0$，范围 0（POR）~ 63 2）设置电压增益（$1 + R_2 / R_1$）值 $Y_2 \sim Y_0$：见表 35.2
	1	*	*	X_5	X_4	X_3	X_2	X_1	X_0	
	1	*	*	*	*	*	Y_2	Y_1	Y_0	
调节对比度	0	1	1	0	1	0	1	1	X_0	设置对比度自加 1（$X_0 = 0$）或自减 1（$X_0 = 1$）
正常或反白显示	0	1	0	1	0	0	1	1	X_0	正常显示（$X_0 = 0$，POR）或反白显示（$X_0 = 1$）
进入局部显示模式	0	1	0	1	0	1	0	0	0	$X_6 \sim X_0$：COM 起始地址（000000b，POR） $Y_6 \sim Y_0$：COM 结束地址（000000b，POR）
	1	*	X_6	X_5	X_4	X_3	X_2	X_1	X_0	
	1	*	Y_6	Y_5	Y_4	Y_3	Y_2	Y_1	Y_0	
退出局部显示模式	0	1	0	1	0	0	0	0	1	退出局部显示模式（POR）
显示开关控制	0	1	0	1	0	1	1	1	X_0	关闭显示（$X_0 = 0$，POR）或打开显示（$X_0 = 1$）
休眠模式开关控制	0	1	0	0	1	0	1	0	X_0	退出休眠（$X_0 = 0$）或进入休眠（$X_0 = 1$，POR）
内部振荡器开关	0	1	1	0	1	0	0	X_1	X_0	X_1X_0 开启（01b）或关闭（10b，POR）
温度补偿系数设置	0	1	0	0	0	0	0	1	0	设置温度系数 0（$X_1X_0 = 00b$）、温度系数 1（01b）、温度系数 2（10b，POR）、温度系数 3（$X_1X_0 = 11b$），具体见表 35.3
	1	*	*	*	*	*	*	X_1	X_0	
设置第一显示行	0	0	1	0	0	0	1	0	0	选择 $ROW_0 \sim ROW_{79}$ 中的某一行映射到 COM_0
	1	*	X_6	X_5	X_4	X_3	X_2	X_1	X_0	
空操作	0	0	0	1	0	0	1	0	1	空操作
写显示数据	0	0	1	0	1	1	1	0	0	进入"写显示数据模式"后，往 GDDRAM 地址写入显示数据
	1	Y_{71}	Y_{61}	Y_{51}	Y_{41}	Y_{31}	Y_{21}	Y_{11}	Y_{01}	
读显示数据	0	0	1	0	1	1	1	0	1	进入"读显示数据模式"后，下一个字节为"假（dummy）"数据，接下来才是有效的显示数据
	1	0	0	0	0	0	0	0	0	
	1	Y_{71}	Y_{61}	Y_{51}	Y_{41}	Y_{31}	Y_{21}	Y_{11}	Y_{01}	

（续）

指令	D/C̄	D_7	D_6	D_5	D_4	D_3	D_2	D_1	D_0	描述
					基本指令集					
画直线（Draw Line）	0	1	0	0	0	0	0	1	1	进入"画直线模式"后，依次指定起始 X 地址、起始 Y 地址、结束 X 地址、结束 Y 地址，最后两个字节用于指定颜色
	1	*	A_6	A_5	A_4	A_3	A_2	A_1	A_0	
	1	*	B_6	B_5	B_4	B_3	B_2	B_1	B_0	
	1	*	C_6	C_5	C_4	C_3	C_2	C_1	C_0	
	1	*	D_6	D_5	D_4	D_3	D_2	D_1	D_0	
	1	R_4	R_3	R_2	R_1	R_0	G_5	G_4	G_3	16 位色深模式
	1	G_2	G_1	G_0	B_4	B_3	B_2	B_1	B_0	
	1	R_3	R_2	R_1	R_0	G_3	G_2	G_1	G_0	8/12 位色深模式
	1	*	*	*	*	B_3	B_2	B_1	B_0	
填充开关	0	1	0	0	1	0	0	1	0	关闭（$A_0 = 0$，POR）或开启（$A_0 = 1$）
	1	*	*	*	*	*	*	*	A_0	
画矩形	0	1	0	0	0	0	1	0	0	进入"画矩形模式"后，依次指定起始 X 地址、起始 Y 地址、结束 X 地址、结束 Y 地址，最后两个字节用于指定填充 颜色
	1	*	A_6	A_5	A_4	A_3	A_2	A_1	A_0	
	1	*	B_6	B_5	B_4	B_3	B_2	B_1	B_0	
	1	*	C_6	C_5	C_4	C_3	C_2	C_1	C_0	
	1	*	D_6	D_5	D_4	D_3	D_2	D_1	D_0	
	1	R_4	R_3	R_2	R_1	R_0	G_5	G_4	G_3	16 位色深模式
	1	G_2	G_1	G_0	B_4	B_3	B_2	B_1	B_0	
	1	R_4	R_3	R_2	R_1	R_0	G_5	G_4	G_3	
	1	G_2	G_1	G_0	B_4	B_3	B_2	B_1	B_0	
	1	R_3	R_2	R_1	R_0	G_3	G_2	G_1	G_0	8/12 位色深模式
	1	*	*	*	*	B_3	B_2	B_1	B_0	
	1	R_3	R_2	R_1	R_0	G_3	G_2	G_1	G_0	
	1	*	*	*	*	B_3	B_2	B_1	B_0	
复制（Copy）	0	1	0	0	0	1	0	1	0	进入"复制模式"后，依次指定起始 X 地址、起始 Y 地址、结束 X 地址、结束 Y 地址，区域中的所有像素对比度将设置为 0
	1	*	A_6	A_5	A_4	A_3	A_2	A_1	A_0	
	1	*	B_6	B_5	B_4	B_3	B_2	B_1	B_0	
	1	*	C_6	C_5	C_4	C_3	C_2	C_1	C_0	
	1	*	D_6	D_5	D_4	D_3	D_2	D_1	D_0	
	1	*	E_6	E_5	E_4	E_3	E_2	E_1	E_0	
	1	*	F_6	F_5	F_4	F_3	F_2	F_1	F_0	
窗口调暗（Dim Window）	0	1	0	0	0	1	1	0	0	进入"窗口调暗模式"后，依次指定起始 X 地址、起始 Y 地址、结束 X 地址、结束 Y 地址，选中区域会调暗或调亮 50%
	1	*	A_6	A_5	A_4	A_3	A_2	A_1	A_0	
	1	*	B_6	B_5	B_4	B_3	B_2	B_1	B_0	
	1	*	C_6	C_5	C_4	C_3	C_2	C_1	C_0	
	1	*	D_6	D_5	D_4	D_3	D_2	D_1	D_0	
清除窗口（Clear Window）	0	1	0	0	0	1	1	1	0	进入"窗口调暗模式"后，依次指定起始 X 地址、起始 Y 地址、结束 X 地址、结束 Y 地址，选中区域会调暗或调亮 50%
	1	*	A_6	A_5	A_4	A_3	A_2	A_1	A_0	
	1	*	B_6	B_5	B_4	B_3	B_2	B_1	B_0	
	1	*	C_6	C_5	C_4	C_3	C_2	C_1	C_0	
	1	*	D_6	D_5	D_4	D_3	D_2	D_1	D_0	

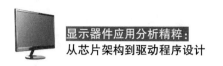
（续）

指令	$D/\bar{C}$	D_7	D_6	D_5	D_4	D_3	D_2	D_1	D_0	描述
扩展指令集（Extended command table）										
设置偏压比	0	1	1	1	1	1	0	1	1	见表35.2
	1	*	*	*	*	*	B_2	B_1	B_0	
设置帧率与行反转	0	1	1	1	1	0	0	1	0	见数据手册
	1	0	0	0	0	F_3	F_2	F_1	F_0	
	1	0	0	N_5	N_4	N_3	N_2	N_1	N_0	
选择 PWM/FRC	0	1	1	1	1	0	1	1	1	X_1X_0 选择驱动方案 5 位 PWM + 1 位 FRC（00b，POR）其他值保留
	1	0	0	1	0	1	0	0	0	
	1	0	0	1	0	1	1	X_1	X_0	
	1	0	0	0	0	0	1	0	1	
设置 COM 扫描次序	0	1	1	1	1	0	1	1	0	见数据手册
	1	0	0	X_1	X_0	0	0	0	0	
	1	0	0	0	0	0	0	0	0	
	1	0	0	0	0	0	0	0	0	
OTP 设置	0	1	1	1	1	0	1	1	0	见数据手册
	1	0	0	0	1	X_4	X_3	X_2	X_1	
	1	0	0	X_0	0	1	0	1	0	
OTP 编程	0	1	1	1	1	1	0	0	0	见数据手册
	1	0	0	0	1	X_4	X_3	X_2	X_1	
	1	0	0	X_0	0	1	0	1	0	
读状态寄存器	0	0	1	0	1	1	1	0	1	见数据手册
	1	D_7	D_6	*	D_4	D_3	D_2	D_1	D_0	

附录 B　ILI9341 指令集

指令名称	D/C̄	RDX	WRX	D₁₇~D₈	D₇	D₆	D₅	D₄	D₃	D₂	D₁	D₀	HEX
基本指令集（Regulative Command Set）													
空操作	0	1	↑	XX	0	0	0	0	0	0	0	0	00H
软复位	0	1	↑	XX	0	0	0	0	0	0	0	1	01H
读显示 ID 信息（Read Display ID Information）	0	1	↑	XX	0	0	0	0	0	1	0	0	04H
	1	↑	1	XX	X	X	X	X	X	X	X	X	XX
	1	↑	1	XX	ID1[7：0]								XX
	1	↑	1	XX	ID2[7：0]								XX
	1	↑	1	XX	ID3[7：0]								XX
读显示状态（Read Display Status）	0	1	↑	XX	0	0	0	0	1	0	0	1	09H
	1	↑	1	XX	X	X	X	X	X	X	X	X	XX
	1	↑	1	XX	D[31：25]							X	00
	1	↑	1	XX	X	D[22：20]			D[19：16]				61
	1	↑	1	XX	X	X	X	X	X	D[10：8]			00
	1	↑	1	XX	D[7：5]			X	X	X	X	X	00
读显示电源模式	0	1	↑	XX	0	0	0	0	1	0	1	0	0AH
	1	↑	1	XX	X	X	X	X	X	X	X	X	XX
	1	↑	1	XX	D[7：2]						0	0	08
读显示 MADCTL	0	1	↑	XX	0	0	0	0	1	0	1	1	0BH
	1	↑	1	XX	X	X	X	X	X	X	X	X	XX
	1	↑	1	XX	D[7：2]						0	0	00
读显示像素格式	0	1	↑	XX	0	0	0	0	1	1	0	0	0CH
	1	↑	1	XX	X	X	X	X	X	X	X	X	XX
	1	↑	1	XX	RIM	DPI[2：0]			X	DBI[2：0]			06
读显示图像格式	0	1	↑	XX	0	0	0	0	1	1	0	1	0DH
	1	↑	1	XX	X	X	X	X	X	X	X	X	XX
	1	↑	1	XX	X	X	X	X	X	D[2：0]			00
读显示信号模式	0	1	↑	XX	0	0	0	0	1	1	1	0	0EH
	1	↑	1	XX	X	X	X	X	X	X	X	X	XX
	1	↑	1	XX	D[7：2]						0	0	00

（续）

指令名称	D/C̄	RDX	WRX	$D_{17} \sim D_8$	D_7	D_6	D_5	D_4	D_3	D_2	D_1	D_0	HEX
基本指令集（Regulative Command Set）													
读显示自诊断结果	0	1	↑	XX	0	0	0	0	1	1	1	1	0FH
	1	↑	1	XX	X	X	X	X	X	X	X	X	XX
	1	↑	1	XX	D[7:6]	X	X	X	X	X	X	X	00
进入休眠模式	0	1	↑	XX	0	0	0	1	0	0	0	0	10H
退出休眠模式	0	1	↑	XX	0	0	0	1	0	0	0	1	11H
开启局部模式	0	1	↑	XX	0	0	0	1	0	0	1	0	12H
开启正常显示	0	1	↑	XX	0	0	0	1	0	0	1	1	13H
关闭反白显示	0	1	↑	XX	0	0	1	0	0	0	0	0	20H
开启反白显示	0	1	↑	XX	0	0	1	0	0	0	0	1	21H
伽马设置（Gamma Set）	0	1	↑	XX	0	0	1	0	0	1	1	0	26H
	1	1	↑	XX	GC[7:0]							01
关闭显示	0	1	↑	XX	0	0	1	0	1	0	0	0	28H
打开显示	0	1	↑	XX	0	0	1	0	1	0	0	1	29H
设置列地址（Column Address Set）	0	1	↑	XX	0	0	1	0	1	0	1	0	2AH
	1	1	↑	XX	SC[15:8]							XX
	1	1	↑	XX	SC[7:0]							XX
	1	1	↑	XX	EC[15:8]							XX
	1	1	↑	XX	EC[7:0]							XX
设置页地址（Page Address Set）	0	1	↑	XX	0	0	1	0	1	0	1	1	2BH
	1	1	↑	XX	SP[15:8]							XX
	1	1	↑	XX	SP[7:0]							XX
	1	1	↑	XX	EP[15:8]							XX
	1	1	↑	XX	EP[7:0]							XX
写存储器（Memory Write）	0	1	↑	XX	0	0	1	0	1	1	0	0	2CH
	1	1	↑	XX	D[17:0]							XX

（续）

指令名称	D/C̄	RDX	WRX	D₁₇~D₈	D₇	D₆	D₅	D₄	D₃	D₂	D₁	D₀	HEX
*					基本指令集（Regulative Command Set）								
设置颜色 （Color Set）	0	1	↑	XX	0	0	1	0	1	1	0	1	2DH
	1	↑	1	XX	R00[5:0]								XX
	1	↑	1	XX	Rnn[5:0]								XX
	1	↑	1	XX	R31[5:0]								XX
	1	↑	1	XX	G00[5:0]								XX
	1	↑	1	XX	Gnn[5:0]								XX
	1	↑	1	XX	G64[5:0]								XX
	1	↑	1	XX	B00[5:0]								XX
	1	↑	1	XX	Bnn[5:0]								XX
	1	↑	1	XX	B31[5:0]								XX
读存储器 （Memory Read）	0	1	↑	XX	0	0	1	0	1	1	1	0	2EH
	1	↑	1	XX	X	X	X	X	X	X	X	X	XX
	1	↑	1	D[17:0]									XX
设置局部 显示区域 （Partial Area）	0	1	↑	XX	0	0	1	1	0	0	0	0	30H
	1	1	↑	XX	SR[15:8]								00
	1	1	↑	XX	SR[7:0]								00
	1	1	↑	XX	ER[15:8]								01
	1	1	↑	XX	ER[7:0]								3F
垂直卷屏定义 （Vertical Scrolling Definition）	0	1	↑	XX	0	0	1	1	0	0	1	1	33H
	1	1	↑	XX	TFA[15:8]								00
	1	1	↑	XX	TFA[7:0]								00
	1	1	↑	XX	VSA[15:8]								01
	1	1	↑	XX	VSA[7:0]								40
	1	1	↑	XX	BFA[15:8]								00
	1	1	↑	XX	BFA[7:0]								00
关闭 TE 行	0	1	↑	XX	0	0	1	1	0	1	0	0	34H
打开 TE 行	0	1	↑	XX	0	0	1	1	0	1	0	1	35H
	1	1	↑	XX	X	X	X	X	X	X	X	M	00
存储访问控制	0	1	↑	XX	0	0	1	1	0	1	1	0	36H
	1	1	↑	XX	MY	MX	MV	ML	BGR	MH	X	X	00

（续）

指令名称	D/C̄	RDX	WRX	D₁₇~D₈	D₇	D₆	D₅	D₄	D₃	D₂	D₁	D₀	HEX
基本指令集（Regulative Command Set）													
垂直卷屏首地址	0	1	↑	XX	0	0	1	1	0	1	1	1	37H
	1	1	↑	XX	VSP[15:8]								00
	1	1	↑	XX	VSP[7:0]								00
关闭空闲模式	0	1	↑	XX	0	0	1	1	1	0	0	0	38H
打开空闲模式	0	1	↑	XX	0	0	1	1	1	0	0	1	39H
设置像素格式	0	1	↑	XX	0	0	1	1	1	0	1	0	3AH
	1	1	↑	XX	X	DPI[2:0]			X	DBI[2:0]			66
连续写存储器	0	1	↑	XX	0	0	1	1	1	1	0	0	3CH
	1	1	↑	D[17:0]									XX
连续读存储器	0	1	↑	XX	0	0	1	1	1	1	1	0	3EH
	1	↑	1	XX	X	X	X	X	X	X	X	X	XX
	1	↑	1	D[17:0]									
设置TE扫描行	0	1	↑	XX	0	1	0	0	0	1	0	0	44H
	1	↑	1	XX	X	X	X	X	X	X	X	STS[8]		0
	1	↑	1	XX	STS[7:0]								00
获取TE扫描行	0	1	↑	XX	0	1	0	0	0	1	0	1	45H
	1	↑	1	XX	X	X	X	X	X	X	X	X	XX
	1	↑	1	XX	X	X	X	X	X	X	GTS[9:8]		00
	1	↑	1	XX	GTS[7:0]								00
写显示亮度	0	1	↑	XX	0	1	0	1	0	0	0	1	51H
	1	1	↑	XX	DBV[7:0]								00
读显示亮度	0	1	↑	XX	0	1	0	1	0	0	1	0	52H
	1	↑	1	XX	X	X	X	X	X	X	X	X	XX
	1	↑	1	XX	DBV[7:0]								00
写CTRL显示	0	1	↑	XX	0	1	0	1	0	0	1	1	53H
	1	1	↑	XX	X	X	BC-TRL	X	DD	BL	X	X	00
读CTRL显示	0	1	↑	XX	0	1	0	1	0	1	0	0	54H
	1	↑	1	XX	X	X	X	X	X	X	X	X	XX
	1	↑	1	XX	X	X	BC-TRL	X	DD	BL	X	X	00

（续）

指令名称	D/C̄	RDX	WRX	$D_{17}\sim$ D_8	D_7	D_6	D_5	D_4	D_3	D_2	D_1	D_0	HEX
基本指令集（Regulative Command Set）													
写 CABC	0	1	↑	XX	0	1	0	1	0	1	0	1	55H
	1	1	↑	XX	X	X	X	X	X	X	C[1：0]		00
读 CABC	0	1	↑	XX	0	1	0	1	0	1	1	0	56H
	1	↑	1	XX	X	X	X	X	X	X	X	X	XX
	1	↑	1	XX	X	X	X	X	X	X	C[1：0]		00
写 CABC 最小亮度	0	1	↑	XX	0	1	0	1	1	1	1	0	5EH
	1	1	↑	XX	CMB[7：0]								00
读 CABC 最小亮度	0	1	↑	XX	0	1	0	1	1	1	1	1	5FH
	1	↑	1	XX	X	X	X	X	X	X	X	X	XX
	1	↑	1	XX	CMB[7：0]								00
读 ID1	0	1	↑	XX	1	1	0	1	1	0	1	0	DAH
	1	↑	1	XX	X	X	X	X	X	X	X	X	XX
	1	↑	1	XX	模组制造商信息 [7：0]								XX
读 ID2	0	1	↑	XX	1	1	0	1	1	0	1	1	DBH
	1	↑	1	XX	X	X	X	X	X	X	X	X	XX
	1	↑	1	XX	LCD 模组 / 驱动版本信息 [7：0]								XX
读 ID3	0	1	↑	XX	1	1	0	1	1	1	0	0	DCH
	1	↑	1	XX	X	X	X	X	X	X	X	X	XX
	1	↑	1	XX	LCD 模组 / 驱动信息 [7：0]								XX
扩展指令集（Extended Command Set）													
RGB 接口 信号控制	0	1	↑	XX	1	0	1	1	0	0	0	0	B0H
	1	1	↑	XX	MODE	RCM[1：0]		X	VSPL	HSPL	DPL	EPL	40
帧率控制 （正常模式）	0	1	↑	XX	1	0	1	1	0	0	0	1	B1H
	1	1	↑	XX	X	X	X	X	X	X	DIVA[1：0]		00
	1	1	↑	XX	X	X	X	RTNA[4：0]					1B
帧率控制 （空闲模式）	0	1	↑	XX	1	0	1	1	0	0	1	0	B2H
	1	1	↑	XX	X	X	X	X	X	X	DIVB[1：0]		00
	1	1	↑	XX	X	X	X	RTNB[4：0]					1B
帧率控制 （局部模式）	0	1	↑	XX	1	0	1	1	0	0	0	1	B3H
	1	1	↑	XX	X	X	X	X	X	X	DIVC[1：0]		00
	1	1	↑	XX	X	X	X	RTNC[4：0]					1B
显示反转 控制	0	1	↑	XX	1	0	1	1	0	1	0	0	B4H
	1	1	↑	XX	X	X	X	X	X	NLA	NLB	NLC	02

显示器件应用分析精粹：
从芯片架构到驱动程序设计

（续）

指令名称	D/C̄	RDX	WRX	D₁₇~D₈	D₇	D₆	D₅	D₄	D₃	D₂	D₁	D₀	HEX
扩展指令集（Extended Command Set）													
消隐肩控制（Blanking Porch Control）	0	1	↑	XX	1	0	1	1	0	1	0	1	B5H
	1	1	↑	XX	0	VFP[6:0]							02
	1	1	↑	XX	0	VBP[6:0]							02
	1	1	↑	XX	0	0	0	HFP[4:0]					0A
	1	1	↑	XX	0	0	0	HBP[4:0]					14
显示功能控制（Display Function Control）	0	1	↑	XX	1	0	1	1	0	1	1	0	B6H
	1	1	↑	XX	X	X	X	X	PTG[1:0]		PT[1:0]		0A
	1	1	↑	XX	REV	GS	SS	SM	ISC[3:0]				82
	1	1	↑	XX	X	X	NL[5:0]						27
	1	1	↑	XX	X	X	PCDIV[5:0]						XX
输入模式设置（Entry Mode）	0	1	↑	XX	1	0	1	1	0	1	1	1	B7H
	1	1	↑	XX	X	X	X	X	0	GON	DTE	GAS	07
背光控制1（Backlight Control 1）	0	1	↑	XX	1	0	1	1	1	0	0	0	B8H
	1	1	↑	XX	X	X	X	X	X	X	X	X	XX
	1	1	↑	XX	X	X	X	X	TH_UI[3:0]				04
背光控制2	0	1	↑	XX	1	0	1	1	1	0	0	1	B9H
	1	1	↑	XX	X	X	X	X	X	X	X	X	XX
	1	1	↑	XX	TH_MV[3:0]				TH_ST[3:0]				B8
背光控制3	0	1	↑	XX	1	0	1	1	1	0	1	0	BAH
	1	1	↑	XX	X	X	X	X	X	X	X	X	XX
	1	1	↑	XX	X	X	X	X	DTH_UI[3:0]				04
背光控制4	0	1	↑	XX	1	0	1	1	1	0	1	1	BBH
	1	1	↑	XX	X	X	X	X	X	X	X	X	XX
	1	1	↑	XX	DTH_MV[3:0]				DTH_ST[3:0]				C9
背光控制5	0	1	↑	XX	1	0	1	1	1	1	0	0	BCH
	1	1	↑	XX	X	X	X	X	X	X	X	X	XX
	1	1	↑	XX	DIM2[3:0]				X	DIM1[2:0]			44
背光控制7	0	1	↑	XX	1	0	1	1	1	1	1	0	BEH
	1	1	↑	XX	PWM_DIV[7:0]								0F
背光控制8	0	1	↑	XX	1	0	1	1	1	1	1	1	BFH
	1	1	↑	XX	X	X	X	X	X	R	POL	OPL	00
电源控制1（Power Control1）	0	1	↑	XX	1	1	0	0	0	0	0	0	C0H
	1	1	↑	XX	X	X	VRH[5:0]						26

（续）

指令名称	D/C̄	RDX	WRX	D₁₇~D₈	D₇	D₆	D₅	D₄	D₃	D₂	D₁	D₀	HEX
扩展指令集（Extended Command Set）													
电源控制 2	0	1	↑	XX	1	1	0	0	0	0	0	1	C1H
	1	1	↑	XX	0	0	0	1	0	BT[2：0]			10
VCOM 控制 1	0	1	↑	XX	1	1	0	0	0	1	0	1	C5H
	1	1	↑	XX	X	VMH[6：0]							31
	1	1	↑	XX	X	VML[6：0]							3C
VCOM 控制 2	0	1	↑	XX	1	1	0	0	0	1	1	1	C7H
	1	1	↑.	XX	nVM	VMF[6：0]							C0
电源控制 A	0	1	↑	XX	1	1	0	0	1	0	1	1	CBH
	1	1	↑	XX	0	0	1	1	1	0	0	1	39
	1	1	↑	XX	0	0	1	0	1	1	0	0	2C
	1	1	↑	XX	0	0	0	0	0	0	0	0	00
	1	1	↑	XX	0	0	1	1	0	REG_VD[2：0]			34
	1	1	↑	XX	0	0	0	0	0	VBC[2：0]			02
电源控制 B	0	1	↑	XX	1	1	0	0	1	1	1	1	CFH
	1	1	↑	XX	0	0	0	0	0	0	0	0	00
	1	1	↑	XX	1	0	0	PWR[1：0]		0	0	1	81
	1	1	↑	XX	0	0	1	DC	0	0	0	0	30
写 NV 存储器	0	1	↑	XX	1	1	0	1	0	0	0	0	D0H
	1	1	↑	XX	X	X	X	X	X	PGM_ADR[2：0]			00
	1	1	↑	XX	PGM_DATA[7：0]								XX
NV 存储器保护键（NV Memory Protection Key）	0	1	↑	XX	1	1	0	1	0	0	0	1	D1H
	1	1	↑	XX	KEY[23：16]								55
	1	1	↑	XX	KEY[15：8]								AA
	1	1	↑	XX	KEY[7：0]								66
读 NV 存储器状态（NV Memory Status Read）	0	1	↑	XX	1	1	0	1	0	0	1	0	D2H
	1	↑	1	XX	X	X	X	X	X	X	X	X	XX
	1	↑	1	XX	X	ID2_CNT[2：0]			X	ID1_CNT[2：0]			XX
	1	↑	1	XX	BY	VMF_CNT[2：0]			X	ID3_CNT[2：0]			XX
读 ID4	0	1	↑	XX	1	1	0	1	0	0	1	1	D3H
	1	↑	1	XX	X	X	X	X	X	X	X	X	XX
	1	↑	1	XX	0	0	0	0	0	0	0	0	00
	1	↑	1	XX	1	0	0	1	0	0	1	1	93
	1	↑	1	XX	0	1	0	0	0	0	0	1	41

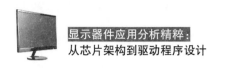
（续）

指令名称	D/C̄	RDX	WRX	D₁₇~D₈	D₇	D₆	D₅	D₄	D₃	D₂	D₁	D₀	HEX
扩展指令集（Extended Command Set）													
正伽马校正（Positive Gamma Correction）	0	1	↑	XX	1	1	1	0	0	0	0	0	E0H
	1	1	↑	XX	X	X	X	X	VP0[3:0]				08
	1	1	↑	XX	X	X	VP1[5:0]						0E
	1	1	↑	XX	X	X	VP2[5:0]						12
	1	1	↑	XX	X	X	X	X	VP4[3:0]				05
	1	1	↑	XX	X	X	X	VP6[4:0]					03
	1	1	↑	XX	X	X	X	X	VP13[3:0]				09
	1	1	↑	XX	X	VP20[6:0]							47
	1	1	↑	XX	VP36[3:0]				VP27[3:0]				86
	1	1	↑	XX	X	VP43[6:0]							2B
	1	1	↑	XX	X	X	X	X	VP50[3:0]				0B
	1	1	↑	XX	X	X	X	VP57[4:0]					04
	1	1	↑	XX	X	X	X	X	VP59[3:0]				00
	1	1	↑	XX	X	X	VP61[5:0]						00
	1	1	↑	XX	X	X	VP62[5:0]						00
	1	1	↑	XX	X	X	X	X	VP63[3:0]				00
负伽马校正（Negtive Gamma Correction）	0	1	↑	XX	1	1	1	0	0	0	0	1	E1H
	1	1	↑	XX	X	X	X	X	VN0[3:0]				08
	1	1	↑	XX	X	X	VN1[5:0]						1A
	1	1	↑	XX	X	X	VN2[5:0]						20
	1	1	↑	XX	X	X	X	X	VN4[3:0]				07
	1	1	↑	XX	X	X	X	VN6[4:0]					0E
	1	1	↑	XX	X	X	X	X	VN13[3:0]				05
	1	1	↑	XX	X	VN20[6:0]							3A
	1	1	↑	XX	VN36[3:0]				VN27[3:0]				8A
	1	1	↑	XX	X	VN43[6:0]							40
	1	1	↑	XX	X	X	X	X	VN50[3:0]				04
	1	1	↑	XX	X	X	X	VN57[4:0]					18
	1	1	↑	XX	X	X	X	X	VN59[3:0]				0F
	1	1	↑	XX	X	X	VN61[5:0]						3F
	1	1	↑	XX	X	X	VN62[5:0]						3F
	1	1	↑	XX	X	X	X	X	VN63[3:0]				0F
数字伽马控制1	0	1	↑	XX	1	1	1	0	0	0	1	0	E2H

（续）

指令名称	D/C̄	RDX	WRX	D₁₇~D₈	D₇	D₆	D₅	D₄	D₃	D₂	D₁	D₀	HEX
					扩展指令集（Extended Command Set）								
第 1 个参数	1	1	↑	XX	RCA0[3：0]				BCA0[3：0]				XX
…	1	1	↑	XX	RCAx[3：0]				BCAx[3：0]				XX
第 16 个参数	1	1	↑	XX	RCA15[3：0]				BCA15[3：0]				XX
数字伽马控制 2	0	1	↑	XX	1	1	1	0	0	0	1	1	E3H
第 1 个参数	1	1	↑	XX	RFA0[3：0]				BFA0[3：0]				XX
…	1	1	↑	XX	RFAx[3：0]				BFAx[3：0]				XX
第 64 个参数	1	1	↑	XX	RFA63[3：0]				BFA63[3：0]				XX
驱动时序控制 A	0	1	↑	XX	1	1	1	0	1	0	0	0	E8H
	1	1	↑	XX	1	0	0	0	0	1	0	NOW	84
	1	1	↑	XX	0	0	0	EQ	0	0	0	CR	11
	1	1	↑	XX	0	1	1	1	1	0	PC[1：0]		7A
驱动时序控制 B	0	1	↑	XX	1	1	1	0	1	0	1	0	EAH
	1	1	↑	XX	VG_SW_T4		VG_SW_T3		VG_SW_T2		VG_SW_T1		66
	1	1	↑	XX	X	X	X	X	X	X	0	0	00
电源启动序列控制	0	1	↑	XX	1	1	1	0	1	1	0	1	EDH
	1	1	↑	XX	X	1	CP1 soft_start		x	1	CP23 soft_start		55
	1	1	↑	XX	X	0	En_vcl		x	0	En_ddvdh		01
	1	1	↑	XX	X	0	En_vgh		x	0	En_vgl		23
	1	1	↑	XX	ENH	0	0	0	0	0	0	1	1
使能 3 伽马控制	0	1	↑	XX	1	1	1	1	0	0	1	0	F2H
	1	1	↑	XX	0	0	0	0	0	0	1	3G	02
接口控制（Interface Control）	0	1	↑	XX	1	1	1	1	0	1	1	0	F6H
	1	1	↑	XX	MY	MX	MV	X	BGR	X	X	WE	01
	1	1	↑	XX	X	X	EPF[1：0]		X	X	MDT[1：0]		00
	1	1	↑	XX	X	X	END	X	DM[1：0]		RM	RIM	00
电荷泵比率控制	0	1	↑	XX	1	1	1	1	0	1	1	1	F7H
	1	1	↑	XX	X	X	Ratio[1：0]		0	0	0	0	10

附录 C　SSD1306 指令集

指令名称	D/C̄	HEX	D₇	D₆	D₅	D₄	D₃	D₂	D₁	D₀	描述
设置对比度	0	81	1	0	0	0	0	0	0	1	双字节指令，设置范围 00h ~ FFh，值越大则对比度越大（POR：7Fh）
	0	A[7:0]	A_7	A_6	A_5	A_4	A_3	A_2	A_1	A_0	
全显示模式	0	A4/A5	1	0	1	0	0	1	0	X_0	$X_0=0$：正常显示 RAM 数据（POR）$X_0=1$：全显示模式（与 RAM 数据无关）
	0										
反白显示模式	0	A6/A7	1	0	1	0	0	1	1	X_0	$X_0=0$：正常显示（POR）$X_0=1$：反白显示
显示开关	0	AE/AF	1	0	1	1	1	1	1	X_0	$X_0=0$：显示关闭，进入睡眠模式（POR）$X_0=1$：显示开启
	0										
连续水平卷屏设置	0	26/27	0	0	1	0	0	1	1	X_0	$X_0=0$：水平右卷动，$X_0=1$：水平左卷动 A[7:0]：假数据（Dummy Byte, 00h）B[2:0]：设置起始页地址 C[2:0]：设置卷动时间间隔，见表 47.3 D[2:0]：设置结束页地址 E[7:0]：假数据（00h）F[7:0]：假数据（FFh）
	0	A[7:0]	0	0	0	0	0	0	0	0	
	0	B[2:0]	*	*	*	*	*	B_2	B_1	B_0	
	0	C[2:0]	*	*	*	*	*	C_2	C_1	C_0	
	0	D[2:0]	*	*	*	*	*	D_2	D_1	D_0	
	0	E[7:0]	0	0	0	0	0	0	0	0	
	0	F[7:0]	1	1	1	1	1	1	1	1	
连续垂直与水平卷屏设置	0	29/2A	0	0	1	0	1	0	X_1	X_0	$X_1X_0=01b$：垂直与水平向右卷动 $X_1X_0=10b$：垂直与水平向左卷动 A[7:0]：假数据（Dummy Byte, 00h）B[2:0]：设置起始页地址 C[2:0]：设置卷动时间间隔，见表 47.3 D[2:0]：设置结束页地址 E[7:0]：垂直卷动偏移（范围 0 ~ 3Fh）
	0	A[7:0]	0	0	0	0	0	0	0	0	
	0	B[2:0]	*	*	*	*	*	B_2	B_1	B_0	
	0	C[2:0]	*	*	*	*	*	C_2	C_1	C_0	
	0	D[2:0]	*	*	*	*	*	D_2	D_1	D_0	
	0	E[5:0]	*	*	E_5	E_4	E_3	E_2	E_1	E_0	
停止卷屏	0	2E	0	0	1	0	1	1	1	0	针对连续卷屏的停止指令
	0										
激活卷屏	0	2F	0	0	1	0	1	1	1	1	针对连续卷屏的激活指令
	0										
垂直卷屏区域	0	A3	1	0	1	0	0	0	1	1	A[5:0]：顶部固定行（POR：0）B[6:0]：卷动区域的行数（POR：64）
	0	A[5:0]	*	*	A_5	A_4	A_3	A_2	A_1	A_0	
	0	B[6:0]	*	B_6	B_5	B_4	B_3	B_2	B_1	B_0	

（续）

指令名称	D/C̄	HEX	D_7	D_6	D_5	D_4	D_3	D_2	D_1	D_0	描述
设置低位 列地址	0	00~0F	0	0	0	0	X_3	X_2	X_1	X_0	X[3:0]：页寻址模式下低4位列地址（POR：0000b）
设置高位 列地址	0	10~1F	0	0	0	0	X_3	X_2	X_1	X_0	X[3:0]：页寻址模式下高4位列地址（POR：0000b）
设置 存储器 寻址模式	0	20	0	0	1	0	0	0	0	0	A_1A_0=00b：水平，A_1A_0=01b：垂直 A_1A_0=10b：页，A_1A_0=11b：无效
	0	*	*	*	*	*	*	*	A_1	A_0	
设置 列地址	0	21	0	0	1	0	0	0	0	1	仅用于水平或垂直寻址模式 A[6:0]：列起始地址（范围0~127，POR：0），B[6:0]：列结束地址（范围0~127，POR：127）
	0	A[6:0]	*	A_6	A_5	A_4	A_3	A_2	A_1	A_0	
	0	B[6:0]	*	B_6	B_5	B_4	B_3	B_2	B_1	B_0	
设置 页地址	0	22	0	0	1	0	0	0	1	0	仅用于水平或垂直寻址模式 A[2:0]：页起始地址（范围0~7，POR：0），B[2:0]：页结束地址（范围0~7，POR：7）
	0	A[2:0]	*	*	*	*	*	A_2	A_1	A_0	
	0	B[2:0]	*	*	*	*	*	B_2	B_1	B_0	
设置起始 页地址	0	B0~B7	1	0	1	1	0	X_2	X_1	X_0	页寻址模式下的页起始地址
设置显示 起始行	0	40~7F	0	1	X_5	X_4	X_3	X_2	X_1	X_0	起始行地址范围0~63（POR：0）
设置段 重映射	0	A0/A1	1	0	1	0	0	0	0	X_0	X_0=0b：列地址0映射到SEG0（POR） X_0=0b：列地址127映射到SEG0
设置 多路系数	0	A8	1	0	1	0	1	0	0	0	设置扫描行数为A[5:0]+1 A[5:0]：范围16~64（0~15无效，POR：11111b）
	0	A[5:0]	*	*	A_5	A_4	A_3	A_2	A_1	A_0	
COM输出 扫描方向	0	C0/C8	1	1	0	0	X_3	0	0	0	X_3=0b：正向扫描模式（POR） X_3=1b：反向扫描模式
设置显示 偏移	0	D3	1	1	0	1	0	0	1	1	设置COM垂直滚动（范围0~63，POR：0）
	0	A[5:0]	*	*	A_5	A_4	A_3	A_2	A_1	A_0	
设置COM 引脚配置	0	DA	1	1	0	1	1	0	1	0	A_4=0b：连续，A_4=1b：非连续（POR） A_5=0b：左右两组COM不重映射（POR） A_5=1b：左右两组COM重映射
	0	A[5:4]	0	0	A_5	A_4	0	0	1	0	
设置显示 时钟分频 系数与振 荡频率	0	D5	1	1	0	1	0	1	0	1	分频系数为A[3:0]+1（POR：0b） 振荡频率范围为0~15（POR：8）
	0	A[7:0]	A_7	A_6	A_5	A_4	A_3	A_2	A_1	A_0	
设置 预充电 时长	0	D9	1	1	0	1	1	0	0	1	A[3:0]：阶段1时长最大为15个DCLK A[7:4]：阶段2时长最大为15个DCLK （0为无效值，POR：2h）
	0	A[7:0]	A_7	A_6	A_5	A_4	A_3	A_2	A_1	A_0	
V_{COMH}非选 择电平	0	DB	1	1	0	1	1	0	1	1	000b：0.65×V_{CC}，011b：0.83×V_{CC} 010b：0.77×V_{CC}（POR）
	0	A[6:4]	0	A_6	A_5	A_4	0	0	0	0	
电荷泵 设置	0	8D	1	0	0	0	1	1	0	1	A_2=0b：禁用电荷泵（POR） A_2=1b：使能电荷泵
	0	A[7:0]	*	*	0	1	0	A_2	0	0	
无操作	0	E3	1	1	1	0	0	0	1	1	无操作指令
读状态	0		*	D_6	*	*	*	*	*	*	D_6=0b：显示开启，D_6=1b：显示关闭

附录 D SSD1608 指令集

指令名称	D/C̄	HEX	D₇	D₆	D₅	D₄	D₃	D₂	D₁	D₀	描述
读状态	0	07	0	0	0	0	0	A_2	A_1	A_0	A[2]：忙标记，A[1:0]：芯片ID（默认01b）
驱动输出控制	0	01	0	0	0	0	0	0	0	1	A[8:0]：扫描行数设置（POR：13Fh+1）B[2]：选择第一栅极输出 B[1]：更换栅极扫描次序（逐行或隔行）B[0]：栅极扫描方向（正向或反向）
	1		A_7	A_6	A_5	A_4	A_3	A_2	A_1	A_0	
	1		0	0	0	0	0	0	0	A_8	
	1		0	0	0	0	0	B_2	B_1	B_0	
栅极驱动电压控制	0	03	0	0	0	0	0	0	1	1	见表50.1
	1		A_7	A_6	A_5	A_4	A_3	A_2	A_1	A_0	
源极驱动电压控制	0	04	0	0	0	0	0	1	0	0	见表50.1
	1		0	0	0	0	A_3	A_2	A_1	A_0	
显示控制	0	07	0	0	0	0	0	1	1	1	设置栅极输出电压（选择与非选择行）
	1		0	0	A_5	A_4	0	0	0	0	
栅源非重叠时间	0	0B	0	0	0	0	1	0	1	1	栅极电压电压下降到源极输出 源极输出至到栅极驱动电压上升沿
	1		0	0	0	0	A_3	A_2	A_1	A_0	
升压软启动控制	0	0C	0	0	0	0	1	1	0	0	A[7:0]：阶段1（POR：CFh）B[7:0]：阶段2（POR：CEh）C[7:0]：阶段3（POR：8Dh）
	1		1	A_6	A_5	A_4	A_3	A_2	A_1	A_0	
	1		1	B_6	B_5	B_4	B_3	B_2	B_1	B_0	
	1		1	C_6	C_5	C_4	C_3	C_2	C_1	C_0	
栅极扫描起始位置	0	0F	0	0	0	0	1	1	1	1	栅极驱动输出滚动（POR：000h）
	1		A_7	A_6	A_5	A_4	A_3	A_2	A_1	A_0	
	1		0	0	0	0	0	0	0	A_8	
深度睡眠模式	0	10	0	0	0	1	0	0	0	0	A[0]=0：正常（POR）A[0]=1：进入深度睡眠模式
	1		0	0	0	0	0	0	0	A_0	
数据输入模式设置	0	11	0	0	0	1	0	0	0	1	A[2]：行列交换（0：正常，1：交换）A[1]：Y地址变化方式（1：加，0：减）A[0]：X地址变化方式（1:加，0:减）
	1		0	0	0	0	0	A_2	A_1	A_0	
软复位	0	12	0	0	0	1	0	0	1	0	复位
写温度寄存器	0	1A	0	0	0	1	1	0	1	0	A[7:0]：高字节 01111111（POR）B[7:0]：低字节 11110000（POR）
	1		A_7	A_6	A_5	A_4	0	A_2	A_1	A_0	
	1		B_7	B_6	B_5	B_4	0	0	0	0	
读温度寄存器	0	1B	0	0	0	1	1	0	1	1	X[7:0]：高字节 Y[7:4]：低字节
	1		X_7	X_6	X_5	X_4	X_3	X_2	X_1	X_0	
	1		Y_7	Y_6	Y_5	Y_4	0	0	0	0	
写温度传感器	0	1C	0	0	0	1	1	1	0	0	A[7:6]：选择发送多少个字节 00b：地址+指针；01b：地址+指针+第1个参数；10b：地址+指针+第2个指针；11b：地址 A[5:0]：指针设置；B[7:0]：第1个参数；C[7:0]：第2个参数
	1		A_7	A_6	A_5	A_4	A_3	A_2	A_1	A_0	
	1		B_7	B_6	B_5	B_4	B_3	B_2	B_1	B_0	
	1		C_7	C_6	C_5	C_4	C_3	C_2	C_1	C_0	

（续）

指令名称	D/C̄	HEX	D₇	D₆	D₅	D₄	D₃	D₂	D₁	D₀	描述
读温度传感器	0	1D	0	0	0	1	1	1	0	1	从外挂温度传感器读取数据，并加载到温度寄存器中
激活主机	0	20	0	0	1	0	0	0	0	0	启动显示刷新步骤
显示刷新控制 1	0	21	0	0	1	0	0	0	0	1	显示刷新时的忽略选择
	1		A_7	0	0	A_4	A_3	A_2	A_1	A_0	
显示刷新控制 2	0	22	0	0	1	0	0	0	1	0	显示刷新顺序选项
	1		A_7	A_6	A_5	A_4	A_3	A_2	A_1	A_0	
写 RAM	0	24	0	0	1	0	0	1	0	0	写 RAM
读 RAM	0	25	0	0	1	0	0	1	0	1	读 RAM
VCOM 检测	0	28	0	0	1	0	1	0	0	0	进入 VCOM 检测条件（CLKEN 必须为 1）
VCOM 检测时间	0	29	0	0	1	0	1	0	0	1	设置进入 VCOM 检测与读取需要持续的时间
	1		0	0	0	0	A_3	A_2	A_1	A_0	
编程 VCOM	0	2A	0	0	1	0	1	0	1	0	将 VCOM 寄存器写入 OTP
写 VCOM 寄存器	0	2C	0	0	1	0	1	0	1	1	主控写 VCOM 寄存器
	1		A_7	A_6	A_5	A_4	A_3	A_2	A_1	A_0	
读 OTP 寄存器	0	2D	0	0	1	0	1	1	0	1	主控读 OTP 寄存器 A[7:0]：空闲 OTP（Spare OTP） B[7:0]：VCOM 寄存器
	1		A_7	A_6	A_5	A_4	A_3	A_2	A_1	A_0	
	1		B_7	B_6	B_5	B_4	B_3	B_2	B_1	B_0	
编程波形	0	30	0	0	1	1	0	0	0	0	将波形设置编程到 OTP
写 LUT 寄存器	0	32	0	0	1	1	0	0	1	0	主控写查找表寄存器，不包含 V_{SH}/V_{SL} 以及假数据（Dummy bit）
	1										
	1				查找表						
	⋮				[30 个字节]						
	1										
	1										
读 LUT 寄存器	0	33	0	0	1	1	0	0	1	1	主控读查找表寄存器，不包含 V_{SH}/V_{SL} 以及假数据
	1										
	1				查找表						
	⋮				[30 个字节]						
	1										
	1										
编程选项	0	36	0	0	1	1	0	1	1	0	根据 OTP 选择控制对 OTP 进行编程
OTP 选择控制	0	37	0	0	1	0		1	1	1	A[7]=0：空闲 VCOM OTP A[5]=1：空闲波形 OTP
	1		A_7	A_6	A_5	A_4	A_3	A_2	A_1	A_0	
设置假行数	0	3A	0	0	1	1	1	0	1	0	设置空闲等待（Dummy Line）期间数量
	1		A_7	A_6	A_5	A_4	A_3	A_2	A_1	A_0	
设置栅极扫描时长	0	3B	0	0	1	1	1	0	1	1	设置栅极驱动行宽（单位μs）
	1		0	0	0	0	A_3	A_2	A_1	A_0	
边框波形控制	0	3C	0	0	1	1	1	1	0	0	选择边框波形
	1		A_7	A_6	A_5	A_4	0	0	A_1	A_0	

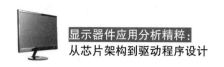

（续）

指令名称	D/C̄	HEX	D_7	D_6	D_5	D_4	D_3	D_2	D_1	D_0	描述
设置 RAM X 起始与结束地址	0	44	0	1	0	0	0	1	0	0	A[4:0]：X 起始地址（POR：00h） B[4:0]：X 结束地址（POR：1Dh）
	1		0	0	0	A_4	A_3	A_2	A_1	A_0	
	1		0	0	0	B_4	B_3	B_2	B_1	B_0	
设置 RAM Y 起始与结束地址	0	45	0	1	0	0	0	1	0	1	A[8:0]：Y 起始地址（POR：00h） B[8:0]：Y 结束地址（POR：13Fh）
	1		A_7	A_6	A_5	A_4	A_3	A_2	A_1	A_0	
	1		0	0	0	0	0	0	0	A_8	
	1		B_7	B_6	B_5	B_4	B_3	B_2	B_1	B_0	
	1		0	0	0	0	0	0	0	B_8	
设置 X 地址计数器	0	4E	0	1	0	0	1	1	1	0	设置 X 地址计数器值（POR：00h）
	1		0	0	0	A_4	A_3	A_2	A_1	A_0	
设置 Y 地址计数器	0	4F	0	1	0	0	1	1	1	1	设置 Y 地址计数器值（POR：00h）
	1		A_7	A_6	A_5	A_4	A_3	A_2	A_1	A_0	
	1		0	0	0	0	0	0	0	A_8	
无操作	0	FF	1	1	1	1	1	1	1	1	

参 考 文 献

[1] 龙虎 . 电容应用分析精粹：从充放电到高速 PCB 设计 [M]. 北京：电子工业出版社 . 2019.

[2] 龙虎 . 三极管应用分析精粹：从单管放大到模拟集成电路设计（基础篇）[M]. 北京：电子工业出版社 . 2021.